Contemporary Technology
and Application of
Antibodies

现代**抗体**技术及其应用

（第二版）

冯仁青　郭振泉　宓捷波　/ 编著

北京大学出版社
PEKING UNIVERSITY PRESS

图书在版编目(CIP)数据

现代抗体技术及其应用/冯仁青，郭振泉，宓捷波编著. —2 版. —北京： 北京大学出版社，2020.4

ISBN 978-7-301-31116-5

Ⅰ.①现… Ⅱ.①冯… ②郭… ③宓… Ⅲ.①抗体—研究 Ⅳ.①Q939.91

中国版本图书馆 CIP 数据核字（2020）第 017604 号

书　　　　名	现代抗体技术及其应用（第二版）
	XIANDAI KANGTI JISHU JI QI YINGYONG（DI-ER BAN）
著 作 责 任 者	冯仁青　郭振泉　宓捷波　编著
责 任 编 辑	黄　炜
标 准 书 号	ISBN 978-7-301-31116-5
出 版 发 行	北京大学出版社
地　　　　址	北京市海淀区成府路 205 号　　100871
网　　　　址	http://www.pup.cn　　新浪微博：@北京大学出版社
电 子 信 箱	zpup@ pup.cn
电　　　　话	邮购部 010-62752015　发行部 010-62750672　编辑部 010-62764976
印 刷 者	天津和萱印刷有限公司
经 销 者	新华书店
	787 毫米×980 毫米　16 开本　21.25 印张　400 千字
	2008 年 12 月第 1 版
	2020 年 4 月第 2 版　2022 年 8 月第 3 次印刷
定　　　　价	60.00 元

第二版前言

由于免疫学研究在医学领域的特殊地位，1901 年第一届诺贝尔生理学或医学奖就颁给了使用抗毒素治疗白喉病的德国学者贝林（Emil Adolf von Behring）。至今，免疫学家获得诺贝尔生理学或医学奖已经达到 19 次。免疫学发展迅猛，与生物、医学、环境、农学等领域的基础学科交叉渗透，推动了这些学科的发展。

抗原、抗体分子的结合，并非共价连接，而是依赖于彼此结构的严格互补的关系，因此，这种结合具有高度的专一性（特异性）。抗原是多种多样的，它可大到动植物细胞、细菌、病毒，小到蛋白质分子，甚至是偶联在载体上的有机小分子。对于它们的存在、鉴定、检测、分离纯化，直到对它们生物学功能的分析，以及医学研究、临床应用等诸多方面，抗体技术的应用，无疑是最简单快捷、最有效、最为准确的。

抗体技术的发展经历了多克隆抗体、单克隆抗体、基因工程抗体（包括重组兔单克隆抗体）三个阶段。三个阶段的抗体在应用方面各有优缺点，有些情况下不能互相替代。作为免疫学检测的核心试剂，抗体被广泛地应用在从生物学基础研究到临床应用的相关领域内。它的制备技术像是一门艺术，对于每一种抗原，制备相应的抗体时没有一种简单的程序可以遵循，需要经验的积累，更需要注意实验设计和操作的每一个细节，细节决定成败。近年来，新的免疫学检测方法不断地被开发出来，使抗体的应用范围更加广泛。此外，抗体在疾病的体内检测和治疗方面的应用，使抗体药物的发展趋势从鼠源抗体、人源化抗体向全人源抗体转变。随着遗传学、分子生物学、细胞生物学、转基因技术等学科的发展，人源化抗体和全人源抗体的研发已经成为当今制药巨头研发的热点，也因此带来了巨大的社会效益和经济效益。

抗体技术涉及的技术方法极其广泛，我们希望通过本书的编写，尽量为读者提供涵盖面较广并且操作性强的教材。结合多年从事抗体技术研究和教学的经验，并查阅大量文献，跟进本领域的最新进展，我们在本书第一版的基础上进行了修订：添加了绪论章节，以增加初学者对抗体相关理论的初步认识；由于抗体技术发展很快，我们在本书中对最新的相关知识和技术进行了更新和增补。宓捷波负责第 2 章和第 4 章的修改，全书其余章节由冯仁青负责修改。

本书的特点是系统地介绍了多克隆抗体、单克隆抗体、基因工程抗体制备的理论和方法；在抗体应用部分既介绍传统的技术和方法，也增加了更新的实验技术和相关的新方法;在抗体药物开发和应用部分,从理论到实例介绍最新的进展。本书图文并茂,增加彩图的二维码,通过扫描二维码可以阅览彩图,部分彩图还增添了动画显示,通俗易懂,实用性很强。本书既可以作为选修本课程的本科生、研究生的教材,也可以作为从事生物医学和生命科学相关工作的科研工作者的参考书。

在第二版出版之际,感谢我的助教和生命科学学院公共仪器中心的同事在制作部分插图及动画方面提供的帮助和支持!感谢北京大学出版社郑月娥编辑和黄炜编辑的大力支持!由于编者水平所限,本书可能存在不足,真切希望读者和同行不吝指正。

冯仁青

2018 年 12 月于北京

目　　录

绪论　免疫系统产生抗体

0.1　机体战胜微生物入侵的免疫反应

免疫系统的主要功能是保护机体、战胜感染的微生物及其毒素。免疫系统演化产生有效的防御机制以便固定外源的细胞、病毒、大分子等,中和并从体内清除外来入侵者。在体内循环的具有上述免疫功能的蛋白和细胞完成这种监视功能。根据完成这种监视的机制的不同,机体抗微生物监视系统被分为天然免疫(innate immunity)和获得性免疫(adaptive or acquired immunity)。

在应对炎症和微生物入侵方面,天然免疫快速提供第一道防线。非特异性的免疫系统包括吞噬细胞(phagocytic cell)和提供抗感染物理屏障的细胞机制,如,呼吸道黏膜保护、胃肠道蠕动和眼睛产生泪液等。吞噬细胞介导天然免疫,如,巨噬细胞(macrophage)分泌细胞因子;中性粒细胞(neutrophil)分泌溶菌酶;NK 细胞(natural killer cell)直接裂解细胞。重复暴露于外来分子不能改善天然免疫。相反,获得性免疫直接抵抗特异性分子并且再次暴露于外来分子可增强获得性免疫应答。

B 细胞合成能结合外来分子的细胞表面受体。当外来分子与细胞表面的 B 细胞受体(B-cell receptor,BCR)结合后,B 细胞被激活并分化为能产生可溶性 B 细胞受体蛋白的浆细胞(plasma cell)。可溶性 B 细胞受体蛋白叫作抗体(antibody,Ab),它能特异结合外来分子。能结合抗体的分子叫作抗原(antigen,Ag)。能诱导获得性免疫的分子叫作免疫原(immunogen)。免疫原性(immunogenicity)是指一个分子诱导机体获得性免疫反应的能力。抗原性(antigenicity)是一个分子结合抗体的能力。免疫原性和抗原性都不是分子的固有特性。免疫球蛋白(immuno-globulin,Ig)与抗体这两个词可以互换使用。形式上,抗体是一种能结合已知抗原的分子,而免疫球蛋白是指一组蛋白质,无论其是否结合已知的靶标。

0.2　细胞之间的相互作用连接天然免疫和获得性免疫

抗原提呈细胞(antigen-presenting cell,APC)对抗体的产生、连接天然免疫和获得性免疫很重要。DNA 基序、脂多糖等微生物产物通过结合模式识别受体(pattern-recognition receptor)——Toll 样受体(Toll-like receptor,TLR),导致 B 细胞增殖、激活和产生抗体。TLR 的发现能描述天然免疫在抗体产生中的作用。

确实,在单克隆抗体制备和诱导机体产生免疫应答的过程中,使用佐剂(adjuvant)可增加天然免疫系统在抗体产生中的作用。佐剂由许多 TLR 激动剂组成。免疫抗原时,佐剂向获得性免疫系统提供 TLR 信号,增加识别特异性抗原的抗体产生。天然免疫和获得性免疫系统的细胞在血液和淋巴器官(如,骨髓、脾脏和淋巴结)中循环。T 细胞识别 APC 上主要组织相容性复合体(major histocompatibility complex,MHC)结合的小肽,而 B 细胞识别整个蛋白分子的三级或四级结构。B 细胞遇到 APC 上的抗原,对抗原进行处理并提呈给 T 细胞。

当 B 细胞从 T 细胞接受同源"帮助"[如 T 细胞受体(T-cell receptor,TCR)和 BCR 识别相同抗原]后,B 细胞分化为效应细胞和记忆细胞或长寿命的抗体产生细胞——浆细胞,当再遇到相同抗原时能产生高亲和力的 IgG。如果没有 T 细胞帮助,B 细胞分化为短寿命的抗体产生细胞——浆母细胞(plasmablast cell),不能分化,只能产生 IgM。

一些天然免疫系统的成分连接天然免疫和获得性免疫。在获得性免疫系统和 B 细胞之间的同源相互作用激活 B 细胞。一旦 B 细胞被激活,分化的 B 细胞产生抗体需要可溶性细胞因子如 IL-4、IL-21 和 BAFF。T 细胞和树突细胞(dendritic cell,DC)也需要细胞因子。

0.3　B 细胞分化为抗体分泌细胞

在哺乳动物的淋巴系统中,外周淋巴器官(peripheral lymphoid organs)包括淋巴结(lymph nodes)、脾脏(spleen)、黏膜相关淋巴组织(mucosal associated lymphoid tissue)等。获得性免疫系统包含大约 10^{12} 个淋巴细胞,这些淋巴细胞遍及全身,使得在身体的任何部位都能迅速发生反应。在健康个体,抗体形成细胞的产生是一个动态过程。骨髓中的祖干细胞持续不断地产生 B 细胞。新生成的 B 细胞通过血液和淋巴系统到达外周淋巴器官,由于细胞因子-受体的相互作用而停留和聚集。在免疫反应初期,抗原在淋巴器官聚集,成为应急反应的焦点。免疫系统时常受到很多抗原的挑战。免疫系统的关键特征之一是能合成巨大的抗体和细胞表面受体的库,每一种抗体有一种特定的抗原结合位点(antigen-binding site)。这种识别的高度特异性取决于蛋白质的结构,蛋白质分子中单个氨基酸的改变可导致电荷差异,进而影响蛋白质的四级结构,也因此影响该蛋白质的抗原性。BCR 与完整的可溶性抗原的结合依赖于抗原的三维结构。一旦对抗原特异的 BCR 与抗原结合,无论是相应 B 细胞群的扩增还是经过免疫反应过程后被清除,均依赖于几个因素:抗原类型、抗原结合 BCR 的亲和力、B 细胞暴露于抗原的时间。同样,这些因素也影响单克隆抗体制备的策略,特别是抗原-BCR 作用的动力学以及抗原的总量对抗体产量的影响。

0.4　最初遇到外源抗原后产生记忆 B 细胞

B 细胞激活和分化需要抗原结合 BCR(第一信号)并且有同源 T 细胞辅助或有特异性细胞因子(第二信号)。当动物体第一次遇到外源抗原时,免疫反应慢。随着免疫反应的发展,抗原被破坏。如果抗原是病原体,这种慢反应不足以预防疾病。当再次遇到相同的病原体时,机体引起更强、更快的免疫反应,经常在发病之前将病原体清除。获得性免疫系统增强的二次免疫应答的能力叫作免疫记忆(immunological memory)。免疫记忆具有特异性,在暴露于一种抗原之前不能保护免疫无关的抗原。对于动物体,免疫记忆可以维持一生。树突细胞的 Fc 受体(fragment crystallizable receptor,FcR)与 IgG、抗原形成的免疫复合物(immune complex,IC)相结合。免疫复合物被树突细胞控制后,通过树突细胞表面的 MHC 将处理的抗原提呈给 T 细胞。B 细胞对免疫记忆的贡献之一是形成能产生特异性抗体反应的记忆 B 细胞(memory B cell)。记忆 B 细胞分化为浆细胞,提供这种血清学记忆。抗原类型、抗原与 BCR 的亲和力、有效的 T 细胞辅助和其他炎症因子决定 B 细胞克隆扩增的程度,以及是产生长寿命记忆 B 细胞还是产生短寿命的浆细胞。抗体反应是抗体技术的基础。

0.5　获得性免疫依赖于克隆选择

一个 B 细胞上的所有抗原受体完全相同,一个 B 细胞产生一种抗体,控制着获得性免疫反应的特异性。一个 B 细胞只合成一种抗原受体,体细胞重组、突变和其他机制产生多样的 BCR 库。在缺乏抗原的情况下抗原受体已经合成。因此,在遇到抗原之前,抗原受体库是可用的。

所有的抗原受体是成熟淋巴细胞表面的糖蛋白。BCR 是膜结合免疫球蛋白,它包含异源二聚体的跨膜复合物,在结合抗原后能传递信号。抗体结合外源分子提供抗体反应特异性的分子基础。除了需要 B 细胞和 T 细胞上的共同受体激活,BCR 的激活水平在对抗原特异性 B 细胞命运的决定和是否产生识别特异性抗原的抗体方面很重要。B 细胞稳态和正常免疫需要 BCR 和 TNF 家族成员——BAFF 传递 B 细胞存活的信号。1958 年澳大利亚科学家 Frank Macfarlane Burnet 提出抗体生成的克隆选择学说仍然是免疫学的中心原则。

0.6　抗体和 B 细胞能区分自身和非自身成分

由于抗体能高效地清除抗原,免疫系统能区分外来分子和自身正常成分是很重要的。机体通常不引起抗自身大分子的免疫反应,对自身成分免疫耐受。通过连续清除产生结合自身成分的抗体的淋巴细胞,机体建立和维持 B 细胞耐受。如果这种筛选失败,机体产生对自身成分的免疫反应,就发生自身免疫病。在双信号假说中定义了 B 细胞耐受检查点。挑战这种耐受机制的自身反应 B 细胞被调节免疫耐受的另一种水平的调控细胞进一步调节。调节性 T 细胞(regulatory T cell,Treg)和抑制性 B 细胞阻碍潜在的自身反应性的发生。

持续的某些抗原刺激(如病毒或肿瘤抗原)可以导致免疫耗竭或免疫耐受。抗原类型和如何提呈给免疫系统是发生 B 细胞耐受的相关因素。此外,B 细胞耐受相关的抗原结合 BCR 活性相关机制研究很活跃。体内抗原刺激的低反应性对开发微生物或肿瘤疫苗很重要。

0.7　抗体交叉反应

一个 B 细胞克隆只产生一种抗体,并不表示一种抗体只结合一种抗原。抗体通常只识别抗原的一部分,即抗原决定簇。如果两种或多种抗原具有相同的抗原决定簇,能被同一种抗体识别,抗体与有共同抗原决定簇的抗原发生交叉反应。通常,抗体与发生交叉反应的抗原之间的亲和力要低于引起 B 细胞克隆产生抗体的原始抗原与抗体之间的亲和力。在分析使用抗体的实验结果时考虑各种可能的 BCR 或可溶性抗体的交叉反应很重要,这也是体内自身免疫反应发生的原因,如微生物感染之后发生与微生物抗原类似的自身抗原反应。

0.8　抗体介导的功能

抗体通过多种机制介导效应功能。抗体除了抗原结合区之外,还有结合其他细胞受体或其他分子的区域,以清除入侵者。抗体识别细胞表面的抗原,促进吞噬作用,即为调理作用(opsonization)。当靶细胞表面包被抗体后,增加有 Fc 受体的细胞的吞噬作用。此外,表达 FcR 的细胞可以直接裂解抗体包被的靶细胞,叫作抗体依赖性细胞介导的细胞毒作用(antibody-dependent cell-mediated cytotoxicity,ADCC)。IgG 结合细胞外可溶性抗原后形成免疫复合物。当免疫复合物结合细胞表面的 FcR 后,即被处理成抗原肽,提呈给效应 T 细胞的 TCR。抗原-抗体复合物暴露抗体的补体结合位点,补体结合后可以激活补体系统,加强对靶抗原的裂解和清除。

第 1 章　抗　　原

抗原是一种能够刺激机体免疫系统，激活 T 或 B 淋巴细胞，产生特异性免疫应答，并能与相应免疫应答产物——细胞免疫的效应 T 细胞或体液免疫的抗体在体内或体外发生特异性结合反应的物质。根据抗原的定义，抗原有两方面的特性：免疫原性和免疫反应性(immunoreactivity)。

1.1　抗原的特性

1.1.1　抗原的免疫原性

抗原的免疫原性是指抗原刺激机体引起免疫应答的能力。它是由抗原的化学组成、相对分子质量、化学结构、异物性、宿主遗传特性等决定的。不是自然界中所有的物质都能作为抗原刺激机体产生免疫应答。

蛋白质(protein)、多糖(polysaccharide)、磷脂(phospholipid)、脂多糖(lipopolysaccharide,LPS)、结合蛋白质［如，糖蛋白类(glycoprotein)、核蛋白类(nucleoprotein)、脂蛋白类(lipoprotein)、血红素蛋白类(hemoprotein)等］、核酸(nucleic acid)或者 DNA 基序(DNA motif)、激素(hormone)等有机物是常见的抗原。作为蛋白质抗原，一般要求相对分子质量约在 10 000 以上，多糖抗原则需要在 600 000 以上。在天然多肽中，能引起免疫应答的最小分子是胰高血糖素(glucagon，相对分子质量为 3480)。一般而言，分子越大，结构越复杂，免疫原性越强。在有机物中，蛋白质的免疫原性最强。大分子物质其相对分子质量越大，表面携带的抗原决定簇越多，因而对淋巴细胞的刺激作用就越大，其免疫原性越强；而且大分子胶体物质，化学结构较稳定，在体内不易被破坏和清除，存留时间较长，使淋巴细胞得到较持久刺激，有利于免疫应答的发生。

在胚胎发育过程中，免疫系统对自身组织形成天然免疫耐受。骨髓内的造血干细胞经淋巴干细胞(lymphoid stem cell)分化为祖 B 细胞(pro-B cell)和祖 T 细胞(pro-T cell)。祖 B 细胞在骨髓中完成其发育成熟的过程(图 1-1)。

经过免疫球蛋白重链、轻链基因的重排，从祖 B 细胞、前 B 细胞(pre-B cell)发育到未成熟 B 细胞(immature B cell)阶段时，B 细胞经基因重排后产生的免疫球蛋白表达在膜上，形成 B 细胞表面抗原受体，如果抗原受体结合自身抗原，表达这

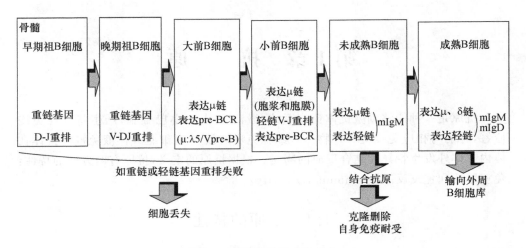

图 1-1　B 细胞的发育和分化

类抗原受体的细胞克隆在骨髓中被清除(克隆删除,clonal deletion),只有表达的抗原受体不结合自身抗原的细胞克隆被输送到外周 B 细胞库,保证人外周的成熟 B 细胞对自身抗原的免疫耐受。

祖 T 细胞进入胸腺后在不同发育阶段以膜表面 TCR、CD4、CD8 的表达变化为标志(图 1-2)。TCR 不识别游离抗原,而是识别 MHC/抗原肽。胸腺中的未成熟 T 细胞经过 TCR 基因重排并激活 CD4 和 CD8 基因,经过阳性选择(positive selection) 和阴性选择(negative selection),表达的 TCR 不能识别 MHC 或与自身 MHC 分子亲和力过高的 T 细胞克隆被清除。在胸腺中发育成熟的 CD4[+] 单阳性或者 CD8[+] 单阳性细胞,αβ-TCR 以 MHC 分子为主要识别配体(MHC 限制),而对自身 MHC/抗原肽的亲和力较低(自身免疫耐受),输出到外周淋巴组织中。初始 T 细胞(naive T cell,Tn),也称作未致敏 T 细胞,在胸腺中发育成熟,迁移至外周淋巴组织中(如脾脏、淋巴结)。其通过抗原刺激或树突细胞的提呈作用,可进一步分化成 Th1 细胞、Th2 细胞、Th17 细胞、调节性 T 细胞、细胞毒性 T 细胞等。

机体免疫系统能够识别宿主自身物质和非己异物,对自身物质产生免疫耐受,对非己异物产生免疫应答。抗原在化学结构上与机体自身成分不同,具有异物性。① 异种物质。通常抗原来源与宿主种系关系越远,免疫原性就越强。如病毒的衣壳蛋白、细菌的细胞壁等对人类而言都是免疫原性很强的抗原。② 同种异体物质。如人类不同个体之间,人的红细胞抗原和人的白细胞抗原等的免疫原性不同。③ 自身物质。自身物质一般不具免疫原性。有些物质如隐蔽的自身成分(眼晶体蛋白、精子等),在正常情况下与免疫系统是隔绝的。但是一旦屏障遭到破坏,这些物质进入血流,即可与免疫活性细胞接触而成为自身抗原异物。例如临床上,一侧眼睛外伤后导致的对侧交感性眼炎。另外,自身物质在外伤、感染、药物或射线的影响下,其理化性质发生质的改变时,也可成为具有免疫原性的抗原物质。青霉素(β-内酰胺类抗生素,相对分子质量 338)过敏反应的原因主要在于,青霉素的降解产物青霉烯酸、青霉噻唑酸及其聚合物作为半抗原进入人体后,与蛋白质或多肽分子结合成全抗原,其中最主要的是青霉噻唑蛋白,它是引起大多数青霉素过敏反应的主要原因。青霉噻唑蛋白不仅在人体内形成,也可以在青霉素生产过程或贮存过程中形成,如果注射含有这些降解产物的青霉素溶液,就可能直接引起人体青霉素过敏反应,甚至发生过敏性休克。

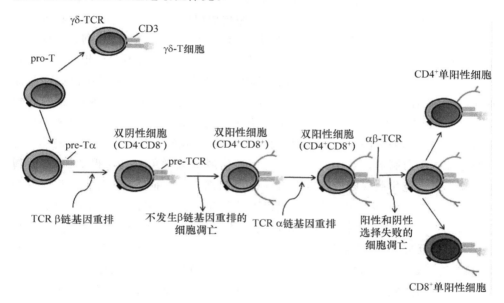

彩图 1-2

图 1-2　胸腺细胞的发育过程

祖 T 细胞进入胸腺后首先开始 TCRG 和 TCRD 基因的重排,成功表达 γδ-TCR 者作为 γδ-T 细胞离开胸腺,其他细胞则进行 TCRB 基因的重排和表达,TCR β 链与细胞内的 pre-Tα 链共同组成 pre-TCR,同时发育成为 CD4⁺CD8⁺ 双阳性细胞。此后 TCRA 基因重排,TCR α 链与 β 链共同组成 αβ-TCR。双阳性细胞经历阳性和阴性选择之后发育为 CD4⁺ 或者 CD8⁺ 单阳性的成熟 T 细胞。彩图请扫描二维码。

　　抗原诱导免疫应答的强弱与宿主本身的免疫状态有关。如宿主对接触过的抗原处于致敏状态,免疫应答较强。机体免疫功能低下,对抗原的免疫应答较弱。在抗血清的制备中,虽然小鼠、大鼠、豚鼠、兔子、山羊、绵羊或者马都可以作为抗血清产生动物,但是不同种属的动物对抗原的免疫应答能力不同,例如纯化多糖对人和小鼠具有良好的免疫原性,而将其免疫豚鼠却不能引起免疫应答。所以应根据抗血清的用量和动物的反应性选择实验动物,实践中应用最多的动物是兔子。

与人类有关的抗原有以下几种:① 病原微生物。在医疗中将病原微生物制成疫苗进行预防接种,可以提高人的免疫力。如应用减毒活疫苗、死疫苗、亚单位疫苗等进行预防接种,刺激机体产生相应的抗体,对机体产生保护作用。也可以根据微生物抗原的特异性进行各种免疫学实验,帮助诊断疾病。如检测乙肝表面抗原、表面抗体、e 抗原、e 抗体、核心抗体等,以检查有无乙肝病毒的感染和机体对乙肝病毒的免疫功能。② 同种异体抗原。有两大类,一类是红细胞血型抗原,包括A、B、O 血型抗原,Rh 血型抗原等。不同血型间相互输血,可引起严重的输血反应。所以在需要输血之前要进行交叉配血试验,选择同型的血(表 1-1)。另一类是存在于人类白细胞细胞膜上的人类白细胞抗原(HLA),又称主要组织相容性抗原。它们与血型抗原一样,也是由遗传决定的,受染色体上的基因控制。不同的个体(同卵双生者除外)其组织细胞的组织相容性抗原绝大多数不完全相同,因此,在同种异体之间进行皮肤或器官移植时,常因供者移植物中存在受者所没有的抗原成分,刺激受者产生对移植物的免疫反应,导致移植物受到排斥而坏死,造成移植失败。③ 动物免疫血清。临床上常用的各种抗毒素血清,如抗狂犬病血清是狂犬病固定毒免疫马采集的血清,经胃蛋白酶消化后,用硫酸铵盐析法制得的液体或冻干的免疫球蛋白制剂。破伤风抗毒素是由破伤风类毒素免疫马所得的血清,经胃蛋白酶消化后纯化制成的液体抗毒素球蛋白制剂。一方面,抗毒素能中和与其相应的病毒或外毒素,能及时、快速地提供被动免疫,从而达到预防发病的目的;另一方面,它能刺激人体产生抗马血清蛋白的抗体,当再次接受马的免疫血清时,有可能发生超敏反应。④ 嗜异性抗原。一类与种属特异性无关的、存在于人以及某些动物、植物、微生物中的性质相同的抗原。⑤ 肿瘤抗原。由物理、化学的因素或某些病毒诱发的实验动物肿瘤,其细胞中或细胞表面均出现特异性抗原,称为肿瘤特异性抗原。已证实在某些人类肿瘤中存在着与病毒密切相关的抗原。如人乳头瘤病毒(human papillomavirus,HPV)感染和宫颈癌发生相关,人类 T 淋巴细胞白血病病毒Ⅰ型(human T-lymphotropic virus type 1,HTLV-1)感染与成人 T 细胞白血病(adult T-cell leukemia,ATL)发生相关。此外,HTLV-1 还被认为与一些炎性疾病相关,包括幼儿皮炎、肺泡炎、多发性肌炎、关节炎和 Sjogren 综合征。因此,可以通过检测相应的病毒抗原,诊断相应病毒感染;也可以接种疫苗,通过预防病毒感染而预防癌症的发生。如 HPV 疫苗包括预防性疫苗和治疗性疫苗两大类:预防性疫苗主要通过诱导有效的体液免疫应答,即中和抗体的产生来抵抗 HPV 感染;而治疗性疫苗则主要通过刺激细胞免疫应答以清除病毒感染或已变异的细胞。

表 1-1　ABO 血型及血型抗体

表　型	基因型	红细胞表面血型抗原	血浆中血型抗体
A	A/A　A/O	A	抗 B
B	B/B　B/O	B	抗 A
AB	A/B	AB	—
O	O/O	—	抗 A，抗 B

1.1.2　抗原的免疫反应性

　　抗原的免疫反应性是指抗原与相应免疫应答产物即细胞免疫的效应 T 细胞或体液免疫的抗体，在体内或体外发生特异性结合反应。抗原和相应的抗体在空间结构上必须互补，即抗原的抗体结合部位（表位或抗原决定簇）和抗体的抗原结合部位就像锁和钥匙的关系，分子间空间互补，通过非共价键的相互作用，紧密结合在一起，形成足够的结合力。抗原结合抗体的能力也叫抗原性。抗原和抗体特异性结合形成的免疫复合物，被巨噬细胞等的吞噬作用清除，是机体抵御外来分子和微生物入侵的重要机制；抗原和抗体结合的高度特异性也是许多体内外免疫学检测的分子基础。

1.2　抗原决定簇

　　抗原决定簇或表位（antigenic determinant or epitope）是存在于抗原分子表面、决定抗原特异性的特殊化学基团，是抗原与抗体相互作用的区域。蛋白质抗原上的抗原决定簇是由相邻连续的或非连续的氨基酸序列形成的局部表面结构。在共价序列的邻近氨基酸残基形成的抗原决定簇称为线性决定簇（linear determinant）（图1-3）。据估计，能与抗体形成特异性结合的线性决定簇的大小约为 6 个氨基酸残基。大多数情况下，线性决定簇不能与抗体的抗原结合部位接触，只有在其变性时才被暴露。还有一种在天然蛋白质分子中不存在或不被暴露的抗原决定簇，经过特定的蛋白酶水解后才形成或被暴露出来，这种抗原决定簇称为新抗原决定簇（neoantigenic determinant）（图 1-3）。在蛋白质分子折叠时，由线性氨基酸序列中相隔离的氨基酸残基形成的空间构象，称为构象决定簇（conformational determinant）（图 1-4）。如溶菌酶分子上的抗原决定簇来自一级序列的 2 个相隔离的氨基酸残基。所以，蛋白质或者肽类抗原的抗原决定簇依赖于其一级结构和空间结构。

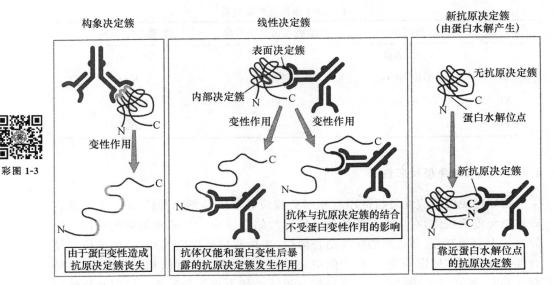

彩图1-3

图 1-3　抗原决定簇的种类

(彩图请扫描二维码)

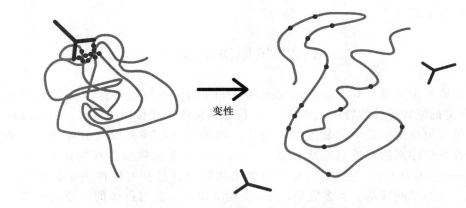

动图1-4

图 1-4　不连续的决定簇或构象决定簇

左侧:来自蛋白质分子的不同部分的氨基酸通过折叠形成抗原决定簇,能被抗体识别;右侧:如果蛋白质分子变性后不能折叠形成正确的构象决定簇,则不能被抗体分子识别。动图请扫描二维码。

　　作为抗原的生物大分子要比抗体的抗原结合部位大得多,所以抗体只结合生物大分子的某一特殊部位(抗原决定簇),即抗体只与抗原分子的一部分,而不是整个抗原分子结合。一种特定的抗原可以有几个不同的抗原决定簇,也可以有几个相同的抗原决定簇。部分蛋白质的抗原决定簇数目见表1-2。一种抗体特异性地与一种抗原决定簇结合。一种抗原有它本身的一些抗原决定簇,通常这些抗原决定簇不与其他抗原共享。每一个免疫细胞识别一种抗原决定簇。用一种具有多个抗原决定簇的大分子抗原免疫动物,识别不同的抗原决定簇的抗体由不同的浆细胞克隆产生,制备的抗血清中含有针对该抗原的各种抗原决定簇的混合抗体,所以抗血清是多克隆抗体的良好来源。抗原决定簇位于抗原分子表面,易被相应的淋巴细胞识别,启动免疫应答,同时能与相应抗体或致敏 T 细胞特异性结合发生免疫反应。如果一种抗原分子中存在多个相同的抗原决定簇,称为多价(polyvalency,multivalency)抗原。脂多糖和核酸多为多价抗原,而球蛋白不是多价抗原。

表 1-2　部分蛋白质的抗原决定簇数目

名　称	抗原决定簇数目/个
人血清白蛋白	4
鸡卵清白蛋白	10
牛血清白蛋白	18
甲状腺球蛋白	40
精鲸肌红蛋白	5

1.3　半抗原和载体效应

半抗原(haptens)是指不含蛋白质成分的有机小分子,它们能和抗体发生结合反应,即有免疫反应性;但它们单独存在的情况下不能诱发机体产生免疫应答,即无免疫原性,如药物(青霉素)、寡糖、核苷酸、某些肽类及有机化合物等。

抗原-抗体反应最重要的特点是具有高度的特异性。抗原特异性是以它本身分子的结构为基础的,即由抗原决定簇的结构特性所决定的。美籍奥地利裔著名医学家 Karl Landersteiner(1917)通过人工合成抗原的方法来研究抗原特异性。分别用—COOH、—SO$_3$H 和—AsO$_3$H$_2$ 与苯胺连接起来,生成对氨基苯甲酸、对氨基苯磺酸和对氨基苯砷酸。再经过偶氮化与牛血清白蛋白结合成三种新的人工抗原。在这三种新的人工抗原中,用的是同一种牛血清白蛋白,差别在于与苯胺连接的化学基团分别是—COOH、—SO$_3$H 和—AsO$_3$H$_2$。用这三种新的人工抗原分别免疫动物,获得三种不同的抗体。用这些抗体检测以不同化学基团连接的三种抗原时,只有相对应的抗原、抗体才发生反应(表 1-3)。这一经典实验证明抗原的特异性取决于大分子上所结合的化学基团——抗原决定簇。在实验中,对氨基苯甲酸、对氨基苯磺酸和对氨基苯砷酸均为有机小分子,本身没有免疫原性,有免疫反应性,作为半抗原与牛血清白蛋白偶联,形成一个结合抗原(conjugated antigen)或完全抗原(complete antigen)。偶联的蛋白质称为载体蛋白(carrier protein)或载体。半抗原作为完全抗原上的一个新的抗原决定簇,用完全抗原免疫动物后产生抗载体蛋白的抗体和抗半抗原的抗体。载体分子必须具有免疫原性,与半抗原偶联后才能诱导机体产生对半抗原的免疫应答。

表 1-3 不同酸基取代基团对半抗原-抗体反应特异性的影响

抗血清	半抗原			
	苯胺 NH_2	对氨基苯甲酸 NH_2 ... $COOH$	对氨基苯磺酸 NH_2 ... SO_3H	对氨基苯砷酸 NH_2 ... AsO_3H_2
抗苯胺抗血清	+++	−	−	−
抗对氨基苯甲酸抗血清	−	+++	−	−
抗对氨基苯磺酸抗血清	−	−	+++	−
抗对氨基苯砷酸抗血清	−	−	−	+++

注:＋、−表示半抗原-抗体反应的强度,−为阴性;＋为阳性。

作为抗原决定簇的化学基团的空间构型也对抗原特异性有一定的影响。例如,氨基苯磺酸的邻位、间位和对位三种异构体分别与同一种载体蛋白结合,免疫动物所获得的抗体都具有高度的特异性(图 1-5)。抗原决定簇的化学组成、排列及空间结构决定着抗原的特异性。

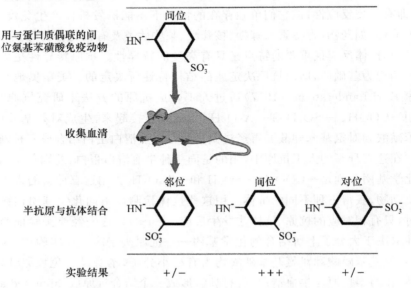

图 1-5 化学基团($-SO_3^-$)的不同取代位置影响半抗原-抗体反应的特异性

12

结合抗原的半抗原特异性依赖于半抗原决定簇,而载体蛋白大分子却决定了对半抗原免疫应答的性质和量。用同一半抗原结合相同和不同的载体蛋白,免疫动物后,产生对半抗原免疫应答的效应是不同的。

二硝基苯酚(dinitrophenol,DNP)作为半抗原,与鸡卵清蛋白(ovalbumin,OVA)或牛血清白蛋白(bull serum albumin,BSA)偶联后免疫小鼠,都可以得到针对 DNP 的抗体。如果用 OVA 首先免疫小鼠,再用 OVA-DNP 进行第二次免疫,可得到更强的 DNP 特异性体液免疫应答。如果用 BSA 首先免疫小鼠,再用 OVA-DNP 进行第二次免疫,则不能引起对 DNP 的特异性体液免疫应答(图 1-6)。

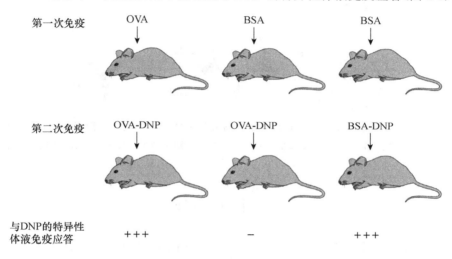

图 1-6 半抗原与载体效应

机体内存在两类免疫活性细胞,分别识别载体决定簇和半抗原决定簇,而且免疫活性细胞只有识别了载体决定簇,才能进一步诱导抗体的产生及对半抗原的识别,这种现象称为载体效应(carrier effect)。载体蛋白不仅仅是增加半抗原的分子大小,也不是单纯地起运载半抗原的作用,它必须存在免疫原性,存在载体决定簇(图 1-7)。

有些有机化合物药物(半抗原)进入机体后,可与体内蛋白质结合,形成完全抗原,产生免疫原性,以致诱导机体出现超敏反应。如青霉素的过敏反应是由于青霉素的降解产物青霉烯酸、青霉噻唑酸及其聚合物等作为半抗原进入人体后,与蛋白质或多肽分子结合成全抗原,形成了诱导机体超敏反应的过敏原(allergen)。所以对从来没有接触过青霉素的人第一次用青霉素可能不发生过敏反应,而第二次或以后再用青霉素有可能发生过敏反应,因此,在每次用青霉素之前都必须做皮肤试验。

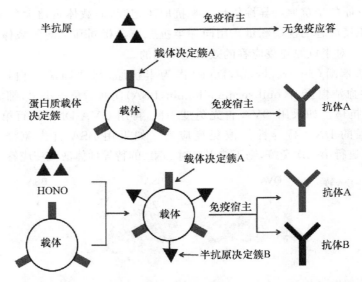

图 1-7　结合在蛋白质载体上的半抗原决定簇与载体上的载体决定簇起同样的作用,刺激机体产生相应的抗体。抗体 A 识别载体决定簇 A,抗体 B 识别半抗原决定簇 B。HONO 为偶联剂

1.4　抗原的分类

由于研究工作的需要,根据抗原的特性,采用不同的分类名称加以归类。

(1) 根据是否具有免疫原性分类。将具有免疫原性和免疫反应性的抗原称为完全抗原(complete antigen)。只具有免疫反应性而无免疫原性的抗原称为半抗原。只有将半抗原用化学方法与载体蛋白偶联成为完全抗原时,才具有免疫原性。偶联的半抗原是作为载体分子上的抗原决定簇而发挥免疫效应的。产生的抗体包括抗载体蛋白的抗体和抗半抗原的抗体。如果用半抗原筛选,可以得到抗半抗原的单克隆抗体。

(2) 根据是否需要 T 细胞辅助分类。大多数抗原在诱导体液免疫应答过程中需要 CD4[+] 的 T 细胞的辅助才能激活 B 细胞产生相应的抗体,这类抗原称为胸腺依赖性抗原(thymus-dependent antigen,TD 抗原)。CD4[+] Th2 细胞与抗原接触后,通过释放 IL-4、IL-5、IL-6、IL-10 等细胞因子,刺激 B 细胞增殖分化,分泌抗体,引起体液免疫应答。当 B 细胞从 T 细胞接受同源"帮助"(如 T 细胞的 TCR 和 B 细胞的 BCR 识别相同抗原)后,B 细胞分化为抗体形成细胞——浆细胞和长寿命的记忆细胞(memory cell),当再遇到相同抗原时能产生高亲和力的免疫球蛋白 G

类（IgG）。TD 抗原还可诱发细胞免疫应答，产生记忆免疫细胞，引起回忆应答，产生的抗体多为 IgG。不需要 T 细胞辅助就能诱导 B 细胞产生相应的抗体的抗原称为非胸腺依赖性抗原（thymus-independent antigen，TI 抗原）。如果没有 T 细胞帮助，B 细胞分化为短寿命的抗体形成细胞——浆母细胞，不能分化，只能产生免疫球蛋白 M 类（IgM）。TI 抗原的结构特点是带有单体性质的重复结构，如细菌脂多糖、荚膜多糖、聚合鞭毛蛋白等。它不能诱发细胞免疫，无回忆应答，其抗体仅是 IgM。

（3）根据来源分类。自然界存在的蛋白质、多糖和结合蛋白抗原称为天然抗原，如细菌、病毒等微生物抗原。这类抗原相对分子质量大、结构复杂，研究其免疫原性和抗原特异性有较大的困难。人工合成的多肽或基因工程重组蛋白称为人工抗原。将一个有机分子（半抗原）结合到蛋白质大分子上形成的完全抗原，也属于人工抗原。

（4）根据抗原的物种来源及与机体的亲缘关系可将抗原分为异种抗原、同种异型抗原、自身抗原和异嗜性抗原。异种抗原指来自另一物种的抗原性物质。同种异型抗原指来自同种但其基因型不同的个体的抗原性物质。自身抗原（autoantigen）是能引起免疫应答的自身组织成分。异嗜性抗原（heterophil antigen）或称共同抗原（common antigen）是一类与种属特异性无关的，存在于动物、植物、微生物之间的性质相同的抗原。由于它们的抗原性很相近，以致其中任一种抗原的抗体能对这一类的其他抗原产生强烈的交叉反应。例如，溶血性链球菌与人的肾小球基底膜和心肌组织有共同抗原，当机体感染溶血性链球菌后，产生的相应抗体可损伤肾小球基底膜和心肌组织，引起急性肾炎和风湿性心脏病。Forssman 首先发现异嗜性抗原，在豚鼠脑血管内皮细胞的一种蛋白质抗原，也存在于兔子的肾细胞。所以，异嗜性抗原又叫 Forssman 抗原（Forssman antigen）。

超抗原（super antigen，SAg）是一类由细菌外毒素和逆转录病毒蛋白构成的不同于促有丝分裂原的抗原性物质。该类抗原作用不受 MHC 限制，无严格抗原特异性，只需极低浓度（1～10 ng/mL）即可激活多克隆 T 细胞产生很强的免疫应答，故称超抗原。如，金黄色葡萄球菌肠毒素、链球菌致热外毒素等。超抗原能同时结合 MHC 分子及 TCR 多肽链，激活多克隆 T 细胞。

1.5　抗原特异性和免疫原性的分子基础

抗原与抗体的结合反应具有高度的特异性，它的分子基础是抗原决定簇与抗体的抗原结合部位的结构互补性。抗原对机体而言，具有异物性。从生物进化过程来看，异种动物间的血缘关系越远，彼此之间蛋白质的差异越大，抗原决定簇的差异越大,则免疫原性越强。如马的血清和各种微生物与人的血缘关系远,所以免疫原性强。而马的血清与驴、骡的血缘关系近,所以免疫原性相对就弱。

天然抗原分子结构复杂,具有多种抗原决定簇,不同的抗原物质具有不同的抗原决定簇,故各具特异性。但有时两种抗原可以有结构相同或相似的抗原决定簇,称为共同抗原决定簇,带有共同抗原决定簇的抗原称为共同抗原。由共同抗原决定簇刺激机体产生的抗体可以分别和这两种抗原(共同抗原)结合发生反应,这种现象称为血清学交叉反应(cross-reactivity)(图 1-8)。从蛋白质分子的结构来看,氨基酸序列相同或相似是血清学交叉反应产生的原因之一。蛋白质分子结构的改变,抗原特异性和免疫原性会发生改变。如蛋白质变性后会暴露出隐藏在蛋白质分子内部的抗原决定簇。

彩图 1-8

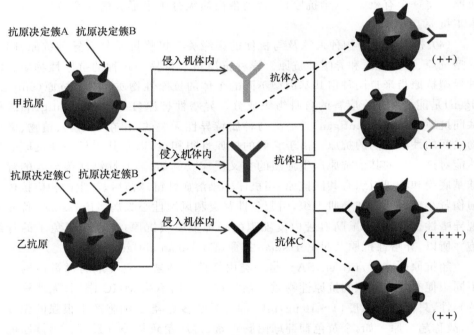

图 1-8　血清学交叉反应示意
（彩图请扫描二维码）

抗原的物理状态影响抗原的免疫原性,溶解的蛋白质进入机体很容易被体内的蛋白酶降解;凝聚的抗原易在淋巴器官内存留以及易被巨噬细胞吞噬,而巨噬细胞在淋巴细胞的激活过程中发挥着重要的作用。所以抗原用佐剂乳化后,再免疫动物,可以增强免疫效果。

1.6　免疫佐剂

有些物质与抗原同时或预先注射到机体，能非特异性地增强机体对抗原的免疫应答能力，这类物质称为佐剂。使用适当的佐剂可以提高动物机体对免疫原刺激的应答能力，因此佐剂又称为免疫增强剂（immunopotentiator）。佐剂能延长抗原的半衰期，降低抗原的直接毒性作用，并使抗原在免疫部位缓慢、持久地释放，从而提高巨噬细胞和免疫活性细胞的作用。佐剂常与抗原共同注入动物体内，以产生预期的高效价免疫血清。

1.6.1　佐剂的分类

（1）无机佐剂，如氢氧化铝[$Al(OH)_3$]、明矾[$KAl(SO_4)_2 \cdot 12H_2O$]、磷酸铝等。在抗原免疫动物前，无机佐剂与抗原混匀，便可形成大量的氢氧化铝絮状沉淀，抗原被吸附于沉淀中形成聚集状的颗粒抗原。抗原物理状态的改变有利于它在外周淋巴器官（如淋巴结、脾脏）内的滞留，也有利于巨噬细胞的吞噬，故免疫原性大为提高。

（2）有机佐剂，如微生物及其代谢产物，主要是分枝杆菌、短小棒状杆菌、百日咳杆菌、脂多糖等，它们在体内可促使巨噬细胞增殖，并进而促使 T 细胞增殖和 B 细胞的抗体生成。

（3）合成佐剂，如 Poly(I∶C)、Poly(A∶U)等，其作用可能与增强核苷酸激酶的活性有关。

（4）复合佐剂，如弗氏佐剂（Freund's adjuvant）、花生油乳化佐剂、矿物油、植物油等多种。Freund(1951)将液体石蜡与羊毛脂（乳化剂）按一定比例混合后，加入抗原研磨成油包水的乳剂，免疫动物后效果极佳，可产生高效价而持久的抗体。故而这种复合佐剂以研究者的名字命名为弗氏不完全佐剂（incomplete Freund's adjuvant，IFA）。如在弗氏不完全佐剂中再加入灭活的人结核杆菌或卡介苗，称其为弗氏完全佐剂（complete Freund's adjuvant，CFA）。结核杆菌的加入，诱导的免疫应答会发生质的变化，在它大大地提高抗原免疫原性的同时，还改变了产生的抗体的类型以及促进迟发型超敏反应的出现或加强。

（5）其他佐剂，硝酸纤维素膜和聚丙烯酰胺对于量少的抗原特别有用，从聚丙烯酰胺凝胶上切下含有抗原的凝胶条或经电泳转移至硝酸纤维素膜后的抗原膜可直接用于免疫动物。

在注射弗氏完全佐剂后，在注射部位经常出现肉芽肿和持久的溃疡。如用于人类，不仅增加病人的痛苦，还会诱发实验过敏性自身免疫疾病——佐剂病。用于人的免疫佐剂多用花生油乳化佐剂或铝佐剂,较为安全。

1.6.2　佐剂的生物学作用

1. 佐剂的生物学作用

(1) 增强抗原的免疫原性。

(2) 促进树突细胞的激活和抗原提呈,增强机体对抗原的免疫应答能力,提高抗体效价。

(3) 改变抗体产生的类型。

(4) 引起或增强Ⅳ型超敏反应。

2. 佐剂发挥作用的可能机制

(1) 无机物佐剂主要是改变抗原的物理性状,使抗原在体内维持较长时间,易于巨噬细胞的摄取、处理并提呈给淋巴细胞,促进淋巴细胞的增殖、分化,从而提高抗原的免疫原性,增强机体对抗原的免疫应答能力。

(2) 有些佐剂由许多 TLR 激动剂组成,如,DNA 基序、脂多糖等微生物产物通过结合模式识别受体——TLR,导致 B 细胞激活、增殖和产生抗体。免疫抗原时,佐剂向获得性免疫系统提供 TLR 信号,增加识别特异性抗原的抗体的产生。

(3) 2018 年北京大学生命科学学院蒋争凡课题组报道胶体锰对抗原提呈细胞的激活能力比 LPS 强,而且不激活炎症反应,不产生毒副作用。胶体锰促进抗原提呈细胞吞噬佐剂和抗原;促进抗原提呈细胞成熟、活化及转移到淋巴结;上调趋化因子(CCL2/3)招募淋巴细胞;促进单核细胞向树突细胞分化。锰佐剂与铝佐剂相比,在细胞免疫、黏膜免疫时效果优异,而且可以低温保存。锰是人体必需元素。将来锰佐剂有可能取代兽用弗氏佐剂和人用铝佐剂。

1.7　疫苗研发技术

人类使用疫苗预防疾病已有 200 多年的历史。今天,疫苗不仅是传染病防控的有力武器,而且还广泛地应用于肿瘤、自身免疫病、免疫缺陷、超敏反应等疾病的预防和治疗。疫苗的发展经历了三次革命:第一次革命产生了灭活疫苗和减毒活疫苗等,第二次革命产生了亚单位疫苗和基因工程疫苗,第三次革命产生了核酸疫苗。目前,全球共有 7 条疫苗研发技术路线,分别是灭活疫苗、减毒活疫苗、重组蛋白疫苗、病毒载体疫苗、病毒样颗粒疫苗以及核酸疫苗(包括 DNA 疫苗和 RNA 疫苗)。详细内容请见附录。

第2章 抗　　体

　　抗体或免疫球蛋白是机体对体内存在的外来分子、微生物等抗原物质刺激后，由 B 淋巴细胞的终末分化细胞——浆细胞产生的一类糖蛋白。它可以以膜结合形式作为抗原受体结合于 B 细胞表面；也可以以分泌形式存在于血液及体液中，作为特异性体液免疫的效应分子，参加清除抗原过程中的分子间相互作用。B 细胞的膜受体与抗原间相互作用构成了体液免疫的识别阶段。在抗原刺激后，抗体能以分泌形式由分化的 B 细胞后代——浆细胞产生。这些分泌型抗体与抗原结合触发免疫系统的功能。

　　1888 年 Emile Roux 及 Alexandre Yersin 从白喉杆菌的培养上清液中分离到可溶性毒素，将这种可溶性毒素注入动物体内可引起典型的白喉发病症状。1890 年德国学者埃米尔·阿道夫·冯·贝林（Emil Adolf von Behring）及日本学者北里报告，以白喉或破伤风毒素免疫动物后，其血液中可产生一种能阻止毒素引发疾病的物质，称为抗毒素（antitoxin）。随后，在对不同病菌、不同疾病的研究中，先后提出了抗毒素、杀菌素、溶菌素、凝集素、沉淀素、溶血素等不同名称的血清成分。

用凝胶电泳法对健康人血清蛋白进行分析，白蛋白泳动速度最快，其次为 α1、α2、β 和 γ 球蛋白（图 2-1）。健康人的 γ 球蛋白形成较宽的条带。近期内被免疫过的宿主血清 γ 球蛋白条带变得相对集中，是由于血清中 γ 球蛋白含量显著增高的缘故。血清抗体分子绝大多数存在于 γ 球蛋白组分，人们曾将抗体与 γ 球蛋白作为同义词互用。但事实上，具有抗体活性的球蛋白并不都泳动至 γ 组分，它存在于从 α 到 γ 这一广泛

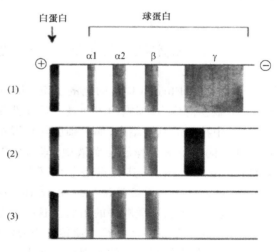

图 2-1　血清蛋白电泳分析

（1）正常人进行特异性免疫之前；（2）正常人进行特异性免疫之后 10 天；（3）缺乏 γ 球蛋白的 Bruton 综合征患者血清样品。

19

区域,而且在 γ 球蛋白区域的也不全都是抗体(图 2-2)。抗体主要存在于血液、体液和黏膜分泌液中。1968 年和 1972 年世界卫生组织和国际免疫学会联合会所属专门委员会先后决定,把具有抗体活性及化学结构与抗体相似的一类球蛋白,统一命名为免疫球蛋白。抗体和免疫球蛋白是同义词,都是指同一类蛋白质。抗体是一个生物学的和功能的概念,可理解为能与相应抗原特异结合的具有免疫功能的球蛋白;免疫球蛋白则主要是一个结构概念。

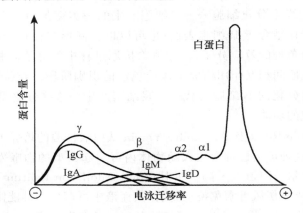

图 2-2　人类血清中抗体分子的电泳分布

γ 球蛋白不等于抗体,其他球蛋白组分中也有抗体成分,γ 球蛋白中也有非抗体成分。

2.1　抗体生成的理论——克隆选择学说

在 1894 年 Paul Ehrlich 提出的侧链学说(side-chain theory)为免疫学与免疫疗法奠定了基础。他认为,细胞的表面具有特异性受体分子(或称侧链),这些侧链仅与毒素分子中特定的基团结合;如果细胞与毒素结合后能存活下来,将会产生过量的侧链,部分侧链脱落并释放至血液中,即为抗毒素,这就是现在所称的抗体。这一学说有一定的合理性,其弱点是忽略了抗体生成的生物学机制。1930 年 Breinl 与 Haurowitz 提出模板学说(template theory),认为抗原是抗体合成的模板,抗原指导抗体特异氨基酸顺序的组合。这一学说的核心思想是抗体的信息直接来源于抗原。这一学说显然不符合遗传学中心法则。1955 年 Jerne 提出天然抗体选择学说,认为免疫细胞的抗体基因均呈低表达,机体内存在着低浓度的针对各种抗原的抗体,当抗原进入机体后,形成的抗原-抗体复合物可刺激更多细胞产生该抗原的特异性抗体。天然抗体学说为克隆选择学说(图 2-3)的提出提供了基础。

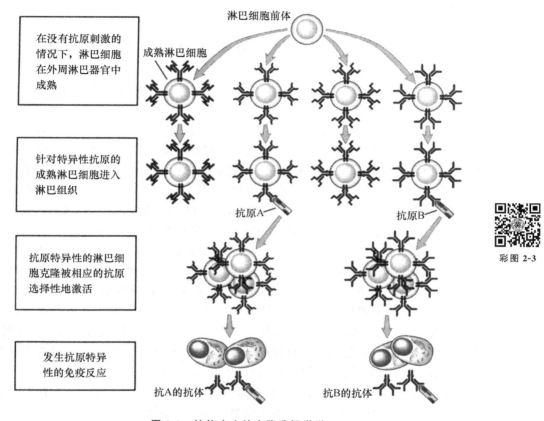

图 2-3 抗体产生的克隆选择学说

每一种抗原（A 或 B）选择一种预先存在的特异性的淋巴细胞克隆，并刺激这一特异淋巴细胞克隆增殖、分化。图示 B 淋巴细胞形成分泌特异性抗体的效应细胞。同样的原理也适用于 T 淋巴细胞。彩图请扫描二维码。

1958 年 Macfarlane Burnet、David Talmadge 与 Joshua 提出了著名的克隆选择学说（clonal selection theory）（图 2-3），其中心思想是，抗体是天然产物，每一个抗体产生细胞克隆（B 细胞）只能产生一种抗体，这种抗体作为抗原受体定位于 B 细胞表面，是细胞表面免疫球蛋白（cell surface immunoglobulin，smIg）。每一个 B 细胞只能特异性地结合一种抗原，抗原结合到有相应表面抗原受体的 B 细胞并刺激这些细胞增殖、分化成熟为抗体产生细胞——浆细胞和长寿命的记忆细胞，这些细胞有相同的抗原结合特异性。记忆细胞参加以后的二次免疫反应。此外，该学说认为，免疫耐受是由于自身抗原或胚胎成熟过程中引入的抗原所致的"克隆流产"。随后数年间，克隆选择学说逐步被实验所证实，并得到学术界的广泛认同。

2.2 抗体的分子结构与功能

根据克隆选择学说，每一种抗体均来源于一种特定的 B 细胞克隆，它具有独特的结构和抗原特异性。

要研究蛋白质的结构，首先要纯化蛋白质。而血清抗体为多克隆抗体，用于研究抗体的结构很困难。两项关键的突破性研究对抗体结构的阐明非常重要。第一项是在 1847 年，Bence Jones 在多发性骨髓瘤疾病（一种产生抗体的浆细胞单克隆恶性增殖性肿瘤）患者的尿液中成功地检查出一种蛋白。该蛋白在加热到 $40\sim$ 60℃时发生凝固，继续加热到 85℃时溶解，降温到 50℃左右时再次凝固，当时称其为凝溶蛋白，为纪念 Bence Jones，将这种蛋白称为本周蛋白（Bence Jones 蛋白），该蛋白本质上是抗体的片段（轻链）。癌变的 B 细胞克隆的大量增殖，必然导致大量瘤蛋白的产生。这些瘤蛋白可以是完整的抗体分子，也可能是抗体分子的某一片段（如轻链）。作为完整抗体分子的瘤蛋白，可称之为"天然单克隆抗体"。科学家从多名多发性骨髓瘤疾病患者的尿液中分离出很多不同的"天然单克隆抗体"，用于分析、比较氨基酸序列，研究抗体的分子结构。由于这种瘤蛋白含量高而纯，为研究单一特异性抗体提供了很好的来源。1959 年 R. R. Porter 从骨髓瘤中分离纯化这种瘤蛋白，并阐明了作为一种抗体形式的蛋白质分子结构。

第二项突破性研究是 1975 年德国学者 Georges J. F. Köhler 和英国学者 César Milstein 合作研究，将经绵羊红细胞免疫后的小鼠脾细胞与小鼠骨髓瘤细胞融合，建立了能持续分泌抗绵羊红细胞抗体的杂交瘤细胞，这种杂交瘤细胞能长时间存活并分泌单克隆抗体，从而创立了具有划时代意义的杂交瘤技术。Köhler 和 Milstein 也由于这一杰出的贡献获得了 1984 年诺贝尔生理学或医学奖。同源性抗体和抗体形成细胞可用于抗体分子氨基酸序列的测定，甚至分子克隆以及抗体的基因分析。同源抗体的纯化和抗体基因分析及克隆使以 X 射线衍射晶体分析法测定几种抗体分子和一些抗原与抗体复合物的三维结构得以实现，在抗体分子的结构和功能研究中发挥了重要作用。

2.2.1 抗体分子的基本结构

抗体包括具有共同结构和功能特性的一个糖蛋白大家族。功能方面，抗体可以结合可溶性抗原或微生物、细胞表面的抗原。结构方面，抗体由一个或几个 Y 字形结构特征的单元组成。每一个 Y 字形单元由两条完全相同的轻链（light chain，L 链，相对分子质量约为 24 000）和两条完全相同的重链（heavy chain，H 链，相对分子质量约为 55 000 或者 70 000），即四条多肽链组成（图 2-4）。根据 Y 字形单元的数量和重链类型，抗体被分为五类：IgG、IgM、IgD、IgE 和 IgA。人和小鼠的抗体亚类不同。在人类，有四个 IgG 亚类（IgG1、IgG2、IgG3、IgG4）和两个 IgA 亚类（IgA1、IgA2）。在小鼠，几乎没有例外，IgG 亚类是 IgG1、IgG2a、IgG2b 和 IgG3。而在 C57BL/6 和 NOD 小鼠中 IgG2c 代替 IgG2a。由于抗体独特的结构特征，每一类或亚类抗体有其独特的生物学特性。由于 IgG 只含有一个 Y 字形单元，而且在血清中的含量较其他类型多，所以最早用 IgG 研究抗体的重要结构特征。

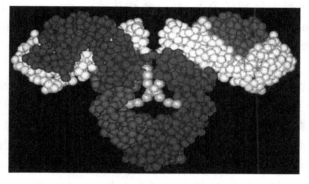

彩图 2-4

图 2-4　抗体分子的四肽链结构示意
（彩图请扫描二维码）

　　IgG 分子有 3 个蛋白结构域。两个完全相同的结构域形成 Y 的两个臂，每一个臂有一个抗原结合位点，所以 IgG 分子是二价的。第三个结构域形成 Y 的底部，对免疫反应效应功能很重要。三个结构域可以被木瓜蛋白酶水解分开。有抗原结合位点的结构域称为 Fab 片段，参与免疫学功能调节的结构域称为 Fc 片段。另外，胃蛋白酶裂解重链形成 F（ab′）2 片段和 Fc 片段。胃蛋白酶裂解位点位于 Fab 片段和 Fc 片段之间的铰链区（hinge region）。铰链区允许两个抗原结合位点侧向运动和旋转运动，这使得抗原结合位点与许多不同构型的相应抗原自由相互作用。

　　H 链和 L 链分别由单独的基因编码。在抗体产生 B 细胞内两条完全相同的 L 链（每一条 25 000）和两条完全相同的 H 链（每一条 50 000～75 000）的复合物形成完整的抗体分子，可以表达在细胞表面，也可以分泌形式呈现。L 链与 H 链由二硫键连接形成一个四肽链分子，称为免疫球蛋白分子的单体。单体是构成免疫球蛋白分子的基本结构。免疫球蛋白单体中四条肽链两端游离的氨基或羧基的方向是一致的，分别命名为氨基端（N 端）和羧基端（C 端）。一条 L 链的氨基端和一条 H 链的氨基端形成抗原结合位点。两条 H 链的羧基端折叠形成 Fc 结构域。

每条 L 链内部、每条 H 链内部、每一条 L 链与一条 H 链之间以及两条 H 链之间都存在二硫键；H 链和 L 链之间还存在非共价作用，主要是疏水相互作用。L 链和 H 链都含有一系列重复的、同源性的单元，每一单元大约有 110 个氨基酸残基，它们独立折叠成球状，称为球蛋白功能区（domain）。所有的 Ig 都含有两层带有 3 到 5 股反平行的多肽链的 β-折叠。

L 链含有大约 220 个氨基酸残基，被分成两个区，各含有 110 个氨基酸残基。通过众多 L 链序列的比较研究发现，L 链氨基端一半是异质性的，称为可变区（variable region，V 区），羧基端的一半称为恒定区（constant region，C 区）。氨基酸序列分析发现只有两种 C 区，分别构成 κ 链或 λ 链。小鼠编码 κ 链基因位于 6 号染色体，编码 λ 链基因位于 16 号染色体。

IgG H 链含有大约 440 个氨基酸残基，分为 1 个可变区和 3 个恒定区。每个结构域含有大约 110 个氨基酸残基。不同抗体的 H 链含有的恒定区数不同，如 IgM 的 H 链含有 4 个恒定区。小鼠编码 H 链的基因位于 12 号染色体。

抗体 H 链可变区和 L 链可变区形成抗原结合位点。可变区序列的异质性不是随机地分布在整个可变区，而是集中在与抗原接触的区域。许多变异发生在每一条链的 3 个短区域。每条 H 链可变和 L 链可变区各有 3 个超变区（hypervariable region，HVR）。超变区位于抗原、抗体结合时主要接触的氨基酸残基。由于超变区实际上是抗原结合位点，又叫互补决定区（complementarity determining region，CDR）。每一个 V 区被分成 3 个 CDR 和 4 个相对恒定的骨架区（framework region，FR）。3 个 H 链 CDR 和 3 个 L 链 CDR 构成一个抗原结合位点（图 2-5 和图 2-6）。

每条 H 链含有 4～5 个链内二硫键组成的环肽。不同的 H 链由于氨基酸组成的排列顺序、二硫键的数目和位置等的不同，其抗原性也不相同。根据 H 链抗原性的差异可将其分为 5 类：μ 链、γ 链、α 链、δ 链和 ε 链，不同 H 链与 L 链（κ 或 λ 链）组成完整的免疫球蛋白分子，分别称之为 IgM、IgG、IgA、IgD 和 IgE。γ、α 和 δ 链上含有 4 个结构域，μ 和 ε 链含有 5 个结构域。

抗体分子依据大小、带电量、溶解度及其与抗原的作用不同，可分为许多不同的类和亚类。免疫球蛋白本身有免疫原性，每个免疫球蛋白分子上带有多种抗原决定簇。将免疫球蛋白作为免疫原免疫异种动物、同种异体动物或在自身体内引起免疫应答，产生相应的抗体。这些抗免疫球蛋白抗体用血清学方法进行检测，可分为不同的型和亚型，称为免疫球蛋白的血清型。

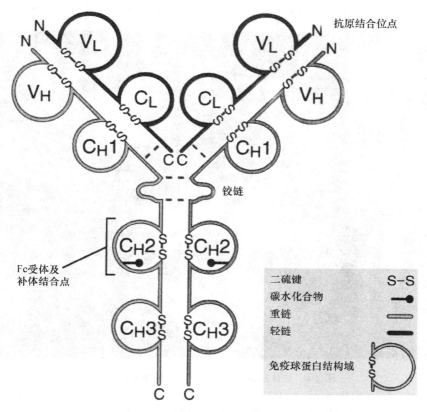

彩图 2-5

图 2-5 抗体的分子结构——IgG 分子的结构域

相毗邻的 H 链可变区(V_H)和 L 链可变区(V_L)形成抗原结合位点。补体结合部位和
Fc 受体结合部位位于 H 链恒定区。彩图请扫描二维码。

1. 同种型

同种型(isotype)是指同一种属的所有正常个体,其免疫球蛋白分子共同具有
的抗原特异性标志。同种型抗原决定簇主要存在于免疫球蛋白恒定区内。用血清
学方法检测发现,人类有 5 类不同的 H 链:α、δ、ε、γ 和 μ。根据 H 链 C 区的不同,
人类抗体分子可分为 IgA、IgD、IgE、IgG 和 IgM 五种类型(表 2-1)。每一类型都具
有相同的同种型,根据 C_H 氨基酸组成和 H 链间二硫键数目的差异将 IgA 和 IgG 又
分成几个亚类或亚型,分别称为 IgA1 和 IgA2,IgG1、IgG2、IgG3 和 IgG4。用希腊字
母命名相应亚型的抗体 H 链:α1(IgA1)、α2(IgA2)、δ(IgD)、ε(IgE)、γ1(IgG1)、
γ2(IgG2)、γ3(IgG3)、γ4(IgG4)和 μ(IgM)(表 2-2)。对鼠抗体的研究发现,鼠与人一
样具有相同的型,但 IgG 被分成 IgG1、IgG2a、IgG2b 和 IgG3 几个亚类。所有同型和

同亚型的抗体分子共有一段确定的氨基酸序列，但不同型或亚型的抗体间有所不同。

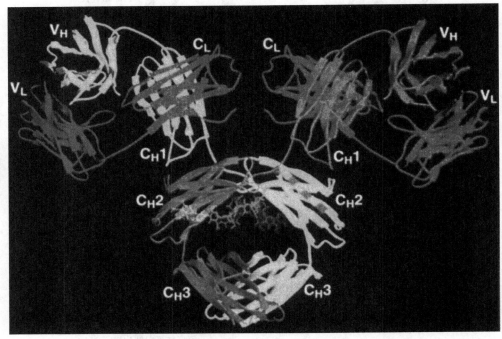

图 2-6　抗体的分子结构——IgG 的 Ribbon 模型

每一条 L 链折叠成两个结构域，每一条 H 链折叠成四个结构域。一个 H 链可变区（V_H）和一个 L 链可变区（V_L）形成抗原结合位点。碳水化合物附着在 H 链的第二个恒定区，并占据这一区域的空间。彩图请扫描二维码。

表 2-1　抗体类型特点

特点	IgG	IgM	IgA	IgE	IgD
H 链	γ	μ	α	ε	δ
L 链	κ 或 λ	κ 或 λ	κ 或 λ	κ 或 λ	κ 或 λ
分子组成	$\gamma_2\kappa_2$ 或 $\gamma_2\lambda_2$	$(\mu_2\kappa_2)_5$ 或 $(\mu_2\lambda_2)_5$	$(\alpha_2\kappa_2)_n$ 或 $(\alpha_2\lambda_2)_n$	$\varepsilon_2\kappa_2$ 或 $\varepsilon_2\lambda_2$	$\delta_2\kappa_2$ 或 $\delta_2\lambda_2$
Y 结构	单体	五聚体	单体、二聚体 或三聚体	单体	单体

续表

特点	IgG	IgM	IgA	IgE	IgD
效价	2	10	2,4 或 6	2	2
血清中浓度 /(mg · mL^{-1})	8～16	0.5～2	1～4	10～400	0～0.4
功效	再次应答	初次应答	黏膜保护	抗寄生虫感染 过敏反应	B 细胞 发育有关

表 2-2　人 IgG 亚类的特征

	IgG1	IgG2	IgG3	IgG4
H 链相对分子质量/10^3	52～54	52～54	60	52～54
碳水化合物质量分数/(%)	2～3	2～3	2～3	2～3
正常血清浓度/(mg · mL^{-1})	6.63±1.7	3.22±1.08	0.58±0.3	0.46
占总 IgG 量质量分数/(%)	60.9	29.6	5.3	4.2
κ/λ 比率	2.4	1.1	1.4	8.0
半衰期	21	20	7	21
H 链间二硫键数	2	4	15	2

　　根据 C_L 上同种型抗原决定簇的不同,将 L 链分为 κ 和 λ 二种型。人的 λ 型有 4 个亚型:$\lambda1$、$\lambda2$、$\lambda3$ 和 $\lambda4$。κ 链只有 1 型,但 κ 型有 3 个同种异型:κm(1)、κm(2) 和 κm(3)。在组成抗体分子时,2 条 L 链是同型的,不存在一条是 κ 型、另一条是 λ 型的情况。正常人血清中的 κ：λ 约为 2：1;而在小鼠的抗体分子中 κ 型约占 97%,差异较大。目前尚不了解 κ 型和 λ 型之间的功能差异。

　　2. 同种异型

　　同种异型(allotype)是指同一种属不同个体所产生的同一类型的免疫球蛋白,由于 H 链或 L 链恒定区内一个或数个氨基酸不同,而表现的抗原性差异。同种异型抗原决定簇与人类 ABO 血型类似,为人类某些个体所共有,但决不会为所有人所共有。γ、α、κ 链的同种异型标志分别称为 Gm、Am、Km 因子。

　　3. 独特型

　　独特型(idiotype,Id)是指不同 B 细胞克隆所产生的免疫球蛋白分子 V 区所具有的抗原特异性标志。独特型抗原决定簇由免疫球蛋白超变区特有的氨基酸序列和构型所决定(表 2-3)。

表 2-3　人免疫球蛋白分子上抗原决定簇的分类

分类		抗原性存在部位	举例
同种型	类	C_H	IgM、IgG、IgA、IgD、IgE
	亚类	C_H	IgG1~4,IgA1、2
	型	C_L	κ、λ
	亚型	$C_L(\lambda)$	λ1、λ2、λ3、λ4
同种异型		$C_H(\lambda1)$	G1ma(1)、x(2)、f(3)、z(17)
		$(\lambda2)$	G2mn(23)
		$(\lambda3)$	G3mb1(5)、c3(6)、b5(10)、b0(11)、b3(13)、b4(14)、s(15)、t(16)、g1(21)、c5(24)、u(26)、v(27)、g1(28)
		$(\lambda4)$	G4m 4a(1)、4b(1)
		$C_H(\alpha2)$	A2m1、2
		$C_H(\varepsilon)$	Em1
		$C_L(\kappa)$	Km1、2、3
独特型		VHVL	极多

（1）免疫网络学说（immune network theory）的提出。

1974 年丹麦的 Niels K. Jerne 根据现代免疫学对抗体分子独特型的认识,提出了著名的"免疫网络学说"。他认为抗体分子或淋巴细胞的抗原受体上都存在着独特型,它们可被机体内另一些淋巴细胞识别后诱发抗独特型（anti-idiotype,AId）。以独特型和抗独特型的相互识别为基础,免疫系统内构成"网络"联系,在免疫调节中起重要作用。由于 Jerne 对免疫学理论研究的贡献,与在单克隆抗体研究方面有突出贡献的德国的 Köhler 和英国的 Milstein 分享了 1984 年的诺贝尔生理学或医学奖。所以,免疫球蛋白的超变区、抗原结合部位和独特型抗原决定簇的物质基础是超变区特有的氨基酸序列和构型。

免疫网络学说认为在抗原刺激发生之前,机体处于一种相对的免疫稳定状态,当抗原进入机体后打破了这种平衡,导致特异抗体分子的产生,当特异抗体分子达到一定量时,将引起抗 Ig 分子独特型的免疫应答,即抗抗体的产生。因此抗体分子在识别抗原的同时,也能被其他抗体分子所识别。这一点无论对血流中的抗体分子还是存在于淋巴细胞表面作为抗原受体的 Ig 分子都是一样的。在同一动物体内,一组抗体分子可被另一组淋巴细胞表面抗独特型抗体分子所识别;而一组淋巴细胞表面抗原受体分子亦可被另一组淋巴细胞表面抗独特型抗体分子所识别。这样在体内形成了淋巴细胞与抗体分子所组成的网络结构。网络学说认为,这种抗抗体的产生在免疫应答的调节中起着重要作用,它使受抗原刺激增殖的克隆受到抑制,而不至于无休止地进行增殖,借以维持免疫应答的稳定平衡。

（2）独特型网络的细胞。

独特型决定簇存在于 Ig 的 V 区,也可存在于各类 T 细胞及 B 细胞的抗原识别受体的 V 区。因此在体内形成由独特型和抗独特型抗体分子组成的免疫网络。

就淋巴细胞来说,构成这种网络结构的淋巴细胞有四种类型。当抗原进入机体后可与相应的抗原反应细胞(antigen reactive cell,ARC)相结合,进行增殖、分化并产生抗体分子。这种抗原反应细胞可与另外三组淋巴细胞构成网络。一组是独特型反应细胞,即抗独特型淋巴细胞组,能识别抗原受体的独特型,具有抑制抗原反应细胞的作用。另一组能增强抗原反应细胞的作用,它的受体带有与抗原构型相同的独特型,因此也能被抗原反应细胞所识别,Jerne 称此组淋巴细胞为内影像组。内影像概念是免疫网络理论的重要组成部分。第三组淋巴细胞为非特异平行组,其抗原识别受体与抗原反应细胞不同,但独特型却与之相同。第三组细胞可促进独特型细胞的活性,可加强对网络的抑制作用。同样这三组淋巴细胞还各自通过其独特型的联系和其他淋巴细胞形成网络,如此不断扩展。所以机体对某一特定抗原应答不只表现为抗原反应细胞的应答,而是通过独特型联结起来的一个庞大的免疫网络整体反应,它们通过连续不断的识别过程,产生促进或抑制作用,以维持机体免疫应答的相对稳定状态(图 2-7)。

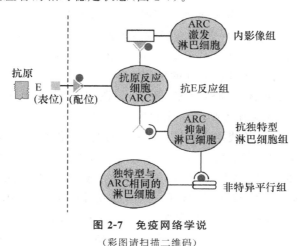

彩图 2-7

图 2-7　免疫网络学说
(彩图请扫描二维码)

（3）独特型网络理论的应用意义。

独特型理论为人工调控免疫应答提供了新的思路,特别是处于超敏状态下(如过敏症、自身免疫病和器官移植时),已有利用抗 Id 抗体的抑制作用进行实验治疗成功的报道。例如,用 B 大鼠的移植抗原注射 A 大鼠,自 A 大鼠获得抗体,用此抗体对 A 大鼠进行免疫,产生抗 Id 抗体,就可抑制由 T 细胞介导的对 B 移植抗原的排斥反应。这可能因为抗 Id 反应灭活了引起排斥反应的淋巴细胞,也就是抗 Id 封闭了 B 细胞受体上的 Id。另外一种完全不同的方法是应用抗原内影像的抗 Id 刺激抗原特异 T 抑制细胞活化,能阻断同一抗原上对其他抗原决定簇起反应的 B 细胞活化,这也就是抗原本身的桥梁作用。某些情况下也可应用抗原内影像,即抗 Id 代替抗原刺激产生抗体,以克服抗原不足的困难。这种情况用于抗原数量少、难以获得时,如某些寄生虫抗原、某些癌胚抗原、用化学合成方法得到的抗原或用基因克隆法得到的重组抗原、难以折叠成天然分子构型的蛋白质抗原。

独特型网络调节不仅在维持免疫应答的稳定平衡方面发挥着重要作用,而且在抗体制备中也有重要的指导意义。抗原免疫动物之前,动物体内处于相对稳定状态;抗原免疫动物后,机体产生免疫应答,抗原反应细胞增殖、分化为抗体形成细胞,产生和分泌抗体。随着抗体的分泌,对抗原的清除和免疫网络的调节,抗体的效价会下降。所以,在抗体制备过程中,检测血清抗体效价合格后,要适时采血。

2.2.2 可变区和恒定区

1. 可变区(V 区)

V 区位于 L 链靠近 N 端的 1/2(含 108~111 个氨基酸残基)和 H 链靠近 N 端的 1/5 或 1/4(约含 118 个氨基酸残基)的区域。每个 V 区中均有一个由链内二硫键连接形成的肽环,每个肽环含 67~75 个氨基酸残基。V 区氨基酸的组成和排列决定抗体的抗原结合特异性。由于 V 区中氨基酸种类的排列顺序千变万化,故可形成多种具有不同结合抗原特异性的抗体。

L 链和 H 链的 V 区分别称为 V_L 和 V_H。在 V_L 和 V_H 中某些局部区域的氨基酸组成和排列顺序具有较高的变化程度,这些区域称为超变区(HVR)。在 V 区中非 HVR 部位的氨基酸组成和排列相对比较保守,称为骨架区。V_L 中的超变区有三个,通常分别位于第 24~34、50~56、89~97 位氨基酸(图 2-8)。V_L 和 V_H 的三个 HVR 分别称为 HVR1、HVR2 和 HVR3。经 X 射线结晶衍射的研究分析证明,超变区确实为抗体与抗原结合的位置,即互补决定区(CDR)。V_L 和 V_H 的 HVR1、HVR2 和 HVR3 又可分别称为 CDR1、CDR2 和 CDR3,一般情况下 CDR3 具有更高的超变程度。超变区也是 Ig 分子独特型决定簇(idiotypic determinants)主要存在的部位。在大多数情况下 H 链在与抗原结合中起重要的作用。

2. 恒定区(C 区)

C 区位于 L 链靠近 C 端的 1/2(约含 105 个氨基酸残基)和 H 链靠近 C 端的 3/4 或 4/5 的区域(约从 119 位氨基酸至 C 末端)。H 链每个功能区含 110 多个氨基酸残基,含有一个由二硫键连接的 50~60 个氨基酸残基组成的肽环。这个区域氨基酸的组成和排列在同一种属动物 Ig 同型 L 链和同一类 H 链中都比较恒定,如人抗白喉外毒素 IgG 与人抗破伤风外毒素的抗毒素 IgG,它们的 V 区不相同,只能与相应的抗原发生特异性的结合,但其 C 区的结构是相同的,即具有相同的抗原性,应用马抗人 IgG 第二抗体(或称抗抗体)均能与这两种抗不同外毒素的抗体(IgG)发生结合反应。这是制备第二抗体,应用荧光、酶、同位素等标记抗体的重要基础。

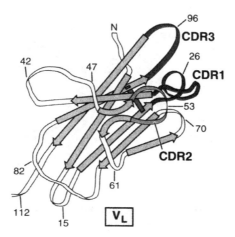

彩图 2-8

图 2-8 免疫球蛋白轻链可变区的结构示意

多肽链连续的折叠形成 β 片层,一个功能区形成两个 β 片层。三个序列上隔开的超变区聚集在可变区的一端,参与抗体的抗原结合位点的形成。彩图请扫描二维码。

2.2.3 抗体的其他成分

1. 连接链

连接链(joining chain,J 链)是在 IgA 和 IgM 中发现的一种相对分子质量为 15 000 的多肽。它是由合成 IgA 或者 IgM 的浆细胞产生的一种酸性糖蛋白,由 124 个氨基酸组成,含有 8 个半胱氨酸残基。在双体 IgA 和五聚体 IgM 分子中均含有一分子 J 链。J 链通过二硫键连接到 μ 链或 α 链的羧基端的半胱氨酸上。J 链可能在 IgA 二聚体或 IgM 五聚体组成、体内转运以及维持免疫球蛋白多聚体的稳定中具有一定的作用(图 2-9)。

2. 分泌片

分泌片(secretory piece,secretory component)是由黏膜上皮细胞合成的一种糖蛋白,是上皮细胞膜上的多聚免疫球蛋白受体的胞外区肽链部分,也可看作是双体 IgA 分子 J 链受体,可保护分泌型 IgA 免受蛋白酶的水解破坏(图 2-10)。

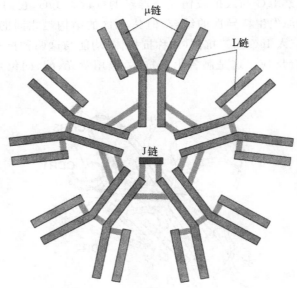

图 2-9　IgM 五聚体分子结构示意

（彩图请扫描二维码）

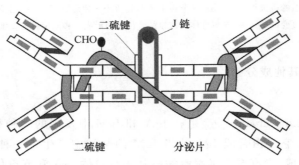

图 2-10　分泌型 IgA 的结构示意

（彩图请扫描二维码）

2.2.4　抗体分子的功能区

抗体的基本结构都是由两条相同的 H 链和两条相同的 L 链通过共价键连接形成的对称结构。抗体的 H 链由氨基末端的一个 V 区和羧基末端的 3 或者 4 个 C 区构成。抗体的 L 链由氨基末端的一个 V 区和羧基末端的一个 C 区构成。在抗体每一区域内都各有一个链内二硫键,并以此折叠成一个个彼此类似的、致密的球形结构,它是抗体的基本结构单位,行使自己独特的免疫学功能,称为"功能区"或"结构域"。每一个功能区大约有 110 个氨基酸残基。V 区的氨基酸组成和排列顺序随抗体特异性不同而有所变化,一条 H 链的 V 区(V_H)与一条 L 链的 V 区(V_L)形成一个抗原结合位点,所以一个抗体单体分子含有两个抗原结合位点。不同抗体之间序列的差异分别表现在 H 链和 L 链 V 区的三个 CDRs 上。从氨基端到羧基端分别是 CDR1、CDR2 和 CDR3,CDR3 是 CDRs 中最可变的,它产生序列多样性的遗传机制比 CDR1 和 CDR2 更多。V 区折叠成 Ig 的一个功能区是由 CDRs 附近的框架区序列所确定。抗体 L 链的 3 个超变区 CDR1、CDR2 和 CDR3 的氨基酸残基位置分别是:24~34、50~56 和 89~97(图 2-11)。H 链也有 3 个超变区 CDR1、CDR2 和 CDR3,其氨基酸残基的位置是:31~35、50~65 和 95~102。C 区的氨基酸组成和序列及含糖量方面都无大的变化,相对稳定。抗体的 H、L 链 C 区分别称为 C_H 和 C_L。L 链只有一个 C 区,而 IgG、IgA 和 IgD 的 H 链有 3 个 C 区:C_H1、C_H2 和 C_H3;IgM 和 IgE 有 4 个 C 区:C_H1、C_H2、C_H3 和 C_H4。抗体 H 链的 C 区与免疫系统的其他效应分子或细胞作用,调节抗体的生物学功能,并且通过其羧基末端结合到浆细胞或 B 细胞表面。抗体的 C 区不参与抗原识别。抗体分子可以看成是一个双功能蛋白质,结合抗原部位在抗体分子的 N 端的 V 区,执行生物学功能的部位在另一端,即 C 区。由于抗体分子的 C 区的结构差异,在发挥生物学功能方面,亦各有所长,如 IgG 和 IgM 可结合补体,使补体酶系被激活,产生溶菌、溶细胞效应;IgG 类可以通过胎盘进入胎儿体内,对胎儿起免疫保护作用,而其他抗体无此功能。

对抗体功能区的作用总结如下:

(1) V_L 和 V_H 是与抗原结合的部位,其中 HVR(CDR)是 V 区中与抗原决定簇(或表位)互补结合的部位。V_H 和 V_L 通过非共价相互作用,组成一个 F_v 区。单体 Ig 分子具有 2 个抗原结合位点,二聚体分泌型 IgA 具有 4 个抗原结合位点,五聚体 IgM 可有 10 个抗原结合位点。

(2) C_L 和 C_H 上具有部分同种异型的遗传标记。

(3) C_H2:IgG C_H2 具有补体 C1q 结合位点,能活化补体的经典活化途径。母体 IgG 借助 C_H2 部分可通过胎盘主动传递到胎儿体内。

(4) C_H3:IgG C_H3 具有结合单核细胞、巨噬细胞、粒细胞、B 细胞和 NK 细胞 Fc 段受体的功能。IgM C_H3(或 C_H3 与部分 C_H4)具有补体结合位点。IgE 的 $C_{\varepsilon}2$ 和 $C_{\varepsilon}3$ 功能区与结合肥大细胞和嗜碱性粒细胞 $Fc_{\varepsilon}RI$ 有关。

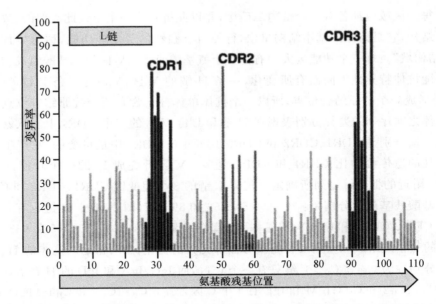

图 2-11　抗体轻链分子的超变区。最容易改变的氨基酸残基集中在三个超变区

在抗体 H 链分子结构的研究中，发现在 IgG、IgA 的 C_H1 与 C_H2 之间，IgM、IgE 的 C_H2 与 C_H3 之间有十几个氨基酸组成的灵活区域，称为铰链区。铰链区富含脯氨酸及其他亲水性氨基酸残基，有柔曲性，可以自由运动，能使抗体分子与不同距离的抗原决定簇结合，有利于抗体分子上两个抗原结合部位同时发挥作用，从而大大提高抗原-抗体分子间的亲和力。此外，铰链区也有利于暴露抗体分子上的补体结合位点而激活补体，并且铰链区的亲水性使其可暴露于液相，易于与各种专一性不同的蛋白酶接近，成为蛋白酶的酶切位点。H 链之间的二硫键恰好位于铰链区。

2.2.5　抗体分子的酶切片段

1．木瓜蛋白酶酶切片段

木瓜蛋白酶（papain）能够将 IgG 分子从铰链区二硫键的 N 端切断，得到三个片段，其中两个片段完全相同，具有抗原结合能力，称为 Fab 段（antigen-binding fragment）；另一个片段不能结合抗原，但能与细胞表面的抗体受体结合，在低温和低离子强度下容易形成结晶，称为 Fc 段（crystalisable fragment）。

2．胃蛋白酶酶切片段

胃蛋白酶（pepsin）能够将 IgG 分子从铰链区二硫键的 C 端切断，得到一个大分子片段和若干小分子多肽碎片。其中大分子片段为 Fab 双体,具有双价抗体活性,能与二个相应的抗原决定簇结合,称为 F(ab')2 段。小分子多肽碎片无生物活性,称为 pFc'段(图 2-12)。马血清抗毒素经胃蛋白酶处理后可去除大部分 Fc 段,降低免疫球蛋白的免疫原性,从而减少给人注射时的过敏反应。

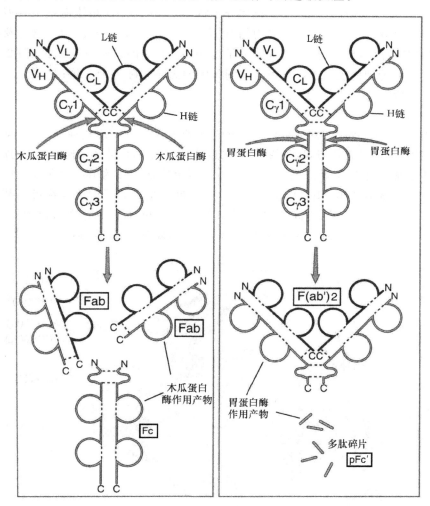

图 2-12　免疫球蛋白的酶解片段

木瓜蛋白酶在 IgG 铰链区 H 链链间二硫键近 N 端侧切断,得到两个 Fab 片段和一个 Fc 片段。
Nisonoff 等最早用胃蛋白酶裂解免疫球蛋白。在铰链区 H 链链间二硫键近 C 端切断,得到一个含有两个抗原结合位点的 F(ab')2 段和无生物活性的小分子多肽碎片,即 pFc'段。

2.2.6 抗体的生物学功能

1. 特异性结合相应抗原

抗体的超变区与抗原决定簇的立体结构必须吻合才能结合,抗体与抗原的结合具有高度的特异性(图 2-13)。抗体分子特异结合抗原后,在体内可介导多种生理和病理效应。二者通过非共价力结合,是可逆的,电解质浓度、pH、温度及抗体结构的完整性均可影响抗体与抗原的结合能力。IgG 的结合价是 2 价(图 2-14);IgM 的结合价理论上是 10 价,由于空间位阻的影响实际上为 5 价;双体 IgA 的结合价是 4 价。

2. 激活补体

当 IgG1、IgG2、IgG3 和 IgM 类抗体分子特异性结合相应抗原后,其构型发生变化,暴露补体结合位点,IgG 的 C_H2 或 IgM 的 C_H3 结合补体 C1q,经传统途径激活补体系统。对 IgG 而言,至少需要有两个以上密切相邻的 IgG 分子与相应抗原结合后方可激活补体。IgG4 和 IgA 等其他免疫球蛋白分子的凝聚物可经替代途径激活补体。人类天然的抗 A 和抗 B 血型抗体为 IgM,如果输血时血型不符合,会由抗原-抗体反应激活补体而发生溶血,导致迅猛而严重的输血反应出现。

彩图 2-13

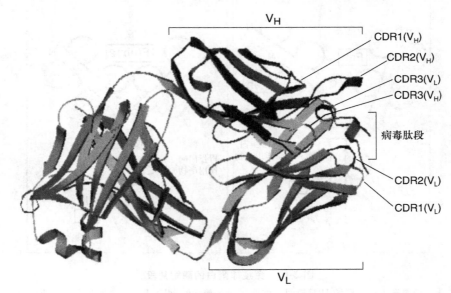

图 2-13　抗原-抗体复合物的结构

一个抗体的 Fab 片段与人鼻病毒的包膜蛋白结合形成复合物。包膜蛋白接近 V_L 的三个超变区和 V_H 的三个超变区。彩图请扫描二维码。

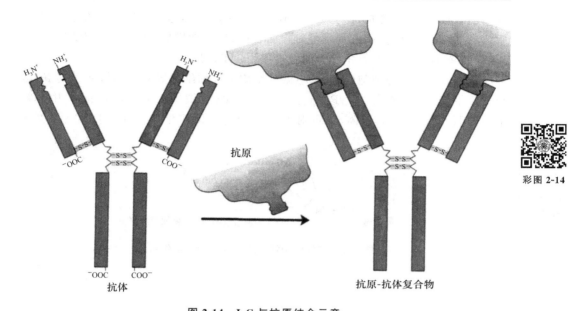

图 2-14　IgG 与抗原结合示意

IgG 的抗原结合部位在空间结构上与抗原决定簇互补。彩图请扫描二维码。

3. 结合 Fc 受体

免疫球蛋白经 V 区与相应抗原结合后,能通过其 Fc 段与多种细胞表面的 Fc 受体结合,激发不同的效应功能。

(1) 调理促吞噬作用。

IgG 分子与细菌等颗粒性抗原结合后,通过 Fc 段与单核吞噬细胞和中性粒细胞表面的相应受体(FcγR)的结合,促进其吞噬功能的效应称为调理作用。补体与抗体同时发挥调理吞噬作用,称为联合调理作用。中性粒细胞、单核细胞和巨噬细胞具有高亲和力或低亲和力的 FcγR Ⅰ(CD64)和 FcγR Ⅱ(CD32),IgG 尤其是人 IgG1 和 IgG3 亚类对于调理吞噬起主要作用。嗜酸性粒细胞有具亲和力的 FcγR Ⅱ,IgE 与相应抗原结合后可促进嗜酸性粒细胞的吞噬作用。一般认为抗体的调理机制是:① 抗体在抗原颗粒和吞噬细胞之间"搭桥",从而加强吞噬细胞的吞噬作用;② 抗体与相应颗粒性抗原结合后,改变抗原表面电荷,降低吞噬细胞与抗原之间的静电斥力;③ 抗体可中和某些细菌表面的抗吞噬物质(如肺炎双球菌的荚膜),使吞噬细胞易于吞噬;④ 吞噬细胞 FcγR 结合抗原-抗体复合物,吞噬细胞可被活化。

(2) 介导过敏反应。

IgE 的 Fc 段与肥大细胞和嗜碱性粒细胞表面的相应受体(FcεR)结合后,可使这些细胞致敏,并在变应原(过敏原)作用下,使这些细胞脱颗粒释放生物活性物质,如组胺、缓激肽等,引起局部毛细血管扩张,通透性增加,激发 I 型超敏反应。

(3)抗体依赖性细胞介导的细胞毒作用(ADCC)。

IgG 与相应的靶细胞(如病毒感染的细胞或肿瘤细胞等)结合后,通过其 Fc 段与 NK 细胞上相应受体(FcγR)结合,可发挥 ADCC 效应。单核吞噬细胞、中性粒细胞表面具有 IgG Fc 受体,也可对上述结合 IgG 的靶细胞产生 ADCC 效应(图2-15)。

彩图 2-15

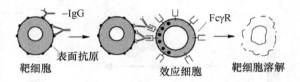

图 2-15　抗体依赖性细胞介导的细胞毒作用
(彩图请扫描二维码)

4. 穿过胎盘

在五类免疫球蛋白中,IgG 是唯一能从母体通过胎盘转移到胎儿体内的免疫球蛋白,婴儿通过这种方式获得的免疫称为天然被动免疫。研究表明,母体内 IgG 可能是通过与胎盘滋养层细胞表面相应受体(FcγR)结合后转运到胎儿体内的。

5. 免疫调节

抗体对免疫应答具有正、负两方面的调节作用,同时还可通过独特型与抗独特型网络参与机体的免疫调节(参见免疫网络学说)。

2.3　特异性免疫应答过程

在正常情况下,机体在接触外源性抗原刺激后,产生特异性免疫应答。根据介导免疫应答的成分特异性,免疫应答分为体液免疫(humoral immunity)和细胞免疫(cellular immunity)。以抗体分子介导的免疫效应,称为体液免疫,可通过无细胞成分的血液,即血浆或血清传递给未免疫者(也称未接触者)。抗体分子能特异性地识别抗原,通过效应细胞清除抗原。细胞免疫是由 T 淋巴细胞介导的,可通过细胞从已免疫者传递给未免疫者,而不需要血清或血浆。体液免疫是防御细胞外微生物及其毒素的主要机制,因为抗体能与这些分子结合,使其破坏。而细胞内微生物(如病毒和某些在宿主细胞内增生的细菌)不能与循环系统中的抗体结合。这些抗感染的防御机制主要是细胞介导的免疫,通过促进在细胞内将微生物破坏或溶解感染的细胞来执行的。

2.3.1 特异性免疫应答的特点

① 特异性免疫应答对不同的抗原具有特异性;② 不同的淋巴细胞克隆的抗原受体结构不同,使得特异性免疫应答表现出多样性;③ 特异性免疫应答具有记忆性,B 细胞被激活,增生分化为抗体形成细胞(AFC)和记忆 B 细胞(Bm),当再次接触同一抗原时,免疫反应比第一次更快、更强,有质的区别;④ 特异性免疫应答能区分自我和非我,在正常情况下不与具有抗原性的自身成分发生反应,即对自身成分免疫耐受(图 2-16)。

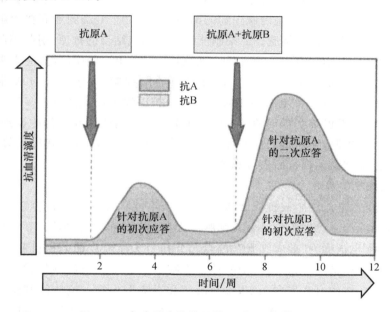

图 2-16 免疫反应的特异性、记忆和自我限制

A 和 B 两种不同的抗原诱导产生不同的抗体(免疫反应的特异性)。对 A 抗原的第二次免疫应答比第一次更快、更强(记忆)。随着每次免疫后时间的延长,抗体水平降低。

2.3.2 特异性免疫应答的阶段

特异性免疫应答分为识别阶段、激活阶段和效应阶段。

1. 免疫应答的识别阶段

免疫应答的识别阶段是指成熟淋巴细胞上特异性抗原受体与抗原结合的过程。B 细胞是体液免疫细胞,在其表面能表达与外源性可溶性蛋白、多糖和脂类结合的抗体分子。T 细胞能参与细胞免疫,它表达的受体只能识别蛋白质抗原的小肽序列。而且,T细胞有其独特的性质,能识别其他细胞表面的肽类抗原,并与之反应。

2. 免疫应答的激活阶段

免疫应答的激活阶段是在识别特异性抗原后随之而来的一系列反应。所有淋巴细胞在对抗原的应答中都要经历两个主要变化。首先是增殖,抗原特异性淋巴细胞克隆增殖并增强保护性反应。其次,淋巴细胞从具有识别功能的细胞分化成具有清除抗原功能的细胞。这样,能识别抗原的B细胞,即分化成抗体分泌细胞,并分泌结合可溶性(细胞外)抗原的抗体,触发清除抗原的机制。有些T细胞分化成能激活巨噬细胞杀灭细胞内微生物的细胞,而另一些T细胞能直接溶解外源性抗原,如含有病毒蛋白的细胞。T细胞能识别与细胞结合的抗原,引起细胞免疫的T细胞应答,是抗细胞内微生物有效的免疫应答。淋巴细胞的激活通常需要两种信号:一种是由抗原提供的;另一种可以由辅助细胞(helper cell)或辅佐细胞(accessory cell)提供。在触发少量细胞对某一抗原发生反应并行使多种功能清除抗原的过程中,淋巴细胞激活的两个阶段十分重要。首先是免疫细胞识别抗原,触发大量的扩增机制,快速增加抗原特异性应答细胞的数目,减少其他无关的细胞;其次是淋巴细胞移动到抗原入侵和免疫应答部位。

3. 免疫应答的效应阶段

在该阶段,淋巴细胞被抗原激活,行使其清除抗原的功能。在免疫应答的效应阶段发挥功能的淋巴细胞称为效应细胞。许多效应细胞行使功能需要其他非淋巴样细胞(通常也被称为"效应细胞")的参与并执行天然免疫的防御机制。例如,抗体与外源性抗原结合,增强血液中的单核吞噬细胞和中性粒细胞的吞噬作用。抗体也能激活补体的血浆蛋白系统,参与溶解和吞噬微生物。抗体能刺激肥大细胞脱颗粒、释放抗感染介质并作用于急性炎症的血管成分。被激活的淋巴细胞分泌的激素称为细胞因子(cytokine),它们能增强吞噬细胞的功能和刺激炎症反应。吞噬细胞、补体、肥大细胞、细胞因子和介导炎症反应的白细胞都是天然免疫的成分,因为它们都不能特异性地识别和区分不同的外源性抗原,甚至没有特异性免疫应答。这样,特异性免疫的效应阶段说明了一个基本概念,特异性免疫应答能增强各种效应机制并集中作用在外源性抗原部位,这些效应机制即使在缺乏淋巴细胞激活的情况下也能发挥作用。

机体初次接触抗原后,激发体液免疫应答反应。在巨噬细胞(M_Φ)和辅助T细胞(Th)的作用下,B细胞被激活,增殖分化为抗体形成细胞(AFC)和记忆B细胞(Bm)。AFC产生特异性抗体。由于初次反应时,只有少量对该抗原特异的免疫活性细胞(ICC)被诱导而增殖分化为AFC。随着抗原的消耗,抑制性T

细胞(Ts)的激活和循环抗体的反馈抑制作用,AFC 减少,抗体滴度很快下降。因此,初次反应的抗体持续时间较短,亲和力也较低,多无实际应用价值。机体再次受同一抗原刺激后,对该抗原特异性的 Bm 迅速增殖分化为 AFC,产生特异性抗体。Th 的记忆细胞也加快反应的进行,在抗原作用 1～2 天后,抗体滴度迅速上升。抗体合成率为初次反应的几倍到几十倍。Bm 表面有大量高亲和力的抗原受体(主要为 IgG 和 IgD 型受体),因此,二次反应产生的抗体主要是高亲和力的 IgG。

2.4　免疫球蛋白的基因及其表达

　　根据克隆选择学说,由于具有不同抗原特异性的淋巴细胞在引入抗原之前就已发育,而产生巨大抗体多样库所需的信息就表达在每一个体的 DNA 中。人类基因组中有效基因的总数有 3 万～5 万个,如果每一 Ig 的 H 链和 L 链是由单一的基因所编码,人体内 B 细胞克隆的总数在 10^{12} 以上,就需要一半以上能编码功能性蛋白质的基因组来产生 10^{12} 种特异性抗体,很显然并非如此。每一 Ig H 链和 L 链的多肽并非是由胚系基因组中连续的 DNA 序列所编码的。相反,B 细胞已具有特别有效的遗传机制,能从有限数量的 Ig 基因中产生巨大的多样库。每一个体能产生的抗体特异性的总和,称为抗体库(antibody repertoire),它反映了在抗原性刺激的应答中,所有 B 细胞克隆能够合成和分泌 Ig 的能力。

　　Ig 的 V 区的氨基酸序列具有独特性,不同的抗体之间彼此不同,C 区的氨基酸序列在同一类 Ig 的 L 链间或者 H 链间相对保守。这种既具有共享氨基酸序列,又具有独特的氨基酸序列的多肽合成的遗传机制是什么? 加利福尼亚工程学院的 William Dreyer 和亚拉巴马大学的 J. Claude Bennett 于 1965 年提出假设,认为每一条抗体链实际上至少由两个分隔存在的基因所编码,一个是可变的,另一个是恒定的。在淋巴细胞发育过程中,这两个基因发生易位而重排在一起,并且这两个基因在 DNA 或 mRNA 水平上连接翻译成功能性免疫球蛋白。1976 年,在瑞士巴塞尔研究所工作的美籍日本学者利根川进(Susumu Tonegawa)及其同事进行的一项具有里程碑意义的研究证实了该假说。而利根川进也因在免疫球蛋白基因结构研究方面有重大突破而获得 1987 年诺贝尔生理学或医学奖。利根川进及同事在一种产生抗体的骨髓瘤或浆细胞瘤的研究中,发现其细胞的 Ig 基因结构与其他不承担 Ig 合成的胚胎细胞的 Ig 基因不同。这一发现已由 Southern 点杂交技术所证明。该技术已被用于检查经酶消化的 DNA 片段的大小。借助这种方法可以看到,在产生和不产生抗体的细胞中,Ig 基因的 DNA 片段大小不同(图 2-17)。

对这种 DNA 片段大小不同的解释是,任何 Ig L 链或 H 链的 V 区和 C 区均由不同的基因片段所编码。这些基因片段在胚胎细胞中的定位相隔较远,而在承担抗体合成的细胞,如 B 细胞中却联结在一起。这样,Ig 基因在 B 细胞的个体发育中经历了 DNA 的重排或重组的过程。

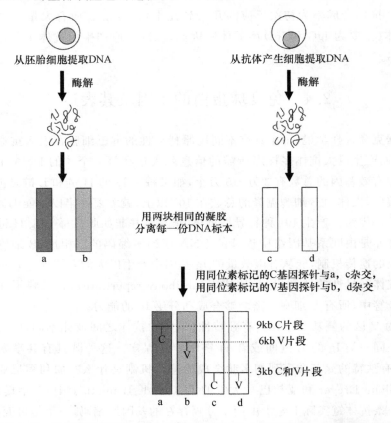

图 2-17　利根川进用实验证明 B 细胞发育过程中,V 基因和 C 基因发生重排

Ig 的分子由 *IGK*、*IGL* 和 *IGH* 基因编码。人 *IGK*、*IGL* 和 *IGH* 基因分别定位于不同的 2、22 和 14 号染色体。小鼠 *IGK*、*IGL* 和 *IGH* 基因分别定位于不同的 6、16 和 12 号染色体(表 2-4)。编码一条 Ig 多肽链的基因是胚系中数个分隔开的 DNA 片段(基因片段)经重排而形成。1965 年 Dreyer 和 Bennett 首先提出假说,认为 Ig 的 V 区和 C 区由分隔存在的基因所编码,在淋巴细胞发育过程中这两个基因发生易位而重排在一起。

表 2-4　Ig 基因定位

编码多肽链	基因符号（人）	基因染色体定位	
		人	小鼠
κ L 链	IGK	2	6
λ L 链	IGL	22	16
H 链	IGH	14	12

2.4.1　免疫球蛋白基因的结构

Ig H 链基因是由 V、D、J 和 C 四种不同基因片段所组成，Ig L 链基因是由 V、J 和 C 三种不同的基因片段所组成（图 2-18）。

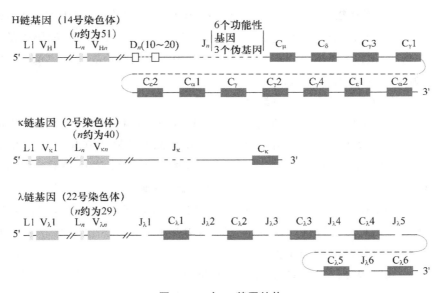

图 2-18　人 Ig 基因结构

1. Ig H 链可变区（V 区）基因

人类 H 链基因座位于 14 号染色体。H 链可变区基因是由 V、D、J 三种基因片段经重排后所形成。编码 H 链 V 区基因长 1000～2000 kb，包括 V、D、J 三组基因片段。每个 V 基因上游有 L 基因片段，编码 20～30 个疏水性氨基酸的先导序列（或称信号肽）。在小鼠的 12 号染色体上有 300～1000 个 V 区、13 个 D 区和 4 个 J 区形成 H 链基因簇。

（1）H 链 V 基因片段。

根据小鼠 V_H 基因片段核酸序列的相似性（＞80％同源性）可分为 9 个家族（family），每个家族含有 2～60 个成员不等，小鼠 V_H 家族多为集群分布。人 V_H 基因片段 65 个，至少可分为 V_H1～V_H7 7 个家族，同一个家族的片段并不在一起，多与其他家族混杂分布。V_H 基因片段编码 H 链可变区约 98 个氨基酸残基，包括互补决定区 1 和 2（CDR1 和 CDR2）。

（2）H 链 D 基因片段。

D（diversity）指多样性。在 Ig 基因结构中，D_H 基因片段在 V_H 基因的 3′端，仅存在于 H 链基因而不存在于 L 链基因中。D 基因片段编码 H 链 V 区大部分 CDR3。人类 D_H 片段有 27 个。

（3）H 链的 J 基因片段。

J（joining）指连接。J 基因片段是连接 V 和 C 基因的片段，位于 D_H 基因的 3′端。J_H 编码 15～17 个氨基酸残基，包括 H 链 V 区 CDR3 中除 D_H 编码外的其余部分和第四骨架区。人有 9 个 J_H 基因片段，其中 6 个是有功能的。CDR3 对 Ig 特异性最为重要，可变程度相对也较大。

2. Ig 的 H 链恒定区（C 区）基因

H 链恒定区基因由多个外显子组成，位于 J 基因片段的下游，至少相隔 1.3 kb。每个外显子编码一个结构域，铰链区由单独的外显子所编码，但 α 型 H 链的铰链区是由 C_H2 外显子的 5′端所编码。大多数分泌的 Ig 的 H 链 C 端片段或称尾端（tail piece）是由最后一个 C_H 外显子的 3′端所编码的，而 δ 链的尾端由一个单独的外显子所编码。小鼠 C_H 基因约占 2000 kb，其外显子从 5′端到 3′端排列是 5′-Cμ-Cδ-Cγ3-Cγ1-Cγ2b-Cγ2a-Cε-Cα-3′。人 C_H 基因有功能的片段为 9 个，排列的顺序是 5′-Cμ-Cδ-Cγ3-Cγ1-Cα1-Cγ2-Cγ4-Cε-Cα2-3′。基因片段 Cγ3-Cγ1-Cε2（ψCε，假基因）-Cα1 和基因片段 Cγ2-Cγ4-Cε-Cα2 可能是一个片段经过复制而得，为研究 C 区基因的起源和进化提供有用的依据。每个 C 基因包括几个外显子，编码 C 区中相应的结构域。

3. Ig 的 κ 链基因

人类 κ 基因座位于 2 号染色体，Vκ 基因片段有 40 个，编码 V 区 N 端的 1～95 位氨基酸，包括 CDR1、CDR2 和部分 CDR3。根据核苷酸同源性，Vκ 可分 VκⅠ～VκⅦ 7 个家族或亚群（subgroup）。Jκ 基因位于 Vκ 基因的 3′端，Jκ 片段有 5 个，编码 V 区靠近 C 端的第 96～108 位氨基酸，Jκ 与最后一个 Vκ 基因片段的 3′端相距 23 kb，但与 Cκ 外显子靠近。Cκ 只有一个，编码 C 区（第 109～214 位氨基酸），所

有 κ 轻链具有同一结构的 C 区。

4. Ig 的 λ 链基因

人类 λ 基因座位于 22 号染色体,Vλ 有 30 个,可分为 Vλ1～Vλ10 10 个家族,其中 Vλ1～Vλ3 是主要的家族,在进化上比较保守。Jλ 基因片段和 C 基因片段的分布格局不同于 H 链和 κ 链基因,即 Jλ 与 Cλ 成对排列,4 个 Jλ 和 4 个 Cλ 基因片段分别形成 Jλl-Cλ1、Jλ2-Cλ2、Jλ3-Cλ3 和 Jλ4-Cλ4 的排列顺序。

2.4.2　免疫球蛋白基因的重排

1. 重组信号序列

κ,λ 和 H 链基因的明显特征之一是这些基因的组织在不同的细胞中不同。合成功能性 κ 链的细胞的 κ 基因不同于不表达 κ 链的细胞的 κ 基因。在胚系 DNA 和非 B 细胞 DNA 中,编码 κ 链可变区和恒定区的基因相隔几百 kb。在这些细胞中 κ 基因沉默。在 B 细胞分化过程中,κ 链可变区和恒定区之间的 DNA 被移除,编码 κ 链可变区和恒定区的基因连接在一起形成一个功能性基因。有大约 200 个不同的 κ 链可变区基因和 1 个恒定区基因。在成熟的 B 细胞中,1 个 κ 链可变区基因和 1 个恒定区基因重组在一起,形成一个功能基因。可变区的选择受遗传和表观遗传因素的影响,由 B 细胞发育阶段确定时间。

对可变区和恒定区基因的重组位点的进一步研究发现,可变区和恒定区基因不是简单的连接,在二者之间有一个连接片段,叫作 J 区(J region)。重组发生在 5 个 J 区之一的上游,产生一个 V 区-J 区-C 区的排列,形成一个功能 κ 基因。重组不是总发生在相同的核苷酸,导致在 V-J 连接处氨基酸序列的变异。虽然有 5 个 J 区,但 J3 有突变的供体拼接,不能产生功能性 mRNA。所以在成熟 κ 链,只能是 200 个 V 区基因和 4 个 J 区基因之间重组,纯合子小鼠能产生近 800 种不同的 κ 链。

在胚系 DNA 中,编码 λ 基因的区域含有 2 个 V 区基因和 4 个 C 区基因。每一个 C 区基因与单一的 J 区基因配对。重组发生在 V 区和 J 区之间。两个 V 区不是在 4 个 C 区的上游,而是彼此分开。每一个 V 区与两个 J-C 区配对。DNA 序列分析,J4 有一些突变,阻止 mRNA 的产生。下游的 V 区与上游的 C 区发生重组,因此可能产生 5 种不同的 λ 链。

除了 V、J、C 区之外,重链还含有 D 区(diversity region)。D 区在 V 区和 J 区之间。形成一个功能性 H 链基因需要两次 DNA 的重排:一次是 D 区和 J-C 区的连接;另一次是 V 区和 D 区的连接。在小鼠的 12 号染色体上 300～1000 个 V 区、

13 个 D 区和 4 个 J 区形成 H 链基因簇。然而 D 区在所有三个阅读框中都能产生功能蛋白，由于重组事件不精确，D 区能编码更多的不同序列。许多实验证明第一次重组连接 D 区和 J 区，然后 V 区、D 区重组。多个区产生大量不同的 H 链，在纯系小鼠，至少有产生 7200 种 H 链的可能性。

Ig 胚系基因中 H 链 V、D 和 J 基因片段，以及 L 链 V 和 J 基因片段是通过基因片段的重排（rearrangement）而形成 V 基因的，重排过程主要由一组重组酶识别 V、(D)、J 基因片段两侧的重组信号序列，再通过切断和修复 DNA 而实现的。

（1）重组信号序列。

重组信号序列（recombination signal sequence，RSS）是由寡核苷酸组成的七聚体（heptamer）（5′-CACAGTG-3′）、九聚体（nonamer）（5′-ACAAAAACC-3′），以及两者之间较少保守性的间隔序列（spacer）所组成。间隔序列的碱基数为 12 或 23，此长度恰好允许 DNA 螺旋绕成一圈或两圈，得以使七聚体和九聚体靠近。在重组酶的识别和作用下，带有 12 bp 间隔序列的 RSS 基因片段只能和带有 23 bp 间隔序列的基因片段结合，保证了基因片段的正确连接，此现象称为"12-23 规则"（图 2-19，2-20）。

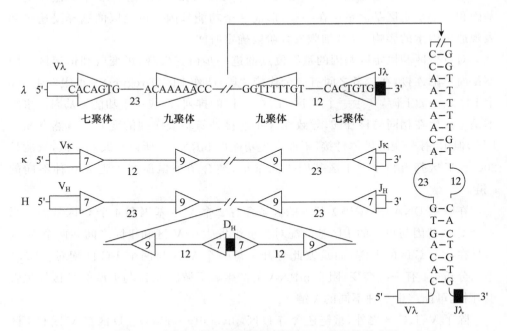

图 2-19　参与 Ig 基因重组酶识别的 DNA 重组信号序列

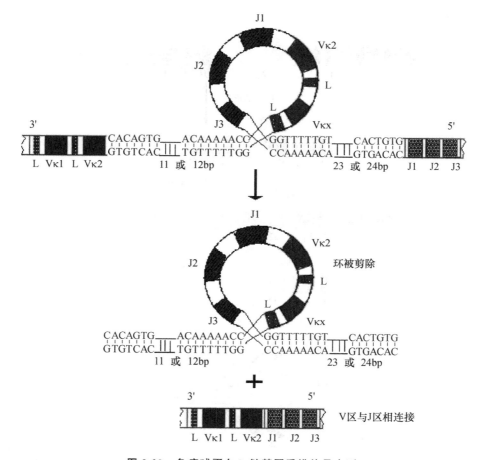

图 2-20　免疫球蛋白 L 链基因重排信号序列

一个 *IGκV* 基因和一个 *IGκJ* 基因片段通过其两侧的 11 或 12 bp RSS 和 23 或 24 bp RSS 被拉拢在一起,它们之间的 DNA 形成环状并被剪除,*IGκV* 基因和 *IGκJ* 基因之间被修复酶连接在一起。

（2）重组信号序列与 H 链 V、D、J 基因片段重排。

H 链 V_H 基因片段 3′端和 J_H 基因片段的 5′端都是带有 23 bp 间隔序列的 RSS,而 D_H 基因片段在 5′和 3′端都为带 12 bp 间隔序列的 RSS,这种结构特点不允许 H 链 V、J 基因片段直接发生重排。现已知,H 链 V、D、J 片段重排的顺序是:先 D_H-J_H 重排,然后 V_H-$D_H J_H$ 重排(图 2-21)。

（3）重组信号序列与 L 链 V、J 基因片段重排。

以 Vλ 链为例,Vλ 基因片段 3′端的 RSS 带有 23 bp 间隔序列,Jλ 基因片段 5′端是含有 12 bp 间隔序列的 RSS。因此 L 链基因的 V、J 片段可实现直接的连接

(图 2-22)。

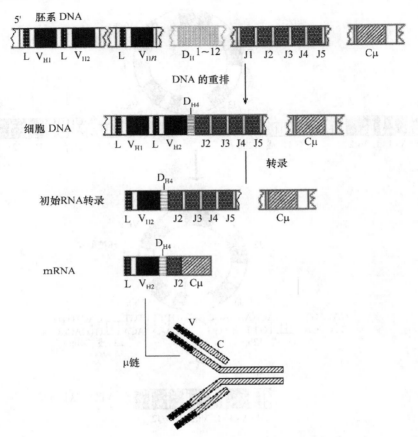

彩图 2-21

图 2-21　免疫球蛋白 H 链 V-D-J 基因重排
（彩图请扫描二维码）

2．V(D)J 重组酶

重组酶(recombinase)是一组参与 V、(D)、J 基因片段重组的酶,包括以下几种。

(1) 重组激活酶 RAG-1 和 RAG-2。

重组激活基因(recombination activating gene,RAG)编码的重组激活酶 RAG-1 和 RAG-2 形成的复合物是一种内切酶,只表达在 T 和 B 细胞不成熟阶段,在 B 细胞主要表达在 B 细胞前体至前 B 细胞。RAG-1/RAG-2 以二聚体方式特异性识别 RSS 和切断七聚体的一侧。RAG-1/RAG-2 基因敲除小鼠,由于淋巴细胞在发育过程中丧失 BCR 和 TCR 基因重排能力,因而不能发育成为成熟的 B 细胞和 T 细胞。

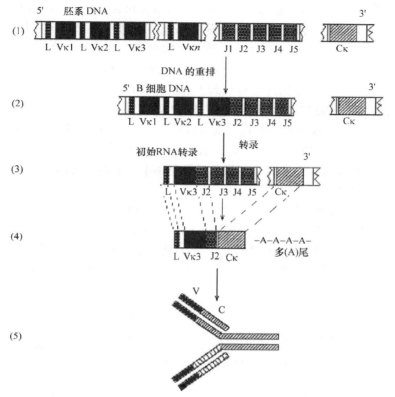

图 2-22 DNA 重排形成编码免疫球蛋白 κ 链的功能基因

(1) 胚系 DNA；(2) V 基因和 J 基因的随机重组决定多肽的氨基酸序列；(3) 形成初级 RNA 转录本；(4) 经过加工形成成熟的 mRNA；(5) 翻译产生免疫球蛋白 κ 链。

(2) 末端脱氧核苷酸转移酶。

末端脱氧核苷酸转移酶（terminal deoxynucleotidyl transferase，TdT）表达于 B 细胞前体，此酶可将数个核苷酸通过不需要模板的方式加到 DNA 的断端。

除 RAG-1/RAG-2 和 TdT 外，还有切开发夹结构的内切酶，参与修复 DNA 双链断端的 DNA 外切酶、DNA 合成酶等，如 DNA 连接酶Ⅳ（DNA ligase Ⅳ）、DNA 依赖的蛋白激酶（DNA-dependent protein kinase，DNA-PK），与 DNA 紧密相关的 Ku70/Ku86 二聚体。DNA-PK 缺陷小鼠由于编码 V 区基因片段之间的连接发生障碍而导致重症联合免疫缺陷（SCID）。

3. V(D)J 重排

(1) V(D)J 重排的顺序。

在 B 细胞分化过程中，H 链基因先发生重排，重排成功就能单独表达 H 链。

H 链基因重排后方开始 L 链重排,一般 κ 链基因先重排,并表达 κ 轻链,与 μ 链组装,在未成熟 B 细胞上最先出现单体膜型 IgM(mIgM);如果 κ 链重排失败(non-productive rearrangement),就转为 λ 链基因的重排。在 B 细胞发育过程中,祖 B 细胞中就开始重链基因的重排,先 D-J 重排,后 V-DJ 重排。在重链基因重排开始时,两条染色体上的 D 基因片段移位到 J 基因片段而发生 D-J 基因的连接。此后,只有一条染色体上的 V 基因片段与 DJ 基因片段发生重排。在一条染色体上重排成功后产生 μ 链,B 细胞发育便进入前 B 细胞阶段,此时轻链基因开始重排。只要有一条染色体重排成功表达 κ 轻链,B 细胞膜上就出现 mIgM(μ2κ2),进入未成熟 B 细胞(immature B cell)阶段。如果两条染色体上的 κ 链基因都重排失败,则启动 λ 轻链基因的重排。

（2）V、D、J 区的重排产生大量不同的重链和轻链多肽序列。

H 链和 L 链的 V 区本身含有编码 CDR1 和 CDR2 的序列。重组连接产生的序列编码第三个 CDR。由于 CDR 是主要的抗原结合位点,重组导致各种不同的 CDR,而且重组总是不精确,导致 CDR3 的多样性(V、D、J 区的重排产生大量不同的 H 链和 L 链多肽序列)(图 2-23)。

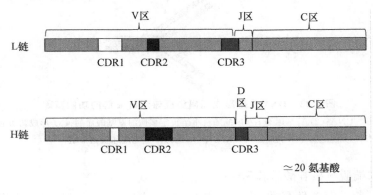

彩图 2-23

图 2-23 免疫球蛋白的 H 链和 L 链重排及重组 CDRs
（彩图请扫描二维码）

4. V(D)J 与 C 基因片段的重排和 Ig 类别转换

1964 年 Nossal 等发现 B 细胞存在着类别的转换。Ig 类别转换(class switch)或称同种型转换(isotype switch)是指一个 B 细胞克隆在分化过程中 V_H 基因(VDJ)保持不变,而按一定顺序与不同的 C_H 基因片段分别发生重排。比较与不同 C_H 基因片段重排后基因编码的 H 链,它们的 V 区相同,而 C 区不同,即识别抗原特异性不变,而 Ig 类或亚类发生改变。这种类别转换在无明显诱因下可自发产生,当抗原激活 B 细胞,无论是膜表面 Ig,或是所分泌的 Ig,可从 IgM 转换成 IgG、

IgA 或 IgE 等类别或亚类。Ig 类别转换可能通过以下两种方式实现。

（1）缺失模型（deletion model）。

以小鼠 C_H 基因为例，如 $C\mu$ 和 $C\delta$ 基因片段被缺失，那么先前重排的 VDJ 就会按照顺序与下一个 C_H 基因即 $C\gamma3$ 发生重排，经转录和翻译后，编码 $\gamma3$ 重链；如缺失所有的 γ 链亚类基因片段，依次会产生 ε 重链。上述模型通过被刺激后的小鼠的 B 细胞在体外培养中产生 Ig 类别的顺序得到证实，即先产生 IgM，然后依次产生 IgG3 和 IgGl 等。转换区（switch region），即 S 区，是 H 链基因组内含子中的一段重复性 DNA 序列，与 Ig 类和亚类的转换有密切的关系。除 $C\delta$ 外，各个恒定区基因片段上游都有 S 区，分别命名为 $S\mu$、$S\gamma1$、$S\alpha$ 和 $S\varepsilon$ 等。S 区内含有众多串联的高度保守的 DNA 重复序列，如 $S\mu$ 的结构为 $[(GAGCT)_n \, GGGGT]_m$，其中 n 一般为 2～5，通常为 3，有时多达 7，m 可达 150。当 B 细胞合成 IgG1 时，$S\mu$ 与 $S\gamma1$ 首先发生结合，在两者之间的 $C\mu$、$C\delta$ 和 $C\gamma3$ 基因片段被环出（looping out），由先前重排好的 V 区基因（VDJ）与 $C\gamma1$ 基因片段重排，转录成初级 RNA 转录本，剪切成 mRNA，翻译为 H 链 $\gamma1$。在小鼠中，B 细胞经 T 细胞非依赖性活化常发生 $S\mu$/$S\gamma3$ 或 $S\mu$/$S\gamma2b$ 的重组，因而 LPS 活化小鼠 B 淋巴母细胞，分泌的 Ig 从 IgM 转换为 IgG3 和 IgG2b。在 B 细胞类别转换时可以不止转换一次，通过分别转换到不同的 C 基因，从而表达不同的 Ig 类或亚类（图 2-24）。

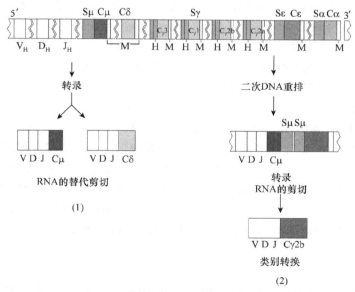

彩图 2-24

图 2-24　免疫球蛋白 H 链的类别转换

（1）RNA 水平的替代剪切可产生不同的 Ig 类型；（2）在发生二次重排的情况下，通过缺失模型实现类别转换。彩图请扫描二维码。

（2）RNA 的可变剪接。

除 DNA 水平缺失模型使 Ig 类别发生转换外，RNA 水平的替代剪切（alternative splicing）也可产生不同的 Ig 类型。Cμ 和 Cδ 基因片段之间无 S 区，IgM 和 IgD 共表达的 B 细胞系 DNA 分析表明，Cμ 和 Cδ 基因片段没有发生重排，相同的 V_H 出现在编码 μ 或 δ 链的 mRNA 上，表明它们可能有一个共同的 mRNA 前体，通过不同的剪接或差异剪接（differential splicing）分别形成 μ 链 mRNA 和 δ 链 mRNA（图 2-24）。初级 RNA 转录本（primary RNA transcript）是由 V 区（VDJ）基因连接 Cμ 和 Cδ 基因片段经转录后形成。如果在剪接过程中切除初级 RNA 转录本中的 Cδ 部分，经加工后形成 μ mRNA；如初级 RNA 转录本中将 Cμ 部分切除，则加工后形成 δ mRNA。这两种 mRNA 分别被翻译，使单个 B 细胞同时产生 μ 链和 δ 链，同时表达 IgM 和 IgD。

5. Ig 基因的转录和 L 链、H 链合成以及装配

在 V 区基因片段重排连接成完整的 V 基因后，它和 C 基因之间还间隔有一段非编码的 DNA 序列，这段序列仍存在于初级 RNA 的转录本中，需通过转录加工后去除。首先由位于每个 V 基因片段上游的启动子启动转录，形成 RNA 前体或称初级 RNA 转录物，然后再经过剪切加工成 mRNA，即将先导序列、V 基因和 C 基因连接在一起，其中 C 基因数个外显子间的内含子也被剪切掉。mRNA 离开核进入胞质与核糖体结合，翻译成 L 链或 H 链。Ig 多肽链的前导序列与信号识别蛋白形成复合物结合在内质网上，前导肽被切除，合成肽链进入内质网。在内质网上 L 链和 H 链配对结合，组装好的 Ig 从内质网移行到高尔基体，并进行糖基化，然后运送到细胞表面，如 H 链 C 端侧带有疏水性氨基酸便锚着在膜上成为膜表面 Ig，如 C 端无疏水性氨基酸，则分泌到细胞外成为分泌形式的 Ig。

Ig H 链重排后，其第一个骨架区（FR1）到 FR3 都是由 V_H 基因片段所编码，其中包括 CDR1 和 CDR2，而 H 链可变区中的 CDR3 则是由 V_H、D_H、J_H 三种基因片段组合的产物。L 链 CDR1 和 CDR2 也由相应的 Vκ 或 Vλ 基因片段编码，L 链 V 区中 CDR3 是由 Vκ、Jκ 或 Vλ、Jλ 两种基因片段组合的产物。CDR3 尤其是 H 链 V 区的 CDR3，由于在 V_H、D_H、J_H 组合时 D、J 或 V、DJ 之间还可能有 N 区的插入，其变化明显要多于 CDR1 和 CDR2，加之 CDR3 编码区域体细胞高突变频率也明显高于 CDR1 和 CDR2，因此，在大多数情况下，H 链和 L 链 CDR3 在 Ig 结合抗原的特异性中起着主要的作用。

6. 膜表面 Ig 重链基因

膜表面 Ig（surface membrane immunoglobulin，mIg）H 链基因的外显子结构与分泌 Ig H 链基因的外显子结构基本相同，但在基因组的 3′端有差别。作为识别抗原受体的 mIg，其 H 链 C 端有一段疏水性氨基酸插入胞膜的脂质双层中，

mIg H 链的转录本要比分泌性 H 链转录本多两个外显子,与分泌性 Ig H 链基因最下游一个外显子至少相隔 1.4 kb,这两个外显子编码 H 链的 C 端部分,这部分氨基酸残基的数目视 H 链不同而有所差异。如鼠或人 mIg μ 链的这一部分约为 41 个氨基酸残基,而鼠 mIg ε 链这部分却有 72 个氨基酸残基。这个区域可分为三个部分:① 一个酸性间隔子,靠 N 端侧,与最后一个 C_H 结构域相连,位于细胞膜外侧;② 跨膜部分,由 26 个疏水氨基酸穿过胞膜的脂质双层;③ 胞浆区 C 端部分,3～28 个氨基酸残基不等。

　　分泌形式的 μ、α 和 δ 重链最后一个结构域后有一段额外延长的、由带电荷氨基酸组成的序列,称为尾片(tail piece),约含 20 个氨基酸,在 IgM 和 IgA 分子中,单体 Ig 尾片中半胱氨酸通过二硫键相互连接或与 J 链连接形成二聚体或多聚体。分泌形式 μ 链的 mRNA 含有 V、D、J、Cμ1、Cμ2、Cμ3 和 Cμ4 的 3′端一个小的外显子转录区。

2.4.3　免疫球蛋白基因表达的调节

　　Ig 基因的表达受到多方面因素的调节,主要有转录因子和细胞因子的调节,前者主要调节 Ig 基因表达的水平,后者主要与 Ig 类和亚类的转换有关。此外,Ig 基因表达过程中存在着等位排斥和同型排斥的规律。

　　1. 核因子对 Ig 基因转录的调节作用

　　Ig 基因转录活性是由两个顺式作用元件(*cis*-acting element),即启动子(promoter,P)和增强子(enhancer,E)来调节。而启动子和增强子的功能又由反式作用的核因子(transacting nuclear factor)所控制。这些核因子也称为 DNA 结合蛋白(DNA-binding protein,DBP),其结合到启动子或增强子内特异的核苷酸序列,从而抑制或刺激启动子和增强子的活性。DBP 又称转录因子(transcription factor)。转录因子通常是细胞受到某些刺激后所诱导表达的,起到连接细胞外刺激和基因表达调控的作用。

　　2. 细胞因子对 Ig 类别转换的调节

　　局部微环境和细胞因子可影响和调节免疫球蛋白类型的转换,如在肠道派尔集合淋巴结的 B 细胞 V 基因优先转换到 Cα1 基因片段进行重排,因此主要合成和分泌 IgA;在体外向经 LPS 刺激的小鼠 B 细胞中加人 IL-4,可促进 B 细胞产生 IgG1 和 IgE,抑制 IgM、IgG3 和 IgG2a 产生;而 IFN-γ 则诱导小鼠 B 细胞合成 IgG2a 和 IgG3,抑制 IgE、IgM 和 IgG1 的产生;TGF-β 和 IL-5 对 IgA 产生具有促进作用。细胞因子调节 B 细胞 Ig 类别转换的机理可能是:① 刺激某些细胞的克隆选择性的增殖,使分泌某特定类、亚类抗体的克隆细胞增加,如 IL-5 促进 IgA 产生的机制,除通过同种型转换进行调节外,还可选择性促进 B 细胞定向细胞分化增殖为 IgA 分泌细胞;② 通过诱导特定的两个转换区的重组,诱导 B 细胞由分泌

IgM 向某一同种型 Ig 转换,如高浓度 IL-4 促进 LPS 诱导小鼠 B 细胞产生 IgE,主要是使 Cε 转换区(Sε)与小鼠 B 细胞 Sμ 结合,通过同种型转换促进 IgE 的产生。

3. 等位排斥和同型排斥

(1) 等位排斥。

等位排斥(allelic exclusion)是指 B 细胞中一对同源染色体上的 L 链或 H 链基因中,只有一条染色体上的基因得到表达。如一条 14 号染色体上的 H 链基因发生有效重排后,通过产生反馈控制信号抑制了另一条同源染色体上 Ig H 链基因的重排,并可能发出信号使 2 号染色体上 Igκ L 链基因开始发生重排。一个 B 细胞只能表达一种 L 链和一种 H 链,配对后产生一种特异性 Ig。一般来说,两个等位基因表达的概率是相同的,其先后取决于哪个等位基因先重排成功。

(2) 同型排斥。

同型排斥(isotype exclusion)或称为 L 链同型排斥,是指 Ig 的 L 链中 κ 和 λ 两种型择一表达。在不同物种中表达 κ 或 λ 链的概率并不相同,如小鼠的 κ:λ 约为 95:5,而人则为 65:35。

2.4.4　免疫球蛋白的多样性

一个动物能对大量不同的和以前从未接触过的抗原发生反应,就必须存在着极大量的能与不同抗原结合部位结合的抗体库。每一种抗体由单一克隆 B 细胞或其后代浆细胞所分泌。因此,抗原结合部位的多样性就意味着要产生大量不同的 B 细胞克隆,每个 B 细胞克隆分泌一种与特定抗原结合的抗体。随着动物进化,已能产生大量 B 细胞克隆,合成含不同抗原结合区的抗体。了解抗体多样性(antibody diversity)或抗体库形成的机制具有重要的意义。

机体对外界环境中众多抗原刺激可产生相应的特异性抗体。人体内 B 细胞克隆的总数在 10^{12} 以上,估计可产生 10^{12} 个不同类型的抗原结合区,即产生 10^{12} 种特异性抗体。抗体多样性主要由遗传控制的,其机制包括:① 存在众多基因编码片段,每个基因片段特异性编码不同的抗原结合部位;② 不同 H 链和 L 链的随机取用和组合;③ V、D、J 基因片段重组时连接的多样性,促进了抗体可变区序列产生的多样性,连接区核苷酸的随机插入更增加了新的多样性;④ 体细胞的高突变。其中前三种机制是发生于骨髓 B 细胞发育早期,而体细胞高突变发生在二级淋巴器官 B 细胞功能性 Ig 基因形成之后。L 链和 H 链可变区形成抗原结合部位。

2.5　抗原与抗体的相互作用

抗原与抗体的相互作用是所有免疫化学技术的基础。抗体作为一种有效的研究工具,需要知道抗体怎样与相应抗原结合。用蛋白质化学方法来确定抗体和抗原相互作用的连接部位,对抗原-抗体反应的动力学、抗体和抗原表位结合的亲和力及抗原-抗体反应的亲合力的研究丰富了抗体分子结构的研究。

抗体的 N 端与抗原以非共价键形式结合,结合后并不改变抗原的共价结构,但这种结合具有高度的专一性,而且会引发免疫系统产生一系列的生理效应。

抗原-抗体复合物结晶的 X 射线衍射研究证明抗原结合位点是由 H 链和 L 链的可变区构成。这两个可变区紧密相连并通过非共价相互作用结合。H 链和 L 链的剩余部分不参与抗原结合的其他功能区,但该区与抗体介导的免疫效应有关。形成抗原结合位点的氨基酸源于 H 链和 L 链,并与决定蛋白质序列的超变区氨基酸一致。超变区,即互补决定区(CDRs)有 6 个,其中 3 个在 H 链,3 个在 L 链,CDRs 形成抗原、抗体作用的结合位点。

某些抗原-抗体复合物中,抗体或抗原的结构未发生改变,而另一些则出现巨大变化。在溶菌酶-抗体复合物结晶的结构中,抗原或抗体都没有发生改变;而神经氨酸酶-抗体复合物结晶的结构则显示出抗原和抗体两者都发生结构的改变。

抗原、抗体的结合完全依靠非共价键的相互作用,并且抗原-抗体复合物和游离成分保持动态平衡。免疫复合物依靠抗原和抗体之间精确排列的弱相互作用的结合来维持稳定。

非共价键的相互作用包括氢键、范德华力、电荷作用和疏水作用。这些相互作用可以发生在侧链或者多肽链的主干之间。

抗原与抗体相互作用主要有以下特点:

(1)特异性。

抗原决定簇和抗体的抗原结合位点之间以非共价键方式相互作用,二者在空间上必须处于紧密接触状态才能产生足够的结合力,分子间的互补结构决定了抗原、抗体结合的特异性。抗原结构的微小改变能够显著影响抗原-抗体相互作用的强度。在接触面失去单个氢键可以使相互作用的强度降低 1000 倍。所有的相互作用都是在接触面吸引和排斥作用的平衡之间进行的。结合位点氨基酸残基的改变也能改变抗原-抗体相互作用的强度。

(2)抗原和抗体结合的可逆性。

亲和力(affinity)用于测定表位和抗体结合的强度。抗原和抗体以非共价键结合是可逆的,相互作用的强度可以描述为平衡反应。如果[Ab]=游离的抗体结合位点的摩尔浓度,[Ag]=游离的抗原结合位点的摩尔浓度,[Ag-Ab]=抗原-抗体复合物的摩尔浓度,则,

$$亲和常数\ K_a = \frac{[\mathrm{Ag-Ab}]}{[\mathrm{Ab}][\mathrm{Ag}]},$$

达到平衡的时间取决于扩散率,高亲和力的抗体在较短时间内比低亲和力的抗体能结合较大量的抗原。高亲和力的抗体在所有免疫化学技术中使用效果较好,这与其有较高的活性,而且和复合物的稳定性有关。例如,高亲和力的抗体与小分子蛋白抗原结合的解离半寿期为 30 min 或更长时间,而低亲和力的抗体的解离时间只有几分钟或更短。抗原-抗体相互作用的亲和力有很大的差异,抗原-抗体相互作用的亲和常数受温度、pH 和溶剂的离子强度影响,这些条件的改变,可以改变反应达到平衡时抗原-抗体复合物的数量。改变反应条件,可促使反应向完全结合方向发展或者使结合的抗原发生解离,因此,可以根据此性质,利用亲和层析法分离纯化抗原或抗体。

3. 抗原和抗体反应中量的关系

亲合力(avidity)是指抗原-抗体复合物的整体稳定性。抗原-抗体相互作用的整体强度受 3 个因素的控制:抗体对表位的内在亲和力、抗体和抗原的结合价以及参与反应成分的立体结构。所有抗体都是多价的,IgG 和多数 IgA 是 2 价,IgM 为 10 价。抗原可以是多价的,也可以是单价的。多价相互作用可以显著地稳定免疫复合物(图 2-25)。如果多价抗原在试管中与特异性抗体混合,可以形成免疫复合物。在抗原、抗体浓度合适的情况下,即等价带(zone of equivalence),抗原和抗体分子间通过非共价键广泛地交联形成大的免疫复合物。如果抗原过剩,由

彩图 2-25

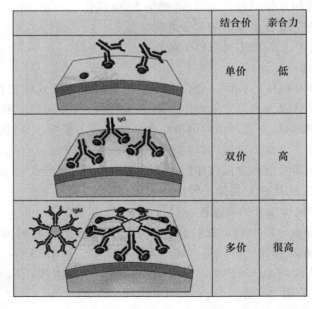

	结合价	亲合力
	单价	低
	双价	高
	多价	很高

图 2-25 抗原、抗体的结合价与抗原、抗体的亲合力之间的关系

(彩图请扫描二维码)

于抗原和抗体结合的可逆性,自由的抗原会置换已经结合的抗原,使已经结合抗原的抗体解离,不能形成大的免疫复合物;反之,如果抗体过剩,自由的抗体会置换已经结合的抗体,使已经结合抗体的抗原解离,也不能形成大的免疫复合物(图 2-26)。

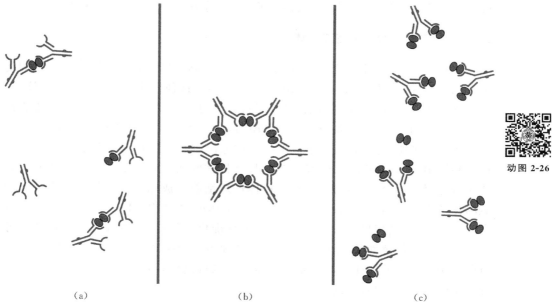

（a）　　　　　　　　　　　（b）　　　　　　　　　　　（c）

图 2-26　抗原、抗体的分子比对抗原、抗体形成免疫复合物的影响

无论抗原过剩(c)还是抗体过剩(a)都不能形成大的免疫复合物,只有抗原、抗体的分子比例合适即等价带时(b),才能形成大的免疫复合物。动图请扫描二维码。

动图 2-26

2.6　三代抗体简介

2.6.1　第一代抗体:多克隆抗体

第一代抗体是用抗原免疫动物后制备的抗血清,为多克隆抗体(polyclonal antibody,PcAb)。用纯化抗原免疫动物是制备多克隆免疫血清的通用方法。免疫动物的抗原虽然进行了纯化,但是一种天然抗原性物质(如细菌或其分泌的外毒素以及各种组织成分等)往往具有多种不同的抗原决定簇,而每一决定簇都可刺激机体的一种抗体形成细胞产生一种特异性抗体。即每种具有多种不同的抗原决定簇的抗原分子,可刺激动物产生针对同一抗原不同抗原决定簇的多种质量不同的抗体。因此,多克隆免疫血清实质上是由多种抗体组成的混合物,是不均一的异源抗体。所以,多克隆免疫血清又称多克隆抗体。

当血液和血浆形成血凝块时,抗体保留在血清中。含有大量与某一抗原结合的抗体分子的血清,称为抗血清(研究抗体及其与抗原反应的科学通常称为血清学)。血清中含有某一抗体分子的数量,通常可用连续稀释血清,直至观察不到结合为止的方法来确定。含有大量某一抗原特异性抗体分子的血清称为"强"的或具有"高滴度"的血清。

2.6.2　第二代抗体:单克隆抗体

1975 年 Köhler 和 Milstein 通过杂交瘤技术制备出针对一种抗原决定簇的抗体,称为单克隆抗体(moclonal antibody,McAb)。这种抗体是均质的异源抗体。

1957 年 Burnet 提出了著名的"克隆选择学说",其重要的论点:每个 B 细胞都有一种独特的受体,接受相应的抗原刺激后,该 B 细胞活化并扩增形成克隆,分化为抗体产生细胞,分泌针对该抗原上某一抗原决定簇的结构与功能完全相同的抗体。利用 B 细胞杂交瘤技术,使产生特异性抗体的杂交瘤细胞既具有骨髓瘤细胞能大量无限生长繁殖的特性,又具有抗体形成细胞合成和分泌抗体的能力。通过克隆化的方法分离出分泌针对单一抗原决定簇的 B 细胞克隆。单克隆抗体具有高度均质性、高度特异性、来源稳定和容易标准化的特性,可以提高各种血清学方法检测抗原的敏感性及特异性,促进了对各种传染病和恶性肿瘤诊断的准确性,是目前应用最广泛的抗体。但单克隆抗体多为双价抗体,与抗原结合不易交联为大分子集团,故不易出现沉淀反应。

2.6.3　第三代抗体:基因工程抗体

20 世纪 80 年代采用基因工程的手段研究抗体及其与功能的关系,并对抗体基因进行改造和重组制备出的抗体称为基因工程抗体(genetic engineering antibody,GEAb)。基因工程抗体的研究内容主要包括两大方面:① 对现有的鼠源单克隆抗体进行人工改造,保留、改进或增加抗体的识别区域,实现特定的功能。这种抗体包括小分子抗体、某些特殊类型的抗体[双特异性抗体(bispecific antibody,BsAb)、抗原化抗体、细胞内抗体]及抗体融合蛋白(免疫毒素、免疫粘连素、催化抗体)。② 通过嵌合技术、EB 病毒转化 B 细胞、噬菌体抗体库(antibody libraries)、核糖体抗体库以及转基因动物和转基因植物等技术构建部分人源化或全人源化抗体。抗体的人源化可以减少甚至克服鼠源抗体在临床应用中的局限性,是治疗用抗体发展的主要趋势,也是基因工程抗体技术快速发展的重要驱动力。

由多克隆抗体到单克隆抗体,再到基因工程抗体;由不均质的异源性抗体到均质的异源性抗体,再到人源化抗体。这是生命科学由整体水平、细胞水平到基因水平的进展,也是抗体制备技术发展的三个阶段。目前,抗体作为医学生物技术产业的一个重要支柱,备受研究者的青睐。

2.7　免疫血清的制备

免疫血清的制备是免疫学基础技术之一。高效价、高特异性的免疫血清广泛应用于免疫学诊断、特异性免疫治疗以及生命科学研究的各个方面,免疫血清的效价高低取决于实验动物的免疫反应性及抗原的免疫原性。其特异性主要取决于免疫用的抗原的纯度,因此欲获得高特异性的免疫血清首先必须纯化抗原,免疫方案(包括抗原剂量、免疫途径、免疫次数以及注射抗原的间隔时间等)也是影响免疫血清效价的重要因素。

2.7.1　原理

机体受抗原刺激后,在巨噬细胞和辅助 T 细胞的作用下,相应的前 B 细胞被激活,增生分化,形成浆细胞(抗体形成细胞),合成并分泌特异性抗体。由于抗原分子表现的不同,抗原决定簇被不同特异性的 B 细胞所识别,因此由某一抗原刺激后产生的抗体,实际上是针对抗原分子表面不同抗原决定簇的抗体混合物,即多克隆抗体,同时由于记忆 B 细胞和记忆 T 细胞参与再次应答反应,致使在初级免疫的基础上,多次重复注射免疫性抗原,不仅可获得高效价抗体,同时抗体的亲和力也明显提高(图 2-27)。

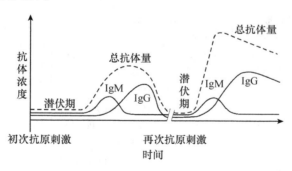

图 2-27　动物机体的初次免疫应答和再次免疫应答

为了获得高质量的免疫血清通常使用免疫佐剂,它可增强抗原的免疫原性,延长在体内的存留时间,使初次反应与二次反应融合在一起,使机体的抗体水平持续上升,达到理想的效果。

2.7.2　抗原的制备

免疫抗原种类很多,根据物理形状可分为颗粒和可溶胶体两类。颗粒性抗原包括细胞和各种微生物,如细菌、病毒等。胶体可溶性抗原是指蛋白质抗原。这两类抗原注射到动物体内均能刺激机体产生特异性抗体。通常,颗粒性抗原的免疫原性大于胶体可溶性抗原的免疫原性。

抗原的相对分子质量一般在 40 000 以上;相对分子质量在 6000 以下的物质为半抗原,它必须与大分子物质偶联后才具有免疫原性;相对分子质量介于二者之间的物质,免疫原性很弱,必须延长免疫时间或与大分子物质偶联才能产生高效价的免疫血清。

蛋白质的免疫原性与所含氨基酸种类及其分子结构有关。通常,用一种氨基酸合成的多肽,不论其相对分子质量多大,其免疫原性都很弱。用 2~3 种不同氨基酸合成的多肽,其免疫原性可增强。分子中含有芳香族氨基酸(如酪氨酸、苯丙氨酸)的肽类物质,其免疫原性更强。表 2-5 总结了各种来源抗原的优缺点。

表 2-5　各种来源抗原的优缺点

免疫原形式		优点	缺点
合成肽		经济,快速,易于合成,定点	不能糖基化,不能翻译后修饰,可能不识别天然蛋白
重组蛋白	原核生物表达	低成本,高产量,快速	需要从裂解液中纯化,存在折叠问题,没有糖基化,没有翻译后修饰
	杆状病毒表达	中等成本,高产量,较好的蛋白折叠,简单糖基化,可以分泌到培养基	很慢,耗费劳动力,可能在技术上要求很高
	真核生物表达	低产量,正确的蛋白折叠,高糖基化,高翻译后修饰,可以分泌到培养基,可以维持培养	价格昂贵,慢,技术要求过高,耗费劳动力
天然蛋白质	纯化蛋白质	最好的抗原形式,正确的蛋白折叠方式,可以形成具有功能的正确折叠的抗原形式	成本高,供应有限
	裂解	更高的表达水平,更正确的蛋白折叠方式	蛋白不纯,存在其他抗原蛋白
细胞	转染细胞	正确的蛋白折叠方式,正确糖基化,正确的翻译后修饰	价格昂贵,耗时,有技术要求,存在其他抗原蛋白
	天然细胞	正确的蛋白折叠,正确的糖基化,正确的翻译后修饰	价格昂贵,可能很难获得,数量有限,可能存在细胞内生物
cDNA		经济,生产快速,正确的蛋白折叠,正确的糖基化,正确的翻译后修饰	更低的成功率,可能不适用于细胞内蛋白质

1. 抗原纯化

制备多克隆抗体对抗原纯度要求十分严格。通常,抗原越纯,获得抗体的特异性越高,因此要求抗原至少达到电泳纯或层析纯。

常用的抗原的纯化方法有电泳法、层析法等。利用高效液相层析纯化的抗原,免疫后获得抗体的特异性更高。

2. 半抗原与载体的偶联

半抗原(多糖、多肽、激素、脂肪胺、类脂质、核苷以及有机小分子化学试剂等)并不是免疫原,只有把这些半抗原和载体(carrier)结合后,才具有免疫原性,刺激机体产生或致敏淋巴细胞。

载体表面首先应具有化学活性基团,这些基团可以直接与抗生素或有机小分子化学试剂偶联,这是化学偶联制备抗原的前提;其次,载体应具备一定的容量,可以偶联足够的分子;载体还应该是惰性的,不应干扰偶联分子的功能;载体应具有足够的稳定性,且应该是廉价易得的。

常用的载体有蛋白质类、多肽聚合物、非蛋白类大分子聚合物和某些颗粒等,其中蛋白质是一种良好的载体,在实际应用中最为常见,其类别包括血清白蛋白(serum albumin)、卵清蛋白(ovalbumin)和血蓝蛋白(hemocyanin)等,典型的代表蛋白有牛血清白蛋白(BSA)、人血清白蛋白(HSA)、鸡卵清蛋白(OVA)、钥孔血蓝蛋白(KLH)。这些蛋白质分子中的 α 和 ε-氨基(等电点 8 和 10)、苯酚基、巯基(等电点为 9)、咪唑基(等电点为 7)、羧基(等电点 2～4,大部分来自天冬氨酸或谷氨酸的 β 和 γ-羧基)等在等电点条件下,一部分成为质子,另一部分未质子化的亲核基团则具有反应活性,可与半抗原中的对应基团结合。当然,这些基团的反应性也取决于蛋白质各种氨基酸残基的微环境。牛血清白蛋白和人血清白蛋白分子中含有大量的赖氨酸,故有许多自由氨基存在,且在不同 pH 和离子强度下能保持较大的溶解度。此外,这些蛋白质在用有机溶剂(如吡啶、二甲基甲酰胺)溶解时,其活性基团仍呈可溶状态,因此,这两种蛋白质是最常用的载体蛋白质。此外,细菌的鞭毛蛋白(flagellin)和破伤风类毒素等也是良好的载体蛋白。

通常,带有游离氨基(伯胺)、游离羧基或两种基团都有的半抗原,可直接与载体连接,其他不带有游离氨基或游离羧基的半抗原,须加以适当改造,使其转变为带有游离氨基或游离羧基的衍生物,才能与载体连接。其连接方法一般用物理或化学方法进行。物理吸附的载体有羧甲基纤维素、聚乙烯吡咯烷酮(PVP)、葡萄糖硫酸钠等,它们借助电荷和微孔吸附半抗原。化学方法则是利用半抗原的某些功能基团,借助偶联剂的反应连接到载体上。

(1)偶联剂的选择。

偶联剂种类很多,根据半抗原与载体之间偶联的化学键的性质,可将偶联剂分

为以下四类(表 2-6):

表 2-6　用于偶联半抗原与蛋白质的某些偶联剂

形成的键	偶联剂	反应步骤	水溶性	最适 pH	溶剂
—CO—NH—	碳化二亚胺				
	1. EDC	1 或 2	高	5.5~6	水
	2. DCC	1 或 2	低	—	丙酮
	3. CMC	1 或 2	高	5.5~6	水
	烷基氯甲酸酯类	2	低	9.0	二氧六烷
	ECF,IBCF	2	低	9.0	二氧六烷-水
	异噁唑盐	1 或 2	高	5.5	水
	二异氰酸盐	2	低	7.5	水
	TDI,XDI	2	低	9.5	水
NH—R—NH	GA	1 或 2	高	9.0	水
	二卤硝基苯				
	1. DFDNB	1 或 2	低	8.5	丙酮或丙醇-水
	2. FNPS	1	低	10.0	丙酮或丙醇-水
	亚氨酸酯				
	(DEM)	1	高	9.0	水
X—R—X	偶氮盐(BDB)	1	高	7.5	水
插入连接基团	BDD		高		
	琥珀酸酐	2	高	5.0	无水吡啶,水
	O-(羧甲基)羟胺	3	高	8.5	甲醇
	重氮化对氨基苯甲酸	2	高	6.0	水
	甲醛	1	高	6.0	水

注:EDC,1-乙基-3-(3-二甲氨丙基)碳化二亚胺;DCC,N,N′-二环己基碳化二亚胺;CMC,1-环己基-3(2-吗啉乙基)碳化二亚胺甲基-对甲苯碘磺酸盐;ECF,乙基氯甲酸盐;IBCF,氯甲酸异丁酯;GA,戊二醛;TDI,甲代撑-2,4-乙异氰酸盐;XDI,二甲基苯撑二异氰酸盐;DFDNB,1,5-二氟-2,4-二硝基苯;FNPS,双(4-氟-3-硝基苯)砜;BDB,双重氮化联苯胺;BDD,双-重氮化-3,3′-联茴香酸。

　　在具体的实验中,由于载体蛋白相对比较固定,反应基团主要为氨基和羧基,因此选择哪一种偶联剂往往取决于半抗原上所含的活性基团的种类和性质。根据半抗原上所含的基团,可以将偶联反应的机制分为如下几种:

　　① 分子中含有羧基的半抗原的偶联:这种半抗原分子的偶联首先需要激活半抗原上的羧基,以使它们与载体(通常为蛋白质上的)上的氨基反应,形成 CO—NH 键。典型的偶联剂有碳化二亚胺(carbodiimide)、烷基氯甲酸酯等。

　　② 分子中含有氨基的半抗原的偶联:这类分子的氨基可以与醛、异氰酸酯、亚硝酸、亚氨酸酯等反应,与载体蛋白的氨基之间形成"NH—R—NH、—N ═N—

或—CO—NH—R—NN—CO—"等结构的连接桥。典型的偶联剂有戊二醛（glutaraldehyde，GA）、二异氰酸酯/异硫氰酸酯、亚硝酸钠和亚氨酸酯等。

③ 分子中含有羟基的半抗原（醇、酚类化合物）：这类分子中的羟基可以通过高活性反应试剂转化为具有羧基、酯或醛等活性结构的形式，再与蛋白的氨基（伯胺）反应或经由碳化二亚胺法/烷基氯甲酸酯法偶联蛋白，半抗原分子与偶联蛋白之间通常形成含"CO—(CH₂)₂—COO—或—NH—COO—"结构的连接桥。典型的活化试剂（偶联试剂）有琥珀酸酐（succinic anhydride）、羰基二咪唑（carbonyl diimidazole，CDI）以及高碘酸钠等。

④ 分子中含有羰基的半抗原（酮类化合物）：对于分子中含有羰基的半抗原，通常借助羟胺类化合物使羰基变成肟功能基，再进一步将肟类化合物中的羟基衍变成羧基化合物，最后进行含羧基半抗原的偶联操作。这类羟胺类化合物主要有：氨氧乙酸（aminoxyacetic acid）、羧甲氧胺（carboxymethoxylamine）或者盐酸羟胺等。

⑤ 分子中含有巯基的半抗原：对于分子中含有巯基的半抗原，可用马来酰亚胺方法与蛋白偶联。此外，将载体蛋白用溴乙酰胺（bromoacetamide）激活。或将载体蛋白与半抗原在 pH 4.0 的醋酸缓冲液中，通过过氧化氢的作用形成二硫键，也可以将半抗原连接到蛋白质分子上。

⑥ 一些特殊的半抗原分子：如果半抗原分子中无羧基、氨基、羟基等，或者需要反应的基团是该分子的活性基团，这时候由于不能破坏活性部位，需插入连接基（spacer），引入一些额外的反应基团，才能使半抗原与蛋白质偶联（如琥珀酸酐、甲醛等）。这种情况往往需要结合半抗原分子的结构特征、偶联机理及参考文献的描述进行综合考量。

（2）半抗原与载体偶联方法及应用举例。

① 碳化二亚胺缩合法：碳化二亚胺是一种化学性质非常活跃的缩合剂，常用的有两种，即水溶性的 EDC 和脂溶性的 DCC，这种偶联剂既可以与羧基反应，也可以与氨基反应。通常认为，半抗原上的羧基先与碳化二亚胺反应生成一个中间物，然后再与蛋白质上的氨基反应，形成半抗原与蛋白质的结合物。碳化二亚胺被称为零长度交联剂，因为它作为酰胺键的形成介质并没有形成连接桥分子。

含羧基的半抗原与载体蛋白的氨基在碳化二亚胺作偶联剂下缩合的反应如图 2-28 所示：

羧酸 a 先与碳化二亚胺反应生成中间体 O-酰基异脲 b，类似于引入酯基活化羧酸。而后 b 与载体蛋白的氨基反应生成目标产物酰胺 c。

此法操作简便，通常只需将半抗原与载体蛋白质按一定分子比在适当的溶液中混合，然后加入碳化二亚胺，搅拌 1～2 h，静置反应 24 h，最后，透析除去未反应的半抗原等，即可获得人工免疫原。

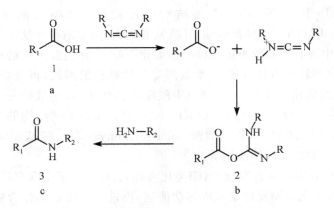

图 2-28　碳化二亚胺法偶联半抗原与蛋白的反应

a. 半抗原；b. 中间产物；c. 蛋白偶联物。

【操作示例 1】碳化二亚胺法制备血管紧张素-BSA 免疫原

a）取血管紧张素 1.25 mg，BSA 25 mg 溶解于 25 mL 蒸馏水中；

b）再加 EDC 375 mg，充分混匀后置室温 24 h；

c）反应液在 0.15 mol/L NaCl 中透析 24 h，其间换透析液 4 次以除去多余的 EDC；

d）透析后根据需要调节反应液浓度即可直接乳化免疫动物。

【操作示例 2】碳化二亚胺法制备 3,3′,5-三碘甲腺原氨酸-血蓝蛋白免疫原

a）取 EDC 100 mg，加入 pH 8.0 的 10 mmol/L PBS 缓冲液 2.5 mL，使之充分溶解，得 A 液；

b）取 3,3′,5-三碘甲腺原氨酸 25 mg，用 0.2 mol/L NaOH 溶液 2 mL 溶解，得 B 液；

c）取血蓝蛋白 25 mg，溶于 10 mmol/L PBS 缓冲液（pH 8.0）中，得 C 液；

d）将 B 液与 C 液混合，在磁力搅拌下逐滴加入 A 液（余下 0.5 mL）；

e）室温下避光搅拌 1 h，逐滴加入余下的 A 液；

f）4℃搅拌 12 h；

g）静置 10 h(4℃)；

h）以蒸馏水使之充分透析（约 48 h），其间换透析液 4 次，即得免疫原。

② 混合酸酐法——氯甲酸异丁酯(isobutyl chloroformate，IBCF)法：混合酸酐法是 20 世纪 50 年代初期发展起来的，是一种以有机羧酸和无机酸形成酸酐，进而进行多肽合成的方法。Wieland 和 Boissonnas 对该法进行改良，曾采用氯甲酸乙酯以提高接肽产率。但进一步的研究表明，氯甲酸异丁酯反应形成的混合酸酐

64

可以进一步提高产率。因此,目前广泛应用的混合酸酐法都采用氯甲酸异丁酯作为反应试剂。

混合酸酐法反应一般分两步进行(反应机理如图 2-29 所示)。第一步是将含羧基半抗原 a 在低温下与氯甲酸异丁酯反应生成混合酸酐 b;第二步是所生成的混合酸酐 b 再与载体蛋白的氨基反应,获得以肽键相连接的蛋白偶联物 c。在第二步反应中,载体蛋白的氨基对于酸酐上两个羰基的选择性主要取决于两个互相竞争的羰基的亲电性和空间位阻,在应用氯甲酸异丁酯时,通常亲核试剂(载体蛋白的氨基)主要进攻半抗原部分的羰基,从而形成预期的偶联物、二氧化碳及醇。

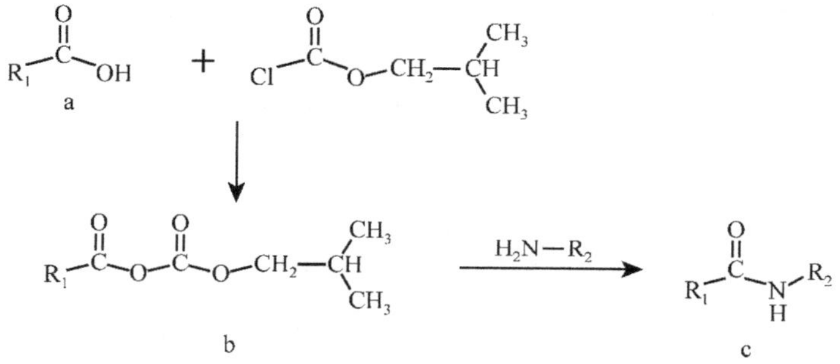

图 2-29　混合酸酐法偶联半抗原与蛋白的反应
a. 半抗原;b. 中间产物;c. 蛋白偶联物。

混合酸酐法反应时存在一些副反应,如混合酸酐本身的分解和歧化反应、消旋化反应,以及对氨基反应生成烷氧甲酰胺类副产物、对肽键反应生成二酰亚胺副产物等。由于这些反应在 0℃ 以上的较高温度下才能发生,因此可以通过在低温下进行偶联反应的方式抑制副反应。

混合酸酐法的优点是操作简便,反应速度快,无连接桥分子,产率高,比较容易得到高纯度产物,多用于类固醇抗原的制备。

【操作实例】混合酸酐法制备氨甲蝶呤(MIT)与 β-半乳糖苷酶的偶联物

a) MIT 5.8 mg 用 0.1 mL 二甲基甲酰胺溶解,冷却至 10℃,加氯甲酸异丁酯 2 μL,10℃ 搅拌反应 30 min;

b) 酶 1.5 mg 用 2 mL 50 mmol/L Na_2CO_3 溶解;

c) 10℃ 反应 4 h(必要时加 NaOH 溶液,以维持溶液的 pH 为 9.0),然后 4℃ 过夜;

d) 反应液过 Sephadex G-25 层析柱,层析柱用含 100 mmol/L NaCl、10 mmol/L $MgCl_2$、10 mmol/L 2-巯基乙酸的 50 mmol/L Tris-醋酸缓冲液(pH 7.5)平衡和洗脱,合并含酶的洗脱管内的液体,进一步纯化后,保存于含 0.1%(m/V)BSA、

$0.02\%(m/V)NaN_3$ 的缓冲液中。

③ 戊二醛法：戊二醛是常用的带有两个活性基团的双功能偶联剂，它借助两端的醛基与载体蛋白及半抗原的氨基形成席夫碱(Schiff 碱)，将载体蛋白和半抗原以五碳的连接桥连接起来，获得人工抗原。这一反应条件温和，操作简便，可在 $4\sim40℃$ 及 pH $6.0\sim8.0$ 内进行，反应时间通常为 $2\sim5\,h$，如果反应物活性较高，可以在 $4℃$ 条件下反应。但由于戊二醛受到光照、温度和碱性的影响，可能发生自我聚合，从而减弱其交联作用或形成多于五碳的连接桥，因此最好使用新鲜的戊二醛，在反应体系中，戊二醛的含量一般控制在 $0.2\%\sim1\%$ 之间。戊二醛偶联反应机理如图 2-30 所示：

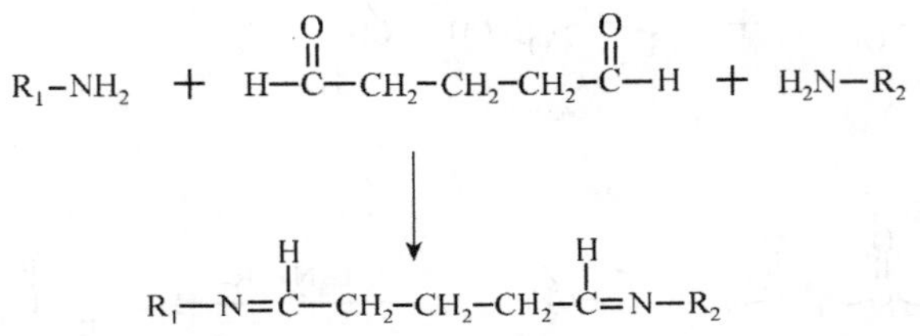

图 2-30　戊二醛法偶联半抗原与蛋白的反应

【操作实例 1】戊二醛法制备催产素-BSA 偶联物

a) 分别称取 BSA 20 mg 与催产素 2 mg 混合溶解于 2 mL 0.1 mol/L pH 7.5 PBS 缓冲液中；

b) 在缓慢地搅拌下逐滴加入 0.02 mol/L 戊二醛溶液 1 mL，使反应均匀；

c) 反应液经 Sephadex G-25 层析柱纯化，即可获得催产素-BSA 偶联物。

【操作实例 2】戊二醛法制备石杉碱甲-BSA 偶联物

a) 称取石杉碱甲 10 mg，溶于 0.3 mL 甲醇中，然后再加入蒸馏水 0.6 mL，混合均匀，得 A 液；

b) 称取 BSA 5 mg 溶于 0.35 mL 0.01 mol/L pH 7.2 的磷酸缓冲液中，得 B 液；

c) 量取 25% 戊二醛 100 μL，用蒸馏水稀释至 5 mL，得 C 液；

d) 于室温、磁力搅拌下，将 A 液和 C 液逐滴加入 B 液中，搅拌 8 h；

e) 将反应液装入透析袋中，在水中透析 4 天，每天更换 2～3 次透析液。即可得到目标偶联物，置于 4℃ 保存。

④ 重氮化法：重氮化法是 1902 年由 Curtius 建立起来的一个比较古老的方法，由于它引起消旋反应最少，而且能在液相法中用于大片段肽的合成，因而直到今天仍然作为一个片段缩合的较好方法而被普遍采用。在胰岛素、牛胰核糖核酸

酶及其 S-蛋白(104 肽)、胰蛋白酶抑制剂、核糖核酸酶Ⅱ的合成中都曾经采用了这个方法。重氮化反应作为一种重要的有机合成反应,主要由芳香族伯胺(氨基)和亚硝酸作用生成重氮盐。由于亚硝酸不稳定,通常采用更稳定的亚硝酸钠作为反应试剂,使其与盐酸或硫酸反应生成亚硝酸,并立刻与芳香族伯胺反应。由于芳香族伯胺的碱性较弱,需在强酸的情况下使其成为铵正离子,才能令反应顺利进行。

在含芳香族伯胺的半抗原 a 与载体蛋白偶联的过程中,半抗原分子上的芳香族伯胺经重氮化反应生成重氮盐 b,重氮盐可以与载体蛋白上活泼氢原子进行取代反应,由重氮盐正离子进攻载体蛋白上电子云较高的碳原子(通常为酪氨酸残基上酚羟基的邻位、组氨酸残基的咪唑环以及色氨酸残基的吲哚环),生成蛋白偶合物 c。但该方法通常只适用于含酪氨酸、组氨酸或色氨酸残基的载体蛋白。其反应机理如图 2-31 所示:

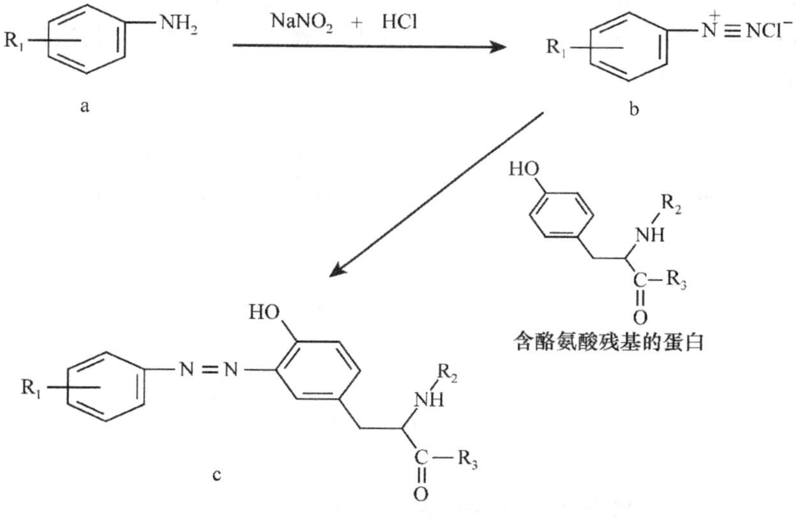

图 2-31 重氮化法偶联半抗原与蛋白的反应

a. 半抗原;b. 中间产物;c. 蛋白偶联物。

重氮化反应是放热反应,但重氮盐对热不稳定,因此反应需要在冷却的情况下进行,一般都用冰盐浴冷却,并控制亚硝酸钠的加入速度,以维持反应在低温(0~5℃)下进行。若芳香环上具有硝基(—NO_2)或磺酸基(—SO_3H)时,温度可以高一些(40~60℃)

【操作实例】重氮化法制备氯霉素-BSA 偶联物

a)称取氯霉素 60 mg,溶于 1 mL 无水乙醇中;

b) 将上述液体加入 12 mL 1 mol/L 盐酸中,混合均匀;

c) 再加入锌粉 70 mg,于 70℃ 水浴中加热 50 min,冷却至 4℃;

d) 在 pH 1~2 条件下,逐滴加入 0.5 mol/L 亚硝酸钠 3.8 mL,避光搅拌至淀粉碘化钾试纸呈蓝色,该溶液为 A;

e) 称取 BSA 120 mg,溶于 10 mL 硫酸缓冲液(pH 7.4)中,冷却至 4℃;

f) 然后将 A 溶液边搅拌边缓慢加入 BSA 溶液中,同时加入 0.2 mol/L 氢氧化钠溶液,使 pH 始终保持在 7~8,4℃ 搅拌 12 h;

g) 反应产物用磷酸缓冲液(pH 7.4)透析 3 天,每天换透析液 2~3 次。

⑤ 琥珀酸酐法/马来酸酐法:如半抗原分子中没有氨基或羧基,但含有羟基时,可以通过琥珀酸酐法进行衍生获得羧基。琥珀酸酐与羟基的反应即酸酐的醇化反应,其机理一般认为由酸(质子酸或 Lewis 酸)催化,醇或酚的氧原子亲核进攻琥珀酸酐的羰基碳,加成到羰基上,然后消除琥珀酸酐上的离子基团,获得带有羧基的半抗原琥珀酸酯衍生物。该反应也可由碱催化机理进行加成-消除。带有羧基的半抗原琥珀酸酯衍生物 b,再经氯甲酸异丁酯法或碳化二亚胺法制备载体半抗原偶联物 c。反应机理如图 2-32 所示:

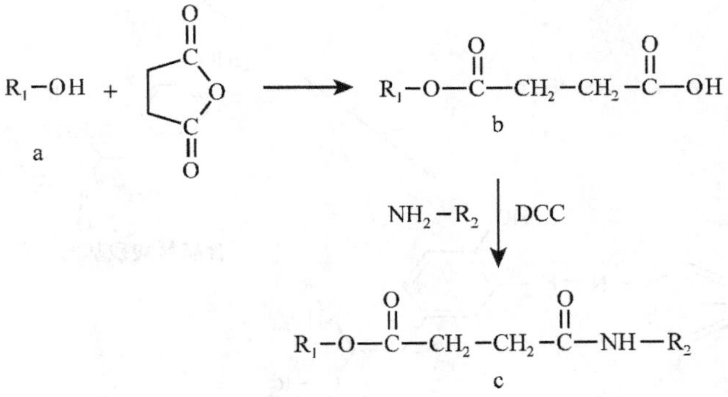

图 2-32 琥珀酸酐法偶联半抗原与蛋白的反应
a. 半抗原;b. 中间产物;c. 蛋白偶联物。

【操作实例 1】琥珀酸酐法制备皮质醇-BSA 偶联物

a) 称取皮质醇、琥珀酸酐各 0.5 g,加入 4 mL 吡啶中,置室温中反应 24 h;

b) 将反应液加入由 45 mL 水和 6 mL 浓盐酸组成的混合液中,析出沉淀;

c) 抽滤析出的沉淀,并以蒸馏水洗至 pH 5.0,干燥后以丙酮重结晶,即为皮质醇-21-半琥珀酸酯;

d) 取此产物 69 mg 溶于 1.5 mL 二氧六环中,加入三正丁胺 0.035 mL,降温至 10℃,并加入氯甲酸异丁酯 0.019 mL,置 4℃,40 min,得反应液 A;

e) 取 BSA 250 mg 溶于蒸馏水与二氧六环等体积配成的溶液中,加 1 mmol/L NaOH 0.25 mL,4℃冷却,得混合液 B;

f) 将反应液 A 加至搅拌下的混合液 B 中,在 4℃继续反应 2 h,蒸馏水透析过夜;

g) 透析液用稀 HCl 调至 pH 4.5,此时有沉淀产生,4℃放置 20 h,离心分离沉淀,再溶于 pH 5.5 的水中,蒸馏水透析过夜,即获皮质醇-BSA 偶联物。

【操作实例 2】琥珀酸酐法制备睾酮-BSA 偶联物

a) 称取睾酮 4 g 和琥珀酸酐 4 g 溶于 35 mL 新蒸吡啶中,加热回流 4 h,TLC 法观察反应进度;

b) 反应混合液置入分液漏斗中,加入适量乙醚,振摇,再缓慢加入 10% 硫酸溶液,调 pH 为 1~2,静置分层;

c) 醚层加入 10% 碳酸钠调 pH 9.0,分液,得水层,为 A 液;

d) 将 A 液用浓盐酸调至 pH 2~3,析出棕黄色沉淀后过滤。沉淀用乙酸乙酯、石油醚、活性炭脱色重结晶,获得类白色晶体 B;

e) 取晶体 B 0.31 g、氯代甲酸异丁酯 4 mL、三正丁胺 3 mL 与二氧六环 3 mL 混合,获得黄色澄清透明溶液,于 10℃反应 2 h,得 C 液;

f) 取 BSA 2 g 溶于 50% 二氧六环-0.05 mol/L PBS 缓冲液中,冷却至 10℃以下,得 D 液;

g) 将 C 液在搅拌下逐滴加入 D 液中,滴加完毕后,于 4℃反应 4~5 h,过程中以 1 mol/L 氢氧化钠溶液维持 pH 7.5~8.0 之间;

h) 反应完成后,用重蒸水透析至无氯离子存在为止(用硝酸银检验),对透析液离心,取上清液,用聚乙二醇于冰箱内浓缩,冷冻干燥即获得最终产物。

⑥ 羰基二咪唑(CDI)法:含羟基的半抗原分子 a 也可与 N,N'-羰基二咪唑反应形成咪唑基甲酸酯 b,并与 N-亲核试剂(蛋白)反应,得到 N-烷基化的甲酸酯键,通常蛋白质通过 N 端 α-氨基、赖氨酸侧链的 ε-氨基和咪唑基甲酸酯分子形成不带电的类似尿烷的衍生物。反应机理如图 2-33 所示:

【操作实例】羰基二咪唑法制备莱克多巴胺-BSA 偶联物

a) 称取莱克多巴胺 17 mg(约 50 μmol),溶于 2.5 mL 分析纯的四氢呋喃溶液或无水吡啶溶液,使其充分溶解;

b) 加入 CDI 20 mg,于 37℃条件下 120 r/min 搅拌反应 1 h,然后用氮气吹干四氢呋喃,得产物 A;

c) 称取 BSA 25 mg,溶于 3 mL pH 7.2 的 PBS 缓冲液中,使其充分溶解;

d) 将产物 A 用 300 μL 二甲基甲酰胺(DMF)充分溶解后,逐滴加入配好的 BSA 溶液中,在室温条件下搅拌反应 4 h,搅拌速度为 120 r/min;

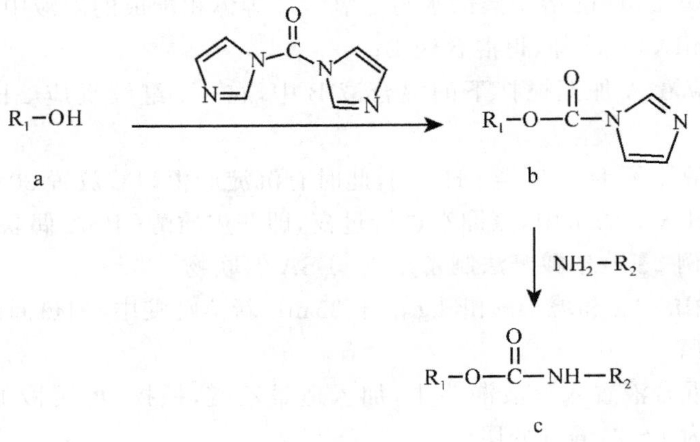

图 2-33　羰基二咪唑法偶联半抗原与蛋白的反应
a. 半抗原；b. 中间产物；c. 蛋白偶联物。

e）反应液在 PBS 缓冲液中透析，4℃条件下透析 3 天，每经过 6～8 h 用预冷的新鲜 PBS 缓冲液换液；

f）透析结束后，5000 r/min 条件下离心 10 min，收集上清液，分装后于 -20℃条件下冻存备用。

⑦ 过碘酸盐氧化法：对于半抗原分子中含有邻二醇结构的羟基，可以采用过碘酸盐处理，将羟基氧化成醛基，再与载体蛋白中的氨基（伯胺）反应，形成"—CO—NH—"结构。这种方法通常仅适用于含糖甘醇的半抗原的偶联，更为广泛的应用则是在辣根过氧化物酶标记抗体的过程中。典型的反应试剂主要是高碘酸钠。高碘酸钠活化邻二醇的机理如图 2-34：

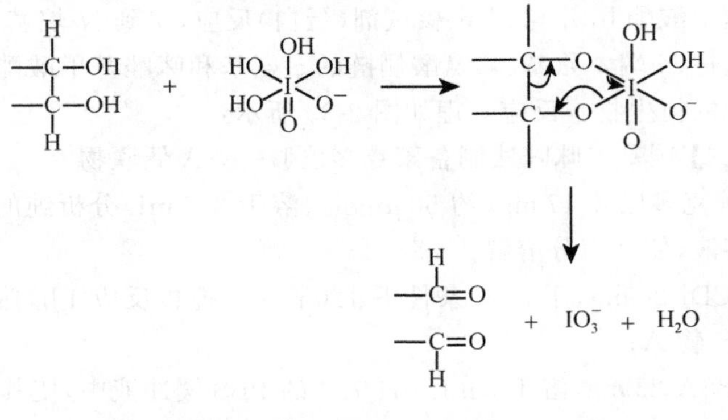

图 2-34　高碘酸钠活化邻二醇的反应机理

【操作实例】过碘酸盐氧化法制备腺苷的 β-半乳糖苷酶标记物

a）称取腺苷 20 mg 溶于 1 mL 100mmol/L NaIO₄ 溶液中，4℃避光反应 30 min；

b）加 1 滴乙二醇得 A 液；

c）将 A 液加入 β-半乳糖苷酶液（20 mg/mL）（用 150 mmol/L NaCl，10 mmol/L MgCl₂ 水溶液溶解，用 3% K₂CO₃ 调节 pH 至 9.0）中，4℃反应 2 h，其间将 pH 维持在 9.0；

d）加入临时配制的 50 mg/mL NaBO₄ 溶液，用量为反应体积的 1/10，4℃反应过夜；

e）用含 10 mmol/L MgCl₂，10 mmol/L 2-巯基乙醇、100 mmol/L NaCl 的 50 mmol/L 磷酸缓冲液（pH 7.4）透析（更换透析液数次）。

⑧ O-（羧甲基）羟胺 [O-(carboxyl)hydroxylamine] 法

羟胺类化合物可以活化半抗原分子中的羰基，但一般后期还需要对肟类化合物进行羧基化处理，较为烦琐。在实际的应用中则是直接与含羧基的羟胺类化合物反应，使半抗原分子具备羧基官能团，然后再按照含羧基的分子进行蛋白偶联。典型的反应试剂为 O-（羧甲基）羟胺。活化反应机理见图 2-35：

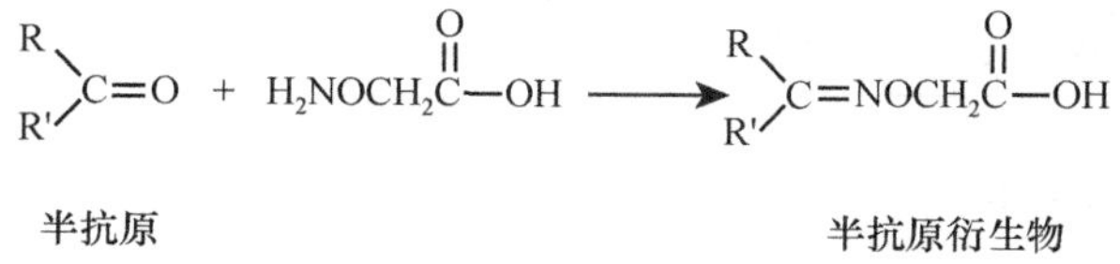

半抗原　　　　　　　　　　　　半抗原衍生物

图 2-35　O-（羧甲基）羟胺对羰基的活化反应机理

【操作实例】羧甲基羟胺法制备醋酸甲孕酮-BSA 偶联物

a）称取醋酸甲孕酮 386 mg，O-羧甲基羟胺半盐酸盐 110 mg，乙酸钠 200 mg，溶于 20 mL 甲醇中，室温搅拌下反应 3 h；

b）加水 100 mL，用 0.05 mol/L 氢氧化钠调节 pH 为 8.5，用 40 mL 二氯甲烷萃取，取水层，重复操作一次，合并两次的水相；

c）水相用盐酸调 pH 为 2，用四氯化碳 40 mL 分四次萃取；

d）真空干燥得中间产物肟；

e）取中间产物肟 45.9 mg，DCC 40 mg 溶于 1.0 mL 二甲基甲酰胺，加入羟琥珀酰亚胺 20 mg，室温暗处反应 4 h，离心取上清液，为 A 液；

f）称取 BSA 134 mg 溶于 6 mL 0.1 mol/L pH 8.0 的碳酸盐缓冲液中，在冰浴条件下，缓慢加入二甲基甲酰胺 1 mL；

g）将 A 液缓慢滴加入 BSA 溶液中，1 h 加完，4℃搅拌过夜；

h）对 0.01 mol/L pH 7.2 的磷酸缓冲液透析至无半抗原紫外吸收峰为止，每 8 h 更换一次透析液。

⑨ 马来酰亚胺法：对于含巯基的半抗原分子，可以用马来酰亚胺与巯基之间的加成反应进行活化，在实际应用过程中，常常配合 N-羟基琥珀酰亚胺（NHS）基团，形成一系列组合的双功能偶联剂，典型的商品化的交联剂有 4-（N-马来酰亚胺甲基）环己烷羧酸-N-琥珀酰亚胺酯［N-succinimidyl 4-（N-maleimidomethyl）cyclohexanecarboxylate，SMCC］、SMCC 的磺酸钠盐（sulfo-SMCC）以及由 NHS 和吡啶基二硫化物组成的双功能交联剂（SMPT）、马来酰亚胺苯甲酸-N-羟基琥珀酰亚胺酯（MBS）等。其反应机理如图 2-36 所示：

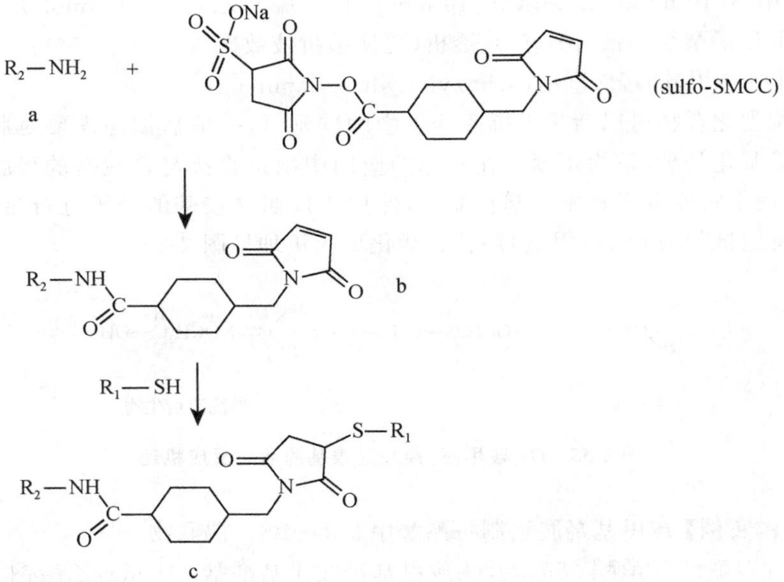

图 2-36　马来酰亚胺法偶联半抗原与蛋白的反应
a. 载体蛋白；b. 中间产物；c. 蛋白偶联物。

【操作实例】马来酰亚胺法制备重组人甲状旁腺激素-BSA 偶联物

a）称取 BSA 20 mg 溶于 1 mL 0.01 mol/L pH 6.0 的磷酸缓冲液和 1 mL 二甲基亚砜（DMSO）的混合溶液中；

b）称取马来酰亚胺苯甲酸-N-羟基琥珀酰亚胺酯（MBS）4.8 mg，溶于 100 μL DMSO，并加入 BSA 溶液，室温搅拌 30 min，4℃离心取上清液，得 A 液；

c）将 0.01 mol/L pH 7.2 的 PBS 缓冲液和 DMSO 以 1∶1 混合，得 B 液；

d）取重组人甲状旁腺激素 13 mg 溶于 800 μL B 液中，得 C 液；

e）将 A 液与 C 液混合，室温搅拌 60 min；

f）反应液过 Sephadex G-200 柱分离纯化，获得最终产物。

⑩ 异硫氰酸酯法：异硫氰酸酯是一类反应性极高的有机合成试剂，其分子结构如下，R 通常为芳香基：

$$R—N=C=S$$

由于硫原子和氮原子在该结构中均呈负电性，导致位于硫原子和氮原子之间的碳呈正电性，易受亲核试剂攻击，发生反应。在含氨基的半抗原和载体蛋白的偶联过程中，通常会先将半抗原的氨基（一般为芳香族伯胺）活化成异硫氰酸酯衍生物，然后与载体蛋白质的氨基反应，形成含连接桥分子的蛋白偶联物。其反应机理如图 2-37 所示：

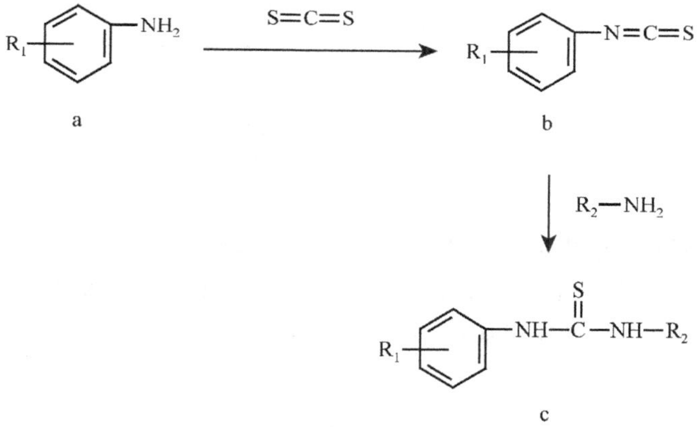

图 2-37　异硫氰酸酯法偶联半抗原与蛋白的反应

a. 半抗原；b. 中间产物；c. 蛋白偶联物。

【操作实例】异硫氰酸酯法制备对氨基苯磺酰乙基（ABSE）-交联琼脂糖与辅酶Ⅰ的偶联物

a）ABSE—交联琼脂糖 10 g 溶于 20 mL 二甲基甲酰胺，加入 0.1 g DCC，搅拌下缓慢滴加二硫化碳 1 mL，30℃下反应 4 h，抽滤，并用无水乙醇洗涤两次，然后用水洗至滤饼中无乙醇，得产物 A；

b）在 1 g 产物 A 中加入 0.067 mol/L 磷酸盐缓冲液（pH 5.5）2 mL，辅酶Ⅰ 50 μL，室温下反应 4 h，用水洗涤数次，得最终产物。

⑪ 活化酯法：1951 年 Wieland 和 Shoefr 采用硫代苯酯，Sehwyzer 和 Bdenaskzy 于 1955 年分别采用氰甲酯和对硝基苯酯提高酯的活性，用于肽的合成，这种方法被称为活化酯法。该方法通过活性试剂首先与含羧基的分子进行反应，生

成具有反应活性的酯键,然后再与另一分子的氨基反应实现连接。与碳化二亚胺法和混合酸酐法相比,活化酯法的反应速度较慢,但对参与反应分子的其他基团的保护要求较低。目前,活化酯法主要用于多肽的合成领域。在半抗原分子的偶联反应中应用最多的偶联剂是 N-羟基琥珀酰亚胺。反应机理如图 2-38:

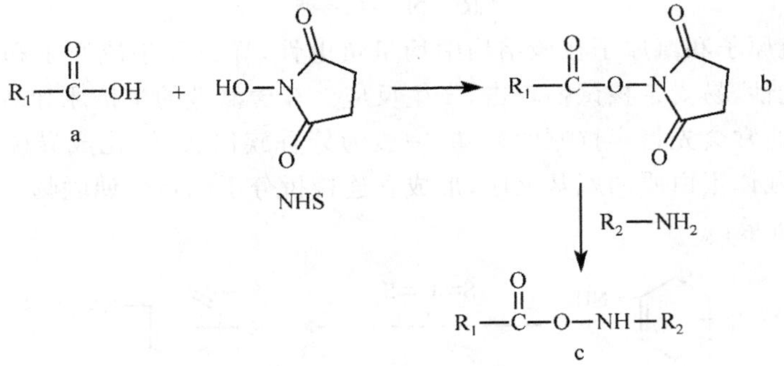

图 2-38　活化酯法偶联半抗原与蛋白的反应

a. 半抗原;b. 中间产物;c. 蛋白偶联物。

【操作实例】活化酯法制备罗丹明 B-BSA 偶联物

a) 称取罗丹明 B 51.5 mg,溶于 2 mL PBS 缓冲液中,加入 N-羟基琥珀酰亚胺 12.3 mg 和 1-(3-二甲氨基丙基)-3-乙基碳二亚胺盐酸盐(EDC-HCl)20.6 mg,室温搅拌反应过夜;

b) 将反应液离心,取上清液,为 A 液;

c) 称取 BSA 236.6 mg,溶于 5 mL PBS 缓冲液中;

d) 将 A 液缓慢滴加到 BSA 溶液中,4℃搅拌反应过夜;

e) 反应液于 4℃对 PBS 缓冲液透析 3 天,每天换 3 次透析液,即可得目标物质。

⑫ 全抗原制备中需要注意的问题:

虽然某些半抗原分子中含有游离基团,但因为这些基团对于维持其生物活性十分重要,因此不能直接用来与载体蛋白质偶联,必须在半抗原分子上远离基团的部位寻找偶联位点进行联结。

另外,半抗原与载体结合的数目与免疫原性密切相关,一般认为至少要有 20 个半抗原分子连接到一个载体分子上,才能有效刺激免疫动物产生抗体。

（3）偶联率的测定。

由于半抗原与载体结合的数目（偶联率）与免疫原性密切相关,一般认为:全抗原的偶联率在 10～40 之间可以有效地刺激抗体的产生;如果小分子连接数目太

74

少(<10),则不能充分体现半抗原结构的特异性;若偶联率太高(>40),过多的小分子会影响蛋白整体的溶解性及其他性质。偶联率是评价全抗原性质乃至影响最终所得抗体效果的重要指标。

测定偶联率的方法很多,一般都是依据检测偶联物中被偶联的两种分子含量(或相对含量)的原理建立起来的。常用的方法有紫外分光光度法、考马斯亮蓝法、相对分子质量测定法和同位素示踪法等。

① 紫外分光光度法:紫外分光光度法的原理在于载体蛋白与小分子(不包括肽类分子)往往具有各自不同的最大紫外吸收峰,当两种分子偶联后,这些峰值处的吸收会出现叠加现象,即这时的吸收值是两种分子共同贡献的结果。

根据朗伯-比尔(Lambert-Beer)定律,载体蛋白(p)与小分子(h)在各自以及彼此的最大吸收波长(设蛋白的最大波长为 m,小分子为 n)处的吸光值与浓度(C)符合下列关系:

$$A_{p,m} = \varepsilon_{p,m} \cdot b \cdot C_p \tag{1}$$
$$A_{p,n} = \varepsilon_{p,n} \cdot b \cdot C_p \tag{2}$$
$$A_{h,n} = \varepsilon_{h,n} \cdot b \cdot C_h \tag{3}$$
$$A_{h,m} = \varepsilon_{h,m} \cdot b \cdot C_h \tag{4}$$

式中 b 为吸收池的光程,ε 为摩尔吸光系数。

按照吸光值叠加原则,偶联物(p-h)在 m 和 n 波长下的吸光值分别为

$$A_{p-h,m} = \varepsilon_{p,m} \cdot b \cdot C_p + \varepsilon_{h,m} \cdot b \cdot C_h \tag{5}$$
$$A_{p-h,n} = \varepsilon_{p,n} \cdot b \cdot C_p + \varepsilon_{h,n} \cdot b \cdot C_h \tag{6}$$

式中 $A_{p-h,m}$,$A_{p-h,n}$ 分别是偶联物在 m 和 n 波长下的吸光值;$\varepsilon_{p,m}$,$\varepsilon_{p,n}$ 是载体蛋白在 m 和 n 波长下的摩尔吸光系数;$\varepsilon_{h,m}$,$\varepsilon_{h,n}$ 则是小分子在 m 和 n 波长下的摩尔吸光系数;C_p,C_h 分别是偶联物中载体蛋白和小分子的摩尔浓度(mol/L)。

(5)÷(6),并经过变换则得到

$$\frac{C_h}{C_p} = \frac{A_{p-h,m} \cdot \varepsilon_{p,m} - A_{p-h,n} \cdot \varepsilon_{p,n}}{A_{p-h,m} \cdot \varepsilon_{h,n} - A_{p-h,n} \cdot \varepsilon_{h,m}}$$

式中 C_h/C_p 即偶联率,在具体测量中,只要准确称取载体蛋白、小分子的量,并用相同的缓冲液稀释后分别测量 m 和 n 波长处的吸光值,然后根据(1)~(4)式得到 $\varepsilon_{p,m}$,$\varepsilon_{p,n}$,$\varepsilon_{h,n}$,$\varepsilon_{h,m}$;再测量偶联物在两种波长下的吸光值即可通过上式计算获得全抗原的偶联率。

例如,杨利国等在制备 GnRH-BSA 偶联物时,以该法测量了产物的偶联率。先用 PBS(0.04 mol/L,pH 7.2)稀释 GnRH(相对分子质量 1141)和 BSA(相对分子质量 70 000)纯品,配制相应的溶液,以紫外分光光度计扫描,测得 GnRH 和 BSA 的最大吸收波长分别为 266 nm 和 274 nm,再依据两种物质在这两个波长处的吸光值求得 $\varepsilon_{GnRH,266\,nm}$,$\varepsilon_{GnRH,274\,nm}$,$\varepsilon_{BSA,266\,nm}$,$\varepsilon_{BSA,274\,nm}$ 分别为 3.52×10^6,3.39×10^6,3.97×10^7,4.31×10^7 L/mol;而偶联物 GnRH-BSA 在 266 nm 和 274 nm 处的吸

光值分别为 0.85 和 0.87,将上述值代入公式得

$$\frac{C_{GnRH}}{C_{BSA}} = \frac{0.85 \times 4.31 \times 10^7 - 0.87 \times 3.97 \times 10^7}{0.87 \times 3.52 \times 10^6 - 0.85 \times 3.39 \times 10^6}$$

$$= 12$$

即 1 个 BSA 分子与 12 个 GnRH 相连。

另外,计算偶联率时也可以根据载体蛋白相对分子质量常常大于小分子半抗原的特点,假设偶联物的相对分子质量近似等于载体蛋白的相对分子质量,则偶联物的浓度(mol/L)与偶联物中载体蛋白的浓度相等,此时偶联物中载体蛋白的浓度(mol/L)可表示为

$$C_p = C_{p\text{-}h} = m_{p\text{-}h}/(M_p \cdot V) \tag{7}$$

式中 $m_{p\text{-}h}$ 为偶联物的质量,M_p 为载体蛋白的相对分子质量,V 为偶联物溶液的体积。同样按照叠加原理,偶联物在小分子的特征波长处的吸光值符合(6)式。

变换(6)式可得

$$\frac{C_h}{C_p} = \frac{\dfrac{A_{p\text{-}h,n}}{C_p} - b \cdot \varepsilon_{p,n}}{b \cdot \varepsilon_{h,n}}$$

式中 C_p 可按(7)式计算,而 $b \cdot \varepsilon_{p,n}$ 和 $b \cdot \varepsilon_{h,n}$ 可以通过测量载体蛋白和小分子的标准溶液吸光值,根据(2),(3)式计算可得。

例如,在罂粟碱(PAP,相对分子质量 399)和 BSA(相对分子质量 67 000)偶联过程中,由于 BSA 的相对分子质量远大于罂粟碱的相对分子质量,所以在分别测得罂粟碱和 BSA 的最大特征波长 309 nm,280 nm 处的吸光值后,根据偶联产物在 280 nm 处吸光值叠加的原则,由如下公式

$$n = \frac{67\,000(A_{PAP\text{-}BSA}/C_{PAP\text{-}BSA} - A_{BSA}/C_{BSA})}{339 A_{PAP}/C_{PAP}}$$

计算,可得偶联率为 17。

② 考马斯亮蓝法:考马斯亮蓝 G-250 可以和蛋白质结合并产生颜色转变(由红色变蓝色),而且研究表明考马斯亮蓝 G-250 主要与蛋白质中的精氨酸和赖氨酸残基的氨基部分反应,所以对于利用载体蛋白中游离氨基(主要是赖氨酸的 ε-氨基)与小分子进行偶联的全抗原而言,测量载体蛋白偶联前后的 ε-氨基数目的变化,可以估算小分子的相应偶联情况。

由于赖氨酸只有 ε-氨基,则有

$$C = NC'/M_p \tag{8}$$

式中 C,C' 为赖氨酸(或氨基)的摩尔浓度(mol/L)与质量浓度(g/L);N 为一个蛋白分子中的赖氨酸数目;M_p 为载体蛋白的相对分子质量。

将(8)式代入朗伯-比尔定律,则有

$$A = \varepsilon b N C' / M_p$$

令
$$K_p = \frac{A}{C'} = \varepsilon b N / M_p \qquad\qquad (9)$$

式中 K_p 为不同浓度的蛋白与考马斯亮蓝 G-250 反应后测量 595 nm 处吸光值,并以吸光值 A 为纵坐标,相应浓度为横坐标所得曲线的斜率;ε 为结合了考马斯亮蓝 G-250 的赖氨酸的摩尔吸光系数。

则对偶联物(p-h)而言,同样有

$$K_{p-h} = \varepsilon b (N - x) / (M_p + x M_h) \qquad\qquad (10)$$

式中 x 为载体蛋白所连接的小分子数(即偶联率);M_p,M_h 分别是载体蛋白和小分子的相对分子质量。

(9)÷(10)式则得到

$$\frac{K_p}{K_{p-h}} = \frac{N/M_p}{(N-x)/(M_p + x M_h)}$$

即通过分别测量不同浓度载体蛋白和偶联物分别与考马斯亮蓝 G-250 反应后的吸光值,然后通过吸光值-浓度曲线的斜率、载体蛋白的赖氨酸数目以及载体蛋白与小分子的相对分子质量就可以算出偶联率(x)。具体操作方法见第 5 章相关部分。

常见的载体蛋白所含赖氨酸数目如下表所示:

名　　称	相对分子质量	赖氨酸残基数/个
牛血清白蛋白(BSA)	69 000	60
鸡卵清白蛋白(OVA)	43 000	20
钥孔血蓝蛋白(KLH)	390 000	170
人血清白蛋白(HSA)	69 000	58

例如生物小分子雌酮(E1,相对分子质量为 270.36)与载体蛋白 BSA 偶联为完全抗原,对偶联产物用透析法除去未反应的小分子物质,并用葡聚糖凝胶 G-25 柱进一步纯化脱盐,收集蛋白质峰。利用考马斯亮蓝法可以测定蛋白质的浓度,也可以测定蛋白质中游离氨基的数目。测定完全抗原中的游离氨基的数目,并同载体蛋白自身的游离氨基的数目进行比较,可测定完全抗原中 E1 的偶联率。分别取 0.1 mg/mL BSA 溶液 0,0.01,0.02, 0.03,0.04,0.05,0.06,0.07,0.08,0.09, 0.1 mL,用 PBS 溶液将其均稀释为 0.1 mL,加入 5.0 mL 蛋白试剂。以试剂空白为参比,测定 595 nm 处的吸光值,从而可计算出 E1 与 BSA 的偶联率。

③ 相对分子质量测定法:由于载体蛋白在偶联前后相对分子质量的变化可以体现连接小分子的数目,所以对于比较纯的偶联物,可以采用相对分子质量测定

法来估算偶联率。常用的相对分子质量测量方法有 SDS-PAGE 凝胶电泳和基体辅助激光解析-飞行时间质谱（MALDI-TOF-MS）。这一方法对于小分子和短肽类半抗原都适用。

如睾酮与 BSA 连接制备全抗原时,已知 BSA 和睾酮-17-半琥珀酸酯的相对分子质量分别为 70 000 和 315,利用凝胶电泳测得偶联产物的相对分子质量为 80 000,则偶联率为（80 000－70 000）/315≈32。

④ 同位素示踪法：同位素示踪法的原理在于小分子（蛋白亦可）用放射性同位素标记后仍能与载体蛋白偶联,并且其偶联率在标记前后保持不变。实际操作中常利用同位素标记的半抗原与载体蛋白反应前后游离的标记半抗原数目的差别进行计算。这一方法对于所有偶联物的偶联率测定都适用,但操作繁杂,且涉及放射性同位素,必须在有辐射防护设备和射线检测仪的条件下才能应用。

例如,在脱落酸与 BSA 载体蛋白的偶联反应中,用放射性强度为77 000 cpm的放射性同位素标记脱落酸,将 19.15 mg 该脱落酸与 100 mg BSA 反应;偶联结束后透析除去未与蛋白质结合的半抗原,然后测定得透析袋中的偶联物的放射性强度为 5500 cpm,则脱落酸的偶联比率为 5500/77 000≈7.1%,而脱落酸与 BSA 的反应摩尔比为 50.7,所以偶联物中脱落酸与 BSA 的比例为 3.6:1。

⑤ 其他方法：在偶联率测定时,也有学者利用偶联的两种分子和偶联物分子中氨基氮以及总氮含量的变化或者计算二硝基苯化（DNP 化）的氨基酸吸光值的变化推算全抗原的偶联率。

（4）偶联物的纯化和保存。

在大分子载体与小分子半抗原偶联反应物中,也有游离的载体蛋白质、半抗原、偶联剂、偶联副产物、缓冲液成分。这些复杂成分严重影响抗原、抗体结合反应,有些试剂毒性很强,注射到动物体内可干扰免疫反应,严重者引起动物死亡。因此,必须对偶联反应的产物进行纯化,常用的纯化方法有：离心、盐析、透析、凝胶层析等。

离心法是指利用不同物质之间的密度差异,用离心力场进行分离和提取的技术。通常的固液分离,如差速离心法、速度区带离心法、等密度离心法以及超速离心法等都是其在生化、医学、化工领域应用的具体方式。

盐析法是指向某些蛋白质溶液中加入某些无机盐溶液,降低蛋白质的溶解度,使蛋白质凝聚而从溶液中析出的方法。盐析中使用的无机盐一般是硫酸铵、氯化钠、硫酸钠等中性盐,这些盐类是强电解质,溶解度又大,在蛋白质溶液中,一方面与蛋白质争夺水分子,破坏蛋白质胶体颗粒表面的水膜;另一方面又大量中和蛋白质颗粒上的电荷,从而使水中蛋白质颗粒积聚而沉淀析出。在具体的实验室应用中,以硫酸铵使用最多。这种方法纯化得到的蛋白质一般不失活,一定条件下又可重新溶解,故这种处理蛋白质的方法在分离、浓缩、贮存、纯化蛋白质的工作中应用极广。

透析法是利用小分子物质在溶液中可通过半透膜、大分子物质不能通过半透膜的性质而达到分离的方法。透析是目前生化实验室最简便、最常用的生物大分子分离纯化技术之一。实验过程中,利用半透膜制成袋状,将生物大分子样品溶液置于袋内,并将透析袋浸入水或缓冲液中,样品溶液中的生物大分子被截留在袋内,而盐和小分子物质由于透析袋内外的浓度梯度形成的扩散压不断扩散透析到袋外,直到袋内外两边的浓度达到平衡为止。通过这种方式,可以除去大分子制备过程中的无机盐类、少量有机溶剂及生物小分子杂质。透析膜一般用动物膜、玻璃纸或纤维素制成,具备多种尺寸及截留分子量(即留在透析袋内的生物大分子的最小相对分子质量),通常透析袋的截留分子量为 10 000。

凝胶层析又称为排阻层析或分子筛,是利用具有多孔网状结构的颗粒的分子筛作用,根据被分离样品中蛋白质的大小和形状,即蛋白质的质量进行分离和纯化的一项技术。层析柱中的填料是某些惰性的多孔网状结构物质,多是交联的聚糖(如葡聚糖或琼脂糖)类物质,使蛋白质混合物中的物质按分子大小的不同进行分离,一般是大分子先流出来,小分子后流出来。根据实验目的的不同,选择不同的凝胶型号。如果实验目的是将样品中的大分子物质和小分子物质分开,由于它们在分配系数上有显著差异,这种分离又称组别分离,一般可选用 Sephadex G-25 和 G-50;对于小肽和相对分子质量低的物质($1000 \sim 5000$),脱盐可使用 Sephadex G-10、G-15 及 Bio-Gel-p-2 或 4。如果实验目的是将样品中一些分子质量比较相近的物质进行分离,这种分离又叫分级分离。一般选用排阻限度略大于样品中最高相对分子质量的凝胶,层析过程中待分离物质都能不同程度地深入到凝胶内部,各物质因其分配系数(K_d)不同而得到分离。

合成的偶联物纯化后需要进行保存。作为偶联蛋白质的全抗原而言,一般应避免蛋白质降解。因此,在保存偶联物时通常会借鉴蛋白质的保存方法,如低温液态保存、冻干保存和低温冷冻保存等。一般认为,偶联物溶液应根据需要小量保存,通常液态样品 4℃可保存 1 周左右,-20℃可保存 1 个月,-70℃可保存 6 个月以上。尤其注意不能反复冻融,依据蛋白的浓度、缓冲液成分及蛋白本身的特点,冻融造成的影响千差万别,但冻融多次往往会造成蛋白聚集、修饰、降解和污染等严重后果。如果条件具备,偶联物的保存建议采用冻干低温保存的方式,这种方式被认为在大多数情况下可以长期保存蛋白质的活性及相关性能。

2.7.3　佐剂的应用

使用适当的佐剂可以提高动物机体对免疫原刺激的应答能力。佐剂常与抗原共同注入动物体内,以产生预期的高效价免疫血清。常用的佐剂有:氢氧化铝 [Al(OH)₃]、明矾[KAl(SO₄)₂·12H₂O]、液体石蜡、羊毛脂等。硝酸纤维素膜和聚丙烯酰胺对于量少的抗原特别有用,从聚丙烯酰胺凝胶上切下含有抗原的凝胶条或经电泳转移于硝酸纤维素膜后的抗原膜可直接用于免疫动物。弗氏佐剂中羊毛脂与液体石蜡的配比可根据需要而定,一般在冬季,由于羊毛脂呈固态,所以用量较少(便于注射),在夏季,羊毛脂融化呈糊状,可以多用一些。一般常用的配比为 1:4。

在免疫动物时,将弗氏佐剂与抗原(蛋白质浓度为 1~100 mg/L)按体积比 1:1 混合后免疫动物。佐剂与抗原乳化可按以下方法操作:

(1) 研磨法。

将佐剂加热,取 1.73 mL 放入无菌的研钵内,待冷却后缓缓滴加 1.5 mL 抗原,边滴边向同一方向研磨,待抗原全部加入后,即形成乳白色黏稠的油包水乳剂,滴在水面上并不扩散。

(2) 注射器乳化法。

用研磨法进行乳化,不仅对抗原损失严重,而且容易引起细菌污染,采用注射器乳化法容易得到优质抗原乳化剂,其操作方法如下:

将等量的弗氏佐剂和抗原混合液分别放入两支 5 mL 注射器内,两注射器之间以一细胶管相连,注意接口不能太松,交替推动针管,直至形成黏稠的乳剂为止。将乳剂滴入冷水中保持完整不散,成滴状浮于水面,即为合格的油包水乳剂。

(3) 快速乳化法。

利用超声波粉碎器快速乳化抗原和佐剂混合物,此法操作简便、快速。将抗原和佐剂按所需量加入离心管中,置超声波粉碎器上,超声头浸液面下 0.5 cm,防止打碎离心管,以水浴降温,每次乳化 10~15 s,反复乳化 3~4 次,即完成乳化。

(4) 复合乳剂。

按上述方法制成的抗原乳化剂。再加入 2 倍体积的 2% Tween 20 生理盐水,用机械方法或超声处理,制成分散的乳剂小滴的复合乳剂。此复合剂黏度低,便于使用,且能更快引起更强的免疫应答。

2.7.4 动物免疫

免疫方案涉及动物种系、抗原剂量、免疫途径、加强免疫时间、免疫次数和佐剂的选择等。

1. 用于免疫的动物

能用于免疫的动物主要是哺乳类和禽类。常用的有家兔、绵羊、豚鼠和鸡等。有时根据需要也采用山羊、马、猴、鼠和鸽子等。选择合适的动物进行免疫极为重要。选择时应注意以下几点：

（1）抗原与动物种属的关系：抗原的来源与免疫动物的亲缘关系越远越好，太近不易产生高效价的抗体。

（2）动物的生理状况：同一抗原免疫同一种系不同个体的动物，由于个体差异，产生的抗体的效价常有大差异。这与动物的年龄和营养状况密切相关。免疫动物最好选择雄性个体。年龄不宜太大或太小。年龄太小的个体，容易产生免疫耐受性；年龄太大或营养不良，则免疫功能低下，不易产生高效价抗体。采用家兔进行免疫时，一般选择 3～9 月龄，体重 1.5～2 kg，健康的个体为宜。

（3）抗血清的需要量：根据实验中抗血清的需要量，选用最经济的动物类型和用于免疫的个体数。制备大量血清时应选用马、羊等大动物；若需要量不多则可选用家兔、豚鼠和鸡等小动物。

动物免疫后要做好动物编号的管理和记录，适当增加营养，注意动物的健康状况。

制备免疫血清用的动物选定后，根据抗原的性质确定免疫剂量、免疫途径、免疫间隔时间和次数，这都是实验成功与否的关键。

2. 免疫剂量

免疫剂量主要依据抗原的免疫原性强弱、分子大小、抗原来源难易确定。如要获得高效价的抗体，免疫剂量可适当增加，时间间隔可延长，但抗原量过大易产生免疫耐受。通常蛋白质抗原免疫家兔，以每次 0.5～1 mg/kg 为宜；加强免疫时，适当减少抗原量，约为初次剂量的 1/3～1/2。

3. 免疫途径

免疫途径对免疫成功与否有明显影响。常用的途径有静脉、脾脏、淋巴结、腹腔、肌肉、皮内、皮下和足掌注射等。对抗原的吸收速度为：静脉＝脾脏＝淋巴结＞腹腔＞肌肉＞皮下＞皮内。一般情况下为延长抗原刺激时间，基础免疫应选择缓慢吸收的途径为宜。

4. 加强免疫

第一次免疫后，间隔 2～3 周进行第二次免疫，以后每 1～2 周加强免疫一次。免疫的次数主要决定于抗原的性质和动物对免疫抗原的应答能力。免疫原性强的抗原（如蛋白质）加强免疫次数便少，相反半抗原的免疫原则需增加至 10 次左右，其抗体效价才能达到最高值。抗体的亲和力往往随着加强免疫的间隔时间、次数的增多而升高。

5. 免疫方案

免疫动物的方案要根据抗原的性质不同而异。以家兔为例一般有以下几种方法：

(1) 微量免疫法。

先于家兔两后足掌皮下注射灭活的卡介苗,每只约 50 mg,1～2 周后于腘窝淋巴结注射弗氏佐剂抗原 0.1 mL,约含 0.5 mg 抗原。背部每隔 2 周皮下多点注射 1 mg 抗原,不加佐剂,注射 2～3 次,一周后采血测试抗体效价,鉴定抗体效价,合格者采血备用。

(2) 全量免疫法。

首次于家兔两后足掌皮下注射弗氏完全佐剂抗原 1～10 mg,1～2 周后在皮下注射弗氏不完全佐剂抗原 1～10 mg,2～3 周后于背部皮下多点注射 1～10 mg,5 周后采血测试抗体效价,合格者采血备用。

(3) 混合免疫法。

此法综合足掌皮下、淋巴结、皮下多点和静脉等途径进行免疫,具有抗原量小、产生抗体效价高的优点。此法是于家兔两后足掌皮下注射弗氏完全佐剂抗原混合物各 0.5 mL(5 mg/mL),1～2 周后于双侧后肢肿大的腘窝淋巴结各注射 0.2 mL 弗氏不完全佐剂抗原。1～2 周后于背部皮下多点注射 1 mg 同样抗原乳剂。3 周后经耳静脉采血测试效价,若效价不够高,可用不加佐剂的抗原(5 mg/mL)耳静脉注射加强免疫,1 周内注射 3 次,分别为 0.1、0.3、0.5 mL,1 周后采血测试抗体效价,合格后放血备用。

免疫动物放血前,常用酶联免疫吸附测定(enzyme-linked immunosorbent assay,ELISA)法或免疫双扩散法测试抗体效价。若用免疫双扩散法测定其效价在 1:16 以上即达到要求;若用 ELISA 测定其效价在 1:1000 以上即达到要求,应及时采血,防止拖延引起效价下降。

6. 动物采血

免疫动物经测试抗体效价合格后,即可采血。采血前动物应禁食 24 h,以防血脂过高,禁食期间必须保证饮水充足。常用采血方法如下:

(1) 心脏采血法。

将动物固定于仰卧位或垂直位,剪去左胸侧体毛,消毒皮肤。以食指及中指触摸其胸壁,探明心脏搏动最明显处,用连接 16 号针头的 50～100 mL 注射器在该部位与胸壁成 45°刺入,当针头刺中心脏时有明显的落空和搏动感,待血液进入针筒后固定位置开始采血。本法常用于家兔、豚鼠、大鼠、鸽子等小动物,但若操作不当容易引起动物死亡。

(2) 颈动脉放血法。

颈动脉放血法是一次性放血较为常用的方法,家兔、山羊、绵羊等动物放血常采用此方法,其放血量较多,所获得的抗体不存在亲和力、特异性和效价等方面的差异。具体操作方法是将动物仰面固定于动物固定架上,暴露颈部。在颈部用

2%普鲁卡因局部麻醉,15 min 后纵行切开颈中部皮肤,暴露气管前的胸锁乳突肌。分离肌肉,在肌束下面靠近气管两侧,即见淡红色搏动的颈动脉,仔细分离一侧的颈动脉,在颈动脉套入两根丝线,1 根在远心端,另 1 根在近心端。先将一侧颈动脉远心端扎紧,然后用止血钳夹住颈动脉近心端,用眼科剪朝近心端将颈动脉剪一"V"形小口,将导管插入动脉中,并用近心端丝线结扎固定,防止放血导管滑出。在导管出口处接上灭菌的三角烧杯或离心管,轻轻松开止血钳,血液很快流出。体重 2.5 kg 家兔可放血约 80~100 mL,开始时血流速度很快,以后逐渐减慢,此时可将动物的后部垫高,动物临死前常发生挣扎,所以务必绑好,以防挣脱插管。

（3）静脉采血。

家兔可用耳静脉采血,山羊、绵羊、马和驴可用颈静脉采血。这种采血法可隔日 1 次,可以采集多量血液。家兔耳静脉切开法可采集数毫升血液。绵羊采用静脉采血一次能采 300 mL 血液,采血后立即回输 100 g/L 葡萄糖生理盐水,3 天后可再采血。小鼠通常用断尾或摘除眼球法采血。每只小鼠可获得 1~1.5 mL 的血液。马和驴一次可采 500 mL 或更多的血液,但必须间隔 1~2 月后才可继续采血。

7. 血清分离与保存

血液收集后,室温静置 2~3 h,4℃冰箱过夜(注意容器必须干净并且干燥,以免发生溶血),以 3000 r/min 离心 30 min,取上清液,加入防腐剂[终浓度 0.02%硫柳汞(thiomersalatum,$C_9H_9O_2HgNaS$)或 0.02%叠氮钠(sodium azide,NaN_3)],分装后置-20℃或-70℃保存备用。

8. 结果鉴定

以双相琼脂扩散试验或间接 ELISA 检测血清的抗体效价(参考"第 3 章　单克隆抗体"相关章节)。

第3章 单克隆抗体

3.1 引　言

　　1975 年德国学者 Köhler 和英国学者 Milstein 合作研究,在仙台病毒介导下,将经绵羊红细胞免疫后的小鼠脾细胞与小鼠骨髓瘤细胞(P3-X63/Ag8)融合,这种融合的细胞既获得了亲代脾细胞分泌特异性抗体的特性,又具有骨髓瘤细胞在体外培养或者作为移植瘤在小鼠体内大量繁殖的能力,成为一种既能分泌特异性抗体而又能"永生化(immortalization)"的杂交瘤细胞,建立了能产生抗绵羊红细胞的单克隆抗体。

　　单克隆抗体技术(1975 年建立)、DNA 重组技术(1973 年建立)与生物化学分离技术成为 20 世纪生物学研究的三大技术。单克隆抗体技术的出现,引起了生物学理论的革命,为广泛的生物学技术提供了重要的工具。它的应用是现代生命科学领域中的重要进展之一。单克隆抗体具有广泛的应用价值,它为生物学和医学等自然科学的研究开辟了新的途径,并已经深入生物学和医学的各个领域。目前,单克隆抗体已成为血清学、免疫化学和生物化学分析的常用实验室试剂,在临床应用方面也取得了很大的进展。

　　单克隆抗体与常规的多克隆抗体不同,后者是针对许多抗原决定簇的抗体的混合体,是由多克隆细胞产生的。前者是由一个骨髓瘤细胞与一个具有分泌抗体能力的 B 细胞融合形成杂交瘤细胞,通过无性繁殖形成细胞系,再由这一细胞系分泌的抗体。其主要特点有:① 由于来源于单克隆细胞,所分泌的抗体分子在结构上高度均一,甚至在氨基酸序列及空间构型上均相同;② 由于抗体识别的是抗原分子上单一抗原决定簇,且所有抗体分子均相同,所以,单克隆抗体具有高度特异性;③ 产生单克隆抗体的细胞为一无性细胞系,且可长期传代并保存,因此可持续稳定地生产同一性质的抗体。

　　杂交瘤制备单克隆抗体的技术经过了 40 多年的发展,与科学相比,杂交瘤的产生更像一种艺术。对于每一种抗原,制备相应的抗体时没有一种简单的公式可以遵循。关键是正确的抗原与最合适的动物种类或品系匹配。不可能一种抗体在所有应用中都工作得很好。所以必须设计合适的筛选分析实验,从融合的杂交瘤细胞中筛选符合预期特征的杂交瘤细胞。

知晓如何评价抗原,这对抗体的制备很重要。在免疫动物之前必须考虑的一些问题包括:① 抗原的特定亚型或氨基酸序列的重要意义;② 抗原是否适合待免疫的宿主品系? 抗原和宿主蛋白氨基酸序列的同源性会影响免疫原性,如果同源性高,应该更换宿主;③ 对抗体特异性的要求如何? 是只识别一种抗原亚型,还是识别所有的抗原亚型? 是只识别一个品系的抗原,还是识别几个品系的抗原? ④ 抗体结合抗原时,是只结合抗原而不干扰抗原的功能,还是抗体要阻断或诱导抗原的活性? ⑤ 对抗体的类或亚类是否有要求? 抗体的亲和力如何? ⑥ 抗体是否用于生物治疗。

3.2 通过杂交瘤技术制备单克隆抗体的基本原理

通过杂交瘤技术制备单克隆抗体的基本原理主要包括以下几方面:

① 淋巴细胞产生抗体的克隆选择学说,即一个致敏的 B 细胞克隆只产生一种抗体。动物体内的 B 细胞在特定外来抗原的刺激下,每个致敏的 B 细胞可以大量增殖分化变成浆细胞,分泌只针对免疫所用的抗原单一决定簇的抗体。这种抗体具有特异性,动物免疫作用就是用特定的外来抗原对动物进行一次或多次免疫,以刺激能分泌针对该抗原的 B 细胞的大量增殖,从而得到大量产生专一反应的 B 细胞(参见图 2-3)。

② 细胞融合(cell fusion)技术产生的杂交瘤细胞可以保持双方亲代细胞的特性,即 B 细胞分泌特异性抗体能力和骨髓瘤细胞无限繁殖能力。

③ 利用代谢缺陷补救机理筛选出杂交瘤细胞,并进行克隆化,然后进行大量培养增殖,制备所需的单克隆抗体。

单克隆抗体是建立在经过细胞融合而获得的杂交瘤细胞基础之上的。利用 B 细胞杂交瘤技术,分离出产生某种预定性质单克隆抗体的杂交瘤细胞,这种选择性制备单克隆抗体的技术又称抗体工程。该技术包括两种亲本细胞(骨髓瘤细胞和预先免疫过的小鼠脾细胞)的选择和制备、细胞融合、杂交瘤细胞的筛选和克隆化、单克隆抗体的制备和特性鉴定以及纯化等。该技术是一项周期长、连续性高的实验技术,涉及大量细胞培养、免疫学和生物化学等方法(图 3-1)。

用于免疫小鼠的抗原如混有无关组分,应该对抗原进行纯化之后,再用于免疫小鼠,更有利于制备高特异性的抗体。在基础免疫 3 周后,进行加强免疫,之后第 3 天取出小鼠脾脏,通过金属网制备游离的单个脾细胞悬液。然后,将脾细胞与骨髓瘤细胞在聚乙二醇(polyethylene glycol,PEG)存在下进行融合。当两个细胞紧密地接触的时候,其细胞膜可能融合在一起,而融合的细胞含有两个不同的细胞核,称为异核体(heterokaryon)。在适当的条件下,两个细胞核可以融合在一起,产生带有原来两个细胞基因信息的单核细胞,称为杂交细胞(hybrid cell)。

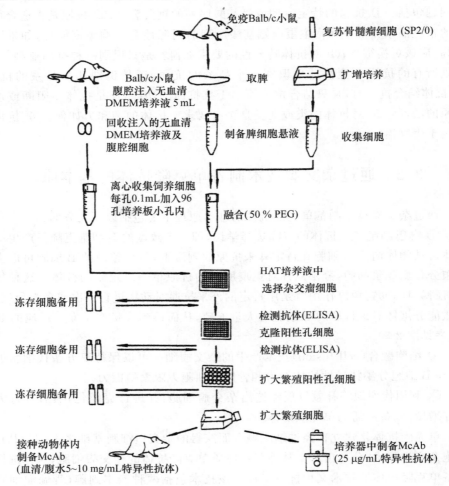

图 3-1　单克隆抗体的制备程序

现在已知能诱导细胞融合的因子有病毒、化学试剂和电脉冲。1962 年日本东北大学的学者冈田善雄(Okada Yoshio)发现属于副黏液病毒的仙台病毒(神经氨酸酶降解细胞膜上的糖蛋白)可以诱发小鼠体内艾氏腹水瘤细胞彼此融合。1965 年英国的 Harris 最先成功地用仙台病毒将体外培养的 Hela 细胞和小鼠艾氏腹腔积液癌细胞融合,并证明这种融合细胞能存活。最早被广泛采用的融合剂是仙台病毒。但是,以仙台病毒作为融合剂,存在着制备困难,使用剂量难以控制,仅利于产生 IgM 的细胞融合以及融合效率低等缺点。1974 年华裔加拿大籍科学家高国

楠发现 PEG 可促进不同科属的植物原生质体之间的融合。当加入一定相对分子
质量的 PEG 时,融合效率较病毒诱导法提高 1000 倍以上。后来人们又发现还有
许多其他的化学试剂可促进细胞凝集和融合,如磷酸盐、高级脂肪酸衍生物、脂质
体等,但诱导的效果都不如 PEG。1975 年 Pontecorvo 报道 PEG 能有效地促进哺
乳动物细胞融合,而且融合效率较仙台病毒高 100～300 倍。由于病毒诱导细胞融
合存在诸多缺点,所以 1975 年以后,利用 PEG 诱导细胞融合逐渐发展成为一种规
范的重要的化学融合方法。PEG 具有来源方便、重复性好以及融合率较高等显著
优点,逐渐取代仙台病毒,成为淋巴细胞杂交瘤技术中应用最广泛的融合剂。PEG
促进细胞融合的确切机制不是很清楚,可能的机制是当细胞聚集在一起时,PEG
可能与邻近细胞膜的水分相结合,使细胞之间只有几个埃的空间的水分被取代,由
此降低细胞表面的极性,导致脂质双层不稳定,引起细胞膜的融合(图 3-2)。

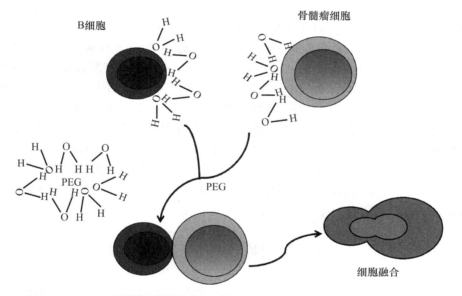

彩图 3-2

图 3-2　PEG 介导的细胞融合的可能机制

(彩图请扫描二维码)

　　1978 年 Zimmermann 等及 1979 年 Senda 等报道电脉冲诱导细胞融合成功。
其原理是对处于融合室的细胞加正弦交变电场,细胞排成串珠状,进一步在高幅脉
冲电场的瞬间作用下,细胞膜形成可逆的穿孔,形成细胞膜桥和细胞质桥,进而发
生细胞融合。利用电脉冲诱导细胞融合的方法,人们对膜的融合过程和机制进行

了进一步的探索。该方法在农业和医学上也展现了广泛的应用前景。与使用PEG诱导细胞融合相比,电脉冲诱导细胞融合是一种非常高效的细胞融合方法。其优点在于:融合频率高,融合率可达 10^{-3} ;操作简便、快速;对细胞无毒;可在显微镜下观察融合过程。故这种方法得以在短期内被广泛采用,成为细胞融合的主要技术手段。该方法的缺点是必须购置专用的细胞电融合设备。

无论是仙台病毒、化学试剂,还是电脉冲诱导的细胞融合都是非特异性的,所以在制备单克隆抗体的细胞融合阶段,除了所希望的脾细胞与骨髓瘤细胞发生融合外,骨髓瘤细胞之间或脾细胞之间也会发生融合。此外,还会剩下许多未融合的骨髓瘤细胞和脾细胞。因此,骨髓瘤细胞和脾细胞通过这三种方式进行的细胞融合处理,得到的是五种细胞的混合体,必须将脾细胞和骨髓瘤细胞的融合细胞——杂交瘤细胞从中筛选出来。

美国麻省理工学院科学家 Alison M. Skelley 及同事于 2009 年开发了一种高效的新方法来配对细胞,使其融合在一起成为杂交细胞。研究小组开发的新分拣装置能够保证捕获并配对不同种类的细胞。首先,A 类型细胞从一个方向通过芯片,并被捕获在一个只能容纳一个细胞的容器中。一旦这个细胞被捕获,液体就会开始从反方向流过芯片,将这个细胞从只能容纳一个细胞的小杯中推出,进入对面一个大一些的杯子里。一旦每个大杯中都有了一个 A 型细胞,B 型细胞就流入大杯。由于每个大杯子只能容纳 2 个细胞,最后每个杯中只有 1 个 A 型细胞和 1 个 B 型细胞。当细胞在杯中配对后,可以通过电脉冲融合细胞膜,从而让这两个细胞融合在一起。细胞融合的成功率大约 50%。这一新技术能让科学家更容易地研究细胞结合时发生的情况,比如融合成熟细胞和胚胎干细胞以研究其中发生的遗传重新编程。理论上讲,这项技术也可以用于杂交瘤技术中,减少筛选的工作量。

3.3　杂交瘤细胞的筛选原理

细胞的 DNA 合成有主要生物合成途径和补救途径。主要生物合成途径中四种脱氧核苷酸的合成途径是:利用 5-磷酸核糖-1-焦磷酸、谷氨酰胺、天冬氨酸和甘氨酸为原料,经过酶促反应合成次黄嘌呤核苷酸,经过多步酶促反应合成 dATP和 dGTP;利用天冬氨酸和氨基甲酰磷酸为原料,经过多步酶促反应合成 dCTP 和dTTP。氨基蝶呤(aminopterin)是二氢叶酸还原酶的抑制剂,因此能有效地阻断次黄嘌呤核苷酸和 dTMP 的合成,从而阻断 dATP、dGTP 和 dTTP 三种核苷酸合成而使 DNA 合成被阻断。主要生物合成途径被阻断后,在正常细胞中启动补救合成途径,次黄嘌呤鸟嘌呤磷酸核糖基转移酶(hypoxanthine-guanine phosphoribosyltransferase,HGPRT)催化次黄嘌呤和 5-磷酸核糖-1-焦磷酸合成次黄嘌呤核苷酸；胸腺嘧啶核苷激酶（thymidine kinase，TK）催化胸腺嘧啶核苷（thymidine）合成 dTMP，进行 DNA 合成如图 3-3 所示。

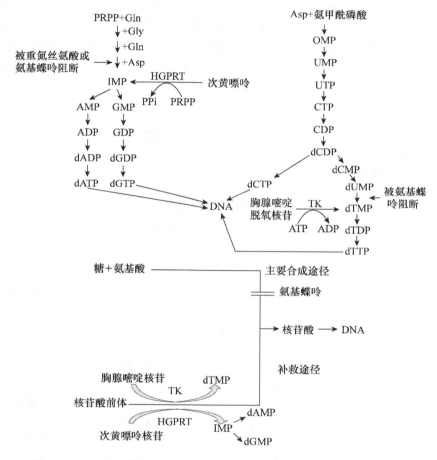

图 3-3 DNA 合成的主要途径被氨基蝶呤阻断后通过补救途径合成 DNA

用于细胞融合的骨髓瘤细胞系是经过毒性药物诱导选择产生的代谢缺陷型细胞，用 8-氮杂鸟嘌呤（8-azaguanine，8-AG）或 6-硫代鸟嘌呤（6-thioguanine，6-TG）筛选 HGPRT 缺陷株，或用 5-溴脱氧尿嘧啶核苷（5-bromodeoxyuridine，5-Br-dU）筛选 TK 缺陷株，所以骨髓瘤细胞内缺少 TK 或 HGPRT。当氨基蝶呤存在时，能够阻断 DNA 合成的主要途径，因此要通过补救途径合成 DNA，这时就需要 HGPRT 利用次黄嘌呤合成 dATP 和 dGTP，或 TK 利用胸腺嘧啶核苷合成 dTTP，在这种情况下，因骨髓瘤细胞及其自身融合物缺乏 HGPRT 或者 TK，在

HAT 培养液中由于无法合成 DNA 而迅速死亡；免疫脾细胞及其融合物虽有 HGPRT 和 TK，但因为缺乏于组织培养条件下繁殖的能力，是一种短命的细胞，在培养液中不能生长繁殖，一般在 5～7 天内死亡；只有骨髓瘤细胞与免疫脾细胞融合的杂交瘤细胞获得了骨髓瘤细胞所具有的永生化而且繁殖力极强的特征，同时又从免疫脾细胞得到功能性 HGPRT 和 TK 的基因产物，因此，这种杂交瘤细胞在 HAT 选择培养液中生长繁殖(图 3-4)。各类细胞经 HAT 选择培养液培养，结果只有杂交瘤细胞才能得以生长繁殖。

彩图 3-4

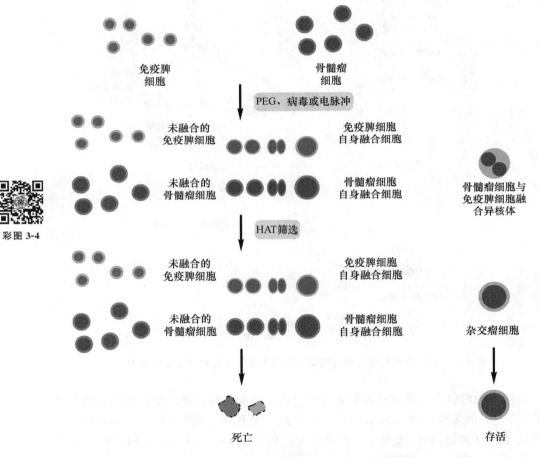

图 3-4　用 HAT 培养基筛选杂交瘤细胞的原理

由于小鼠骨髓瘤细胞缺乏 TK 或 HGPRT，和脾细胞融合后，在 HAT 培养基筛选条件下，只有杂交瘤细胞能存活。动图请扫描二维码。

在 PEG 存在下进行细胞融合后,即将细胞悬浮于 HAT 培养液中,分别滴入 96 孔培养板的小孔中(每孔 0.1 mL),置 5% CO_2 37℃ 饱和湿度的 CO_2 培养箱中培养,约培养 2 周,融合的细胞繁殖形成集落(克隆)。接着,用 ELISA 或放射免疫试验(RIA)等灵敏的方法检测培养液中有无分泌的特异性抗体,将产生特异性抗体孔的杂交瘤细胞移到 24 孔培养板中扩大增殖,进行克隆化,再扩大增殖,这样便可建立能分泌单克隆抗体的杂交瘤细胞株。通过体外培养或将杂交瘤细胞接种于同系小鼠或裸鼠腹腔内繁殖,即可获得大量的单克隆抗体。

3.4　融合用细胞的制备

3.4.1　免疫动物

取 8～12 周龄与骨髓瘤细胞同种系的 Balb/c 小鼠,以与等量弗氏完全佐剂充分乳化的含蛋白质 200 μg/500 μL 的抗原,注入小鼠腹腔内,间隔 2～4 周用弗氏不完全佐剂乳化抗原,多采用皮下多点注射。第二次免疫后约 1 周,尾静脉采血,检测抗体效价(一般用 ELISA),要求 1:10^3 阳性。效价太低,说明免疫效果不好,要加强免疫;效价太高,大部分致敏淋巴细胞转化为浆细胞,融合后的杂交瘤效果不好。对符合要求的小鼠,再以 20 μg/100 μL 的抗原溶液进行脾内直接注射,加强免疫,3 天后取脾脏用于细胞融合。

颗粒性抗原都具有较好的免疫原性,如系完整的细胞抗原,不必使用佐剂,用 PBS 等缓冲液充分洗涤培养的细胞,以去除可能存在的异源蛋白,如牛血清白蛋白等。先以浓度 2×10^7 个/mL 细胞进行腹腔免疫,3 周后用同样剂量的抗原再加强免疫,3 天后取脾脏制备脾细胞悬液用于融合。

Köhler 等曾经使用小鼠骨髓瘤细胞系 X-63/Ag8 进行了与小鼠、大鼠、家兔、人和蛙等不同种动物脾细胞或者淋巴细胞的融合试验比较,结果表明,用于融合的脾细胞或者淋巴细胞,在种系发生上与小鼠骨髓瘤细胞的距离越远,获得功能性杂交体的困难越大。为获得功能性杂交体,应选择与骨髓瘤细胞属于同一品系的动物进行免疫。常用动物是 Balb/c 小鼠,因为用于融合的骨髓瘤细胞系来源于 Balb/c 小鼠,而且应用 Balb/c 小鼠的免疫脾细胞与骨髓瘤细胞融合而得到的杂交瘤细胞,与 Balb/c 小鼠的组织相容性相一致,因此,种入 Balb/c 小鼠腹腔不会被排斥,便于获得含有抗体的腹水。

腹腔内注射是最常用的免疫途径,与其他途径相比,这一方式能注射更多的抗原,而且抗原不会直接进入血液循环系统。皮下局部注射可以将抗原注射到淋巴结引流区,一般皮下注射的总量不超过 $100\ \mu L$,且皮下多点注射有利于增加免疫效果。融合前进行抗原冲击时,脾内免疫有良好的免疫效果,但有较高的技术要求。最好一次免疫 3 只小鼠,取混合脾细胞融合;或者各取一个脾脏分别进行三个独立的融合试验,以避免单用一个脾脏时可能出现的不足之处。也可以每批免疫 2 只小鼠,两批共免疫 4 只小鼠,分两次做融合实验。

3.4.2　骨髓瘤细胞的复苏和培养

要取得良好的细胞融合效果,所用的骨髓瘤细胞必须处于良好的生理状态。

(1)骨髓瘤细胞的复苏。

将冷冻的骨髓瘤细胞从液氮罐内取出,立即放入 37℃ 水浴中,融化后逐滴加入含血清 DMEM 培养液约 3 mL,1000 r/min 离心 5 min,重复 1 次。将沉淀细胞移入细胞培养瓶中,加含血清 DMEM 培养液,置 CO_2 培养箱内培养。复苏的细胞活力有所下降,死亡细胞较多,应注意适时换培养基和细心观察。如活细胞数较少,可加入饲养细胞,将有助于细胞的生长。

(2)骨髓瘤细胞的培养。

骨髓瘤细胞(Sp2/0 或 NS-1)培养在含 10%～15% 小牛血清的完全培养液中,如细胞数低于 10^4 个/mL 时,细胞生长缓慢,一般在 $10^4 \sim 5 \times 10^5$ 个/mL 时呈对数生长,此时细胞浑圆,透亮,大小均一,排列整齐,呈半致密分布。当细胞密度超过 10^6 个/mL 以上时,细胞便停止分裂,表现皱缩、发暗,细胞浆中出现颗粒。当细胞处于对数生长的中期时,可按 1:3～1:10 的比例稀释传代。一般每 3～4 天进行 1 次传代或扩大培养,然后选处于旺盛生长、形态良好的对数生长期细胞供融合用。

1972 年 Potter 第一次从腹腔注射矿物油的 Balb/c 小鼠中分离出骨髓瘤细胞株 MOPC(mineral oil plasmacytoma),而且由这一细胞株衍生出来其他骨髓瘤细胞株。HGPRT 缺陷细胞亚株在 Milstein 实验室建立,简称为 X63。Köhler 等人又进一步诱发产生了一株丢失免疫球蛋白重链的变异细胞亚株,简称为 NS-1,随后又进一步诱发出完全不分泌免疫球蛋白的 P3-653 和 Sp2/0 等(表 3-1)。由于有些骨髓瘤细胞株细胞分泌免疫球蛋白,与脾细胞融合后形成的杂交瘤,除了产生脾细胞分泌的特异性抗体外,还同时产生骨髓瘤细胞本身分泌的免疫球蛋白,因此获得的抗体不纯。

一株好的小鼠骨髓瘤细胞株应当具备如下几个特点:① 稳定,易培养;② 自身不分泌免疫球蛋白;③ 融合率高;④ 是 HGPRT 或 TK 缺陷株,便于用 HAT 培养基筛选杂交瘤细胞。目前在我国,最常用于融合的骨髓瘤细胞为 NS-1 或者 Sp2/0,这两个细胞系的优点是,骨髓瘤细胞本身不分泌抗体,所以融合后的杂交瘤细胞只分泌 B 淋巴细胞亲本分泌的抗体。表 3-1 列举了常用于融合的小鼠骨髓瘤细胞系的特征。

表 3-1　用于融合的小鼠骨髓瘤细胞系

全名	简称	自身 Ig 表达	来源	染色体数	融合率
P3-X63/Ag8	X63、p3	γ,κ	MOPC-21	65	+++
NS-1/1. Ag4.1	NS-1	κ(非分泌型)	MOPC-21	65	+++
X63/Ag8.653	P3-653	不表达	X63/Ag8	58	++
Sp2/0/Ag14	Sp2/0	不表达	Sp2	72	+
FO		不表达	Sp2/0	72	+
S194/5XXO BuI	S194	不表达	Balb/c		
MCPII-X45-6TG1.7	MCPII、X45	$\gamma2b,\kappa$	Balb/c	62	
NSO/U		不表达 HS1/1. Ag4.1			

3.4.3　饲养细胞的培养

在组织培养中,单个或少数分散的细胞不易生长繁殖,若加入其他活细胞,对这些细胞的生长繁殖有促进作用,这种加入的细胞称为饲养细胞。其增强细胞繁殖的作用可能是由于这类细胞在培养液中释放一种非种属特异性生长因子的原故。许多种细胞都具有这样的作用,如成纤维细胞、胸腺细胞、外周血淋巴细胞、脾细胞等,最常使用的是小鼠腹腔细胞,因其来源和制备较为方便,同时其中的巨噬细胞还有清除死亡细胞及少量污染细菌的作用。

在细胞融合、杂交瘤细胞的筛选和扩大培养以及克隆化过程中,由于早期阶段,杂交瘤细胞数量较少,均需添加饲养细胞,其数量应大于 10^4 个/孔才有效。一般每只小鼠可取得 $(3\sim5)\times10^6$ 个腹腔细胞。可将细胞浓度调至 2×10^5 个/mL,在 24 孔培养板的小孔中加入 0.5 mL(约 10^5 个细胞),如用 96 孔培养板,每孔可加 0.1 mL(2×10^4 个细胞)。

3.4.4　血清的选择

在细胞融合、杂交瘤细胞的筛选和扩大培养以及克隆化过程中,都必须在 DMEM 培养液或者 RPMI-1640 培养基中加入 15%~20% 的胎牛血清。使用未经支原体污染的优质血清,是决定杂交瘤工作成败的关键。在融合工作开始之前,对每一批血清都要检查支原体,确保其为阴性,而且还应达到没有饲养细胞时能使骨髓瘤细胞良好生长的标准。

(1) 细胞培养液 DMEM-0:含 15%~20% 胎牛血清的 HAT 培养基。

(2) HAT 培养基的配制。

① 氨基蝶呤(A)储存液(×100,$4×10^{-6}$ mol/L)：称取氨基蝶呤(M_w 440.4) 1.76 mg 加入三重蒸馏水(简称三蒸水)90 mL,1mol/L 氢氧化钠 0.5 mL,待氨基蝶呤充分溶解后,加 1mol/L 盐酸 0.5 mL 中和,再加三蒸水至 100 mL,过滤除菌,按每管 1 mL 分装,放置 -20℃ 保存。

② 次黄嘌呤和胸腺嘧啶脱氧核苷(hypoxanthine and thymidine,HT)储存液 (×100;H：10^{-2} mol/L;T：$1.6×10^{-3}$ mol/L)：称取次黄嘌呤(M_w 136.1)136.1mg, 胸腺嘧啶脱氧核苷 38.8 mg,加三蒸水 100 mL,放入 40~45℃ 水浴中,完全溶解后过滤除菌,按每管 1 mL 分装,放置 -20℃ 保存。

③ 在 100 mL 含血清 DMEM 培养液中加入 HT(×100)和 A 储存液(×100) 各 1 mL,混匀即成 HAT 培养液。若仅加 HT(×100)储存液 1 mL,则为 HT 培养液。

3.5 细胞融合

3.5.1 制备饲养细胞层

① 取 Balb/c 小鼠 3~4 只,颈椎脱位法处死后,浸泡在 75% 乙醇或 1：1000 新洁尔灭溶液中消毒 15 min。建议眼眶采血,分离血清,其可用作后续实验的阴性对照。

② 将小鼠固定于蜡盘上,腹面朝上,用无菌剪刀在其腹部皮肤剪一小口,注意勿剪破腹肌,再剥离腹部皮肤,暴露腹肌,用灭菌注射器将 DMEM 培养液 5 mL 注入小鼠腹腔内,右手固定注射器,使针头留置在腹腔内,左手轻轻按摩其腹部 1~2 min。

③ 用原注射器抽取腹腔内液体(每只小鼠可得 4~4.5 mL 腹腔液),取出后置于预冷的 50 mL 离心管中。

④ 以 1000 r/min 离心 10 min,弃上清液,将细胞悬于 20 mL HAT 培养液中, 混匀后将细胞悬液滴加于 96 孔培养板的小孔中,每孔 0.1 mL,放置 5%CO_2 37℃ 饱和湿度的 CO_2 培养箱中培养备用。

3.5.2 制备骨髓瘤细胞悬液

① 在融合前 7~10 天将冻存在液氮中的骨髓瘤细胞(SP2/0)复苏,培养传代 1~2 代。必要时用 8-氮杂鸟嘌呤或 6-硫代鸟嘌呤筛选 HGPRT 缺陷株,或用 5-溴脱氧尿嘧啶核苷筛选 TK 缺陷株。

② 选择生长旺盛、形态良好的细胞进行扩大培养。在融合前 48 h,将细胞接种于 100 mL 培养瓶中,约 4~6 瓶,每瓶加含血清 DMEM 培养液 15 mL,含细胞数为 $5×10^4~10^5$ 个/mL。放置 5%CO_2 37℃ 饱和湿度的 CO_2 培养箱中培养备用。

③ 在细胞融合当天收集处于对数生长期的细胞,置于 50 mL 塑料离心管中,1000 r/min 离心 10 min,用无血清培养液洗 2 次,最后将细胞悬浮于 40 mL DMEM 培养液中。

④ 取细胞悬液 0.1 mL,加 0.5% 台盼蓝(trypan blue)染液进行细胞计数和细胞生存能力检测。取细胞悬液一滴加于血细胞计数板的计数室中,置低倍显微镜下观察、计数,透亮不着色的活细胞应占 90% 以上。计数后,吸取含 2×10^7 个细胞的悬液转移到 50 mL 灭菌塑料离心管中备用。

3.5.3　制备免疫脾细胞悬液

① 取同批经免疫后抗体效价合格的 Balb/c 小鼠 2 只,经眼眶或腋下血管取血,分离血清,作为后续检测实验的阳性对照。将小鼠处死后,局部消毒剖腹,无菌取出脾脏。

② 将脾脏放于无菌培养皿内的不锈钢网上,立即加入 5 mL 预冷的无血清 DMEM 培养液,用灭菌的注射器柄轻压脾脏,使脾细胞经过网孔滤入培养皿中。吸取网下的细胞悬液,再加入 10 mL 无血清培养液洗涤,轻压脾脏,吸取网下的细胞悬液,移入无菌的 50 mL 塑料离心管内,加无血清培养液至 30 mL。

③ 将细胞悬液离心沉淀后用培养液洗涤 1 次,悬于 10 mL 培养液中。

④ 用台盼蓝染色进行细胞计数,并检查生存活力。取 10^8 个脾细胞的悬液备用。

3.5.4　细胞融合

① 取 HAT 培养液 40 mL,无血清 DMEM 培养液 15 mL 和 50% PEG(相对分子质量 2000,将 PEG 高压灭菌后,约 40℃ 时加等体积的无血清培养基,制成 50% 的 PEG)1 mL 分别置于 37℃ 水浴中预温。另备盛 37℃ 水的 500 mL 烧杯 1 只。PEG 使两种细胞的膜融合,相对分子质量越大,浓度越高,融合率越高,但其黏度和细胞毒性也随之增大。我们实验室一般用相对分子质量 1000～2000,浓度为 50% 的 PEG。称量 PEG 并高压灭菌,冷却到 40℃ 左右,加入等体积的无血清 DMEM 培养液。

② 分别取两种细胞悬液[骨髓瘤细胞 $(2 \sim 5) \times 10^7$ 个/mL,脾细胞 1×10^8 个/mL],转移到 50 mL 塑料离心管中,混匀,并加无血清 DMEM 培养液至 40 mL。

③ 将两种细胞悬液充分混匀后,1000 r/min 离心 10 min,弃尽上清液,用手指弹击管底,使两种细胞混匀成糊状。

④ 将离心管置于 37℃ 预温的盛水烧杯中,用吸管吸取 0.7 mL 预温的 50% PEG 溶液,然后,将吸管尖端插入管底,轻轻搅动细胞沉淀,同时缓缓滴加 50% PEG 溶液。1 min 内加完,放入 37℃ 水浴中,静置 90 s。

由于融合时所用的 PEG 是一种高渗溶液,以至于细胞在骤然接触时极易产生渗透性休克。因此,无论在滴加 PEG 进行融合时还是最初加入培养基稀释时,都必须十分缓慢。

⑤ 立即滴加 37℃ 15 mL 预温的无血清 DMEM 培养液,使 PEG 稀释而停止作用。滴加方法是前 30 s 加 1 mL;后 30 s 加 3 mL;然后在 1 min 内加完 15 mL 培养液。

⑥ 补加无血清 DMEM 培养液至 40 mL,1000 r/min 离心 10 min,弃上清液。

⑦ 在离心收集的细胞中加 40 mL 含 15%～20% 胎牛血清的 HAT 培养液,用吸管轻轻混匀,滴加到已含有饲养细胞的 4 块 96 孔细胞培养板的小孔中,每孔 0.1 mL,放置 5%CO_2 37℃饱和湿度的 CO_2 培养箱中培养。

3.6 杂交瘤细胞的选择培养

由于 PEG 诱导细胞融合的非特异性,经 PEG 处理后,免疫小鼠脾细胞与小鼠骨髓瘤细胞形成多种细胞成分的混合体,其中包括未融合的骨髓瘤细胞和免疫脾细胞,骨髓瘤细胞自身融合的共核体和免疫脾细胞自身融合的共核体,以及骨髓瘤细胞与免疫脾细胞融合的异核体。只有骨髓瘤细胞与免疫脾细胞融合的异核体能成杂交瘤细胞。为此,在这多种细胞混合体中必须除去未融合细胞和同种细胞融合的共核体,并选择出真正的杂交瘤细胞。根据代谢缺陷补救机理,在细胞融合后即应将细胞置于 HAT 培养液中进行选择培养。

杂交瘤细胞的选择培养操作方法:

① 在细胞融合后第一天每孔分别滴加 100 μL HAT 培养液,一般每 2～3 天换一半 HAT 培养液。在选择培养液中培养 2～3 天内,将有大量骨髓瘤细胞死亡,4 天后骨髓瘤细胞几乎全部消失,这时融合的杂交瘤细胞成簇地生长,形成小的细胞集落。

② 7～10 天停止使用 HAT 培养液,改用 HT 培养液。由于培养孔中和细胞内可能有残留的氨基蝶呤,所以仍需向杂交瘤细胞提供补救途径合成 DNA 所需的 HT。此时杂交瘤细胞可长至培养孔底部的 1/3 或 1/2,这时即可吸取培养液进行特异性抗体检测,确定哪个孔中有分泌特异性抗体的杂交瘤细胞。

3.7 特异性抗体的检测

PEG 诱导的细胞融合是非特异性融合,脾脏中的非抗体产生细胞、无关抗体产生细胞及特异性抗体产生细胞都可以和骨髓瘤细胞融合形成杂交瘤,在 HAT

培养基中都能存活。换言之,HAT 培养基能筛选出杂交瘤细胞,但是不一定分泌特异性抗体。所以,经过 HAT 培养基筛选出的杂交瘤细胞,还要经过特异性抗体的检测,才能筛选到分泌特异性抗体的杂交瘤细胞。单克隆抗体筛选检测是建立杂交瘤细胞株的关键步骤之一。筛选方法要求灵敏、可靠而且能检测大量样品。筛选的第一步是无菌吸取每个培养孔的上清液,最好是用多头取样器进行。单克隆抗体筛选检测可供选用的方法有:固相放射免疫测定(RIA)、ELISA、细胞毒试验、空斑试验、免疫荧光试验(IFA)、间接血凝试验、旋转黏附双层吸附试验(SA-DIST)、免疫金试验等。现将最常用而又敏感的特异的检测方法分述于下:

3.7.1　酶联免疫吸附测定——间接 ELISA

酶联免疫吸附测定是一种最常使用而又灵敏可靠的检测方法,其原理是将抗原抗体的特异反应与高灵敏度的免疫检测技术相结合。它可以间接检测有无抗体或抗原的存在及其量的多少。在一定条件下,抗原能结合到固相载体表面,并保持其免疫活性。若待测样品中存在此抗原的特异性抗体,抗体就会结合到载体表面的固着抗原上;然后,将其与酶标记的第二抗体一起温育,形成固相化的抗原-抗体-酶标记的第二抗体复合物。在第二抗体复合物中加入酶的反应底物,进行显色反应。可根据酶解产物的颜色深浅,判断相应的抗体的有无及其数量的多寡。

具体操作方法如下:

(1)可溶性抗原的包被和检测。

可溶性抗原可直接按照事先测定的浓度用 0.1 mol/L,pH 9.6 的碳酸盐缓冲液稀释后包被。

① 将稀释至适当浓度的抗原滴入 96 孔聚苯乙烯微量滴定板的各小孔内,每孔 100 μL,置 4℃ 吸附过夜。

② 次日甩去孔中的抗原液,用 PBST 缓冲液洗 3 次。

③ 每孔加入用 0.01 mol/L pH 7.2 磷酸盐缓冲液配制的 10% 牛血清白蛋白溶液,置 37℃ 1 h,以封闭孔壁上的空隙,并防止非特异性结合。然后,再用磷酸盐缓冲液洗 2~3 次。

④ 每孔加入待测样品 100 μL,置湿盒内于 37℃ 作用 1 h,同时设阴性对照、阳性对照。

⑤ 用洗涤液(PBST)洗 3 次后,每孔加入用稀释液适度稀释的辣根过氧化物酶标记的羊或兔抗小鼠 IgG 试剂 100 μL,置湿盒内于 37℃ 作用 1 h。

⑥ 甩掉多余的酶标抗抗体,用 PBST 缓冲液洗 5 次,然后用蒸馏水洗 2 次。

⑦ 每孔加入新配制的底物 TMB 100 μL,置室温避光作用 5~30 min,当阳性对照孔变蓝色时,即可终止反应。

⑧ 每孔加入 2 mol/L 硫酸 100 μL，终止反应。

⑨ 置酶标读数仪测定结果。

这里需要指出的是，包被固相载体所需的抗原或抗体量，在实验前均应经过测定，高 pH、低离子浓度的缓冲液有利于蛋白质覆盖在聚苯乙烯固相载体表面。所以通常使用 0.1 mol/L，pH 9.6 碳酸盐缓冲液效果较佳。

（2）不溶性抗原的包被和检测。

不溶性抗原或细胞性抗原则可通过 L-左旋多聚赖氨酸作媒介，包被于固相载体表面。

① 微量滴定板每孔加入 10 μg/mL 的 L-左旋多聚赖氨酸 50 μL，室温放置 30 min 后用磷酸盐缓冲液（pH 7.4）洗涤 2 次。

② 每孔加入 50 μL 抗原（细胞性抗原应先计数，并调至 2.5×10⁶ 个细胞/mL 浓度）。4℃过夜，次日用磷酸盐缓冲液洗涤 1 次。

③ 每孔加入 0.5% 戊二醛 50 μL，4℃固定 15 min，用磷酸盐缓冲液洗涤 2 次。

④ 每孔内加入 100 mmol/L 甘氨酸溶液至满，4℃放置 30 min，磷酸盐缓冲液洗涤 3 次。

⑤ 每孔加入 DMEM 培养液至满，置 −20℃保存备用。

⑥ 检测时将微量滴定板从 −20℃冰箱中取出，待孔内液体融化后，用磷酸盐缓冲液洗涤 2 次。每孔内加入 100 μL 待测的单克隆抗体，室温放置 2 h，用磷酸盐缓冲液洗涤 4 次。

⑦ 每孔加入 100 μL 酶标羊或兔抗小鼠 IgG 抗体（G/RAM IgG-HRP），置室温作用 2 h，用磷酸盐缓冲液洗涤 6 次。

⑧ 每孔加入 200 μL 新配制的底物（TMB 或 DAB），置 37℃作用 30 min，检测反应结果。

3.7.2　标记 SPA 间接 ELISA

葡萄球菌 A 蛋白（staphylococcal protein A，SPA）能与人和多种哺乳动物 IgG 的 Fc 段结合，将酶与 SPA 交联制成酶标记的 SPA，可代替酶标抗体使用。标记 SPA 作为人和多种哺乳动物 IgG 的检测用的通用试剂，已经有商品化的产品上市。

具体操作方法如下：

将抗原包被于固相载体，加入待测单克隆抗体，抗体与相应抗原结合而被固定，洗涤后加入羊或兔抗小鼠 IgG 抗体，使其与被固定于抗原上的单克隆抗体结合，洗涤后再加入酶标记的 SPA，SPA 与羊或兔抗鼠 IgG 的 Fc 段结合而被固定，形成抗原-抗体-第二抗体（IgG）-酶标记的 SPA 固相复合物。最后加入酶的底物

（TMB 或 DAB）[①]溶液进行显色反应,根据显色深浅对单克隆抗体进行定性或定量测定。

3.7.3　亲和素–生物素 ELISA（ABC-ELISA）

亲和素（avidin）与生物素（biotin）具有极强的亲和性。活化后的生物素可与蛋白质、核酸等大分子物质偶联,也可为酶所标记。一个蛋白质分子上可以偶联多个生物素分子,形成多价生物素化抗体或酶衍生物。1 个分子亲和素又可以结合 4 个分子的生物素,由此即产生多级放大作用。当亲和素与生物素化酶作用时,很快形成亲和素–生物素–酶复合物（avidin-biotin-enzyme complex,ABC）。反应体系中再加入生物素化抗体时,复合物中尚未饱和的亲和素结合部位即可以与偶联于抗体上的生物素结合,抗体则与抗原结合,通过酶显色反应显示抗原抗体的特异性。此方法灵敏度高,非特异性着色少。

具体操作方法如下:

将已知抗原包被于固相载体,洗涤后加入待测样品（单克隆抗体）。若待测样品中有抗原特异性的单克隆抗体,则单克隆抗体被固定在抗原上。洗涤后加入生物素化兔抗小鼠 IgG（Ab2-B）,洗涤后加入临用前配制的亲和素–生物素辣根过氧化物酶复合物（A-B^{HRP}）。洗涤,形成抗原–抗体–生物素化的第二抗体–亲和素–生物素辣根过氧化物酶复合物。再加入相应酶底物（TMB 或 DAB）进行显色反应,根据反应后的颜色深浅对待测样品中的单克隆抗体进行定性或定量分析。

3.7.4　其他的方法

特异性抗体的检测,除上述 3 种常用的方法外,尚有其他的方法,例如:

（1）间接免疫荧光测定法（indirect immunofluorescent assay,IFA）。

该方法主要用于对单克隆抗体的定性鉴定。在已固定的靶细胞铺片上,加入待测的单克隆抗体,若抗体与靶细胞的抗原特异性结合,则固定在靶细胞上。洗涤后加入荧光标记的第二抗体（羊或兔抗小鼠 IgG 抗体– FITC）,即可在相应部位形成荧光复合物,可借助荧光显微镜进行检测分析。对于识别细胞表面抗原的抗体,准备单细胞悬液,用此方法染色后,可以借助流式细胞仪（flow cytometer）,进行分析（操作方法参考第 6 章）。

（2）放射免疫测定法（radioimmunoassay,RIA）。

该方法用放射性同位素标记抗体或抗原,用以检测相应抗原或抗体。此法灵

---

① 3,3′-二氨基联苯胺四盐酸盐（3,3′-diaminobenzidine tetrahydrochloride,DAB）底物溶液:取 DAB 5 mg 溶于 10 mL 0.1 mol/L 磷酸盐-柠檬酸盐缓冲液中,再加入 30% 过氧化氢 0.15 mL,混匀,避光保存。

敏度高,特异性强,可用仪器测定,准确可靠。RIA 测定法种类较多。在检测单克隆抗体时常用的为固相法。即将抗原在碱性溶液中包被于固相载体表面,洗涤后加入待测的单克隆抗体,相应的单克隆抗体与抗原结合,再加入^{125}I 标记的羊或兔抗小鼠 IgG 抗体,洗掉没有结合的抗体,用 γ 计数仪测定放射性强度。根据抗原-抗体-抗抗体^{125}I 所释放的放射性强度可检测单克隆抗体的有无及含量。

(3) 细胞毒试验。

该方法是检查表面抗原的经典方法,灵敏度高。原理为抗体与细胞表面抗原结合后,在补体介导下,使细胞膜破坏而导致细胞死亡。可在显微镜下计算因死亡而被活性染料[台盼蓝、伊文思蓝(evans-blue)等]着色的细胞。也可用^{51}Cr 标记细胞,当细胞溶解后,测定细胞释放^{51}Cr 的量。由于小鼠的 IgG1 不与补体结合,故此法不宜用于检测 IgG1。

四甲基联苯胺(3,3′,5,5′-tetramethylbenzidine,TMB)底物储存液的配制:将 TMB 60 mg 溶于 10 mL 二甲基亚砜中。

TMB 反应液(临用时配制):将 TMB 储存液 300 μL 加入 30 mL 0.1 mol/L pH 6.0 磷酸盐缓冲液中,再加入 30% 过氧化氢 45 μL,混匀。

3.8 杂交瘤细胞的克隆化

单克隆(clone)是指由单个细胞通过无性繁殖而得到的一群细胞。当细胞融合成功,并经检测证实培养孔中存在预定抗原的特异性抗体时,应尽快将杂交瘤细胞进行克隆化。由于抗体阴性细胞克隆的优势生长,抗体阳性的杂交瘤细胞的生长会被抑制。所以,检测到抗体阳性后,应该尽早克隆化培养。利用单个细胞培养技术从细胞群体中选育出遗传性稳定而同源的细胞系,淘汰遗传性不稳定的杂交瘤细胞。这是单克隆抗体技术中一个重要的环节。在细胞融合的初期,杂交瘤细胞含有双亲本的染色体,在细胞分裂时染色体分配不均衡,杂交瘤细胞的染色体常有丢失的现象,甚至导致其丧失分泌特异性抗体的功能。因此,在筛选到抗体阳性的杂交瘤细胞时,应尽早进行克隆化,以保持杂交瘤细胞具有同源的子代。

杂交瘤细胞的克隆化常用的方法如下:

3.8.1 有限稀释法

当细胞悬液被连续稀释成足够多的份数时,就可能得到含单个细胞的悬液,经过培养后,单个细胞可增殖为同源性细胞克隆。有限稀释法(limiting dilution method)是细胞克隆化最常用的方法,不需要特殊设备,操作简单。

具体操作方法如下:

① 克隆的前一天,制备饲养细胞(小鼠腹腔渗出细胞)悬液,在 96 孔培养板的每孔中约加入细胞悬液(10^5 个细胞/mL)100 μL,置 CO_2 培养箱中培养过夜。在细胞融合后的第一次克隆化时,应将细胞悬于 HT 培养液中。

② 用弯头滴管将待克隆的杂交瘤细胞从培养板的小孔内轻轻吹下,计算每毫升的活细胞数。

③ 用含血清 DMEM 培养液连续稀释,分别制成 5、10、50 个细胞/mL 三种浓度的细胞悬液。

④ 将细胞悬液分别加入已培养有饲养细胞的 96 孔培养板的小孔中,每孔 0.1 mL(2 滴),使每孔分别含 0.5、1 和 5 个细胞。

⑤ 将细胞培养板放在 5%CO_2 37℃饱和湿度的 CO_2 培养箱中培养,4~5 天后换培养基,换培养基频率视细胞生长的速率而定,一般 2~3 天更换 1 次。1 周左右,仔细观察各孔中细胞的生长情况,并在相应的盖板上做标记。

⑥ 当细胞长至孔底的 1/3~1/2 时,开始测定培养液中的相应特异性抗体活性,选择抗体效价高、呈单个克隆生长、形态良好的细胞孔,继续按上法再进行 1~2 次克隆和扩大培养。

⑦ 尽快将所得的克隆细胞进行冰冻保存,以便保种。

为确证所得的杂交瘤细胞为单个细胞的克隆,可用 Poisson 公式加以验证:

$$f(0) = e^{-\lambda}$$

其中 e 为自然对数(e = 2.71828),λ 为每个细胞生长的克隆个数。当 λ = 1 时,$f(0) = 0.3678$。由计算得知,若要得到每孔只有一个克隆细胞生长的概率,则至少应有 36 个孔无细胞生长(0.3678×96)。就是说,所进行的再克隆,应该只有 60 个孔内有细胞生长,这样每孔的克隆数方能保证为 1 个。

由于杂交瘤细胞中染色体数比正常细胞多一倍,细胞处于不稳定状态,在细胞分裂时,染色体的分配不平衡,会造成杂交瘤细胞在分裂增殖过程中失去抗体分泌能力。通常至少 3~5 次克隆才能获得稳定基因型和稳定分泌抗体的细胞。

3.8.2　半固体琼脂平皿培养法

半固体琼脂平皿培养法(soft-agar cloning method)的原理是:许多细胞,包括杂交瘤细胞可在半固体培养基上生长繁殖,营养物质通过扩散流向细胞。细胞的可溶性分泌物亦可在该培养基中向四周扩散。将杂交瘤细胞培养在半固体琼脂平皿上,待单个细胞增殖为细胞集落后,再移入培养液中培养。检测抗体分泌,可筛选阳性细胞克隆。

具体操作方法如下:

取定量琼脂,加少量磷酸盐缓冲液后,高压蒸汽灭菌。待冷却至 39~40℃,加入 DMEM 培养液,使琼脂的最终浓度为 0.5%。将琼脂倒入铺有饲养细胞层的平皿内,待冷却后,在其上层加入同上法配制的含不同细胞数的 0.5%琼脂,冷却后放入 5%CO₂ 37℃ CO₂ 培养箱内培养 7~14 天。在倒置显微镜下计算克隆数,用毛细吸管吸出克隆细胞,移种入含有饲养细胞和 HT 培养液的 96 孔培养板的小孔中,培养一周后即可检测上清液中所含的特异性抗体。反复进行数次软琼脂克隆,直到克隆能在低密度繁殖的板上出现时,才可以认为是单克隆的细胞群。这种方法的优点是细胞容易在半固体培养基上存活与繁殖。

3.8.3　单细胞显微镜操作法

单细胞显微镜操作法(single cell micromanipulation method)是在倒置显微镜下,借助毛细管将单个细胞逐个吸出,分别放入已含有饲养细胞的 96 孔培养板的小孔内培养。

具体操作方法如下:

将 100~1000 个待克隆的杂交瘤细胞移入无菌培养皿中,置 CO₂ 培养箱中静置 1 h 后,放于倒置显微镜下,用特制弯头毛细管逐个吸出细胞,放入预先加有饲养细胞的 96 孔培养板的小孔中培养。在吸取细胞时,弯头毛细管每吸 1 次,应反复依次用无菌蒸馏水及培养液冲洗,或者用一次性毛细管,以免混入细胞而影响克隆效果。待孔内有克隆细胞生长后,检测上清液中的特异抗体。

此外还有荧光激活细胞分选仪(fluorescence activated cell sotter,FACS)法。其原理是用荧光标记的抗原与相应的抗体分泌细胞结合,将悬液中的细胞引入一种液流中心,使其一个接一个地通过聚焦的高能激光束,根据荧光散射的性质,快速分析和分离细胞。每个细胞所散射的光强度,以及它处在激光束中所激发的荧光强度、色泽或极性等不同,因此,光学信号显示出各细胞的特征。这些光学信号被光测量仪器转换成电信号,根据电信号分离单个杂交瘤细胞,分离后的杂交瘤细胞置培养液中培养。该方法每秒钟可分离 5000~70 000 个细胞,分离细胞的准确率可达 90%~99%。唯该仪器价格昂贵,在有条件的实验室可以使用。

3.9　杂交瘤细胞的冻存

杂交瘤细胞一经建立应尽快冻存,以保证杂交瘤细胞不因传代污染或变异而丢失。因此,必须在得到分泌特异抗体的杂交瘤细胞后,尽早保存几批细胞于液态氮中,以便在发生意外时可将其复苏,继续进行实验。用于细胞融合的骨髓瘤细胞株也用同法保存,以取得稳定可靠的亲本细胞来源。

具体操作方法如下:

取生长旺盛、形态良好的待冻存细胞,制成细胞悬液,1000 r/min,离心 5 min,去上清液,加 4℃的冷冻液(9 份完全培养液+1 份二甲基亚砜),使最终细胞密度为(3~5)×10⁶ 个细胞/mL。以 1 mL 细胞悬液分装于 2 mL 的冻存管中,拧紧螺盖,然后将冻存管装入盛有棉花的小盒内,放置-70℃低温冰箱内过夜(12~24 h)后,再浸入液态氮内长期保存。二甲基亚砜为冷冻保护剂,能防止细胞内的水形成冰晶,有杀菌作用,不用灭菌。

3.10　杂交瘤细胞株染色体检测

小鼠 B 淋巴细胞与骨髓瘤细胞融合后产生的异核体细胞——杂交瘤细胞,它包含两种亲代细胞的染色体,并能将遗传信息传给子细胞,使其获得产生特异性抗体的能力。在细胞传代培养过程中,染色体常有丢失,一旦丢失携带抗体产生基因的染色体,该杂交瘤细胞即丧失分泌抗体的能力。因此,进行杂交瘤细胞的染色体检测,对了解杂交瘤细胞分泌抗体的能力有一定意义。正常小鼠脾细胞染色体数为 40 条,而 Sp2/0 细胞为 72 条,NS-1 为 65 条,所以杂交瘤细胞染色体数应在90~110 条之间。

具体操作方法如下:

① 细胞传代培养 48 h 后,加秋水仙酰胺(colcemid),使最终浓度达到 0.4 μg/mL[也可用秋水仙素(colchicine),最终浓度为 0.05~0.1 μg/mL],继续培养 2~2.5 h 以上。

② 用弯头吸管轻轻吹下全部贴壁生长的细胞,移入离心管,1000 r/min 离心10 min,弃上清液。

③ 加入预温至 37℃的 0.075 mol/L 氯化钾低渗液 5 mL,用吸管吹打均匀,置37℃水浴 15~20 min。

④ 每管加入新鲜配制的固定液(甲醇 3 份,冰乙酸 1 份)1 mL,混匀,1000 r/min离心 10 min,弃上清液.再加 5 mL 固定液,静止 30 min 后,1000 r/min 离心 10 min,弃上清液。

⑤ 向细胞沉淀中加 5 mL 固定液,轻轻吹散细胞,吸取 2~3 滴细胞悬液,滴于预冷的洁净载玻片上,立即轻轻吹散,使细胞分布均匀,并在酒精灯火焰上通过几次,使细胞平铺于载玻片上,自然干燥。

⑥ 用姬姆氏(Giemsa)染液染色 10 min,经自来水洗去染色液,自然干燥,树脂封片后,用显微镜检查。

⑦ 每个标本应计数 100 个完整的中期细胞核,记录染色体数,分析染色体数的分布。必要时作显微镜摄影,进一步作核型分析(图 3-5)。要注意 κ、λ 和 H 基

因所在的 6、16 和 12 号染色体。

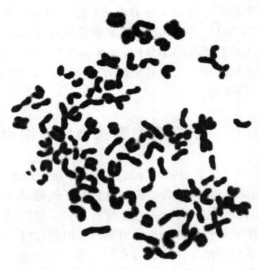

图 3-5   用秋水仙素法对一株杂交瘤细胞的染色体进行了分析,此杂交瘤细
胞的染色体数目约为 99 条(北京大学冯仁青实验室提供)

杂交瘤细胞的染色体分析,是杂交瘤细胞的客观指标之一,杂交瘤细胞的染色体数目应接近两种亲本细胞染色体数目的总和。

3.11   单克隆抗体的大量制备

在获得分泌特异性单克隆抗体的杂交瘤细胞克隆后,通常以体外培养法和动物体内诱生单克隆抗体法大量制备单克隆抗体。

3.11.1   动物体内诱生单克隆抗体法

将杂交瘤细胞接种于同品系小鼠或裸鼠腹腔内,便可诱生腹腔肿瘤和产生含单克隆抗体的小鼠腹水,抗体浓度可达 $1\sim10\ mg/mL$,此法可有效地保存杂交瘤细胞株和分离被杂菌污染的杂交瘤细胞,因为腹腔巨噬细胞可以清除轻度污染的杂菌。

具体操作方法如下:

在接种杂交瘤细胞前,先给小鼠(Balb/c 小鼠)腹腔注射 $0.5\ mL$ 降植烷(pristane)或液体石蜡,诱发无菌性腹膜炎,腹腔中会有腹水渗出,作为接种杂交瘤细胞的培养基。一周以后,每只小鼠腹腔注射 $5\times10^{5}\sim10^{6}$ 个杂交瘤细胞。接种杂交瘤细胞约 7～10 日后,小鼠腹部明显胀大,此时可用左手固定小鼠,用 75% 乙醇消毒其腹部,再于小鼠下方放置一支试管,将灭菌的注射针头(7 号)刺入小鼠下腹部,让腹水滴入试管内,当腹水停滴时,可轻轻移动针头或轻揉其腹部,使腹水继续滴出。1 次可收集 5～8 mL 腹水,间隔 2～3 天,待腹水再积累后,同法再取腹水,一般可取腹水 2～3 次。收集完腹水后,即以 1500 r/min 离心 10 min,吸取上清液,加入 0.02% 叠氮钠,分装保存于 -20℃。可以在收集完腹水后,打开腹腔回收杂交瘤细胞。

3.11.2　体外培养产生单克隆抗体法

在实验室条件下,可采用静止培养法,以含 10% 胎牛血清的 DMEM 培养液和细胞浓度 2×10^6 个/mL 为最佳培养条件,一般可获 10～50 μg/mL 的单克隆抗体。也可用机械搅拌或气泡搅拌的发酵罐在体外大量培养杂交瘤细胞,生产大量单克隆抗体。常见的培养方式有两种:一种是悬浮培养;另一种是细胞固定化培养系统。可根据杂交瘤细胞贴壁依赖性来选择不同的培养方式。

悬浮培养法与常规的静置培养相比,增加细胞生长的空间,使单位体积内的细胞数量增多,抗体产量也增高。此外,由于采用生物反应器,各种条件均可进行自动化操作和监控,便于对整个生产过程进行监控。目前国外上市的单克隆抗体多采用此方法获得。

固定化培养主要用于贴壁依赖性较强的杂交瘤细胞,主要是以小的固体颗粒作为细胞生长的载体,细胞固定在载体表面上生长,通过搅拌使其均匀地悬浮在培养液中,细胞在载体表面长成单层,这种培养为单层培养与悬浮培养相结合的培养方式。因此,由于使用微载体作为细胞生长的载体,其单位体积的表面积大,并可通过提高微载体的浓度而增大面积,单位体积内培养的细胞较普通悬浮培养的细胞数量更多且操作监控也较简便,很适合用于当前细胞工程产品的大量生产。

3.12　单克隆抗体的纯化

由于含单克隆抗体的培养液、血清或腹水有来自培养基或宿主体内的非特异性免疫球蛋白等杂蛋白成分,故需进一步分离、提纯。

单克隆抗体纯化方法的选择取决于抗体的类型。如属于小鼠 IgG 类,可选用 SPA-琼脂糖亲和层析法或 DEAE 离子交换层析法;如属小鼠 IgM 类,可选用 Sephadex G-200、Sephacryl S-300 或凝集素亲和层析法进行单克隆抗体的纯化,下面介绍几种常用的纯化方法。

3.12.1　硫酸铵沉淀法或辛酸–硫酸铵沉淀法

该方法的原理是利用高浓度的中性盐（如硫酸铵等）可以破坏蛋白质表面的水化膜，破坏蛋白质在溶液中的胶体稳定性，而使蛋白质组分沉淀下来。但该方法也可将其他非抗体球蛋白沉淀，故只能达到粗提纯蛋白质的目的。辛酸可以在偏酸的条件下沉淀血清或腹水中除了 IgG 以外的蛋白质，使上清液中只含有 IgG，然后用硫酸铵沉淀法纯化上清液中的 IgG。所以该法一般用来纯化 IgG1 和 IgG2b，不能用于 IgM、IgA 的纯化。

操作方法参考第 5 章。

3.12.2　免疫吸附层析法

将与单克隆抗体特异性结合的抗原偶联于 Sepharose 4B，制成亲和层析柱。然后将粗提纯的抗体溶液或经稀释的腹水缓慢上样，用适合抗原、抗体结合的缓冲液彻底洗涤亲和层析柱，洗掉杂蛋白，用适合抗原、抗体解离的洗脱液将吸附在亲和层析柱上的单克隆抗体洗脱回收。此法简单易行，得率较高，特异性和纯度也好。

操作方法参考第 5 章。

3.12.3　蛋白 A—琼脂糖珠亲和层析法或蛋白 G—琼脂糖珠亲和层析法

葡萄球菌 A 蛋白，简称蛋白 A（protein A）能与多种动物及人 IgG 的 Fc 段结合，一般小鼠 IgG2a、IgG2b、IgG3 结合力较强，对 IgG1、IgM 吸附很弱，而且对不同单克隆抗体中 IgG1 的吸附也不同，多数 IgG1 可在 pH 6.0 被洗脱。约 1 mg 蛋白 A 能与 10 mg IgG 结合，粗略计算，在 1 mL 琼脂糖珠上 2 mg 蛋白 A 能吸附 1 mL 腹水、1 mL 血清或 250 mL 培养上清液中所含 IgG。

蛋白 G（protein G）是 G 群链球菌的细胞壁蛋白，可以与 IgG 的 Fc 区域结合。可以用蛋白 G–琼脂糖珠亲和层析法纯化 IgG 类抗体。由于不同动物的抗体与蛋白 G 的结合程度有所不同，而且蛋白 G 与白蛋白有微弱的结合，所以在应用时不如蛋白 A 广泛。

操作方法参考第 5 章。

3.12.4　DEAE 离子交换层析法

纯化小鼠血清或者腹水的单克隆抗体的方法中，DEAE 离子交换层析法可称为最简单、快速和有效的方法之一。其纯化度虽不尽满意，但具有实用价值，尤其适合于大量纯化腹水，若应用 DEAE-Sepharose CL6B 柱层析，可收到更好的效果。

106

操作方法参考第 5 章。

抗体溶液的蛋白浓度测定：可以用紫外分光光度法测定 280 nm 处的吸光度，按下式计算。

纯化的小鼠 IgG：IgG 浓度(mg/mL)＝$A_{280\,nm}$/1.4。

未纯化的单克隆抗体腹水：蛋白浓度(mg/mL)＝$A_{280\,nm}$/1.25。

用 SDS-PAGE、层析法等检测分离纯化结果。

3.13　单克隆抗体的保存

细胞培养上清液或腹水中的单克隆抗体，均须以适当方法妥善保存，如果保存不当可使其丧失活性，特别是在抗体浓度过低或反复冻融等情况下。培养液的上清液、腹水或经纯化的单克隆抗体冻干，也会导致活性降低。

① 杂交瘤细胞培养液：在含单克隆抗体的细胞培养上清液中加入 0.1% 叠氮钠后，置于 4℃ 冰箱，可保存几个月。如冻存，可冻融 1 次，反复多次冻融会使活性丧失。

② 腹水：一般在 4℃ 保存很稳定，最好保存在 −70℃。冻结保存时，应以小量分装，避免反复冻融。另外，通过加等量饱和硫酸铵将抗体以沉淀的形式保存在 4℃ 条件下，可以长期保存，或者经粗提纯后单克隆抗体腹水加等量甘油，−30℃ 保存，效果也很好。

③ 纯化的单克隆抗体：对提纯的单克隆抗体，用含 0.1% 叠氮钠的 0.1 mol/L pH 7.2 磷酸盐缓冲液在 4℃ 下可满意地保存数月。在此条件下，抗体的最适合浓度为 1～10 mg/mL。单克隆抗体如在室温保存，几天即可丧失其活性。

3.14　单克隆抗体免疫球蛋白类型的鉴定

用相应的标准血清，通过琼脂双扩散免疫沉淀试验定性鉴定单克隆抗体属于哪一类型的免疫球蛋白，实验的关键是要具备优质的成套小鼠 Ig 类型的诊断血清。

具体操作方法如下：

① 制备琼脂糖板：将 1% 琼脂糖凝胶置于沸水浴中使其融化。在水平台上灌制琼脂糖板(6 cm×3 cm 载玻片)，待凝固后，用凝胶打孔器打孔，制成中心有一孔，周围有 6 个孔(呈梅花形排列)的琼脂糖板。

② 加样：将浓缩的杂交瘤培养液的上清液(约浓缩 5～10 倍左右)或含单克隆抗体的腹水(经磷酸盐缓冲液稀释 35～50 倍)加入中心孔中，四周孔分别加入抗小鼠 IgM、IgG1、IgG2a、IgG2b、IgG3、IgA 等不同类和亚类的抗血清。

③ 温育：加样后将琼脂糖板移置湿盒内，静置室温中 24～48 h 后观察结果。

④ 若见沉淀线出现，即可依据相对应孔抗血清的类型鉴定出单克隆抗体的类型。

抗原–抗体反应中，位于等价带时容易形成大的免疫复合物。要获得清晰的沉淀线，关键在于抗原与抗体的比例要合适。因此，在检测时要先摸索抗原、抗体加样的比例。如检测纯化的单克隆抗体，需将蛋白浓度调在 0.2～1 mg/mL，再进行检测。

3.15 杂交瘤细胞及单克隆抗体的其他性质鉴定

3.15.1 杂交瘤细胞的其他性质鉴定

分泌抗体稳定性分析：即将细胞在体外培养，定期传代，收集细胞上清液，用筛选抗体的方法测定上清液中的抗体。稳定性测定一般需连续传代 3 个月以上。

外源因子检查：无菌试验（显微镜观察、免疫检测试剂盒），支原体检查（免疫检测试剂盒），鼠源病毒检查（免疫检测试剂盒）等。

3.15.2 单克隆抗体的其他性质鉴定

① 纯度含量测定：免疫球蛋白的纯度测定一般采用 SDS-PAGE（25 000 和 50 000 两条带）或层析法（单峰）测定。蛋白含量测定可采用较常规的方法，如 Lowry 法、BCA 法等，需注意的是应选择相应的 IgG 标准品做标准曲线。

② 活性测定：一般大多数单克隆抗体均以结合相应抗原的情况来判定活性。如固相定量抗原，将相应的单克隆抗体连续稀释，以测定仍为阳性的最高稀释倍数作为该单克隆抗体的效价（滴度），也即活性。

③ 识别抗原位点测定：阻断抑制法为一种分析单克隆抗体识别抗原位点最为直接的方法。如固相抗原，用 HRP 标记各单克隆抗体，再和不同的未标记单克隆抗体一起或分别与固相抗原反应，若某一株未标记单克隆抗体能显著地抑制另一株标记单克隆抗体与固相抗原的反应，即提示此单克隆抗体与标记的单克隆抗体所识别抗原位点显著相关，相反则提示所识别的抗原位点不一样或不相关。

④ 亲和力测定：测定单克隆抗体亲和力有两种较为常用的方法，即相对亲和力和亲和常数测定，可根据不同用途进行选择。

相对亲和力测定：固定一定量的抗原，将各单克隆抗体调整到相同的浓度，分别与抗原反应，绘制反应曲线，由结果可判断出，反应达到平台期越早，即该单克隆抗体相对亲和力就越大,由此来判断一组单克隆抗体中各种单克隆抗体的相对亲和力。

亲和常数测定:将同位素标记抗原后,进行系列稀释,与等量抗体反应后,去除游离的未结合抗原,测定各浓度抗体结合抗原的量,再通过计算得出该抗体的亲和常数。这种方法,所得数据精确可靠,但操作较复杂,且需用放射性同位素。目前也有用改良的 HRP 标记抗体的方法,但精确度仍不如同位素法。

⑤ 特异性、交叉反应性测定:自然界抗原分子十分繁多,互相之间很难确定没有任何相关性。由于所获得的单克隆抗体识别的是单一抗原位区,如果用某一种抗原制备的单克隆抗体所识别的抗原位区也存在于另外一种抗原分子上,那么该单克隆抗体也可与后一种抗原发生反应,因此对单克隆抗体的特异性测定十分必要。

特异性测定的方法很简便,即将所有可能有交叉反应的抗原固定后分别测定,以了解各种单克隆抗体的反应性,以此来判断单克隆抗体的特异性。无论单克隆抗体作何用途,这一项测定必不可少。

3.16　淋巴细胞杂交瘤技术制备单克隆抗体的优缺点

1. 优点

(1) 几乎可以用淋巴细胞杂交瘤技术获得能引起小鼠免疫反应的任何抗原或者抗原决定簇的单克隆抗体。所以淋巴细胞杂交瘤技术的应用范围很广泛。

(2) 有利于特异性杂交瘤的富集。在免疫小鼠的脾细胞群体中,特异性 B 细胞的比例很低,例如,用绵羊红细胞免疫小鼠后,绵羊红细胞特异性 B 细胞仅占 $1/1000 \sim 1/100$。但细胞融合后,绵羊红细胞特异性杂交瘤的比例达到 $1/10 \sim 1/2$,富集了 $50 \sim 100$ 倍,大大减轻了烦琐而且耗时的特异性筛选工作。

(3) 产生单克隆抗体的杂交瘤细胞为一无性细胞系,可长期传代并保存,为此,可持续稳定地生产同一性质的抗体。因为杂交瘤细胞可以在液氮中冻存,有报道称,有些杂交瘤细胞在冻存 5 年后复苏,仍然像冻存前一样大量产生抗体(10^6 个细胞在每毫升培养基中的日分泌量可达 $1 \sim 10\ \mu g$ IgM 或 $10 \sim 50\ \mu g$ IgG),而且在再克隆的亚克隆中,一般仅有 $1/100$ 的克隆停止产生抗体,这大多由于染色体丢失所致。若将杂交瘤细胞接种入小鼠腹腔内,即可由小鼠腹水中获得大量的单克隆抗体($1 \sim 10\ mg/mL$)。

(4) 由于来源于单克隆细胞,所分泌的抗体分子在结构上高度均一,甚至在氨基酸序列及空间构型上均相同。由于抗体识别的是抗原分子上单一抗原位点,且所有抗体分子均相同,因此,单克隆抗体具有高度特异性。

(5)有利于杂交瘤细胞继续保持亲本细胞的抗体分泌优势。骨髓瘤细胞与免疫小鼠的脾细胞融合后,经过筛选,获得继承了亲本的抗体分泌优势的单克隆细胞,可大量分泌抗体。

(6)可由未纯化抗原制备纯质抗体。例如,可以用抗原性复杂的细胞免疫小鼠,得到一种专一性的单克隆抗体,这种抗体不仅可以用于鉴定细胞,还可用来鉴别细胞表面的一种抗原,以及该抗原上的一个抗原决定簇。这一特点对制备珍贵抗原的抗体很有意义。

(7)杂交瘤技术使抗体成为一种可以按需制备并且灵活应用的试剂。如制备的高亲和力抗体可用于定量抗原,而低亲和力抗体可用于纯化抗原。

(8)杂交瘤细胞体外培养过程中合成的抗体,极易通过向培养基中加入同位素标记的氨基酸而获得带标记的抗体。

(9)淋巴细胞杂交瘤技术使一个正常细胞的功能得以"永存"。如小鼠的抗体产生细胞的寿命是有限的,与骨髓瘤细胞融合形成的杂交瘤细胞为一无性细胞系,可长期传代并保存,使产生抗体的功能"永存"。

(10)兔单克隆抗体(rabbit monoclonal antibody,RabMAbs)的开发——新一代单克隆抗体用于科研、诊断和治疗。1995 年,Katherine Knight 在芝加哥的Loyola 大学成功地在转基因兔中获得骨髓瘤样肿瘤(plasmacytoma)。其后几年里,Robert Pytela 和 Weimin Zhu 在加州大学旧金山分校将此技术作了改进,使之能高量产兔单克隆抗体。Epitomics 公司独家拥有兔单克隆抗体技术的专利,并且开发了兔单克隆抗体用于科研、诊断和治疗的许可平台。

兔单克隆抗体的优点:① 兔抗血清通常含有高亲和力抗体,可以比鼠抗血清识别更多种类的抗原决定簇。② 兔单克隆抗体能够识别许多在小鼠中不产生免疫的抗原。③ 由于兔脾脏较大,可以进行更多的融合实验,使得高通量筛选融合细胞成为可能。

2. 缺点

(1)融合率低。虽然用 PEG 作融合剂,使融合效率较仙台病毒提高两个数量级,但是也只能约从每 2×10^5 个脾细胞中得到一个杂交瘤细胞。如果抗原性较强,在每 100 个脾细胞中可有一个抗体分泌细胞。用一只小鼠的脾细胞通过选择性融合,可得到 20~30 个分泌相应抗体的杂交瘤细胞。如果抗原性较弱,在每10 000 个脾细胞中可有一个抗体分泌细胞,用 2~3 只小鼠的脾细胞通过选择性融合,也难保证得到 1 个分泌相应抗体的杂交瘤细胞。为提高融合率,应特别注意提高小鼠脾细胞中抗体分泌细胞的数量。

(2)一些杂交瘤细胞在抗体分泌上显得不稳定。由于染色体丢失,体细胞突变或者克隆间竞争的失败,它们渐渐丧失产生特异性抗体的能力。在融合后初期呈强阳性的杂交瘤,在培养过程中转为阴性。所以对阳性克隆应尽早克隆化及备份保存。

（3）尚需要建立范围更广泛、符合各种细胞融合要求的骨髓瘤细胞系。鼠单克隆抗体对人体而言具有较强的免疫原性,可产生较强的人抗鼠抗体（human anti-mouse antibody,HAMA）反应。此外,鼠单克隆抗体的生产成本较高,难于大规模普及应用。

3. 用细胞工程制备人单克隆抗体的局限性

（1）缺乏一株适于融合的亲代细胞系,目前尚未找到不分泌免疫球蛋白的人骨髓瘤细胞株。用人-人杂交瘤技术制备的单克隆抗体中含有非目的免疫球蛋白。如有报告用产生 IgE 的人浆细胞系 U-266AR1 与致敏的何杰金氏淋巴瘤病人的脾细胞融合,可以得到分泌单克隆 IgG 的杂交瘤细胞。此杂交瘤细胞既分泌目的免疫球蛋白单克隆 IgG,又分泌非目的免疫球蛋白 U-266AR1 亲本分泌的 IgE。

（2）医学伦理学的限制无法用任意一种抗原免疫人体。难以获得足够数量对抗原特异的 B 细胞。人们企图在融合前用抗原在体外刺激的方法以提高杂交瘤细胞的数量,但是目前对于正常淋巴细胞体外免疫产生原发性免疫反应的技术还不成熟。

（3）融合率低。人-人杂交瘤技术获得杂交细胞的融合率多在$(1\sim5)\times10^{-6}$。

（4）杂交瘤细胞的抗体分泌稳定性差。

由于以上的局限性,目前用杂交瘤技术制备人单克隆抗体一直不很成功。

第4章 基因工程抗体

4.1 引 言

4.1.1 鼠源单克隆抗体的局限性和基因工程抗体的出现

抗体是宿主为了抵御外来分子和微生物入侵而产生的一种蛋白质,早在一个世纪前就被人们用以中和毒素、治疗感染。随着抗体理论日益成熟,科学家自然想到下一个从科学到技术的飞跃——开发抗体的应用:用抗体作为蛋白质药物来治疗肿瘤、感染和免疫相关的疾病等。因为抗体能专一性地识别并结合抗原,Paul Ehrlich 将其称为治疗疾病的"魔弹"。自 1975 年 Milstein 和 Köhler 建立了 B 细胞杂交瘤技术以来,对于抗体治疗效果的探索就一直是研究的热点。抗体的特性赋予抗体药物两个天然的优势:① 抗体和药物靶点的结合具有高度特异性,并且空间结构高度互补,靠非共价键形成紧密的结合,不会滥伤无辜。同小分子药相比,靶向性强,副作用小。② IgG 类抗体在体内的半衰期长,一次注射可以保持药效两到三周甚至超过一个月。

然而,开发抗体药物遇到一些障碍:① 除非在一些特殊的应用中,比如破伤风(tetanus)毒素引起的破伤风发作,急需中和抗体解毒治疗;埃博拉病毒(Ebola virus)感染引起的埃博拉出血热,有很高的死亡率(50%~90%),在早期没有特效药的情况下,用中和抗体进行抗感染治疗等,多克隆抗体很难被开发为药物。要想保持药物的稳定性、重复性和可靠性,单一分子的抗体或单克隆抗体更适合用于治疗。② 从多克隆抗体中纯化和生产单克隆抗体的过程极其艰难和复杂。③ 由于免疫系统在发育过程中对自身成分形成天然的免疫耐受,对于人体里的大部分靶蛋白,健康人的免疫系统不会把它们当成外来抗原,也就不会产生抗体。靶向人蛋白的抗体通常需要在其他动物(比如小鼠,兔子)中产生。

单克隆抗体杂交瘤技术解决了这几个问题。表达特定单克隆抗体的杂交瘤细胞可以被筛选出来,理论上讲,建立的杂交瘤细胞系可以无限地传代下去,即所谓的"永生化",这使针对某一靶点开发单克隆抗体药物成为可能。由于两个发明人没有申请专利保护,新一代的生物技术公司纷纷以杂交瘤技术为基础,将其产业化。20 世纪七八十年代以后,很多生物技术公司开发了用于体外疾病检测的单克隆抗体。单克隆抗体在细胞和分子生物学研究中也得到了广泛的应用。

与体外检测中的应用相比,单克隆抗体作为治疗药物的研究进展要缓慢得多。1982 年,Philip Karr 将抗独特型单克隆抗体(anti-Id)应用于 B 细胞淋巴瘤的临床治疗并获得成功。1986 年,也就是在 Jerne、Milstein 和 Köhler 凭借单克隆抗体杂交瘤技术获得诺贝尔奖的第三年,强生的 Orthoclone OKT3(注射用抗人 T 细胞 CD3 鼠源单克隆抗体,静脉给药类免疫抑制剂)成为第一个被美国 FDA 批准的单克隆抗体药物,用于防止肾脏移植后的宿主排斥。但直到 9 年以后,第二个抗体药——礼来和强生的 ReoPro 才于 1995 年在美国上市,被用来抑制血栓形成。

在随后的研究中,人们发现许多单克隆抗体药物在动物实验中显示出很强的抑瘤效果,但在临床治疗中却不理想。其原因在于鼠源单克隆抗体药物来自小鼠,它的氨基酸序列都是鼠源的。鼠源抗体在给病人应用过程中常常遇到一些问题:① 鼠源抗体对人体来讲是异种蛋白,是免疫原性很强的抗原,它可刺激人体产生抗抗体——人抗鼠抗体(HAMA),可诱发人抗鼠抗体反应,产生免疫排斥。同时异源性抗体制剂的 Fc 段不能有效地激活人体效应系统,最终导致临床疗效减弱甚至消失。② 体外实验效果很好的单克隆抗体药物,体内应用时由于免疫排斥,使单克隆抗体药物很快从病人体内被清除掉,大大降低了它们应有的疗效。尤其治疗慢性疾病需要长期用药的情况下,鼠源单克隆抗体药物在后续注射时疗效甚微。③ 少数病例中,鼠源抗体会引起严重的过敏反应,甚至导致个别病人死亡。④ 单克隆抗体药物的相对分子质量比较大,穿透力差,影响体内的组织分布,在实体瘤内部达不到有效浓度,影响疗效。所以临床应用的理想抗体应该是人源抗体。

尽管用人源抗体取代鼠源抗体是克服鼠源单克隆抗体药物临床应用障碍的关键,但是由于人体不能随意免疫,而且对于自身抗原及有毒的抗原,即使体内免疫也难以获得特异性抗体。同时也有众多实验证明,杂交瘤技术不能提供稳定分泌人源抗体的细胞株,还存在抗体亲和力低、产量不高等问题,因此人-人杂交瘤技术至今仍无重大突破。

单克隆抗体药物要想在行业内立足,要想在医学上有更广泛的应用,必须要对鼠源抗体进行人源化改造,以降低其鼠源性;或开发完全人源的抗体,才能避免上述障碍。

20 世纪 80 年代,在充分认识免疫球蛋白基因结构和功能的基础上,人们利用 DNA 重组技术和蛋白质工程技术,对免疫球蛋白分子进行基因水平上的切割、拼接或修饰,重新组装成新型的抗体分子,即继多克隆抗体、单克隆抗体之后的第三代抗体——基因工程抗体(genetically engineered antibody,GeAb)。基因工程抗体保留了天然抗体的特异性和主要的生物学活性，去除或减少了无关结构，从而比天然抗体具有更广泛的应用前景，而且这一技术使抗体的人源化以及制备人源抗体成为可能。

4.1.2 基因工程抗体的发展

抑制 HAMA 现象并提高抗体的临床疗效是人们研制基因工程抗体的主要目的。为了实现这个目的，目前比较常见的思路是：减少鼠源单克隆抗体的鼠源成分并凸显功能性片段，或是摒弃鼠单克隆抗体，采用全新的技术制备人源抗体。近年来，基因工程抗体主要呈现两种明显的发展趋势，即功能化和人源化。

功能化主要是指从抗体要实现的特定功能出发，保留、改进或增加抗体的结合部位，去除非作用的部分，减少鼠源抗体的成分，降低 HAMA 效应。功能化抗体往往通过抗体的小型化，增强抗体对于某些组织的穿透能力，或增加功能性结构（不同靶标结合位点或携带小分子药物）实现针对性治疗，提高临床效用。这些抗体的种类多样，主要有 Fab、Fv、单链抗体、双链抗体、微型抗体、双特异/功能性抗体或抗体-药物偶联物（ADC）等。其中，小型化和部分双特异性抗体由于不具备Fc 段，没有抗体依赖性细胞介导的细胞毒作用和补体依赖的细胞毒性（complement dependent cytotoxicity，CDC），一般不能作为药物直接发挥作用，常常充当小分子药物载体或用于诊断试验。而大多数双特异/功能性抗体和 ADC 通常以完整抗体的形式出现，在治疗疾病领域有着出色的表现。2009 年欧盟批准上市的双靶点特异性抗体药物 catumaxomab 可同时与肿瘤细胞的上皮细胞黏附分子及 T 细胞表面的 CD3 结合，激活 T 细胞杀死肿瘤细胞。2013 年美国 FDA 批准上市的 ADC 类抗体药物是一种与化学药 DM1 偶联的抗人 HER2 抗体（trastuzumab），可用于治疗转移性乳腺癌。可见，新近抗体药物的发展趋势显示，研发具有完整抗体结构的双特异性/功能性抗体已成为基因工程抗体药物的一个重要的突破方向。

人源化过程是治疗用抗体发展的主线，也是基因工程抗体快速发展的重要驱动力。1975 年杂交瘤技术制备单克隆抗体成功为鼠源单克隆抗体治疗疾病开启了大门。1986 年，美国 FDA 批准了第一个治疗性的鼠源单克隆抗体药物，自此鼠源单克隆抗体药物一直是抗体研究的重点。但 HAMA 效应的存在，使人们开始探索鼠源抗体的人源化。1994 年，第一个嵌合抗体药物（abciximab，商品名ReoPro）被批准上市，同一时期，抗内毒素鼠源单克隆抗体用于治疗脓毒败血症遭遇失败，令鼠源单克隆抗体药物的研究陷入低谷，人们开始加快借助分子生物学技术发展基因工程抗体，通过对鼠源单克隆抗体的改造，降低抗体药物的鼠源性，逐

渐实现人源化抗体乃至全人源抗体的制备。1997 年第一个改型抗体药物
daclizumab(商品名 Zenapax)出现,2002 年第一个全人源抗体 adalimumab(商品名
Humira)被批准上市,如图 4-1 所示,人们通过嵌合抗体,人源化抗体和全人源抗
体的制备技术的发展,逐步将鼠源部分的比例降低,以克服 HAMA 效应,提高抗
体药物的功效。自 2002 年第一个全人源单克隆抗体 Humira 获批以来,美国 FDA
已经批准了 23 款全人源单克隆抗体,占到了市场上所有单克隆抗体的 40%。
2015 年至 2017 年 5 月,21 款单克隆抗体中有 11 款是全人源抗体。而在 2017 年
获批上市的 5 款抗体中,更有 4 款是全人源抗体。而曾经辉煌一时的 Muromonab-
CD3 则于 2010 年退市,这也反映了抗体的人源化已是未来基因工程抗体发展的
趋势。

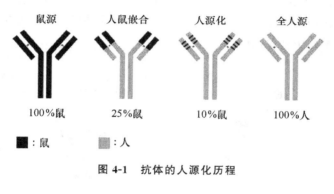

图 4-1　抗体的人源化历程

4.2　功能化抗体

4.2.1　小型化抗体

由于抗体分子过于庞大,对于某些组织的穿透性差,所以人们为了提高抗体制
剂的临床效用,制备了许多相对分子质量较小,但具有抗原结合能力的抗体分子片
段(图 4-2)。其原理主要借助大肠杆菌细胞壁的周质腔可提供类似内质网的环
境,使所需表达的小分子抗体蛋白在细菌信号肽的引导下分泌到周质腔,等信号肽
被信号肽酶降解后,在周质腔完成折叠、组装;而完整的抗体蛋白虽然能够得到表
达,但无法正确地折叠、装配。小型化抗体主要包括 Fab、Fv 及单链抗体(single
chain fragment of variable region,scFv)、单区(域)抗体(single domain antibody)
及最小识别单位(minimal recognition unit,MRU)。

Fab 是由抗体重链 Fd 段和完整的轻链组成,二者以一个链间二硫键连接,相

对分子质量约为完整抗体的 1/3,只有一个抗原结合位点。Fv 是抗体分子中保留抗体结合部位的最小功能片段,由轻链可变区和重链可变区组成,以非共价键将两者结合在一起,相对分子质量约为完整抗体的 1/6。但因为缺乏像 Fab 那样的二硫键,Fv 在低浓度时极不稳定,常常发生解离(解离常数为 $10^{-5} \sim 10^{-8}$ mol/L)。为了使 Fv 更加稳定,人们用一段含 4~25 个氨基酸的肽链接头(linker)将 V_L 和 V_H 连接起来,形成单链抗体。而单区抗体是指具有抗原结合活性的抗体亚单位,一般是指单独的重链可变区。单区抗体通常亲和力低,非特异性结合明显增加。最小识别单位则一般是指单独的互补决定区 3(CDR3),其与单区抗体一样,由于亲和性差,只作为研究使用,实用性小。Fab 和 scFv 在目前的实用价值非常高,许多临床制剂均采用这两种形式。这类抗体因为分子小,易于穿透血管或组织达到靶部位,利于疾病的治疗,且不含 Fc 端,不与相应受体结合,降低副反应,半衰期短,有利于毒素的中和及清除。

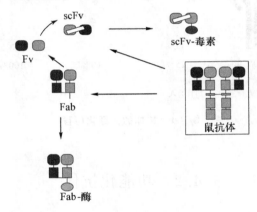

图 4-2 抗体分子片段

4.2.2 特殊功能抗体

特殊功能抗体以增加抗体额外功能为出发点,使原本单价的抗体片段或功能单一的完整抗体成为具有特殊功能(如酶切、导向、双靶标)的抗体分子。一般采用基因序列上的设计,通过整合或者体外的连接来实现这类特殊功能抗体的制备。常见的特殊功能抗体主要有双特异性抗体、抗体融合蛋白、ADC 等。

双特异性抗体是指具有双重特异性的抗体,即一个抗体分子中的两个抗原结合部位是不同的,可以分别结合两种不同的抗原,这样抗体就可以拥有导向功能,如应用针对效应细胞和靶目标(病毒、肿瘤细胞等)的 BsAb,能将效应细胞导向靶目标,发挥效应。通常用化学偶联或二次杂交瘤技术进行制备。根据双特异性抗体的结构,可以将其分为 IgG 类亚型和非 IgG 类亚型两种(图 4-3)。各类别又具有多种不同形式,其中以三功能抗体(triomab)和双特异性 T 细胞衔接器(bispecific T cell engager,BiTE)技术最为成熟。Triomab 是将 CD3 特异性大鼠源 IgG2b 抗体和肿瘤靶向小鼠源 IgG2a 抗体进行体细胞杂交获得的双特异性抗体。Triomab 通过 Fv 功能区分别结合肿瘤细胞及 T 细胞,通过 Fc 功能区募集表达 FcRn 的功能细胞,如 NK 细胞、单核细胞、巨噬细胞、粒细胞及树突细胞等,形成复合体,刺激 T 细胞分泌细胞因子清除肿瘤细胞,因此 triomab 又被称为三功能抗体。BiTE 是将抗 CD3 单链抗体与不同抗肿瘤细胞表面抗原的单链抗体通过肽段进行连接而获得,可同时结合 CD3 阳性 T 细胞及肿瘤细胞,并诱导 T 细胞靶向杀伤肿瘤细胞。

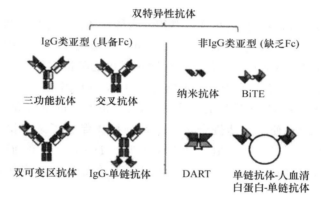

彩图 4-3

图 4-3　主要的双特异性抗体
(彩图请扫描二维码)

　　抗体融合蛋白通过改造抗体的恒定区,使抗体的一部分被具有其他特性的非抗体序列替代。如 Neubergor 等将 DNA 聚合酶 I、Klenow 活性酶、*myc* 基因决定簇或金黄色葡萄球菌核酸酶替换抗体的恒定区,使抗体既有与抗原特异性结合的性能,又具备了核酸酶的活性。

　　ADC 即抗体-药物偶联物,它利用抗体的高度特异性,将治疗用的细胞毒性物质,包括同位素、化学药物或毒素运送到靶细胞,实现治疗的目的。一般认为,抗体可对抗原进行高度特异性识别,本身的内在毒性较小,而化学药物分子小、渗透性好、特异性差、细胞毒性强,会产生严重的毒副作用。ADC 通过化学方式将抗体与化学药物偶联,可将两者的优势充分发挥,实现对靶细胞的精准定位杀伤。典型的

ADC 如免疫毒素,即单克隆抗体与毒素的偶联物,它与双特异性抗体有点类似,通过抗体原有的结合位点定位肿瘤部位,然后通过毒力非常强大的细菌或植物毒素来杀死肿瘤细胞。

4.3 人源化抗体

4.3.1 部分人源化抗体

这类抗体以杂交瘤细胞株为基础,从杂交瘤细胞基因组中分离并鉴别出相应基因,连接人源抗体的相应序列,再插入适当的载体中,构建成重组抗体,最后经转染细胞获得表达。这类抗体主要包括嵌合抗体(chimeric Ab)和改型抗体(reshaping Ab)。

嵌合抗体是将鼠源抗体的可变区基因与人源抗体的恒定区基因相连接产生的抗体(图 4-4)。它可以用适当的探针从分泌鼠单克隆抗体的杂交瘤细胞系的基因组文库中钓取,也可以通过一组简并的引物从鼠单克隆抗体的杂交瘤细胞中 PCR 扩增出功能性的轻链可变区(V_L)与重链可变区(V_H)基因,分别与人的轻、重链基因恒定区基因相连接,插入适当的载体中,构成人鼠嵌合的重链和轻链基因,然后共转染骨髓瘤细胞,使其表达嵌合抗体。这种抗体保持了亲本鼠单克隆抗体的特异性和亲和力,同时人源的恒定区不仅减少了 HAMA 现象,而且还能有效地介导产生补体依赖的细胞毒性、抗体依赖性细胞介导的细胞毒作用及免疫调理作用。

目前已有数十种嵌合抗体进入了临床试用,虽然 HAMA 效应较鼠源单克隆抗体大为下降,但有相当比例的患者仍会出现 HAMA 症状,所以采用嵌合抗体用于降低 HAMA 效应并不理想。

改型抗体则是用鼠源抗体的可变区中的互补决定区(CDR)序列取代人源抗体的相应 CDR 序列构成的抗体(图4-5)。这是为了进一步减少嵌合抗体中的鼠源成分而采用的一种技术路线。一般认为抗体可变区的 CDR 是可变区中的超变区,每个可变区各有 3 个 CDR,它们所形成的三个环形结构在抗原、抗体特异性结合过程中起决定作用。所以改型抗体的基本出发点是将鼠源单克隆抗体的 6 个 CDR 区序列移植到人源抗体的相应位置上,这样可以使人源抗体获得鼠源单克隆抗体的特异性并最大限度地减少鼠源单克隆抗体的异源性,CDR 抗体的鼠源成分仅约为 9%。但事实上,单纯的 CDR 区移植并不能完全保持亲本抗体的亲和力和特异性,还需要同时构建与亲本抗体类似的骨架区结构(或框架区,FR)。研究表明,多数情况下,仅仅移植 CDR 到人抗体 FR 上产生的改型抗体往往会丧失全部或大部分抗原亲和力,只有同时再移植某些维持超变区构象的氨基酸残基后,才能保持改型抗体的抗原亲和力,而这一点往往成为改型抗体构建的关键。Foote 和 Winter 通过定义单克隆抗体框架区关键氨基酸位点的区域来识别这些影响 CDR 构象的氨基酸残基位点,以确保亲本鼠源单克隆抗体的这些位点氨基酸在改型过程中保留在人源化抗体中,一般来说,仍需要借助更多的经验分析或计算机模拟分析和进一步的实验验证才能更精确地定位这些关键氨基酸的位点。

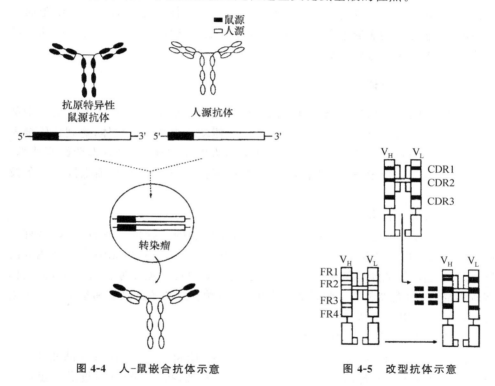

图 4-4　人-鼠嵌合抗体示意　　　　图 4-5　改型抗体示意

　　CDR 移植抗体表明并非所有的 CDR 在抗原-抗体反应中同样具有重要作用,更进一步的 X 射线晶体衍射实验表明,即使在一个 CDR 中,也不是所有蛋白分子都参与抗原的特异性识别,研究者将执行抗原识别的 CDR 中的一些特定区域称为特异决定区(specific determining region,SDR),并由此建立了 SDR 抗体改型技术。该技术只将鼠源单克隆抗体中与抗原结合密切相关的 SDR 等少数残基移植到人源抗体的相关部位,从而进一步提高抗体的人源化水平。

　　近年来,也有人将鼠源抗体的可变区表面残基人源化,以降低鼠源抗体的免疫原性,即表面重塑技术。这是一种人源化抗体的改造手段,该技术通过鼠源和人源抗体可变区立体构象叠合比对,寻找合适的人源抗体模板,将鼠 Fv 段表面暴露的框架区中与人 Fv 不同的残基改为人源的氨基酸,达到 Fv 的表面残基人源化,使免疫原性降低。由于不影响 Fv 的整体空间构象,所以仍保留与抗体的结合能力,但目前尚无临床研究报告表明其可以降低 HAMA 效应。

总之,部分人源化抗体的共同特征是鼠源单克隆抗体基因中部分氨基酸序列被人源序列所取代,既基本保留了亲本鼠源单克隆抗体的特异性和亲和力,又极大地降低了鼠源单克隆抗体的异源性,同时改造后的抗体因为具有人源抗体的 Fc 端,可以特异结合人血管内皮细胞上的 Fc 受体,使抗体内化到血管内皮细胞而不被降解,并能够回到血液中参与循环,从而使半衰期从原来的 20 小时变成几天甚至接近 21 天(IgG1 的半衰期)。

4.3.2 全人源化抗体

全人源化抗体是指通过转基因或转染色体技术,将人类编码抗体的基因全部转移至基因工程改造的抗体基因缺失动物中,使动物表达人类抗体,达到抗体全人源化的目的。目前,已建立多种方法生产完全人源化抗体,主要有人杂交瘤技术、EBV 转化 B 细胞技术、转基因小鼠技术、抗体库技术以及单个 B 细胞抗体制备技术等。

1. 人杂交瘤技术

人杂交瘤技术是在鼠杂交瘤技术的基础上发展的一种抗体制备技术,这种方法是将免疫过的人或鼠 B 细胞与人骨髓瘤细胞融合,从而获得无限传代且能分泌抗体的杂交融合细胞。该技术虽然克服了鼠杂交瘤技术免疫原性等不足,但是仍有较多局限,如人骨髓瘤细胞系非常有限、细胞融合成功率低且容易造成染色体丢失等,因此,应用性不高。

2. EB 病毒转化 B 细胞技术

EB 病毒(Epstein-Barr viru,EBV)是 1964 年 Epstein 与 Barr 在非洲儿童恶性淋巴瘤的瘤细胞中发现的一种疱疹病毒。研究发现,将 EB 病毒通过潜伏蛋白激活细胞因子与其受体的相互作用,在体外使 B 淋巴母细胞永生化,形成淋巴母细胞样细胞系,从而获得可分泌抗体的 B 细胞克隆,然后使其与抗原接触,经筛选获得分泌目的抗体的细胞。EBV 转化 B 淋巴细胞技术的过程如图 4-6 所示。整体技术一般包括 2 步:① 从病患的外周血中分离 B 细胞;② B 细胞在 CpG 寡核苷酸和激活免疫的外周血单细胞系中被 EBV 永生化,经筛选获得目的细胞。这种技术较为成熟,且所用材料来源广泛,但由于 EBV 转化 B 细胞株不是恶性肿瘤细胞,较难克隆,且易出现染色体不稳定导致抗体产量低的问题,因而没有得到广泛应用。

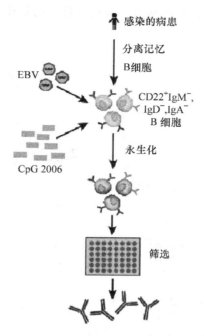

图 4-6　EBV 转化 B 细胞技术的流程

3. 转基因小鼠抗体制备技术

转基因小鼠抗体制备技术是通过基因敲除技术,使小鼠自身内源抗体基因失活,并导入人抗体基因,创造出携带人抗体轻、重链基因簇的转基因小鼠,进而用目标抗原免疫转基因小鼠并在其体内表达人源抗体的技术。该技术发展较快,如 1997 年 Mendez 等利用转基因技术将 1020 kb 人免疫球蛋白的重链基因组和 800 kb 人免疫球蛋白 κ 轻链基因组导入免疫球蛋白基因组失活小鼠体内,利用转基因小鼠来制备人源单克隆抗体;2000 年 Tomizuka 通过微细胞介导染色体转移(microcell-mediate chromosome transfer)技术将不同的人染色体片段导入小鼠胚胎干细胞中,用双转染色体/双剔除(knockout)小鼠制备出高亲和力的抗人血清蛋白的人源抗体。图 4-7 显示了利用转基因小鼠制备抗体的流程,事实上就是杂交瘤技术制备单克隆抗体的过程,如何创造转基因小鼠是该技术的关键。

该技术产生的转基因小鼠所携带的人 DNA 片段具有完善的功能,可以有效地进行同型转换和亲和力成熟,所以这种方法得到的抗体产量和抗体亲和力较高。由于转基因通常有体细胞突变和其他独特序列,会导致不完整的人序列,而且由于抗体是在小鼠体内装配,因而产生的单克隆抗体具有鼠糖基化的模式,所以还需要进一步的改进。但转基因小鼠技术是当前抗体药物制备领域的重要技术之一。

彩图 4-7

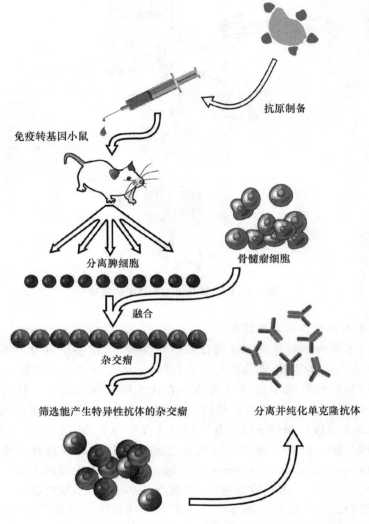

抗原制备

免疫转基因小鼠

分离脾细胞   骨髓瘤细胞

融合

杂交瘤

筛选能产生特异性抗体的杂交瘤   分离并纯化单克隆抗体

图 4-7   转基因小鼠制备抗体的流程

(彩图请扫描二维码)

4. 抗体库技术

抗体库技术以细菌克隆取代 B 细胞克隆,利用基因工程的方法,将全套人抗体重链和轻链可变区基因克隆出来,重组到原核表达载体,通过宿主大肠杆菌直

接表达有功能的抗体分子片段,并经过筛选获得特异性的抗体。这类抗体可以
是完全人源化的抗体。抗体库技术彻底摆脱了其他基因工程抗体制备过程中不
可避免的鼠源性问题,成为继单克隆技术之后抗体制备技术上的又一个里程碑。
抗体库技术能够绕过免疫动物和细胞融合等过程,并能通过抗体片段的克隆选
择,分离得到几乎所有抗原的人源抗体。按照抗体库技术的发展,它主要包括组
合抗体库技术、噬菌体抗体库技术和核糖体展示抗体库技术三种,其中噬菌体抗
体库技术在当前的抗体药物制备中应用较为广泛。图 4-8 展示了噬菌体抗体库
构建的流程。

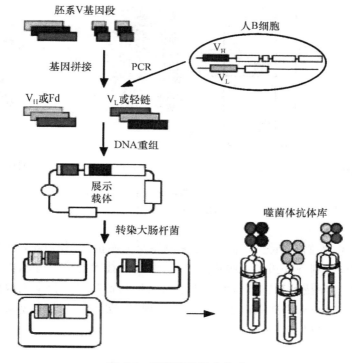

彩图 4-8

图 4-8　噬菌体抗体库构建
（彩图请扫描二维码）

5. 单个 B 细胞抗体制备技术

单细胞 RT-PCR 技术创始于 1991 年,Yeh 与 Elerwine 将其与膜片钳技术结
合,用于神经生物学的研究。单个 B 细胞抗体制备技术是单细胞 RT-PCR 技术在
免疫学领域的应用,是一种体外克隆和表达单个抗原特异性 B 细胞抗体基因技
术,即从人 B 细胞中直接获取全人源的单克隆抗体的方法。图 4-9 为单个 B 细胞

抗体制备技术的流程。这种方法保留了轻、重链可变区的天然配对,具有基因多样性好、效率高、全人源、需要的细胞量少等优势。但目前该技术受限于 B 细胞的来源,尤其是某些特殊抗原特异性的 B 细胞,而且所制备抗体结合的抗原表位有待于进一步的研究,抗体分选前的识别方法较为单一,因此,整体技术尚处于基础研究阶段。但该技术快速、方便,易于实现高通量,并具有高亲和性和特异性,有可能成为未来制备人源化抗体的发展方向之一。

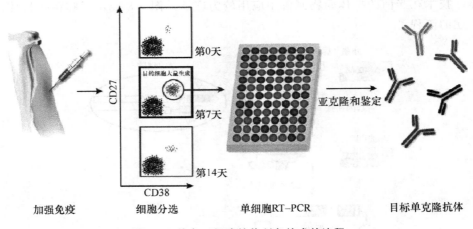

CD27
第0天
目的细胞大量生成
第7天
第14天
CD38
亚克隆和鉴定
加强免疫
细胞分选
单细胞RT–PCR
目标单克隆抗体

彩图 4-9

图 4-9　单个 B 细胞抗体制备技术的流程

(彩图请扫描二维码)

综上所述,人们不断尝试各种方法来制备全人源抗体,各种新技术的应用无疑为全人源抗体的制备开拓了一些新的途径,但是从技术的成熟性和应用的广泛性而言,目前抗体库技术和转基因小鼠技术仍然是制备基因工程全人源抗体的主要手段。本章将重点介绍转基因小鼠技术的原理、主流平台、发展趋势和抗体库技术的发展、构建方法以及应用。

4.4　转基因小鼠技术

4.4.1　原理

转基因小鼠通常是指能稳定遗传并表达外源基因的小鼠,但将其用于人源化抗体的制备主要得益于基因工程和基因组克隆技术的发展。为了构建可以表达人源化抗体的转基因小鼠,首先需要利用同源重组等基因灭活技术灭活小鼠的内源性 *IGH* 基因和 *IGκ* 基因,避免这些基因对转入人相应基因的竞争,确保人免疫球蛋白基因在小鼠体内的免疫环境下,促进 B 细胞发育成熟,产生相应的免疫应答。然后需要借助基因组克隆和操作技术克隆、操作和修饰大片段 DNA (大于 100 kb),并将其导入小鼠基因组。图 4-10 展示了构建转基因小鼠的过程,一般包括 3 个步骤:① 首先制备编码抗体轻、重链的基因被敲除的小鼠;② 制备表达人抗体的转基因小鼠;③ 将①和②两种小鼠回交,获得只表达人抗体基因的小鼠。当用抗原免疫后,经杂交瘤技术即可获得分泌全人源抗体的细胞株。

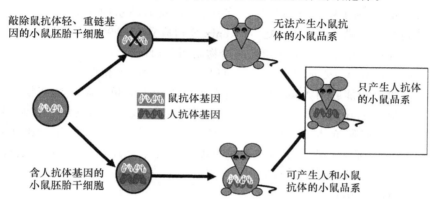

图 4-10　构建转基因小鼠的过程

　　虽然人免疫球蛋白的胚系基因结构巨大,构成复杂,但通过对小鼠和人免疫反应、免疫球蛋白产生机制的深入研究,目前人们已经基本掌握了转入小鼠体内的必要的人免疫球蛋白基因区域信息,这些必要的构成元素包括:免疫球蛋白重链基因中的 V_H、D_H 与 J_H 多样性的基因片段;为 B 细胞发育和初始免疫反应传递信号的重链恒定区 $C\mu$ 基因;发生二次免疫应答必需的至少一个重链恒定区 $C\gamma$ 基因;对免疫反应精细调控和更广泛初始免疫反应起重要作用的重链恒定区 $C\delta$ 基因。此外,还有一些对重链基因进行复杂调控的顺式作用元件,包括但不限于内含子与增强子,$C\mu$ 与 $C\gamma$ 上游的类型转化区域,V_H、D_H 与 J_H 各自的顺式作用元件也十分重要。与重链相比,轻链较为简单,但轻链的相应顺式元件也同样需要关注。而对插入基因片段的类型和数量的选择在一定程度上决定了所构建转基因小鼠的优劣。目前,成功的转基因小鼠品系主要有 XenoMouse,HuMAb Mouse 和 KM Mouse 等。

4.4.2　转基因小鼠技术平台

1. XenoMouse

XenoMouse 最早由加州湾区的 Cell Genesys 公司开发,其于 1996 年将 Xeno-

Mouse 技术平台分离出来成立了 Abgenix 公司。该技术平台先后创造了 XMG2-KL、XMG1-KL、XMG4-KL 等品系的转基因小鼠。其中 XMG2-KL 导入的 Vκ 和 V_H 片段大小分别为 800 和 1020 kb。重链包含 34 个 V 区基因,所有重链 D 区和 J 区以及 Cγ2、Cμ 和 Cδ 基因,共 66 个功能基因;轻链包括 18 个 V 区基因,5 个 J 区、Cκ 基因,共 32 个功能基因,可产生全人源抗体 IgM 和 IgG2。XMG1-KL 和 XMG4-KL 则分别用 Cγ1 基因和 Cγ4 基因取代 Cγ2,从而可以产生全人源 IgG1 和 IgG4。此外,为了增加抗体产生的多样性,在新的品系中又导入了全部人 Igλ 基因,使转基因小鼠可产生 IgGλ。Abgenix 公司成立于 1996 年,基于 XenoMouse 技术平台,Abgenix 与大量全球知名的生物制药公司进行合作,共同开发人源抗体药物。在 2005 年底,安进(Amgen)公司以 22 亿美元的价格收购了 Abgenix。当前,只有安进公司能够用 XenoMouse 技术平台进行人源单克隆抗体药物的开发。基于 XenoMouse 开发的第一个单克隆抗体药物是 Abgenix 与安进公司共同开发的抗EGFR 单克隆抗体 Panitumumab(Vectibix),FDA 于 2006 年批准 Panitumumab 上市,这是第一个基于转基因小鼠的全人源单克隆抗体药物,也是获批的第一个全人源单克隆抗体药物。

2. HuMab-Mouse

HuMab-Mouse 技术最早是由加州湾区的 GenPharm 公司开发。成熟的 HuMab-Mouse 中转入的人重链基因座由一个 80 kb 的 DNA 片段组成,包含 4 个功能性 V_H 片段、15 个 D 片段、6 个 J 片段以及 μ、γ1 编码外显子及二者相应的转变区,同时还带有一个 Jμ 内含子的增强子以及大鼠重链增强子。轻链基因座由一个 43 kb 的 DNA 片段组成,包含 4 个功能性 Vκ 片段、5 个 J 片段、1 个 Cκ 外显子和内含子及下游增强子元件。外源基因座通过显微注射导入小鼠受精卵中,经同源重组进入小鼠基因组,含有上述外源轻链和重链基因的小鼠胚胎干细胞发育成小鼠后,与内源重链和 κ 轻链基因靶向突变的小鼠一起进行育种,最终双转基因/双突变小鼠能够表达 IgM,并且能够发生抗体类型转换及体细胞突变过程,产生 IgGκ。

Medarex 公司于 1997 年收购 GenPharm 公司,获得了 HuMab-Mouse 技术平台(Medarex 将该技术平台称作 UltiMAb)。Medarex 公司于 1999 年在丹麦哥本哈根成立了子公司 Genmab,并将其 UltiMAb 技术授权给 Genmab 公司。2009年,百时美施贵宝(Bristol-Myers Squibb)公司以 24 亿美元的价格收购了 Medarex 公司。基于 HuMab-Mouse 开发的单克隆抗体药物中,最早上市的是 Genmab 公司开发的抗 CD20 单克隆抗体 ofatumumab(Arzerra),FDA 于 2009 年 10 月批准其用于治疗慢性淋巴细胞白血病(chronic lymphocytic leukemia)。在 2011 年,FDA 批准百时美施贵宝公司的抗 CTLA4 单克隆抗体 ipilimumab(Yervoy)用于黑色素瘤的治疗。

3. KM Mouse

日本的协和发酵麒麟株式会社（Kyowa Hakko Kirin）基于转染色体技术（transchromosomes），创造了携带完整的人免疫球蛋白 IgH 和 Igκ 基因座的 TC Mouse，理论上该平台可以高效表达 IgG 的所有亚型，但是独立的转染色体在小鼠体内进行有丝分裂与减数分裂的过程中会丢失基因片段，特别是 Igκ 转染色体，会大大降低免疫反应及相应抗体的产生。因此协和发酵麒麟株式会社与 Medarex 公司合作，通过 TC Mouse 与 HuMab-Mouse 杂交育种，最终筛选到同时转入人抗体重链和轻链基因的小鼠 KM Mouse。KM Mouse 包含了 TC Mouse 的 IgH 与 HuMab-Mouse 的 Igκ 基因，整合了 TC Mouse IgH 的多样性与 HuMab-Mouse Igκ 的稳定性，能够产生大部分的 Ig 亚类（IgG1～IgG4 以及 IgA）。之后，他们又将人 Igλ 基因导入 KM Mouse，产生了 λHAC KM Mouse，能够生成全人源的 IgHκ 与 IgHλ 抗体。后期 Medarex 公司的 UltiMAb 平台就是使用了包括 KM Mouse 和 HuMab-Mouse 在内的两种转基因小鼠。协和发酵麒麟株式会社的网站显示，当前至少有 5 个来自 KM Mouse 技术平台的人单克隆抗体药物在进行临床研究。

4.4.3　转基因小鼠技术的发展趋势

事实上，只要通过杂交瘤克隆编码人源单克隆抗体可变区的序列，与人源恒定区进行表达载体的分子构建，再转入 CHO 细胞之类的生产细胞进行重组表达，即可实现全人源抗体的制备。既然只有编码目标抗体全人源可变区的 DNA 序列才是关键，那么新的发展趋势不再利用转基因小鼠生产完整的全人源单克隆抗体，而是产生多样化、高质量、特异性强的全人源抗体可变区。而可变区的编码 DNA 可以与任何给定的人源恒定区序列（尤其是可以决定抗体的类型，进而引发不同生理反应的重链恒定区）进行连接，从而可以按照预想的方向设计相应的抗体分子。

VelocImmune Mouse 就是这种不同于以往技术的转基因小鼠抗体筛选平台。这种转基因小鼠可以产生人可变区与鼠恒定区组成的反向嵌合抗体，小鼠 IgH 恒定区通过 B 细胞胞质区的信号转导区域（如 Igα 与 Igβ）传递天然的免疫信号，并通过与其他类型免疫细胞上的 Fc 受体的结合，促使小鼠产生强大的免疫反应，并提供半衰期长且亲和力高的抗体。这类转基因小鼠免疫后产生的抗体可变区编码序列，通过基因克隆技术与人源恒定区编码序列进行构建，反向嵌合抗体，即可转变为适宜药用的全人源抗体。借助 VelocImmune Mouse 技术平台，Regeneron 公司与赛诺菲公司联合开发了靶向前蛋白转化酶——枯草溶菌素 9 的全人源抗体药物，于 2015 年 7 月经 FDA 批准上市。

除了利用小鼠内源性 C_H 区域促进 B 细胞发展、增强免疫反应强度之外,为了增加产生抗体的多样性,转基因小鼠的另一个改进措施是增加导入人可变区基因的数量。但由于已报道的转入小鼠的人可变区基因片段的数目包括假基因和其他非功能性的基因片段,所以实际功能性可变区基因片段要小得多。因此,转基因小鼠技术平台包含"所有"或者是整个单体型的可变区基因片段是一种理想状态。实际情况也表明某些可变区基因片段反而会不利于后期的药物研发。如一些可变区基因编码的多肽容易发生错误折叠或聚集,可变区基因会发生缺失导致表达的缺失,增加抗体的异物性,引发疾病。所以,最新的趋势是导入多样的并通过精心挑选的可变区基因片段。

从当前抗体药物的生产而言,HuMab-Mouse 和 XenoMouse 技术已经十分成熟,而且通过这些转基因小鼠之间的杂交育种,还可以产生具有更多优良性状的转基因小鼠,如 KM Mouse 等。但如何获得更接近人体天然产生的抗体结构,以及如何更快捷、高效地制备作为抗体产生容器的转基因动物,依然是全人源抗体制备领域的目标,也是转基因小鼠技术平台发展的趋势。

4.5　抗体库技术

抗体库技术经历了组合抗体库(combinatorial immunoglobulin library)、噬菌体展示抗体库(phage display antibody library)和核糖体展示抗体库三个发展阶段。噬菌体展示抗体库是目前发展最成熟、应用最广泛的抗体库技术(在本节中着重介绍噬菌体展示抗体库的原理,随后的两节分别介绍噬菌体展示抗体库的构建、富集和筛选),核糖体展示抗体库则代表了抗体库技术的未来发展趋势。

4.5.1　组合抗体库

自从用一组引物克隆出全套抗体可变区基因的 PCR 技术和大肠杆菌表达分泌型抗体分子片段的技术成功建立之后,早期的抗体库研究就出现了。最早的抗体库是英国 Winter 实验室的 Ward 等人报道的单区抗体库。但真正的首例抗体库是美国 Sripps 研究所 Huse 等于 1989 年报道的组合抗体库,该库含轻链(κ)和重链 Fd 基因,利用 λ 噬菌体载体,通过噬菌斑筛选抗体。其技术要点为:采用RT-PCR 技术从淋巴细胞克隆出全套抗体轻链基因和重链 Fd 段基因,将两者分别组建到表达载体 Lc2 和 Hc2 中(图4-11),得到轻链基因库和重链 Fd 段基因库,再通过 DNA 重组技术将轻链基因和 Fd 段基因随机重组于一个表达载体中,形成组合抗体库。将所得到的抗体库经体外包装后感染大肠杆菌,铺板培养。每一个感染了噬菌体颗粒的大肠杆菌细胞由于噬菌体的增殖而裂解,所释放的噬菌体再感染周围的大肠杆菌细胞,从而在培养皿细菌生长层内出现噬菌斑,同时所表达的 Fab 也释放于噬菌斑内。将噬菌斑转印到硝酸纤维素膜上,用标记有放射性核素或过氧化物酶的抗原即可筛选出特异性抗体的克隆,得到 Fab 的基因。作为一种过渡性的抗体库技术,组合抗体库跳过了通常意义上的动物免疫过程,避免了传统杂交瘤技术繁难的细胞操作,扩大了筛选的容量,使原本 10^3 的杂交瘤筛选容量扩增到了 10^6 以上,同时由于组合抗体库可以使轻、重链可变区基因进行随机组合,从而产生出机体内本不存在的轻、重链配对,增加了可筛选抗体的多样性。但这种技术也存在一些缺陷:① 必须有可溶性的纯抗原,否则难以完成标记及筛选;② 组合抗体库理论上可以提供 10^{12} 克隆,但实际上由于操作的限制,仅能筛选 $10^6 \sim 10^7$ 的克隆。

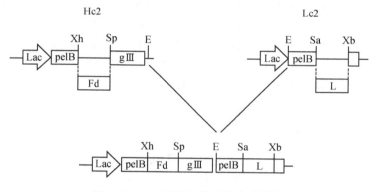

图 4-11　Fab 组合抗体库的表达载体

4.5.2　噬菌体展示抗体库

由于 λ 噬菌体构建的组合抗体库必须通过噬菌斑印迹来筛选抗体,其筛选容量受到了一定的限制,所以当噬菌体展示技术(phage display technique)出现之后,组合抗体库很快就被更为优越的噬菌体展示抗体库所取代。而目前一般意义上的抗体库也就是指这种由噬菌体展示技术构成的抗体库。

噬菌体展示技术最早报道于 1985 年,它将外源蛋白与丝状噬菌体(filamentous phage)外壳蛋白融合,使外源蛋白表达在噬菌体颗粒表面(图 4-12)。丝状噬菌体是一种纤丝状、单链 DNA 病毒颗粒,其复制型 DNA 常被用作基因克隆的载体。最常用的 fd、fl 和 M13 株均呈细长杆状,直径约为 6～7 nm,长度可达 1000～2000 nm。噬菌体的外周包裹着管状外壳蛋白,这些蛋白主要由基因Ⅷ编码的产物蛋白Ⅷ(gPⅧ)和基因Ⅲ编码的产物蛋白Ⅲ(gPⅢ)构成,其中绝大部分都是蛋白Ⅷ。一个噬菌体中大约有 2700 个拷贝,而蛋白Ⅲ位于噬菌体突起的一端,只有 3～

5个拷贝。噬菌体展示的原理就是将编码外壳蛋白的基因Ⅷ和基因Ⅲ与抗体基因融合表达,使表达的抗体附着在噬菌体表面,达到展示的目的,同时确保了抗体这一特定分子的基因型和表型统一在同一病毒颗粒内,即噬菌体核心DNA中含有特定蛋白分子的结构基因,并能在噬菌体表面表达该蛋白。丝状噬菌体可以识别细菌性菌毛,进而感染细菌。抗体库技术中,丝状噬菌体通过感染表达性菌毛的大肠杆菌,使其基因组DNA进入细菌细胞内,先在细菌内酶的作用下,单链DNA转变成双链环状DNA(复性DNA),再反复复制子代噬菌体DNA,同时进行蛋白质的翻译,最后复制的DNA被固定在细胞内膜的噬菌体外壳蛋白所包裹,形成完整的噬菌体颗粒释放,这一过程只会降低宿主细胞的生长,并不造成宿主细胞的裂解。综上所述,基因型和表型的统一使噬菌体颗粒可以作为筛选特异性抗体的介质而使用,而丝状噬菌体感染大肠杆菌并可大量扩增的能力又使这种特殊的介质具有可扩增性,即先通过筛选试验从数目庞大的噬菌体群中获得与目的抗原特异性结合的有限的噬菌体颗粒,然后再由感染大肠杆菌使筛选所得的有限噬菌体颗粒获得数量上的扩增,反复几次后便可获得能与目的抗原特异性结合的大量噬菌体颗粒,这也就是噬菌体展示技术筛选抗体的原理。

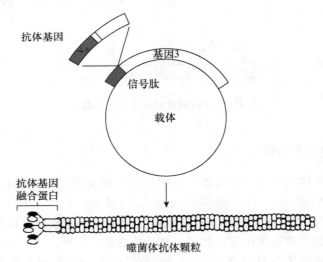

图4-12 噬菌体展示抗体示意

作为外壳蛋白的主要成分,蛋白Ⅷ和蛋白Ⅲ均可与外源蛋白相融合构成抗体库。蛋白Ⅷ属于多拷贝蛋白,若外源蛋白的基因与基因Ⅷ融合,则会在噬菌体表面表达出多个拷贝的外源蛋白,这种多价表达有利于低亲和力配体的筛选。但若多于十肽的序列与蛋白Ⅷ融合后,则会使所有的蛋白Ⅷ都带上抗体分子片段,进而影响蛋白Ⅷ正常功能的发挥,使子代噬菌体因得不到包装蛋白而无法生成。所以目前常用噬粒(phagemid)来取代噬菌体作为载体,并以辅助噬菌体(helper phage)超感染以提供子代噬菌体蛋白所需的包装蛋白,协助子代噬菌体进行组装和释放。此时,来源于辅助噬菌体的野生型蛋白Ⅷ和蛋白Ⅷ-抗体融合分子将共同构成包装蛋白,其各自的数目取决于二者的相对比例,若以常用的 *Lac* 启动子驱动融合蛋白的表达,则抗体分子在每个噬菌体表面的表达量为 24 个。蛋白Ⅲ一般仅表达3~5 个拷贝,若其与外源蛋白相融合,在噬菌体表面仅表达少量外源蛋白,若以噬粒作为载体,由于来源于辅助噬菌体的野生型蛋白Ⅲ的参与,使抗体在噬菌体末端的表达率仅为 10%,所以表达有外源蛋白的噬菌体一般均为单价,而这种单价表达有利于高亲和力配体的筛选。

图 4-13 显示了噬菌体(或噬粒)展示蛋白的机理。一般噬菌体所展示的抗体分子均以融合蛋白的形式存在于噬菌体表面,而实际使用时常常要求是可溶性的抗体分子,所以噬菌体抗体库在设计时常常加入一个琥珀(amber)密码子(终止密码)。在含有琥珀抑制型宿主细菌中,这种琥珀密码子只有 20%有效,密码子不起终止作用,抗体融合基因表达为膜上融合蛋白;在无琥珀抑制型宿主菌中,密码子发挥终止作用,使翻译在 *gp* Ⅲ基因前终止,形成独立的可溶抗体蛋白,滞留于细胞膜间隙,并在长时间培养后泄露在培养液中,形成可溶性表达(非抑制型表达)。

(1) 噬菌体展示

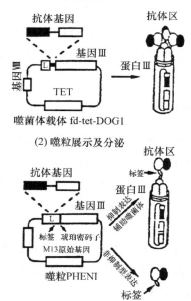

图 **4-13**　噬菌体及噬粒展示示意

一般由抗体库筛得的抗体分子的亲和力介于 $10^6 \sim 10^8$ L/mol 之间,与天然的免疫系统($10^6 \sim 10^9$ L/mol 甚至以上)相比有一定的差距。但目前的研究证明,以随机方式引入可变区的突变如错配 PCR(error-prone PCR)、链替换(chain shuffling)或利用大肠杆菌高突变株来增加突变定位随机突变(site directed randomization)可以模拟体内的亲和力成熟过程,使噬菌体抗体的亲和力上升 10 ~ 300 倍。

事实上,噬菌体抗体库在一定程度上模拟了体内的免疫过程。目前较为认可的免疫理论是克隆选择学说(clonal selection theory),它认为 B 细胞表面本身就表达抗体分子,在受到外界抗原刺激后受到激活、增殖,进而分化成浆细胞,并由其分泌大量抗体,执行免疫功能。而噬菌体抗体库技术的完整循环过程"吸附—洗脱—扩增",恰恰可以分别对应"外界抗原刺激相应 B 细胞的激活、增殖"的过程,所以噬菌体抗体库技术实现了体外不经免疫制备抗体的过程,从而解决了制备人源抗体时人体不能随意免疫的难题。

与传统的抗体制备技术相比,噬菌体抗体库技术不仅避免了耗时而烦琐的动物免疫与细胞融合过程,直接在体外进行了抗体制备,而且还能够得到一些机体处于正常状态下不易产生的抗体,如针对自身抗原及有毒的抗原的抗体。一般认为,体内有 10%～30% 的针对自身抗原的抗体,因多种机制的作用无法进行反应和增殖,形成免疫耐受,但噬菌体抗体库在筛选时就没有了这种限制(若需要也可以加入),即利用这种技术可以轻易筛出人体内不易产生的抗体。同时细菌比细胞增殖快,培养成本低廉,利于大量制备高纯度抗体,所以噬菌体抗体库是基因工程抗体中最有前景的技术之一。

4.5.3　核糖体展示抗体库技术

从杂交瘤技术到噬菌体抗体库,抗体蛋白的产生始终依赖于体内基因表达,前者需要动物的免疫体系,而后者需要 *E. coli* 等充当噬菌体的宿主,所有的扩增和表达均需在宿主体内进行,所有这些技术都不可避免地受到转化效率、胞内环境等多种因素的限制。因此建立一种体外蛋白质表达、筛选的技术一直是人们研究的热点。

作为一种筛选系统,基因型和表型的统一以及可扩增性都是必不可少的,杂交瘤技术和噬菌体展示技术都因为同时具备了这些条件而成为抗体制备中划时代的技术。如何在体外实现这一过程,一直是体外建立筛选体系的难点。20 世纪 60 年代,研究人员发现经 IPTG 诱导后的 *E. coli* 分离出的核糖体内含有具有再复制功能的核糖体——半乳糖苷酶复合体,从而使体外 RNA 与蛋白质相连有了一个合适的连接体。而且当 mRNA 3′末端密码子被去掉后,核糖体翻译到 mRNA 的 3′末端时,由于缺乏终止密码子,停留在 mRNA 的 3′末端不脱离,可以形成稳定的"mRNA -核糖体-蛋白质"复合物。随后研究证实:体外翻译时,蛋白或多肽的折叠与翻译同步进行,并且如果某种蛋白质的折叠不受核糖体蛋白通道的影响,那么与核糖体的解离就不是该蛋白获得天然构象的必要条件。即"mRNA -核糖体-蛋白质"的三元复合物具备了基因型和表型统一的条件。同时一些体外无细胞系统,如兔网织红细胞裂解液、*E. coli* 裂解液和麦胚提取物中存在高浓度的核糖体,为实现扩增提供了必要环境。1994 年美国 Afflymax 研究所的 Larry C. Mattheakis 等建立了多聚核糖体展示库,1997 年瑞士的 Pluckthun 建立了体外筛选完整功能蛋白(如抗体)的核糖体展示库。至此,核糖体展示技术真正作为一种筛选体系进入了人们的视野。

核糖体展示抗体库的基本原理是通过 PCR 扩增抗体基因的 DNA 文库,同时加入启动子、核糖体结合位点及茎环(loop),并置于具有偶联、转录、翻译的无细胞翻译系统中孵育,使抗体蛋白片段展示在核糖体表面,并形成"mRNA -核糖体-蛋白质"的三元复合物。然后借助类似于噬菌体展示的筛选过程,将特定抗原固相化,从核糖体抗体库中筛选出能与固相抗原特异性结合的三元复合物,再利用 RT-PCR 扩增获得 DNA,进入下一循环。其过程可以用图 4-14 表示。

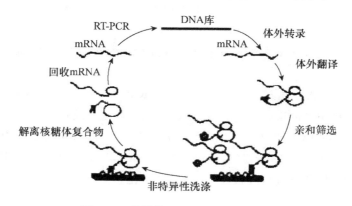

图 4-14　核糖体展示抗体库筛选示意

由于核糖体展示抗体库完全脱离了细胞环境,不受克隆和转化率的限制,库容量可以达到 $10^{13} \sim 10^{15}$,而噬菌体抗体库一般实际库容量为 $10^9 \sim 10^{11}$,所以核糖体展示抗体库在库容和多样性上具有很大的优势。而且由于直接操作 RNA、DNA,

便于引入突变,模拟体内亲和力成熟过程。但是核糖体展示抗体库技术也存在一些问题,主要是 RNA 稳定性不佳,很容易因操作过程中污染核酸酶而被降解,另外,如何提高大分子蛋白在核糖体表面的展示也是亟须解决的问题。但是核糖体展示抗体库技术作为一种全新的抗体制备技术无疑具有巨大的发展潜力,而且它也必将推动蛋白质相互作用、新药开发和蛋白质组学的发展。

4.6　噬菌体展示抗体库的构建

全套抗体又称文库(repertoire),主要是指抗原结合特性不同的抗体数目,因多样性数量庞大而构成库。目前利用抗体库表达的抗体分子片段主要是 Fab 和 scFv,所以在此我们重点介绍 Fab 和 scFv 抗体库的构建方法。鉴于生命科学的不断发展,现有的各种构建方法之间会有差异,不可能完全兼顾,因此我们主要引用 Humana 出版社出版的《分子生物学方法》系列丛书的 178 卷《抗体噬菌体展示》中提到的标准建库方法。具体的细节可以参阅该书或一些操作指南。

4.6.1　Fab 噬菌体抗体库的构建流程

① 从相应组织中分离淋巴细胞,进而提取总 RNA,并以琼脂糖凝胶电泳和分光光度法检测 RNA 的纯度和浓度。若 RNA 样品中混有 DNA,则以 DNase Ⅰ 酶解。一般构建鼠源抗体库,从小鼠脾脏提取 RNA,人源抗体库则从人外周血和骨髓中分离提纯 RNA。

② 以提取的 RNA 为模板,采用特定的免疫球蛋白链的通用引物合成 cDNA。

③ 通过 cDNA,以适当的引物(表 4-1)PCR 扩增抗体的可变区基因(H、κ、λ 链等)。扩增产物用电泳检验,并用商品化试剂盒或柱层析纯化。

④ 纯化后的 PCR 产物用 Sac Ⅰ/Xba Ⅰ 或 Spe Ⅰ/Xho Ⅰ 进行酶切反应。

⑤ 针对 PCR 产物的酶切位点,对噬粒(如 pConb3)DNA 作双酶切,再加入酶切后的轻链 PCR 产物进行连接反应,然后电转化感受态细菌 $E. coli$ XLI-Blue,并检测转化效率。

⑥ 将上一步所得大肠杆菌经 DNA 纯化获得含有轻链基因的噬粒 DNA,重复步骤⑤,将重链基因插入噬粒,最终经分离、纯化,得到 Fab 噬菌体抗体库。

表 4-1　扩增 Fab 基因的引物

人源重链 Fd 引物（human heavy chain primers）

1）重链可变区 5′端引物

V_H1a　5′-CAGGTGCAGCTCGAGCAGTCTGGG-3′

V_H1f　5′-CAGGTGCAGCTGCTCGAGTCTGG-3′

V_H2f　5′-CAGGTGCAGCTACTCGAGTCGGG-3′

V_H3a　5′-GAGGTGCAGCTCGAGGAGTCTGGG-3′

V_H3f　5′-GAGGTGCAGCTGCTCGAGTCTGGG-3′

V_H4f　5′-CAGGTGCAGCTGCTCGAGTCGGG-3′

V_H6f　5′-CAGGTACAGCTGCTCGAGTCAGGTCCA-3′

V_H6a　5′-CAGGTACAGCTCGAGCAGTCAGG-3′

2）重链可变区 3′端引物

IgG1　CG1$_z$ 5′-GCATGTACTAGTTTTGTCACAAGATTTGGG-3′

IgG2　CG2a 5′-CTCGACACTAGTTTTGCGCTCAACTGTCTT-3′

IgG3　CG3a 5′-TGTGTGACTAGTGTCACCAAGTGGGGTTTT-3′

IgG4　CG4a 5′-GCATGAACTAGTTGGGGGACCATATTTGGA-3′

人源轻链引物（human light chain primers）

3）κ 链可变区 5′端引物

$V_κ1a$　5′-GACATCGAGCTCACCCAGTCTCCA-3′

$V_κ1s$　5′-GACATCGAGCTCACCCAGTCTCC-3′

$V_κ2a$　5′-GATATTGAGCTCACTCTGTCTCCA-3′

$V_κ3a$　5′-GAAATTGAGCTCACGCAGTCTCCA-3′

$V_κ3b$　5′-GAAATTGAGCTCAC(G/A)CAGTCTCCA-3′

4）λ 链可变区 5′端引物

$V_λ1$　5′-AATTTTGAGCTCACTCAGCCCCAC-3′

$V_λ2$　5′-TCTGCCGAGCTCCAGCCTGCCTCCGTG-3′

$V_λ3$　5′-TCTGTGGAGCTCCAGCCGCCCTCAGTG-3′

$V_λ4$　5′-TCTGAAGAGCTCCAGGACCCTGTTGTGTCTGTG-3′

$V_λ5$　5′-CAGTCTGAGCTCACGCAGCCGCCC-3′

$V_λ6$　5′-CAGACTGAGCTCACTCAGGAGCCC-3′

$V_λ7$　5′-CAGGTTGAGCTCACTCAACCGCCC-3′

$V_λ8$　5′-CAGGCTGAGCTCACTCAGCCGTCTTCC-3′

5）κ 链 3′端引物

Cκ1d　5′-GCGCCGTCTAGAATTAACACTCTCCCCTGTTGAAGCTCTTTGTGACGGGC
　　　　GAACTCAG-3′

6）λ 链 3′端引物

C_L2　5′-CGCCGTCTAGAATTATGAACATTCTGTAGG-3′

4.6.2　scFv 噬菌体抗体库的构建流程

　　scFv 噬菌体抗体库的构建流程大致可用图 4-15 表示（表 4-2，4-3，4-4 是扩增人源 scFv 基因及连接片段可供选择的引物）：

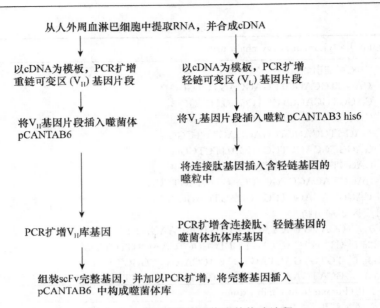

从人外周血淋巴细胞中提取RNA,并合成cDNA

以cDNA为模板,PCR扩增重链可变区(V$_H$)基因片段　　以cDNA为模板,PCR扩增轻链可变区(V$_L$)基因片段

将V$_H$基因片段插入噬菌体pCANTAB6　　将V$_L$基因片段插入噬粒pCANTAB3 his6

将连接肽基因插入含轻链基因的噬粒中

PCR扩增V$_H$库基因　　PCR扩增含连接肽、轻链基因的噬菌体抗体库基因

组装scFv完整基因,并加以PCR扩增,将完整基因插入pCANTAB6 中构成噬菌体库

图 4-15　scFv 噬菌体抗体库的构建流程

表 4-2　扩增人源 scFv 基因的引物

重链可变区引物

1) 可变区 5′端引物[human V$_H$ back primers(sense)]

HuV$_H$1aBACK	5′-CAGGTGCAGCTGGTGCAGTCTGG-3′
HuV$_H$2aBACK	5′-CAGGTCAACTTAAGGGAGTCTGG-3′
HuV$_H$3aBACK	5′-GAGGTGCAGCTGGTGGAGTCTGG-3′
HuV$_H$4aBACK	5′-CAGGTGCAGCTGCAGGAGTCGGG-3′
HuV$_H$5aBACK	5′-GAGGTGCAGCTGTTGCAGTCTGC-3′
HuV$_H$6aBACK	5′-CAGGTACAGCTGCAGCAGTCAGG-3′

2) 可变区 3′端引物[J$_H$ forward primers(anti-sense)]

HuJ$_H$1-2FOR	5′-TGAGGAGACGGTGACCAGGGTGCC-3′
HuJ$_H$3FOR	5′-TGAAGAGACGGTGACCATTGTCCC-3′
HuJ$_H$4-5FOR	5′-TGAGGAGACGGTGACCAGGGTTCC-3′
HuJ$_H$6FOR	5′-TGAGGAGACGGTGACCGTGGTCCC-3′

轻链可变区引物

3) κ 可变区 5′端引物[V$_κ$ back primers(sense)]

HuV$_κ$1aBACK	5′-GACATCCAGATGACCCAGTCTCC-3′
HuV$_κ$2aBACK	5′-GATGTTGTGATGACTCAGTCTCC-3′
HuV$_κ$3aBACK	5′-GAAATTGTGTTGACGCAGTCTCC-3′
HuV$_κ$4aBACK	5′-GACATCGTGATGACCCAGTCTCC-3′
HuV$_κ$5aBACK	5′-GAAACGACACTCACGCAGTCTCC-3′
HuV$_κ$6aBACK	5′-GAAATTGTGCTGACTCAGTCTCC-3′

续表

重链可变区引物

4) λ可变区 5′端引物[Vλ back primers(sense)]

HuVλ1BACK	5′-CAGTCTGTGTTGACGCAGCCGCC-3′
HuVλ2BACK	5′-CAGTCTGCCCTGACTCAGCCTGC-3′
HuVλ3aBACK	5′-TCCTATGTGCTGACTCAGCCACC-3′
HuVλ3bBACK	5′-TCTTCTGAGCTGACTCAGGACCC-3′
HuVλ4BACK	5′-CACGTTATACTGACTCAACCGCC-3′
HuVλ5BACK	5′-CAGGCTGTGCTCACTCAGCCGTC-3′
HuVλ6BACK	5′-AATTTTATGCTGACTCAGCCCCA-3′

5) κ链可变区 3′端引物[Jκ forward primers(anti-sense)]

HuJκ1FOR	5′-ACGTTTGATTTCCACCTTGGTCCC-3′
HuJκ2FOR	5′-ACGTTTGATCTCCAGCTTGGTCCC-3′
HuJκ3FOR	5′-ACGTTTGATATCCACTTTGGTCCC-3′
HuJκ4FOR	5′-ACGTTTGATCTCCACCTTGGTCCC-3′
HuJκ5FOR	5′-ACGTTTAATCTCCAGTCGTGTCCC-3′

6) λ链可变区 3′端引物[Jλ forward primers(anti-sense)]

HuJλ1FOR	5′-ACCTAGGACGGTGACCTTGGTCCC-3′
HuJλ2-3FOR	5′-ACCTAGGACGGTCAGCTTGGTCCC-3′
HuJλ4-5FOR	5′-ACCTAAAACGGTGAGCTGGGTCCC-3′

表 4-3 扩增连接肽片段(linker fragment)的引物

1) 重链反向连接肽引物[reverse JH for scFv linker(sense)]

RHuJH1-2	5′-GCACCCTGGTCACCGTCTCCTCAGGTGG-3′
RHuJH3	5′-GGACAATGGTCACCGTCTCTTCAGGTGG-3′
RHuJH4-5	5′-GAACCCTGGTCACCGTCTCCTCAGGTGG-3′
RHuJH6	5′-GGACCACGGTCACCGTCTCCTCAGGTGG-3′

2) κ链反向连接肽引物[reverse Vκ for scFv linker(anti-sense)]

RHuVκ1aBACKFv	5′-GGAGACTGGGTCATCTGGATGTCCGATCCGCC-3′
RHuVκ2aBACKFv	5′-GGAGACTGAGTCATCACAACATCCGATCCGCC-3′
RHuVκ3aBACKFv	5′-GGAGACTGCGTCAACACAATTTCCGATCCGCC-3′
RHuVκ4aBACKFv	5′-GGAGACTGGGTCATCACGATGTCCGATCCGCC-3′
RHuVκ5aBACKFv	5′-GGAGACTGCGTGAGTGTCGTTTCCGATCCGCC-3′
RHuVκ6aBACKFv	5′-GGAGACTGAGTCAGCACAATTTCCGATCCGCC-3′

3) λ链反向连接肽引物[reverse Vλ for scFv linker(anti-sense)]

RHuVλBACK1Fv	5′-GGCGGCTGCGTCAACACAGACTGCGATCCGCCACCGCCAGAG-3′
RHuVλBACK2Fv	5′-GGAGGCTGAGTCAGAGCAGACTGCGATCCGCCACCGCCAGAG-3′
RHuVλBACK3aFv	5′-GGTGGCTGAGTCAGCACATAGGACGATCCGCCACCGCCAGAG-3′
RHuVλBACK3bFv	5′-GGGTCCTGAGTCAGCTCAGAAGACGATCCGCCACCGCCAGAG-3′
RHuVλBACK4Fv	5′-GGCGGTTGAGTCAGTATAACGTGCGATCCGCCACCGCCAGAG-3′
RHuVλBACK5Fv	5′-GGCGGCTGAGTCAGCACAGACTGCGATCCGCCACCGCCAGAG-3′
RHuVλBACK6Fv	5′-TGGGGCTGAGTCAGCATAAAAATTCGATCCGCCACCGCCAGAG-3′

表 4-4　带有内切酶位点全长单链抗体基因的引物

1) 重链可变区 *Sfi* 5′端引物〔human V$_H$ back(*Sfi*) primers(sense)〕

HuV$_H$1b/7aBack*Sfi*	5′-GTCCTCGCAACTGCGGCCCAGCCGGCCATGGCCCAG(AG)TG CAGCTGGTGCA(AG)GG-3′
HuV$_H$LCBack*Sfi*	5′-GTCCTCGCAACTGCGGCCCAGCCGGCCATGGCC(GC)AGGTC CAGCTGGT(AG)CAGTCTGG-3′
HuV$_H$2bBack*Sfi*	5′-GTCCTCGCAACTGCGGCCCAGCCGGCCATGGCCCAG(AG)TCACCT TGAAGGAGTCTGG-3′
HuV$_H$3bBack*Sfi*	5′-GTCCTCGCAACTGCGGCCCAGCCGGCCATGGCC(GC)AGGTG CAGCTGGTGGAGTCTGG-3′
HuV$_H$3cBack*Sfi*	5′-GTCCTCGCAACTGCGGCCCAGCCGGCCATGGCCGAGGTGCAGCTG GTGGAG(AT)C(TC)GG-3′
HuV$_H$4bBack*Sfi*	5′-GTCCTCGCAACTGCGGCCCAGCCGGCCATGGCCCAGGTGCAGCTA CAGCAGTGGGG-3′
HuV$_H$4cBack*Sfi*	5′-GTCCTCGCAACTGCGGCCCAGCCGGCCATGGCCCAG(GC)TG CAGCTGCAGGAGTC(GC)GG-3′
HuV$_H$5bBack*Sfi*	5′-GTCCTCGCAACTGCGGCCCAGCCGGCCATGGCCGA(AG)GTG CAGCTGGTGCAGTCTGG-3′
HuV$_H$6aBack*Sfi*	5′-GTCCTCGCAACTGCGGCCCAGCCGGCCATGGCC CAGGTACAGCTG CAGCAGTCAGG-3′

2) κ链 *Not* 3′引物〔J$_κ$ forward(*Not*) primers(anti-sense)〕

HuJ$_κ$For*Not*	5′-GAGTCATTCTCGACTTGCGGCCGCACGTTTGATTTCCACCTTGGTC CC-3′
HuJ$_κ$2For*Not*	5′-GAGTCATTCTCGACTTGCGGCCGCACGTTTGATCTCCAGCTTGGT CCC-3′
HuJ$_κ$3For*Not*	5′-GAGTCATTCTCGACTTGCGGCCGCACGTTTGATATCCACTTTGGT CCC-3′
HuJ$_κ$4For*Not*	5′-GAGTCATTCTCGACTTGCGGCCGCACGTTTGATCTCCACCTTGGT CCC-3′
HuJ$_κ$5For*Not*	5′-GAGTCATTCTCGACTTGCGGCCGCACGTTTAATCTCCAGTCGTGT CCC-3′

3) λ链 *Not* 3′引物〔lambda forward(*Not*) primers(anti-sense)〕

HuJ$_λ$1For*Not*	5′-GAGTCATTCTCGACTTGCGGCCGCACCTAGGACGGTGACCTTGGT CCC-3′
HuJ$_λ$2-3For*Not*	5′-GAGTCATTCTCGACTTGCGGCCGCACCTAGGACGGTCAGCTTG GTCCC-3′
HuJ$_λ$4-5For*Not*	5′-GAGTCATTCTCGACTTGCGGCCGCACTTAAAACGGTGAGCTGG GTCCC-3′

4.6.3　载体系统

构建合适的噬菌体抗体库,载体系统的选择也十分重要,目前常用的载体主要有 pHEN1、pCANTAB5E、pComb3 和 pComb8 等。

1. 表达 Fab 的 pComb3 载体系统

噬粒载体 pComb3(图 4-16)是由美国加州 Scripps 研究所以 pBluscript 载体为基础创建的,是目前用来表达 Fab 抗体的常用载体。

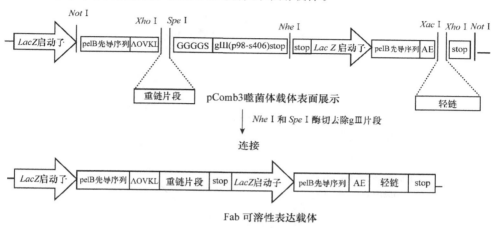

图 4-16   pCom3 噬菌体载体

如图所示,抗体的重链片段(包括 V_H 和 C_H1 结构域的 Fd)与噬菌体外壳蛋白 Ⅲ 的 C 端通过一段灵活但缺乏规则二级结构的五肽(GGGGS)相连接,并且其基因与轻链基因都受 *Lac* 启动子控制。而 pelB 先导序列的存在保证了重链和轻链蛋白在翻译后可以被顺利地导入细菌的细胞膜间隙(periplasmic space),然后重链由于和蛋白 Ⅲ 融合而被固定在膜上,并与游离的轻链组装成有活性的 Fab 抗体。因为 pComb3 是噬粒载体,仅有噬菌体 Fl 的原始复制区域,需要加入辅助噬菌体 VCSM13 才能进行蛋白包装,所以最终所获得的噬菌体末端既带有 Fab 的融合蛋白,又包括由辅助噬菌体提供的野生型蛋白 Ⅲ(可感染细菌),从而使产生的噬菌体并不会因为表达了融合蛋白而丧失感染细菌的能力。而且由于载体 pComb3 带有氨苄青霉素耐药基因,辅助噬菌体带有卡那霉素耐药基因,所以可以用氨苄青霉素和卡那霉素对重组噬菌体进行筛选。

2. 表达 scFv 的 pHEN1 和 pCANTAB5E 载体系统

pHEN1 载体(图 4-17)是英国剑桥大学蛋白质工程中心(MRC Center for Protein Engineering, Cambridge)和抗体技术有限公司(Cambridge Antibody Technology Ltd. UK)创建的用以表达单链抗体的载体系统。而 pCANTAB5E 则是由 Phamacia 公司在 pHEN1 基础上开发的商业化载体。它们的构建原理比较类似,将重链可变区基因和轻链可变区基因用一段连接肽序列连接在一起,两侧

139

分别是蛋白Ⅲ基因和蛋白Ⅲ先导序列，并受 *Lac* 启动子控制。然后经过编码、释放和辅助噬菌体 M13K07 的加入，最终单链抗体表达于噬菌体的末端。这两种载体都带有琥珀密码子，在无琥珀抑制型宿主菌中，单链抗体可以形成可溶性表达。

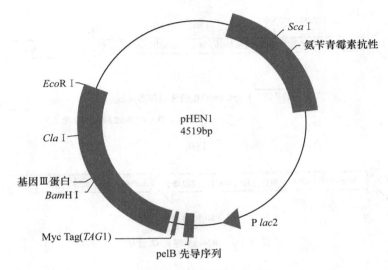

图 4-17 pHEN1 噬菌体载体

抗体库的构建还应考虑库容量及多样性的问题。人体的免疫系统之所以完善，是因为天然的抗体库库容理论上可达到 10^{14}，而目前构建库容量大的抗体库的主要限制因素是细菌转化率，当前最有效的电穿孔法可构建 10^8 的库容，理论上，抗体库最终可达到 $10^8 \times 10^8 = 10^{16}$。至于库的多样性，现在主要从建库的原材料（淋巴细胞等）入手，常见的技术路线有三种：① 天然抗体库：从初生的未经免疫的个体获取 B 细胞，减少因抗原刺激所引起的 B 细胞库的变化。另外从人体淋巴细胞克隆抗体基因时，选用多个体、多来源的淋巴细胞。② 半合成抗体库：用人工随机合成全部或部分 CDR 区基因构建的抗体库。③ 全合成抗体库：Pack 等对人抗体序列和主体结构进行分析后合成的 7 个 V_H 和 7 个 V_L 基因，它们可代表所有抗体的类别和结构。

4.6.4 人源 scFv 抗体库的构建方法

1. 淋巴细胞的分离纯化

① 抽取人外周血 30～40 mL，加入肝素（5 单位肝素/mL）抗凝；或抽取骨髓 10 mL。

②　用生理缓冲液(Hank's 液或 PBS 缓冲液)稀释,外周血稀释 1 倍,而骨髓应作 15 倍稀释。

③　在预先装有 2 mL 淋巴细胞分离液的试管中沿壁加入上述稀释液 5 mL,2500 r/min 离心 20 min。

④　在分层的试管中吸取灰白色的淋巴细胞层,置于另一试管,并以生理缓冲液洗两遍。

⑤　按原体积 10 mL 血的沉淀用 1 mL 生理缓冲液重新悬浮的原则,分装小管,离心后保存于−70℃,或置于冰浴中备用。

2. 细胞总 RNA 的提取(试剂盒提取)(在此以 TRIZOL 法为例)

①　在上述置于冰浴的小管内加入 TRIZOL 溶液 1 mL,以无菌吸头吹吸或用手摇匀至细胞碎块完全被裂解,溶液澄清为止。

②　室温静置 15 min(若 4℃可放置较长时间),在每管内加入氯仿 0.2 mL,摇匀后于室温静置 10 min。

③　4℃,12 000 r/min 离心 10 min,将上层含有细胞总 RNA 的水相小心转移到另一小管中。

④　加入异丙醇 0.5 mL,室温沉淀 30～60 min 或 4℃沉淀 10 min。

⑤　4℃,12 000 r/min 离心 10 min,弃上清液,并用 75%乙醇洗沉淀两遍。

⑥　使沉淀在室温下自然干燥,并用不含 RNase 的纯水 8～10 μL 重悬干燥后的 RNA 沉淀,−70℃保存或置于冰浴中立即进行 cDNA 合成。

3. cDNA 的合成

①　取经提取的 RNA 5～10 ng,以约 44 μL 的总液体量置于一个不含 RNase 的 1.5 mL Eppendorf 管中,再加入 oligo dT$_{12\sim18}$ 4 μL(0.5 μg/mL),将总溶液分装成两管。

②　每管于 70℃放置 10 min,再于冰浴中至少放置 1 min。

③　准备下列混合液体:

10×PCR 缓冲液	8 μL
25 mmol/L MgCl$_2$	8 μL
10 mmol/L dNTP 混合液	4 μL
100 mmol/L DTT	8 μL

④　在每个已混有 RNA 引物的管中加入上述混合液 14 μL,混匀后离心,将混合液收集到管底。

⑤　室温下静置 5 min,每管中加入反转录酶 SuperScript Ⅱ RT 2 μL(200 单位),在 42℃保温 60 min。

⑥　在 70℃ 保温 15 min,以终止反应,然后置于冰浴中。

⑦ 短暂离心，在每个反应管中加入 RNase H 2 μL，37℃反应 20 min，−20℃保存或置于冰浴中待用。

4. PCR 扩增抗体可变区及单链抗体基因（系统性引物见表 4-2,4-4）

① 将下列物质混合加入 0.5 mL PCR 管中：

正向引物（10 pg/μL）	2.5 μL
反向引物（10 pg/μL）	2.5 μL
10×PCR 缓冲液	5 μL
20 mmol/L MgCl$_2$	4 μL
10 mmol/L dNTP 混合物	5 μL
BSA（10 mg/mL）	0.5 μL
cDNA	2 μL
去离子水	28.5 μL

② 94℃反应 5 min，孵育结束后立刻加入 Taq 酶（5U/μL）0.5 μL。

③ 进行 PCR，条件如下：94℃ 1 min，55～66℃ 1 min，72℃ 2 min，共 30 个循环。最终在 72℃延伸 10 min。

④ 完成 PCR 后，从每个反应管内取出 PCR 产物 4～5 μL 进行电泳鉴定。

5. PCR 产物的纯化（采用 Qiagen 公司的纯化试剂盒）

① 从琼脂糖凝胶中切下相应 PCR 条带（V$_H$ 为 340 bp，V$_κ$/V$_λ$ 约为 325 bp），放入 1.5 mL Eppendorf 管中。

② 加入 3 倍凝胶体积的 Buffer QG，于 50℃孵育 10 min，摇动小管使凝胶完全融化。

③ 将 QIAquick Spin 柱置于 2 mL 收集管中，将上述混合液转移至柱中，高速离心 1 min。

④ 弃去收集管中液体，重新放入 Spin 柱，并加入 0.7 mL Buffer QG，离心 1 min。

⑤ 弃去收集管中液体，再离心 1 min。

⑥ 将 Spin 柱放入 Eppendorf 离心管中，加入 10 mmol/L pH 8.5 Tris-HCl 或纯水 30～50 μL，静置 1 min，然后离心 1 min，将这次离心所得的含纯化 PCR 产物的溶液置于−20℃待用。

6. 连接肽的制备

根据连接肽引物表（表 4-3）中的引物序列，可将重链的引物 RHuJ$_H$ 混合，然后分别与各自的轻链端的引物反应。

将下列物质加入 0.5 ml PCR 管中：

RHuJ$_H$ 引物混合物	2.5 μL
单个的 RHuV$_κ$BACKFv 或 RHuV（BACKFv 引物）	2.5 μL

10×PCR 缓冲液	5 μL
10 mmol/L dNTP 混合液	5 μL
BSA(10 mg/mL)	0.5 μL
模板 DNA/μL	1 μL
去离子水	34.5 μL

于 94℃反应 5 min,加入 Taq 聚合酶(5U/μL)0.5 μL,94℃ 1 min,45℃ 1 min,72℃ 1 min,共 25 个循环,然后 72℃延伸 10 min,再进行电泳纯化。

7. scFv 片段的组装

① 通过琼脂糖凝胶或相应的测定,判断 V_H 链、V_L 链和连接肽 DNA 的相对量,一般人源抗体的 κ 和 λ 的组装比例相等,所以相对 κ 和 λ 的组装,需要两种不同的连接肽。

设置如下二组反应:

组装 κ 链和 H 链(鼠或人):

纯化的 V_H 片段	1 μg
纯化的 V_κ 片段	1 μg
纯化的连接肽片段	250 ng
10×PCR 缓冲液(存在 Mg^{2+})	5 μL
10 mmol/L dNTPs	5 μL
加去离子水至	50 μL

组装 λ 链和 H 链(人):

纯化的 V_H 片段	1 μg
纯化的 V_λ 片段	1 μg
纯化的连接肽片段	250 ng
10×PCR 缓冲液(存在 Mg^{2+})	5 μL
10 mmol/L dNTPs	5 μL
加去离子水至	50 μL

分别于 94℃反应 5 min 后,加入 Taq 聚合酶 0.5 μL,共进行 25 个循环,条件为:94℃ 1 min,60℃ 4 min,72℃ 2 min,然后 72℃延伸 10 min。

② 在上述 κ 或 λ 连接肽反应液中加入:

Taq 聚合酶	1 μL
10×PCR 缓冲液	5 μL
20 mmol/L dNTP	1 μL
HuV$_H$BackSfi 引物	2 μL
HuJ$_\kappa$ForNot 引物	2 μL

去离子水   39 μL

混匀后进行 30 轮 PCR 反应,条件为:94℃ 1 min;52℃ 4 min;72℃ 2 min,然后 72℃ 10 min。

③ 将上述 PCR 反应产物进行电泳分析。(1.5%琼脂糖凝胶电泳下,产物应为 750 bp 左右)。

8. scFv 单链噬菌体抗体库的构建

① 载体质粒 DNA 的制备:一般采用商业化载体 pCANTAB5E 或 pHEN1。按常规方法提取纯化即可。

② 酶切反应——载体 DNA 及 PCR 产物。

由于单链抗体的克隆位点是 Sfi I 和 Not I,所以首先用 Sfi I 酶切,然后进行 Not I 酶切。

a) Sfi I 酶切反应:

纯化 PCR 产物或载体 DNA   70 μL
10×酶切缓冲液   8.5 μL
Sfi I(10U/μL)   5 μL
加去离子水至   85 μL

于 50℃酶切 4 h,然后平衡至室温,短暂离心,将吸附于管壁的液体甩至管底,接着进行 Not I 酶切。

b) 在上述酶切后的反应液进行 Not I 酶切反应:

3 mol/L NaCl   3.6 μL
10×酶切缓冲液   1.5 μL
Not I(10U/μL)   6 μL
加去离子水至   15 μL

于 37℃酶切 4 h。然后进行电泳纯化。

③ 将 scFv 基因插入质粒的相应位点,即将基因片段与载体连接。

scFv 基因片段(150 ng) x μL
10×连接缓冲液   5 μL
pHEN1(250 ng)   5 μL
T₄ DNA 连接酶(5~7U)   1 μL
加去离子水至   100 μL

16℃反应 12~16 h(过夜连接),再于 70℃ 10 min 灭活连接酶,经乙醇沉淀后,用 10~20 μL 纯水重悬沉淀。另外以空载体进行同样的连接反应,以作对照。

④ 对提前准备的 40~400 μL TG1 电转致敏菌进行电转化,一般电转化的电压为 2.5 kV,电击 30~60 s,电转后加入 2×YTG(含 2%的葡萄糖)5~10 mL,37℃

250 r/min 振荡培养 1 h。

⑤ 对 scFv-载体和空白载体的相应转化菌分别涂板(2×YTAG 含氨苄青霉素平板)，30℃培养过夜，以检测库容量。其余菌直接进行下一步实验，或加入 15% 甘油，-70℃分管冻存。

⑥ 将步骤④中的菌或⑤中冻存扩增后的菌 10 mL 转入 20 mL 含氨苄青霉素的 2×YTG 液体中，30℃培养 2~2.5 h 至 $A_{600}=0.5$。

⑦ 加入 MOI 为 $2×10^{10}$ 的 M13K07 或 Vcs-M13 辅助噬菌体，37℃超感染 1 h。

⑧ 4000 r/min 离心 10 min，以 200 mL 2×YTAK(含 100 μg/mL 氨苄青霉素，50 μg/mL 卡那霉素，无葡萄糖)，于 30℃ 250 r/min 振荡培养过夜。

⑨ 加入 1/5 体积的 PEG 8000/NaCl，4℃放置 30 min，12 000 r/min 离心 20 min，最终用 2 mL PBS 缓冲液重悬沉淀，即得到单链噬菌体抗体库，然后加入 15%甘油后于-70℃分管冻存。

4.7　噬菌体展示抗体库的富集、筛选

抗体库技术的最大优势在于可对特异的抗原进行大规模的筛选。一般的筛选过程可分为"吸附—吸脱—扩增"三步(或称一轮)。如图 4-18 所示，将库与固相化的目标分子一起温育，表达有特异性配体的噬菌体颗粒就会结合在固相上，洗去游离的未结合的噬菌体颗粒，再将结合于固相的噬菌体洗脱下来，感染宿主菌进行扩增，使携带有目标分子配体的噬菌体得到富集。关于筛选的方法很多，常见的有微孔板筛选法、免疫试管法和生物素标记抗原筛选法。由于各种方法在步骤上大同小异，主要差别在于结合固相的不同，所以在此着重介绍免疫试管法筛选特异性 scFv 抗体的详细步骤(此步骤主要以北京大学冯仁青实验系的操作步骤为基础)。

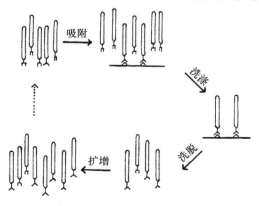

图 4-18　噬菌体展示的富集性选择过程

4.7.1　在噬菌体抗体库中筛选特异性抗体

1. 试剂

① 包被液(0.1 mol/L CBS)：pH 9.6，Na_2CO_3 0.1855 g 和 $NaHCO_3$ 0.273 g，加去离子水至 50 mL。以 0.02μ 的滤膜过滤除菌。

② 洗涤液：PBS 缓冲液(0.01 mol/L，pH 7.4)，PBST 缓冲液(PBS 0.01 mol/L；Tween-20 0.1%)。

③ 封闭液：2%(m/V)的明胶。

④ 2×TY 培养基：胰蛋白胨 16 g，酵母提取物 10 g，NaCl 5 g，溶于 1000 mL 去离子水。若配制固体培养基，则于灭菌前按 15 g/L 的量加入琼脂粉。

⑤ TYA 培养基：于 2×TY 培养基中加入氨苄青霉素至终浓度 $100\,\mu g/mL$。

⑥ TYAK 培养基：于 2×TY 培养基中加入氨苄青霉素至终浓度 $100\,\mu g/mL$，加入卡那霉素至终浓度 $50\,\mu g/mL$。

⑦ PEG/NaCl 溶液：PEG-8000/6000 10 g，NaCl 7.31 g，溶于 50 mL 去离子水，高压灭菌。

⑧ 2×TYAG 培养基：在 2×TYA 培养基中加入葡萄糖至终浓度 10%。

2. 流程

(1) 筛选特异性抗体：

① 在 Immunotube 中加入 CBS 3 mL 和抗原 0.01～3 mg，4℃ 包被过夜。

② 次日倾去包被液，先后以 PBST、PBS 缓冲液各洗 3 遍，每次 2 min。

③ 在 Immunotube 中加入 2% 明胶 3 mL，于 37℃ 封闭 1 h。

④ 准备噬菌体库(可在封闭前进行)，用封闭液混合 $20\,\mu L$ 抗体库，37℃ 振荡 1.5 h。

⑤ 倾去 Immunotube 中的封闭液，先后以 PBST、PBS 缓冲液各洗 3 遍，每次 2 min。

⑥ 将步骤④准备好的噬菌体库混合物加入 Immunotube 中，用封口膜封口，摇匀后于 37℃ 温育 30 min，然后再于室温放置 1.5 h 以上。

⑦ 倾去 Immunotube 中液体，先后以 PBST、PBS 缓冲液各洗 5 遍。(第二轮以后各洗 20 遍)。

(2) 转染大肠杆菌：

① 摇菌：可以从固体基本培养基上挑取 E. coli DH5αF′ 单菌落，在 2～3 mL 2×TY 培养液中 37℃ 250 r/min 振荡培养过夜，次日以 1:100 的接种量转接于新鲜的培养基中，37℃ 250 r/min 振荡 1～2 h，使菌处于对数生长期(A_{600}＝0.3～0.6)。也可以直接取近期保存的 E. coli DH5αF′ 菌液转接后获得。

② 将处于对数期的菌液 3 mL 加入上述的 Immunotube 中，37℃静置 1 h。

③ 4000 r/min 离心 10 min，弃上清液，以 250 μL 2×TY 培养液悬浮沉淀。

④ 将获得的液体取一部分，系列稀释后铺到直径 9 cm 的 TYAG 平板上测滴度，其余液体铺到直径 16 cm 或更大的 TYAG 平板上，30℃培养过夜。

（3）释放噬菌体：

① 配 20 mL 2×TYAG 溶液，以 2 mL/板的量洗涤直径 16 cm 的平板，刮刀分离后将液体转移锥形瓶中，终体积即所配的 20 mL，37℃ 250 r/min 振荡培养至 $A_{600} = 0.4 \sim 0.8$。

② 根据滴度板上显示的滴度，以 20∶1（helper∶菌）的比例加入辅助噬菌体（helper），37℃温育 1 h。

③ 4000 r/min 室温离心 10 min，弃上清液，收集沉淀。

④ 以 20 mL 2×TYAG 重悬沉淀，30℃ 250 r/min 振荡培养过夜。

（4）纯化噬菌体：

① 对上述培养过夜的液体，5000 r/min 室温离心 20 min，取上清液，转入无菌的容器，加入 1/5 体积的 PEG/NaCl 溶液，混匀后置于冰上 1 h。

② 12 000 r/min 4℃离心 20 min，弃上清液，用 PBS 1 mL 悬浮沉淀，室温放置 15 min。

③ 14 000 r/min 4℃离心 20 min，取上清液。

④ 将上清液以孔径 0.45 μm 的滤膜过滤，并加入 10%～20% 的无菌甘油，－70℃保存。

至此一轮筛选结束，然后可以测所得噬菌体的滴度，并进行新一轮的筛选，一般进行 3～6 轮的筛选，再以 ELISA 检测筛选到的噬菌体是否表达所需的抗体蛋白。

（5）噬菌体滴度的测定：

① 摇菌：可以从固体基本培养基上挑取 *E. coli* DH5α F′ 单菌落，在 2～3 mL 2×TY 培养液中 37℃ 250 r/min 振荡培养过夜，次日以 1∶100 的接种量转接于新鲜的培养基中，37℃ 250 r/min 振荡 1～2 h，使菌处于对数生长期（$A_{600} = 0.3 \sim 0.6$）。也可以直接取近期保存的 *E. coli* DH5α F′ 菌液转接后获得。

② 转染：取 10 μL 噬菌体（筛得的或原噬菌体库）加入 1 mL 已处于对数期的上述菌液中，37℃温育 1 h。（此时已稀释 100 倍）。

③ 将温育后的菌液以新鲜的 2×TY 培养液适当稀释。（浓度可以是 10^5、10^7、10^9）。

④ 取 10 μL 稀释液铺到 TYAG 板上（抗体库则加氨苄青霉素，M13K07 则加卡那霉素）。

⑤ 30℃ 倒置平皿培养过夜。

［注：也可以先以新鲜的 2×TY 培养液稀释噬菌体成 10^9、10^7、10^5、10^3 等浓度梯度，然后再转染相同量的处于对数期的 *E. coli* DH5a F′（或 TG1），37℃温育 1 h，取 10～100 μL 铺 TYAG 平板。30℃ 过夜生长。次日计算板上出现的克隆数。］

（6）释放噬菌体的 ELISA 检测：

① pH 9.6 的 CBS 包被抗原 1～3 μg/孔，4℃过夜。

② PBST 缓冲液洗板，以 0.8％的明胶 37℃ 封闭 2 h。

③ PBST 缓冲液洗板，加入适当稀释的筛得的噬菌体液，37℃温育 1～2 h。

④ PBST 缓冲液洗板，加入 HRP 标记的 M13K07 的二抗，37℃温育 1 h。

⑤ PBST 缓冲液洗板，加入显色底物读数。

4.7.2 筛得噬菌体的扩增及纯化流程

1. 试剂

① SOBAG 平板：胰蛋白胨 4 g，酵母提取物 1 g，NaCl 0.1 g，琼脂粉 3 g，用 1 mol/L NaOH 调 pH 到 7.0～7.5（也可以不调），加去离子水至 170 mL，高压灭菌，待温度降至 50～60℃时，加入 1 mol/L MgCl₂ 2 mL，10％的葡萄糖溶液 26 mL，加氨苄青霉素至终浓度 100 μg/mL。

② 1×Ni-NTA 结合缓冲液（bind buffer）：50 mmol/L pH 8.0 NaH₂PO₄，300 mmol/L NaCl，10 mmol/L imidazole。

③ 1×Ni-NTA 洗涤缓冲液（wash buffer）：50 mmol/L pH 8.0 NaH₂PO₄，300 mmol/L NaCl，20 mmol/L imidazole。

④ 1×Ni-NTA 洗脱缓冲液（elute buffer）：50 mmol/L pH 8.0 NaH₂PO₄，300 mmol/L NaCl，250 mmol/L imidazole。

⑤ pH 8.0 Tris-HCl 缓冲液。

2. 流程

（1）阳性克隆的筛选：

① 总板的制备：将培养的对数期 *E. coli* DH5a F′ 1 mL，加入筛得的噬菌体上清液 10 μL，37℃温育 1 h，然后取出一定量的液体以新鲜的 TY 培养液梯度稀释（稀释的倍数可以根据所得噬菌体的滴度来确定），并铺到 SOBAG 平板上，30℃倒置培养过夜。次日，于 24 孔板中加入 400 μL/孔的 TYAG 培养液，用无菌牙签将单菌落挑接到各孔中，该板称作总板。总板于 30℃振荡培养过夜。

② 获得高阳性噬菌体克隆：从总板的各孔中取出悬液 30 μL 加入 3 mL 2× TYAG 培养液中，并以 1∶20（菌∶helper）比例加入 M13K07。37℃振荡培养 2 h。转入无菌的离心管，5000 r/min 离心 20 min，弃上清液留下细胞，用 3 mL 2×

TYAK 培养液重新悬浮沉淀,37℃振荡培养过夜。12 000 r/min 离心 20 min,上清液即为所释放的噬菌体。可以对其作阳性检测。

③ 可溶性 scFv 片段的释放:从总板的各孔中取出悬液 30 μL 加入 3 mL TYAG 培养液中,250 r/min 30℃ 振荡培养 2 h。然后转入无菌的离心管,5000 r/min 离心 20 min,弃上清液。接着用 3 mL 2×TYAG 培养液重悬沉淀,30℃ 250 r/min 振荡培养 6 h 以上。12 000 r/min 离心 20 min,得到释放的可溶性 scFv 片段,可以进行阳性的检测。

(2) 非变性条件下的 Ni-NTA 柱纯化:

① 取出保存在 20%乙醇(4℃)中的 Ni-NTA 柱填料适量。

② 装柱。

③ 50 mol/L EDTA 洗柱(一般均洗 3 个柱体积)。

④ 0.5 mol/L NaOH 洗柱。

⑤ 水洗至中性。

⑥ Tris-HCl 缓冲液(10 mol/L,pH 8.0)洗柱。

⑦ 2 倍体积 50 mol/L NiCl$_2$ 结合 Ni 离子。

⑧ pH 8.0 Tris-HCl 缓冲液洗柱。

⑨ 1×Ni-NTA 结合缓冲液洗柱,平衡(5 个柱体积)。

⑩ 适量蛋白样品上样,收取流出液少量作为 SDS-PAGE 的样品对照 I。

1×Ni-NTA 结合缓冲液洗至 A_{280} 稳定;

1×Ni-NTA 洗涤缓冲液洗至 A_{280} 稳定,并收取流出液少量作为 SDS-PAGE 的样品对照 Ⅱ;

1×Ni-NTA 洗脱缓冲液洗脱,5 个柱体积足够,一般目的蛋白在第 2 和第 3 个柱体积内流出。

为得到目的蛋白,必要时可用洗脱缓冲液和洗涤缓冲液组成梯度洗脱,注意分别收集各流出峰,并各取少量供 SDS-PAGE 检测。

若回收溶液体积大,A 值较低,可以用 PEG 反透析方法浓缩后进行下一步操作。

(3) Ni-NTA 柱收集物的进一步纯化:

① 取出适量 Sephadex G-75 或 G-50 超细胶。

② 1 mol/L NaOH 处理 2 h。

③ 水洗至中性。

④ 煮胶 2 h 以除气。

⑤ 灌胶并以 0.02 mol/L PBS 缓冲液(pH 7.4)平衡至 A_{280} 稳定。

⑥ 上样(每次上样量为柱体积 1%~4%)。

⑦ 0.02 mol/L PBS 缓冲液(pH 7.4)洗脱,收集流出峰。

⑧ 水洗填料回收保存,加入 NaN₃ 至终浓度 0.02%防腐。

(4) 纯化的 scFv 的 ELISA 检测:

① pH 9.6 的 CBS 包被抗原 1~3 μg/孔,4℃过夜。

② PBST 缓冲液洗板,以 0.8%的明胶 37℃封闭 2 h。

③ PBST 缓冲液洗板,加入适当稀释的纯化 scFv 溶液,37℃温育 1~2 h。

④ PBST 缓冲液洗板,加入 SV5-Ab,37℃ 1~2 h。

⑤ PBST 缓冲液洗板,加入 HRP 标记的二抗,37℃温育 1 h。

⑥ PBST 缓冲液洗板,加入显色底物读数。

4.8　骆驼重链抗体研究进展

4.8.1　抗体药物面临的问题

由于抗原和抗体结合的高度特异性,抗体可作为特异性靶向治疗的"弹头",抗体药物具有很好的应用前景。随着新靶点的大量发现,治疗性抗体药物的开发已经成为当今制药产业的热点。

目前全球已经上市的治疗性抗体药物主要用于肿瘤和自身免疫病的治疗,两者合计占比达 77%,其中肿瘤适应证占 47%,自身免疫病适应证占 30%。但是单克隆抗体制备成本高,销售价格昂贵,而且分子太大、结构太复杂,这些因素限制了它的生产及在临床应用上的推广。据报道,哮喘病人每年在哮喘病抗体药物 Xolair 上的花费就要 1.1 万美元;风湿性关节炎患者接受 8 针抗体药物 Remicade 的注射需要 4600 美元;而每个乳腺癌患者每年在抗体药物 Herceptin 上的花费竟然高达 3.8 万美元。

单克隆抗体如此昂贵的主要原因是它的结构太复杂。每个抗体分子含有两条相同的重链和两条相同的轻链,重链恒定区结合了碳水化合物。合成单克隆抗体之前,需要通过杂交瘤技术筛选出分泌特异性抗体的杂交瘤细胞,克隆抗体基因,然后进行人源化改造。人源化改造的过程很复杂,需向鼠源抗体基因中嵌入人抗体基因,编译出与人抗体氨基酸序列相同的蛋白质片段,部分或全部取代鼠源抗体中的蛋白。另外,还有一些公司通过转基因技术对小鼠进行改造,直接产生接近人源化的抗体。抗体人源化的目的是减少抗体治疗中的免疫排斥等副作用,但它需要生成的大分子蛋白不能像传统药物那样通过化学方法合成,只能在生物反应器中,利用带有合成单克隆抗体所需的多种基因的哺乳动物细胞培养而成,这一过程烦琐,实验周期长,而且实验条件要求很严格。

这种细胞培养的方法使得单克隆抗体难以大规模生产,与相同规模的化学药厂或微生物生物合成药厂相比,单克隆抗体药物在建厂和生产过程中消耗的资金要多很多。另外,药物公司还必须保证生物反应器的纯净,防止感染病毒毁坏价值昂贵的分泌抗体的杂交瘤种子细胞或污染所生成的抗体。由于这些因素的限制,使得单克隆抗体的供应远远不能满足市场的需求,导致抗体治疗价格的升高。

由于常规的天然抗体相对分子质量在 150 000 左右,在生物技术和医学应用上受到诸多限制。高温和极端 pH 会使抗体蛋白解链,除非保存在接近冰冻的温度下,典型情况下它们的有效期只有数周。在肠道抗体很快被消化,阻碍了其进入大脑以及在实体瘤周围的停留。因此许多疾病用单克隆抗体达不到疗效,并且那些能用单克隆抗体治疗的病人也必须通过注射的方式给药。对于有些使用单克隆抗体效果不好的情况,甚至一些目前它们有效的情况,更简单、更小的蛋白质可能起的效果更好,可以替代单克隆抗体。而且小的蛋白质更容易生产、处理和使用,价格便宜,副作用少,病人也能消费得起。

许多研究者不断对抗体片段进行修饰,在保持能特异性结合抗原的同时,尽量减小抗体的尺寸,得到一系列抗体片段结构,例如 Fabs、Fvs、scFvs 及 dsFvs 等。这些抗体片段含有互补决定区等重要化学成分,互补决定区决定抗体将要识别的靶标或抗原,以及抗体、抗原结合的紧密程度,这种单链抗体的相对分子质量与 Ablynx 公司的纳米抗体已经非常接近。但由于是从大分子的双链抗体中获得的,单链抗体具有双链抗体一样的黏性,在合成抗体的细菌体内和使用抗体药物的病人体内容易聚集成块状,从而降低了单链抗体的合成效率及其药效的发挥,并且抗体片段不能像全长的抗体那样聚集免疫系统的其他成分。

4.8.2　骆驼重链抗体的发现

1989 年,比利时 Ablynx 公司的一位创始人 Muyldermans 在参加骆驼和水牛如何抵抗寄生虫疾病的野外科考活动中,检测从骆驼血液中分离出的抗体后,发现了一个特殊情况:除了正常的四条肽链抗体外,还有一些抗体仅含有两条重链,它们是在结构上简单许多的天然抗体。经过几年的研究,Muyldermans 和同事在 1993 年的 *Science* 杂志上刊登了研究结果:骆驼血液中的抗体有一半没有轻链,而且更让人惊喜的是,这些重链抗体(heavy-chain antibody,HcAb)能像正常抗体一样与抗原等靶标紧密结合,而且不像单链抗体那样互相粘连,甚至聚集成块。

该研究小组发现重链抗体独特的可变片段仍然具有强得惊人的靶标亲和力,它们的实际亲和力与有它们 10 倍大小的完整抗体一样。这些缩减尺寸的蛋白质同样也更具有化学灵活性,能结合那些因太小而不能接受一个抗体的靶标(包括酶的活性部位和细胞膜的裂隙)。他们从骆驼中分离出了纳米抗体。纳米抗体是天然的重链抗体的最小片段,是只有几个纳米长的简单蛋白质,其相对分子质量只有抗体的 1/10,在缺乏轻链的情况下,有完整的抗体功能。因此,克隆并选择抗原特异性的纳米抗体,可以避免抗体库的构建、筛选及体外亲和力成熟等冗长的工作。纳米抗体将克服单克隆抗体的不足,使分子更小,疗效也更好,并有望治疗更多的疾病,价格也会便宜得多。与普通的抗体相比,创造一种新的纳米抗体更容易,并且更快,花费更少(图 4-19)。

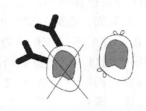
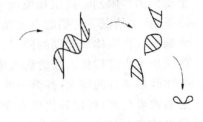

彩图 4-19

美洲骆驼或阿拉伯骆驼被免疫后,同时产生针对靶抗原的正常抗体(上)和只有重链的抗体(下)

从血样本中,生物学家分离出产生与靶抗原有高度亲和力且只有重链的抗体细胞,然后获得编码这个抗体基因的DNA序列

遗传学家把这个DNA修剪成只编码单一重链可变片段的部分——纳米抗体,检测纳米抗体的许多轻微突变形式,以识别出最有医学价值的一种

图 4-19　治疗性纳米抗体的制备示意

(彩图请扫描二维码)

4.8.3　骆驼重链抗体的研究现状

通过免疫单峰骆驼以及骆驼获得抗体,分离出重链抗体可变区抗体(variable domain of a heavy-chain antibody,V_HH)的单域结合片段,该片段为单一的功能区,包含 118~136 个氨基酸残基,是已知的最小尺寸的抗原结合物。现在已经得到了多种这类抗半抗原或抗原的抗体片段,这类抗原结合物的 X 射线结构也已被测定。V_HH 的骨架区的折叠方式和通常的免疫球蛋白重链可变区(V_H)的骨架区类似,但是互补决定区和预测的规范结构有所不同。很显然,V_HH 的这种变化补偿了轻链可变区(V_L)缺失的影响。尤为特别的是,在 V_HH 表面的 44、45 和 47 位的三个氨基酸残基,原本应该是疏水的,能和普通抗体的 V_L 相互作用,但它们被亲水性更强的氨基酸取代了。这种由单一片段构成的 V_HH 抗体片段显示了许多独特的属性,例如,能够大为缩小抗体尺寸,具有很好的溶解性和稳定性等。而且在实验中该片段也显示了很高的亲和性和特异性,与常规的抗体亲和力相似,这种抗体片段的解离常数也在纳摩尔的范围。此外,研究中还发现这种抗体片段能够更容易地接触到酶的活性位点,确定出酶的催化位点,而常规抗体的抗原结合位点

是由 V_H-V_L 结合片段组成,尺寸太大,通常无法到达酶的活性位点。$V_H H$ 这种对酶产生抑制的特性在生物技术和医学应用方面具有广泛的前景。根据现有文献报道,$V_H H$ 片段比大部分的常规抗体的片段要稳定,即便在 90℃ 的高温热变性后,这种变性还能可逆恢复,而常规抗体的片段不具备此性质。

和常规抗体相比,$V_H H$ 具有热稳定性高,更容易和体内分子结合等特点,因此越来越受到关注。在肿瘤靶向治疗和阿尔茨海默症治疗方面的应用研究都已有报道,显示了这类抗体在医学方面的应用前景。在这一特性上骆驼不同于其他哺乳动物的原因虽然尚不得而知,但自然界的进化却为科学家解决抗体和抗体片段所面临的棘手问题提供了良方。纳米抗体不仅相对分子质量只有抗体的 1/10,而且化学性质也更加灵活,能与酶的活性部位和细胞膜中的裂缝啮合在一起。由于纳米抗体比抗体小很多,而且不具有化学疏水性,其抗热性和抗酸碱性更强。老鼠实验证明,当它们通过老鼠的消化系统时能保持稳定性和活性,增强了抗体药物口服疗法治疗疾病的可能性。纳米抗体在室温下也可保持药效稳定。

纳米抗体在化学组成和形状上比抗体简单许多,它们能被单基因编码,也更容易用微生物合成。2002 年荷兰生物学家在 15 000 L 的酵母反应器中发酵生产 1000 g 的纳米抗体。Ablynx 公司在最近的报道中表示,他们已经大大提高酵母反应器发酵生产纳米抗体的能力,产量达到 1 g/L,这样 15 000 L 的反应器就可获得 15 000 g 的纳米抗体。纳米抗体的生产比一般抗体的生产更加容易、更快,也更便宜。

纳米抗体的最大优势在于,它更容易与靶抗原结合。Ablynx 公司已经将抗血清纳米蛋白与靶向蛋白结合,从而将其在血液中的半衰期延长到数周,增加了药效持续时间。该公司还将 4 个纳米抗体结合,从而使每个分子能与更多的抗原结合或与两个不同靶标结合,增加药物作用效率。Ablynx 公司最近还发表了他们的研究成果,他们设计出的纳米抗体能与癌症细胞上的受体结合,进而与其遇到的任何肿瘤细胞紧密结合。这类纳米抗体还能与前体药物转化酶结合,形成双重功能分子,将前体药物转换成化疗药物,杀死肿瘤细胞。他们将癌化的老鼠分成两组:一组给予化疗药物,结果肿块只缩小了一点点;另一组给予双功能的纳米抗体,在纳米抗体注射老鼠体内后再注射前体药物,结果化疗作用的靶向性更高,既能保住正常细胞,癌细胞也能被完全清除。除非通过临床试验证明纳米抗体能完成预期目标,没有人知道它们是否将在人体内起着与小鼠体内同样的作用。

骆驼重链抗体的抗原结合片段是单域构成。Desmyter 等研究了三种单峰骆驼的 $V_H H$ 和猪胰淀粉酶(porcine pancreatic amylase,PPA)形成的抗原-抗体复合物的结构。其中两种 $V_H H$(AMB7 和 AMD10)与酶的催化活性位点之外的部分

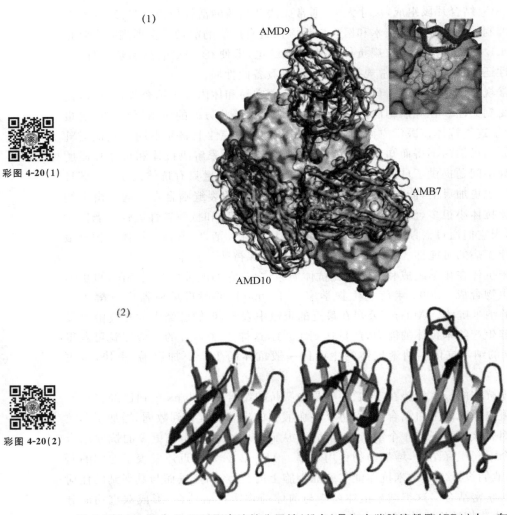

图 4-20　（1）三个 $V_H H$ 以阿卡波糖分子键（粉色）叠加在猪胰淀粉酶（PPA）上。灰色表示 PPA 表面，红色表示催化残基 Asp-300，橘色表示 $V_H H$ 的 Ca 面，三个 CDR 分别是红色、绿色和蓝色，每个 $V_H H$ 表面都是透明的，插图是近距离视角的 PPA 活性位点与抑制性 AMD9 $V_H H$ 结合。根据 X 射线结构，抑制剂阿卡波糖定位在活性位点。$V_H H$ 两残基 Tyr-52，Arg-52a（CPK 黄色、橘色）与模拟的阿卡波糖结合。（2）三个 $V_H H$ 的序列和三维结构，三个 CDR 区分别以红色、绿色和蓝色标出，半胱氨酸以紫色标出。从左到右，图中所示为以 CDR3 为正前方，AMB7、AMD9、AMD10 $V_H H$ 的结构图（根据 Desmyter et al,2002 改编）。彩图请扫描二维码。

结合,不抑制或只是部分抑制酶的活性;第三种 V_HH(AMD9)与酶的催化活性位点结合,是一种强的淀粉酶抑制剂。与其他的淀粉酶抑制剂不同,在 AMD9 与淀粉酶形成的复合物中,淀粉酶保持天然结构。V_HH 和淀粉酶的相互作用面积比普通的抗体和蛋白抗原的相互作用面积稍大或相同。生物学家奇怪地发现,抗体骨架区的氨基酸残基参与了 V_HH 和淀粉酶的相互作用,证明了 V_HH 具有结合蛋白和抑制的双重功能(图 4-20)。Spinelli 等制备出能识别半抗原含氮染料 RP6 的 V_HH,并测定了此抗原-抗体复合物的晶体结构,证明 V_HH 的三个 CDR 能形成抗原结合位点,并能与半抗原含氮染料 RP6 结合。

　　Genst 和同事们对单峰骆驼重链抗体优先选择裂隙识别的分子基础进行了研究,发现与普通抗体的抗原结合位点避免蛋白质表面的裂隙相反,骆驼重链抗体却被酶底物"口袋"所吸引。从免疫的单峰骆驼分离到 8 种对溶菌酶有纳摩尔量级亲和力的重链抗体可变区,其中 6 种与溶菌酶的小分子抑制剂竞争结合位点,这种活性位点的结合率也发现于从免疫的单峰骆驼血清纯化的多克隆重链抗体池中。将 6 种 V_HH 和溶菌酶的复合物(V_HH -溶菌酶)的晶体结构及相互作用表面与普通抗体-溶菌酶复合物的晶体结构及相互作用表面进行比较,发现 V_HH -溶菌酶的相互作用表面和普通抗体-溶菌酶的相互作用表面在数目和化学本质方面非常相似,区别在于主要由 CDR3 形成的 V_HH 的紧密扁长的形状提供了一个大的、凸起的抗体结合部位,并与凹陷的溶菌酶底物结合"口袋"相互作用。所以在结合靶抗原表面的裂隙方面,单域抗体比普通抗体有明显的优势。

第 5 章　抗体的处理

5.1　抗体的纯化

5.1.1　引言

　　通过不同方法制备的抗体往往与多种杂蛋白混杂在一起,为了获得成分相对单一的抗体或将抗体用于特定的用途(如人体治疗、标记、酶标检测),都需要对抗体进行纯化处理。从成分角度分析,抗体分子是一类蛋白质分子,与其他蛋白质一样,它有一定的等电点、溶解度、荷电性及疏水性,可以用电泳、盐析沉淀或其他层析技术进行分离、纯化。

　　抗体纯化方法的选择取决于两个因素:抗体的用途和抗体的来源。在确定抗体的具体纯化方法之前,首先要明确纯化后的抗体将作何用途,如普通的酶免疫测定,只需要除去一些干扰实验的杂质即可,一般的盐析沉淀就可达到这一要求;若要进行标记操作,则要求所得的抗体尽可能高纯度,此时盐析沉淀就不适合了,需要用特异性好的亲和柱进行纯化,否则对标记结果会有很大影响;若抗体最终将用于人体治疗,则必须符合人体内应用的要求,没有毒素、热源和其他抗原成分。而抗体的来源是选择抗体纯化方法的另一个必须考虑的因素。从多克隆抗体、单克隆抗体到基因工程抗体,制备方法的不同导致最终产品中所含的杂蛋白也有很大的差异,另外重链类别、亚型、相对分子质量的不同也将使纯化的方法彼此间有差别。所以选择一个合适的抗体纯化方法,必须同时参照上述两个因素,以适用、快速为最终的标准。本节将重点对一些常规的抗体纯化方法进行介绍。

5.1.2　抗体的预处理

　　不论是多克隆抗体、单克隆抗体还是基因工程抗体,在进行抗体纯化操作前,首先都应该对抗体的性质、来源有所了解。多克隆抗体主要来源于动物血清,单克隆抗体来源于小鼠腹水和杂交瘤细胞培养上清液,而基因工程抗体则来源于细菌培养上清液或细菌裂解液,这些介质常常包含了大量的宿主蛋白质(白蛋白、免疫球蛋白、转铁蛋白等)、脂质和细胞碎片。相对于这些杂蛋白,抗体蛋白的含量往往较少(表 5-1)。

表 5-1　抗体的来源、含量及可能含有的杂蛋白

来源	类型	总抗体浓度/(mg·mL^{-1})	特异性抗体浓度/(mg·mL^{-1})	污染抗体
血清	多克隆抗体	10	通常<0.5	其他血清抗体
杂交瘤培养上清液	单克隆抗体	1	0.05	小牛血清中的抗体
腹水	单克隆抗体	1~10	0.9~9	鼠源抗体
细菌培养上清液或细菌裂解液	基因工程抗体	不定	不定	宿主蛋白等

脂质、细胞碎片和较大的蛋白聚合物可以通过对含有抗体的介质进行预处理除去。一般的预处理方法有如下几种：

（1）过滤：用 0.45 μm 孔径的滤膜过滤，可以去除脂质颗粒、纤维蛋白及一些固体颗粒。

（2）离心：低温高速离心（4℃，12 000 r/min，15~20 min），可以除去细胞残渣及小颗粒物质，对于血清、腹水和细菌培养上清液均合适。

（3）二氧化硅吸附：一般对于含大量脂质的腹水、血清，建议用此法处理。

① 用等量的巴比妥盐缓冲液（VBS，4 mmol/L 巴比妥，150 mmol/L NaCl，800 mmol/L MgCl$_2$，300 mmol/L CaCl$_2$，pH 7.2）稀释腹水或血清；

② 加入一定量的 SiO$_2$ 粉末，室温下搅拌 30 min；

③ 2000 r/min，离心 20 min，留取上清液。

对于三种预处理方法，在实际使用时往往将其中的两种或三种联合使用，尤其对于多克隆抗体的预处理时，常常在离心后辅助以过滤，效果更佳。另外当冻融或存储含抗体的液体时，有时会发生少量蛋白凝集或出现不溶性脂类物，这时也应该先作上述预处理。

5.1.3　盐析法

盐类对于蛋白质的溶解有着双重作用，当少量盐类存在时，盐类分子和水分子对蛋白质分子的极性基团产生静电引力，使蛋白质分子的溶解度增大；当大量盐类存在时，水的活度降低，带电离子破坏蛋白质周围的水化层，使蛋白质表面的电荷被中和，破坏蛋白质的胶体稳定性，从而引起蛋白质互相聚集而沉淀。基于上述原理，盐析法利用抗体与杂质蛋白之间对盐浓度敏感程度的差异来进行分离。一般通过选择某一特定的盐浓度，令大部分杂蛋白呈现"盐析（沉淀）"状态，而抗体蛋白则处于"盐溶（溶解）"状态。

可用于盐析法的盐类很多，如 NaCl、CaCl$_2$ 等。但目前用得最多主要是硫酸铵,因为硫酸铵有如下优点:① 溶解度大,对温度不敏感;② 分级效果好;③ 对蛋白质有稳定结构的作用;④ 价格低廉,处理样品量大。

硫酸铵盐析的操作一般可以分成两种:固体直接加入法和饱和溶液加入法。

固体直接加入法即将固体硫酸铵逐步加入预处理的大体积含抗体的液体中,使溶液中硫酸铵的饱和度逐步增加,令溶液中的不同蛋白质先后达到各自的盐析点而沉淀出来。一般要求加入过程缓慢,避免造成硫酸铵饱和度太剧烈的变化。每升溶液变成一定硫酸铵饱和度溶液时,需要加入的硫酸铵数量可以从表5-2查得。

表 5-2　硫酸铵溶液饱和度计算表

	硫酸铵终浓度/(%饱和度)																
	10	20	25	30	33	35	40	45	50	55	60	65	70	75	80	90	100
硫酸铵起始浓度/(%饱和度)	每升溶液加入固体硫酸铵克数																
0	56	114	144	176	196	209	243	277	313	351	390	430	472	516	561	662	761
10		57	86	118	137	150	183	216	251	288	326	365	406	449	494	592	694
20			29	59	78	91	123	155	189	225	262	300	340	382	424	520	619
25				30	49	61	93	125	158	193	230	267	307	348	390	485	583
30					19	30	62	94	127	162	198	235	273	314	356	449	546
33						12	43	74	107	142	177	214	252	292	333	426	522
35							31	63	94	129	164	200	238	278	319	411	506
40								31	63	97	132	168	205	245	285	375	469
45									32	65	99	134	171	210	250	339	431
50										33	66	101	137	176	214	302	392
55											33	67	103	141	179	264	353
60												34	69	105	143	227	314
65													34	70	107	190	275
70														35	72	153	237
75															36	115	198
80																77	157
90																	79

注:本表为室温(25℃)下数据,该温度下饱和硫酸铵的浓度为 4.1 mol/L,即将 761 g 硫酸铵溶于 1 L 水中。同时鉴于 4~25℃ 之间数据没有明显变化,所以表中数据也可用于 4℃。

饱和溶液加入法是指将预先调好 pH 的饱和硫酸铵溶液逐步加入相应的蛋白质溶液中,使其达到一定的硫酸铵浓度(或饱和度),令蛋白沉淀下来。不同饱和度所需加入的饱和硫酸铵的量可以用如下公式计算:

$$V = V_0(S_2 - S_1)/(S_3 - S_2)$$

式中 V 为所需加入的饱和硫酸铵溶液的体积(mL),V_0 为原蛋白质溶液的体积

(mL)，S_1 为原蛋白质溶液中硫酸铵的饱和度(以百分饱和度表示)，S_2 为要求达到的最终硫酸铵的饱和度(以百分饱和度表示)，S_3 为加入饱和硫酸铵溶液的饱和度(一般为 100%)。硫酸铵在水中的溶解度为：100℃ 时为 1.034 g/mL；0℃ 时为 0.706 g/mL。通常在 100 mL 去离子水中加入 90 g 硫酸铵固体，加热溶解，并趁热过滤，降至室温(会有结晶析出)后用氨水调 pH 至 7.4，该溶液即为饱和硫酸铵溶液。

与固体直接加入法相比，饱和溶液加入法比较温和，不会造成溶液内盐浓度的急剧变化，但它不适宜处理大体积的样品溶液，因为要达到 50% 饱和度，溶液的体积就需要增加一倍。

对于抗体溶液而言，当硫酸铵的饱和度达到 20% 时，纤维蛋白便会首先析出；当饱和度达到 28%～33% 时，大部分优球蛋白(IgM)就会析出；当饱和度达到 33%～50% 时，球蛋白(IgG)析出；当饱和度大于 50% 时，其他蛋白(如清蛋白)就会析出。所以用硫酸铵盐析法纯化抗体时，33% 与 50% 是处理的 2 个临界点。目前如果将盐析法作为单一的抗体纯化方案，建议用 33% 和 50% 饱和硫酸铵进行分级沉淀，其操作步骤如下：

① 用 0.02 mol/L pH 7.4 的 PBS 缓冲液将预处理过的溶液(腹水、血清或杂交瘤细胞培养上清液)稀释 2 倍。向样品中加入 PBS 缓冲液或者生理盐水的目的是稀释血清。血清过浓，用硫酸铵沉淀时，杂蛋白容易共沉淀，影响纯化效果。

② 在缓慢搅拌下，逐滴加入 pH 7.4 的饱和硫酸铵溶液，使其饱和度达到 50%，静置 2 h 以上或 4℃ 过夜。

③ 4℃，12 000 r/min 离心 20 min，弃上清液，将沉淀溶于 2 倍原溶液体积的 PBS 缓冲液中。

④ 搅拌下，逐滴加入饱和硫酸铵溶液，使溶液的饱和度达到 33%，静置 2 h 以上或 4℃ 过夜。

⑤ 4℃，12 000 r/min 离心 20 min，弃上清液，溶解沉淀于 2 倍原溶液体积的 PBS 缓冲液中。

依次再进行 2 次以上的如上操作，则抗体的纯化效果会更好。

一般而言，用硫酸铵盐析只作为粗提纯、预处理步骤，为了获得更纯的抗体需要进行进一步的纯化。

5.1.4　正辛酸-饱和硫酸铵纯化法

本方法是一个经验性的方法，正辛酸可以在偏酸的条件下沉淀血清或腹水中除了 IgG 之外的蛋白质，使上清液中只含有 IgG，所以该法一般用来纯化 IgG1 和 IgG2b，不能用于 IgM、IgA 的纯化，而对 IgG3 的纯化效果亦不佳。在实际操作过程中，辛酸的加入量随抗体来源的不同而有所差异：人血清为 70 μL/mL，兔血清

为 $75\,\mu L/mL$，小鼠血清为 $40\,\mu L/mL$，小鼠腹水为 $33\,\mu L/mL$，这种方法对于 IgG 的回收率可达 90%，纯度可达 $95\%\sim98\%$，其具体操作如下：

① 取 1 mL 血清（或腹水），用 0.06 mol/L pH 4.8 的 HAc-NaAc 缓冲液稀释 2 倍或 4 倍。

② 逐滴加入所需的辛酸（按稀释前溶液的体积计算），并搅拌 30 min。

③ 室温下，12 000 r/min 离心 20 min，取上清液。

④ 加入 0.1 mol/L pH 7.4 的 PBS 缓冲液，体积为上清液体积的 1/10，并用 1.0 mol/L NaOH 调 pH 为 7.4。

⑤ 搅拌下，滴加等体积 pH 7.4 的饱和硫酸铵溶液，静置 2 h 或 4℃ 过夜。

⑥ 4℃，12 000 r/min 离心 30 min，弃上清液。

⑦ 将沉淀溶于一定体积（根据实际需要）0.01 mol/L pH 7.4 的 PBS 缓冲液中，透析除盐。

5.1.5 亲和层析法

一般的亲和层析法是指在柱材基质上共价连接上配体，利用配体与抗体之间可逆的特异性结合反应，在适合抗原、抗体结合的条件下，抗体溶液通过亲和柱时，抗体被柱子保留，而其余蛋白被洗掉。然后改变条件，用利于抗原、抗体解离的缓冲液洗脱，回收抗体。这是一种高效、快速的纯化方法。常用的配体有蛋白 A、蛋白 G 或相应的抗原等。鉴于抗原往往珍贵且数量有限，因此以纯化抗体为目的，一般建议用蛋白 A 或者蛋白 G 为配体的亲和层析法。

1. 蛋白 A 亲和层析

蛋白 A 是金黄色葡萄球菌的细胞壁蛋白，相对分子质量为 42 000，可以与多种动物及人 IgG 的 Fc 段结合，有 6 个不同的 IgG 结合位点，其中有 5 个位点对 IgG 的 Fc 片段有很强的特异性结合的能力，且各个位点与抗体的结合都是独立的。一般达到饱和时，一个蛋白 A 分子至少可以与两个 IgG 分子结合，所以蛋白 A 亲和层析法很适合 IgG 类抗体的纯化，而不太适于 IgM、IgA 等抗体的纯化。表 5-3 是蛋白 A、蛋白 G 与不同来源的各种抗体亚类之间的结合情况。

表 5-3　蛋白 A、蛋白 G 与抗体亚类的亲和力比较

抗体	与蛋白 G 的亲和力	与蛋白 A 的亲和力
人 IgG1	++++	++++
人 IgG2	++++	++++
人 IgG3	++++	－
人 IgG4	++++	++++
大鼠 IgG1	+	－

续表

抗体	与蛋白 G 的亲和力	与蛋白 A 的亲和力
大鼠 IgG2a	++++	—
大鼠 IgG2b	++	—
大鼠 IgG2c	++	+
小鼠 IgG1	++++	+
小鼠 IgG2a	++++	++++
小鼠 IgG2b	+++	+++
小鼠 IgG3	+++	++

目前蛋白 A 亲和柱有商品化柱子,以 Phamacia 公司的商品柱为例,其具体操作如下:

① 预处理腹水(或血清),并以 $0.45\,\mu m$ 滤膜过滤。

② 用 0.05 mol/L pH 7.8 的 Tris-HCl(含 3 mol/L NaCl)缓冲液平衡蛋白 A-Sepharose 4B 商品柱。

③ 上样 10~50 mL(根据柱床体积而定)。

④ 以 0.05 mol/L pH 7.8 的 Tris-HCl 洗柱,直到基线平稳。

⑤ 用 0.1 mol/L pH 5.0 柠檬酸缓冲液洗脱蛋白,分管收集,并立刻用 1 mol/L pH 9.0 的 Tris-HCl 中和。

⑥ 用 0.1 mol/L pH 3.0 的柠檬酸缓冲液洗柱(2~3 柱体积),最后以 0.05 mol/L pH 7.8 的 Tris-HCl 缓冲液(包含 3 mol/L NaCl)平衡。即可用于下一次上样。

北京大学冯仁青实验室用蛋白 A-Sepharose CL-4B 柱层析分离纯化 McAb KD10 单克隆抗体,用紫外监测仪记录到的洗脱峰如图 5-1。

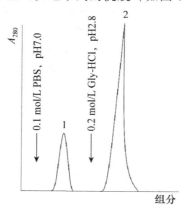

图 5-1　用蛋白 A-Sepharose CL-4B 柱层析分离纯化 McAb KD10 的洗脱峰

1 为混合蛋白峰,2 为抗体峰(北京大学冯仁青实验室提供)。

2. 蛋白 G 亲和层析法

蛋白 G 是 G 群链球菌的细胞壁蛋白,可以与多种动物及人 IgG 的 Fc 段结合。不同动物的抗体与蛋白 G 的结合程度有所不同(表 5-3)。一般来说,蛋白 G 比蛋白 A 的亲和力强,但由于其与白蛋白有微弱的结合,所以在应用时不如蛋白 A 广泛。与蛋白 A 相似,蛋白 G 也仅适用于 IgG 类抗体的纯化。

以 Phamacia 公司的商品柱为例,用蛋白 G 亲和层析法纯化抗体的具体操作如下:

① 用离心、稀释、过滤等方法预处理抗体溶液。

② 用 0.02 mol/L pH 7.0 的磷酸缓冲液平衡亲和柱。

③ 上样。

④ 用 0.02 mol/L pH 7.0 的磷酸缓冲液洗到基线平稳。

⑤ 用 0.1 mol/L pH 2.7 的甘氨酸-HCl 缓冲液洗脱蛋白,分管收集并立刻用 1 mol/L pH 9.0 的 Tris-HCl 中和。

⑥ 用 0.02 mol/L pH 7.0 的磷酸缓冲液平衡,令柱子再生。

5.1.6 优球蛋白纯化法

这种方法适合于纯化 IgG3 和 IgM。其原理在于有些 IgM 类抗体属于优球蛋白(或称巨球蛋白),相对分子质量大,不溶于水,当其对蒸馏水透析时,便可以沉淀的形式从溶液中分离出来。这种方法对于 IgG3、IgM 的活性回收率为 100%;对 IgG3 的蛋白回收率可达 90% 以上,而 IgM 的蛋白回收率可达 40%~90%。

其具体操作步骤如下:

① 向预处理的腹水(或血清)中加入 NaCl,使其终浓度为 0.2 mol/L,然后再加入 $CaCl_2$,使其浓度达到 25 mmol/L,以除去纤维蛋白。

② 用 G_2 砂芯漏斗过滤,滤液对 100 倍 pH 5.5 的去离子水透析,室温(20℃)透析 2 h,或 4℃ 透析 8~15 h,中间换液一次。

③ 4℃,12 000 r/min 离心 10 min,弃上清液,将沉淀溶于 0.1 mol/L pH 8.0 的 Tris-HCl(含 1 mol/L NaCl),然后再重复一次上述透析过程。

④ 将沉淀的优球蛋白用 0.01 mol/L pH 7.4 的 PBS 缓冲液(含 1 mol/L NaCl)溶解,并调节浓度为 5~10 mg/mL,-20℃ 分管冻存。

5.1.7 凝胶过滤纯化法

这是一种将样品中分子大小不同的物质通过多孔凝胶介质加以分离的方法。其中多孔的凝胶介质通常是具有一定交联度的葡聚糖凝胶(商品名 Sephadex),聚丙烯酰胺葡萄糖凝胶(商品名 Sephacryl),聚丙烯酰胺凝胶(商品名 Bio-Gel),琼脂糖凝胶(商品名 Sepharose)等。一般交联度越大,凝胶的孔径就越小;反之越大。

当大小不同的分子进入凝胶柱后,小分子能进入凝胶颗粒的孔内,流经的路径长,后流出;而大分子因为不进入胶孔内,先流出。

葡聚糖凝胶是由多聚葡聚糖与环氧化氯丙烷通过交联反应制成的有孔颗粒状凝胶(结构见图 5-2),其中 G 型葡聚糖凝胶含有大量羟基,亲水性强,只能在水中溶胀,而有机溶剂含量较多时,会导致凝胶孔隙收缩;LH 型凝胶又称嗜脂性葡聚糖凝胶,是由羟丙基取代羟基后的交联葡聚糖凝胶,既可在水中溶胀,也可以在多数有机溶剂中溶胀。

聚丙烯酰胺葡萄糖凝胶是对葡聚糖凝胶的一种改进,以次甲基双丙烯酰胺将丙烯基葡萄糖交联在一起,形成具有良好机械性能的球形凝胶。与普通葡聚糖凝胶相比,这种介质可以承受更大的静水压力,分离速度快,分辨率高。

聚丙烯酰胺凝胶(结构见图 5-3)则完全是一种合成凝胶,它由单体丙烯酰胺形成线性高聚物,再借助次甲基双丙烯酰胺共聚反应构成网状结构。由于这种凝胶的主链完全由碳-碳键连接,化学性质稳定,可以在较宽的 pH 范围内应用。

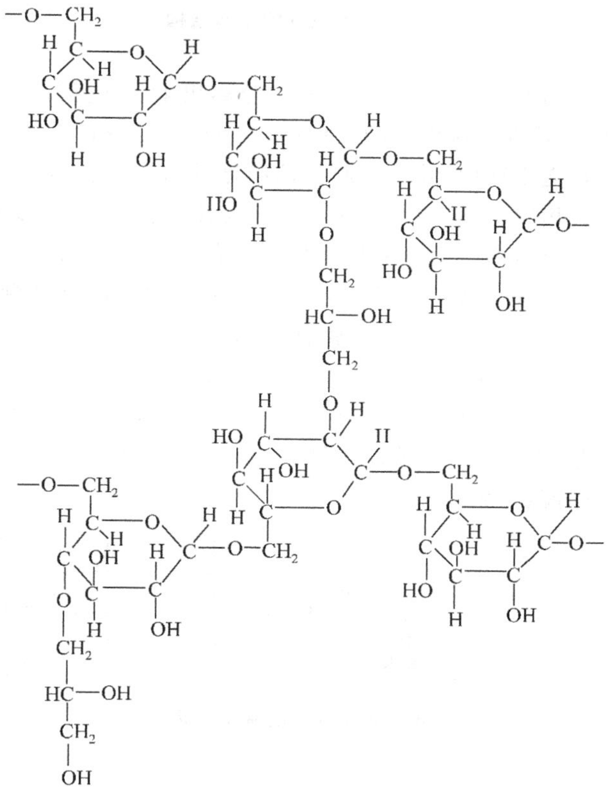

图 5-2 Sephadex 的基本结构

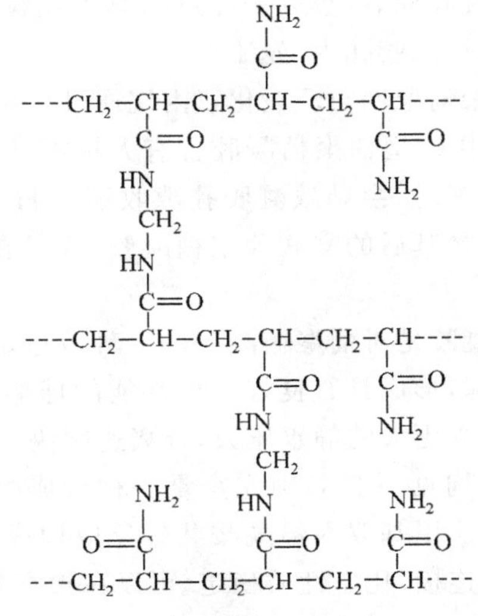

图 5-3　Bio-gel 的基本结构

琼脂糖凝胶(结构见图 5-4)是由琼脂中分离出来的天然凝胶,它是由 D-半乳糖和 3,6-脱水-L-半乳糖连接而成的多糖链,在 45℃ 以下时,糖链之间的次级氢键相互作用构成网状交联结构,并通过调整琼脂糖的浓度来控制网状结构的疏密程度。与葡聚糖凝胶相比,琼脂糖凝胶属于一种大孔凝胶,机械强度和筛孔的稳定性好,工作范围宽,其分离物质的下限几乎相当于葡聚糖凝胶的分离上限,而且介质本身不带电荷,非特异性吸附少。Sepharose 是瑞典用于琼脂糖凝胶的商品名,在应用上较为广泛,而美国的琼脂糖凝胶称作 Bio-gel A,丹麦则称为 Gelarose。其中 Sepharose 的琼脂糖含量一般为 2%、4%、6%;Bio-gel A 的琼脂糖含量为1%~10%。另外 Pharmacia 公司将琼脂糖经过两次交联所获得的新型凝胶称为 Superose,其含量分别为 6%、12%,它们的刚性及物理化学稳定性很好,对于高黏性液体也能保持较高的流速(表 5-4)。

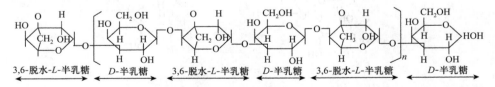

图 5-4　Sepharose 的基本结构示意

164

表 5-4　常用凝胶的分离范围

凝胶型号	球形蛋白的分离范围
Sephadex G-10	$<7\times10^2$
Sephadex G-15	$<1.5\times10^3$
Sephadex G-25	$1\times10^3\sim5\times10^3$
Sephadex G-50	$1.5\times10^3\sim3\times10^4$
Sephadex G-75	$3\times10^3\sim8\times10^4$
超细	$3\times10^3\sim7\times10^4$
Sephadex G-100	$4\times10^3\sim1.5\times10^5$
超细	$4\times10^3\sim1\times10^5$
Sephadex G-150	$5\times10^3\sim3\times10^5$
超细	$5\times10^3\sim1.5\times10^5$
Sephadex G-200	$5\times10^3\sim6\times10^5$
超细	$5\times10^3\sim2.5\times10^5$
Sephadex LH-20	$1\times10^2\sim4\times10^3$（乙醇） $1\times10^2\sim2\times10^3$（三氯甲烷）
Sephadex LH-60	$1\times10^2\sim1\times10^3$（水、甲醇） $1\times10^2\sim2\times10^4$（三氯甲烷）
Sephacryl S-100 HR	$1\times10^3\sim1\times10^5$
Sephacryl S-200 HR	$5\times10^3\sim2.5\times10^5$
Sephacryl S-300 HR	$1\times10^4\sim1.5\times10^6$
Sephacryl S-400 HR	$2\times10^4\sim8\times10^6$
Sepharose 2B	$7\times10^4\sim4\times10^7$
Sepharose CL-2B	$7\times10^4\sim4\times10^7$
Sepharose 4B	$6\times10^4\sim2\times10^7$
Sepharose CL-4B	$6\times10^4\sim2\times10^7$
Sepharose 6B	$1\times10^4\sim4\times10^6$
Sepharose CL-6B	$1\times10^4\sim4\times10^6$
Superose 6	$5\times10^3\sim5\times10^6$
Superose 12	$1\times10^3\sim3\times10^5$
Bio-Gel A-0.5m	$1\times10^4\sim5\times10^5$
Bio-Gel A-1.5m	$1\times10^4\sim1.5\times10^6$
Bio-Gel A-5m	$1\times10^4\sim5\times10^6$
Bio-Gel A-15m	$4\times10^4\sim1.5\times10^7$
Bio-Gel A-50m	$1\times10^5\sim5\times10^7$
Bio-Gel A-150m	$1\times10^6\sim1.5\times10^8$
Bio-Gel P-2	$1\times10^2\sim1.8\times10^3$
Bio-Gel P-4	$8\times10^2\sim4\times10^3$

续表

凝胶型号	球形蛋白的分离范围
Bio-Gel P-6	$1\times10^3\sim6\times10^3$
Bio-Gel P-10	$1.5\times10^3\sim2\times10^4$
Bio-Gel P-30	$2.5\times10^3\sim4\times10^4$
Bio-Gel P-60	$3\times10^3\sim6\times10^4$
Bio-Gel P-100	$5\times10^3\sim1\times10^4$

一般对于 IgG 类抗体而言,凝胶过滤法常用来脱盐或区分抗体的双体、四聚体和多聚体。而对于相对分子质量较大的 IgM 类抗体(尤其是一些非优球蛋白类的 IgM),凝胶过滤法是最合适的纯化方法。

下面就以 Sephadex G-200 纯化 IgM 为例,介绍一下凝胶过滤法纯化抗体的步骤:

① 经过过滤、离心或者二氧化硅吸附预处理的含抗体溶液以 45%饱和度硫酸铵沉淀,离心弃上清液,以少量 PBS 缓冲液重悬沉淀(处理后体积以凝胶柱体积的 1%~5%为宜)。

② 将 Sephadex G-200 装柱,并以 PBS 缓冲液平衡至基线稳定。

③ 加样,待样品基本进入柱内后,以 PBS 缓冲液洗脱。

④ 收集 A_{280} 处有吸收的第一个峰,即为 IgM。

⑤ 最终以 PEG 20 000 浓缩洗脱液,并对 PBS 缓冲液透析除盐,然后将 IgM 浓度调节为 5~10 mg/mL,分装后于−20℃冻存。

5.1.8 离子交换层析纯化法

这是一种根据电荷性的差异进行分子分离的方法,它可以使带电荷的抗体蛋白结合在带异种电荷的基质上,再通过改变洗脱液的盐浓度或 pH 改变蛋白与基质之间的结合力,使不同种类的抗体蛋白分别被洗脱下来。常用的离子交换层析方法有 Mono Q 柱纯化法,DEAE-Sephadex A-50 离子交换柱层析法,羟基磷灰石柱层析法(hydroxyapatite column chromatography,HAT)和 DEAE-纤维素(DEAE-cellulose)层析法等。就方法本身而言,离子交换层析技术十分成熟,但由于不同抗体具有不同的等电点,而且离子交换洗脱时涉及梯度洗脱或分段洗脱,所以对于利用离子交换层析纯化抗体,并没有一个通用的程序,目前很少单独采用这种方法进行抗体纯化,常常将其作为某些操作的附属步骤。

5.1.9 疏水层析纯化法

疏水层析纯化法是根据分子的疏水性差异进行分离纯化的方法。由于免疫球蛋白大多是疏水的,且不同抗体的疏水程度也不一样,所以在一般的情况下,疏水层析能够除去大多数宿主免疫球蛋白和其他杂质。常用于疏水层析的介质有Phenyl Superose 和 Alkyl Superose。但因为疏水层析的操作复杂,并无通用的程序可循(需要大量的条件摸索),柱再生困难,洗脱时要采用剧烈的洗脱条件等因素,目前较少采用这种方法进行抗体纯化。

5.1.10　高效液相层析纯化法

高效液相层析(high performance liquid chromatography, HPLC)的雏形来源于液相层析,由于采用了粒度小、传质快的填料,同时引入了高压泵及相应的检测器,使 HPLC 一跃成为目前非常重要的分离、纯化手段之一。其分离物质的原理基于被分离物质在固定相与流动相之间的分配、吸附不同,对于抗体等蛋白质大分子而言,蛋白质本身所特有的电荷差异、疏水性以及与特定抗原特异性结合的特点使液相中的离子交换层析、离子对层析、亲和层析、体积排阻凝胶层析以及疏水作用层析等分离模式均可用于蛋白质的分离、纯化。其根本的原理与上文的离子交换层析、疏水层析是一致的,但在速度和柱效上远远高于普通的层析模式。HPLC的缺点主要是仪器设备昂贵,不如上述的其他方法(辛酸-饱和硫酸铵法,亲和层析法)中的设施便宜、容易获取。

目前应用 HPLC 进行抗体纯化的商品柱很多,其中使用最广泛的是 GE 公司生产的 TSK DEAE-5PW 阴离子交换层析柱或 Mono Q 离子交换层析柱。它们都是基于蛋白质带电荷的性质来实现分离的。用 HPLC 进行抗体蛋白纯化的具体操作如下:

① 将抗体进行粗提纯(可以是正辛酸-饱和硫酸铵法,也可以是亲和层析)。

② 将抗体溶液对 0.02 mol/L pH 8.5 的 Tris-HCl 透析过夜。

③ 用加样阀将透析后的抗体溶液加入经 0.02 mol/L, pH 8.0 的 Tris-HCl 缓冲液平衡的 TSK DEAE-5PW 离子交换层析柱,洗脱流速 1 mL/min。采用线性梯度洗脱:0~1 min,0~5%,0.02 mol/L pH 8.5 Tris-HCl(含 2.0 mol/L NaCl)[在原洗脱液 Tris-HCl(不含 NaCl)基础上与 Tris-HCl(含 NaCl)按体积比组成梯度洗脱液];1~20 min,5%~20%,0.02 mol/L pH 8.5 Tris-HCl(含 2.0 mol/L NaCl);20~22 min,20%~0,0.02 mol/L pH 8.5 Tris-HCl(含 2.0 mol/L NaCl),并以 280 nm 的紫外吸收来监测洗脱情况。

HPLC 纯化抗体操作注意事项:

① 所用的缓冲液或者加样液均需用孔径为 0.22 μm 或者 0.45 μm 的滤膜过滤。

② 不同类或者亚类抗体的等电点可能不同,在柱子中的保留时间不同,出峰

的具体时间存在差异。

③ 在 TSK DEAE-5PW 离子交换层析柱上的实验条件可以直接放大,用于大容量常压层析介质 DEAE Sepharose 4FF 或 DEAE Sepharose 4HP 层析柱上。在 Mono Q 离子交换层析柱上的实验条件可以直接放大,用于大容量常压层析介质 Q Sepharose 4FF 或 Q Sepharose 4HP 层析柱上。

5.1.11　固定化金属亲和层析纯化法

固定化金属亲和层析纯化法(immobilized metal affinity chromatography, IMAC)是基因工程抗体纯化常用的方法,其原理是利用基因工程在设计时预先留有"标签"的特点,如 E-tag、His-tag 等。目前用得较多的是镍柱,它利用组氨酸的咪唑基能与二价金属 Ni^{2+} 发生螯合作用的特点,从而在表达载体的抗体基因插入位点后面设计 5～6 个组氨酸,使表达后的抗体只需要经过一步洗脱,便可得到纯化。一般的纯化又可分为变性 IMAC 与非变性 IMAC 两种,图 5-5 以 Ni^{2+} 为柱材,显示了变性、非变性 IMAC 纯化的过程。

彩图 5-5

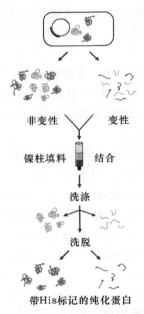

图 5-5　Ni-NTA 纯化蛋白示意
(彩图请扫描二维码)

由于变性纯化过程最终涉及复性过程,所以目前较为普遍的做法是将基因工程抗体设计成可溶性表达,最终无须破碎细菌,从而使用非变性条件下的纯化过程

168

即可,用 150 mmol/L 咪唑或低 pH 缓冲液洗脱。具体的操作可以参考"4.72　筛得噬菌体的扩增及纯化流程"。

5.2　抗体的保存

就抗体本身而言,严密的三维结构使其与其他蛋白相比具有抵御轻度变性条件的能力,存放、标记也相对较为容易。有研究表明,一定浓度的抗体溶液在严密封口防止挥发的条件下,能在 4℃ 中存放数月而不丧失活性;若在 −20℃ 冻存条件下,抗体的活性甚至可保持几十年。但作为一种蛋白质,抗体的活性或效价也常常会因为保存不当而逐渐下降甚至消失,所以抗体的保存对于抗体的应用至关重要。

抗体在存储过程中首先要防止细菌或真菌的污染。一般通过添加 0.02% 的叠氮钠或 0.01% 的硫柳汞来抑制微生物污染。硫柳汞作用于巯基酶,重金属离子与菌体中酶蛋白的巯基结合而使酶失去活性,从而抑制微生物的生长和繁殖。叠氮钠阻断细胞内的电子传递链,对许多生物有毒性。所以当使用叠氮钠时,要注意自我防护。叠氮钠会干扰抗体参与的一些氨基反应,影响标记抗体的偶联反应。如果纯化的抗体用于标记反应,慎用叠氮钠,可用硫柳汞防腐。另外有些时候,如用于体内实验等,叠氮钠和硫柳汞等防腐剂都是绝对不能添加的,此时应对抗体作无菌处理,通常采用过滤除菌法。对于很多情况而言,叠氮钠仍然是一种较好的防腐剂。

抗体存储的另一个关键因素是存储的温度,一般的原则是低温存储,忌反复冻融。处于生理性缓冲液(血清、腹水或培养上清液)中的抗体稳定性较好,能在 −20℃ 长期存储达数年而不丧失活性(腹水在 −70℃ 存储更好)。抗体解冻常常在 4℃ 下进行,使用过程中可以保存在 4℃,数月内活性不会受很大影响。

纯化后抗体存储的缓冲液通常要求 pH 在中性范围(7.0~8.0)内,而盐浓度则在 0~150 mmol/L 之间,一般建议以 PBS 或 50 mmol/L pH 8.0 的 Tris 溶液为存储缓冲液。而且抗体的浓度以 1~10 mg/mL 为宜,如果抗体的浓度较低,则用超滤等方法浓缩后存储,另外对于不进行标记的抗体蛋白,常常会加入 1% 的牛血清白蛋白作为稳定剂。

针对上述原则,实验室或研究机构对于抗体的保存通常采用如下三种方法:

① 液体保存:将抗体溶液经无菌处理后,加入 0.02% 叠氮钠或硫柳汞,可在 4℃ 存放半年至一年;也可以在加入防腐剂后再加入等体积的甘油[含 3%(m/V) $Na_2HPO_4 \cdot 12H_2O$],这样处理后的抗体可以在 4℃ 存放更久。

② 低温保存:将抗体溶液小包装分管冻存,避免反复冻融,于 −20℃ 或 −70℃ 可存放数年。

③ 冷冻干燥:适用于纯化后的抗体溶液,制成冻干粉后可于 4℃ 存放 4~5 年。

5.3 抗体的理化性质鉴定

5.3.1 蛋白含量的测定

对于一种纯化后的抗体溶液,使用或保存前需要对抗体蛋白的含量进行确定。一般而言,确定蛋白含量最精确的方法是凯氏定氮法,但它对测试设备及操作的要求比较高,所以实验室通常采用一些相对简单但又不失准确的方法进行蛋白含量的测定。

1. 紫外分光光度法

由于蛋白质分子中的苯丙氨酸、酪氨酸和色氨酸残基所带的苯环具有紫外吸收的性质,而且在其吸收峰值的波长(280 nm)处,溶液的蛋白含量与其光吸收值(A_{280})呈正比,所以利用紫外分光光度法可以对蛋白进行定量测定。

紫外分光光度法的标准操作是用经微量凯氏定氮法校正的蛋白质作为标准蛋白,测定其在不同浓度下的 A_{280},并根据结果作出标准曲线,然后测得未知样品的 A_{280},于标准曲线上查得相应浓度。

事实上,紫外分光光度法的经验公式应用更为广泛。通常将蛋白溶液作适当稀释,在 205、260 和 280 nm 处分别测出 A 值,然后用如下公式进行计算:

$$蛋白浓度(mg/mL) = 1.45A_{280} - 0.74A_{260} \tag{1}$$

$$蛋白浓度(mg/mL) = A_{205}/(27 + 120A_{280}/A_{205}) \tag{2}$$

其中,A_{205}、A_{260} 和 A_{280} 分别为 205、260 和 280 nm 波长下的光吸收值。

公式(1)主要是针对蛋白溶液中常混有核酸的特点。一般纯蛋白的光吸收比值(A_{280}/A_{260})约为 1.8,而纯核酸的相应比值约为 0.5。少量的核酸往往会对蛋白的定量造成很大的影响。而公式(1)主要是对不同含量核酸污染情况综合考虑后的一种粗略计算。公式(2)中 205 nm 处的吸收值大部分取决于肽键,有一部分是由蛋白所含的氨基酸决定的,所以用公式(2)也可以测定蛋白的含量,尤其是那些不含酪氨酸和色氨酸的蛋白。

运用公式(1),在测蛋白的紫外光谱时,还应注意 310～340 nm 之间是否存在吸收,一般蛋白质在这一区域没有吸收;如果在 310～340 nm 出现明显吸收,则主要是由光散射(因蛋白粒径大或发生聚集)造成的,此时应该用 Leach 和 Sheraga (1960)法对 280 和 260 nm 处的吸收值进行校正。校正的方法是以吸收值的对数和波长的对数作图,并从 310 nm 外推至 200 nm 左右,得出 280 和 260 nm 处因为光散射所造成的吸收值。经过校正以后的 A_{280} 和 A_{260} 仍可用于蛋白的定量分析。

一般紫外吸收值要求在 0.05～1.0 之间,当吸收值为 0.3 左右时,测量最精确。

对于抗体，有时候也可以直接用表 5-5 的经验值来估算含量：

表 5-5　1 mg/mL 蛋白对应的 A_{280}

蛋白质	A_{280}
IgG	1.35
IgM	1.2

应用紫外分光光度法测定溶液中蛋白含量的优点是迅速、简便，样品可以回收，而且低浓度的盐类不会造成干扰；缺点是蛋白样品中含有嘌呤、嘧啶等吸收紫外线的物质，或蛋白中酪氨酸、色氨酸含量与普通蛋白差异较大时，测定会存在误差。

2. 考马斯亮蓝染色法

利用考马斯亮蓝染色法（也称 Bradford 法）测定蛋白浓度也是实验室经常采用的一种方法，其原理在于蛋白与考马斯亮蓝 G-250 结合后，会使染料由红色转变成蓝色，最大光吸收波长由 465 nm 变成 595 nm，并且在一定蛋白浓度范围内，蛋白与考马斯亮蓝 G-250 的结合符合朗伯-比尔定律，所以通过测定 595 nm 处光吸收的增加量即可测得与考马斯亮蓝 G-250 结合的蛋白含量。

考马斯亮蓝染色法快速、灵敏，一般 2 min 可完成结合反应，产物的最大光吸收可稳定 1 h。该方法的灵敏度很高，标准法的检测范围为 10～100 μg 蛋白/mL，微量法的检测范围是 1～10 μg 蛋白/mL。普通的盐类，如 NaCl、KCl、$MgCl_2$、$(NH_4)_2SO_4$ 等，均不会造成干扰，强碱缓冲液、Tris、乙酸、2-巯基乙醇、蔗糖、甘油、EDTA 及微量的去污剂对反应会造成一定的颜色干扰。

考马斯亮蓝染色法的具体操作如下：

① 试剂配制：

考马斯亮蓝 G-250 试剂：考马斯亮蓝 G-250 100 mg 溶于 50 mL 95% 的乙醇中，加入 85% 磷酸 100 mL，以蒸馏水稀释至 1000 mL，并经滤纸过滤。

标准蛋白溶液：用适当的缓冲液配制 1 mg/mL（标准法）或 0.1 mg/mL（微量法）结晶牛血清白蛋白溶液，再从该溶液中取出 0、0.01、0.02、0.03……0.1 mL 液体，以同样的缓冲液定容到 0.1 mL，制成不同浓度的标准蛋白溶液。

② 在每份溶液中加入 5 mL（标准法）或 1 mL（微量法）考马斯亮蓝 G-250 试剂，摇匀。

③ 1 h 内测定 595 nm 处的光吸收值，以不同浓度的标准蛋白溶液的 A_{595} 为 y 轴，蛋白浓度为 x 轴作出标准曲线。

④ 稀释未知样品，按同样量加入考马斯亮蓝 G-250 试剂，测 A_{595}，从标准曲线上换算出未知样品相应的蛋白浓度。

3. Folin-酚试剂法

Folin-酚试剂法（也称 Lowry 法）是一种蛋白定量比较准确的方法，其原理是在碱性溶液中铜试剂与蛋白可形成铜-蛋白络合物，并进一步还原成深蓝色的磷钼酸-磷钨酸试剂，该产物在 745～750 nm 有最大吸收值，而且显色的深浅与蛋白的含量成正比，即根据750 nm 处的吸收值可以计算蛋白的含量，其灵敏度为 5～100 μg/mL。

Folin-酚试剂法的具体操作如下：

（1）溶液的配制：

① A 液：$CuSO_4 \cdot 5H_2O$ 0.5 g，酒石酸钾钠（$KNaC_4H_4O_6 \cdot 4H_2O$）1 g，加双蒸水至 100 mL，室温保存。

② B 液：碳酸钠 20 g，NaOH 4 g，加双蒸水至 1000 mL，室温保存。

③ C 液：1 mL A 液＋50 mL B 液。

④ D 液：10 mL Folin-酚试剂与 10 mL 双蒸水混合。

（2）检测：

① 配制系列浓度的标准蛋白溶液。

② 将 2.5 mL C 液与 0.5 mL 蛋白溶液混合，室温下放置 5～10 min。

③ 加入 0.25 mL D 液，混匀，20～30 min 后测定 A_{750}，并以 A_{750} 对标准蛋白浓度作图，得出标准曲线。

④ 按同样的方法处理未知样品，根据所测得的待测样的 A_{750}，在标准曲线上换算出相应的蛋白浓度。

4. 二喹啉甲酸检测法

二喹啉甲酸（bicinchoninic acid，BCA）检测法是一种改进的 Lowry 法，与 Lowry 法相比，这种方法的干扰物少，反应产物稳定，但反应时间较长。其原理主要是蛋白分子中的肽键能在碱性溶液中与 Cu^{2+} 形成络合物，并进一步将 Cu^{2+} 还原成 Cu^+，从而使 BCA 试剂与 Cu^+ 生成有颜色的物质，这种有色复合物在 562 nm 处有最大吸收，且吸收值 A_{562} 与蛋白含量成正比，因此通过测量 A_{562} 就可以计算溶液中的蛋白含量。

该法的具体步骤如下：

（1）相关溶液配制：

① A 液：BCA 10 g，$Na_2CO_3 \cdot H_2O$ 20 g，酒石酸钾钠（$KNaC_4H_4O_6 \cdot 4H_2O$）1.6 g，NaOH 4 g，$NaHCO_3$ 9.5 g，加水至 1000 mL，并调 pH 11.25。

② B 液：$CuSO_4 \cdot 5H_2O$ 2 g，加双蒸水至 50 mL。

（注：A、B 液在室温下可稳定保存 1 年，且均有商品化试剂出售。）

③ 标准工作试剂：50 份 A 液与 1 份 B 液混合，可稳定放置一周。

（2）检测：

① 配制系列浓度的标准蛋白溶液。

② 以 1∶20（蛋白溶液体积∶标准工作试剂体积）比例将蛋白溶液与标准工作试剂混合，室温反应 2 h 或 37℃反应 30 min。

③ 室温下测量 A_{562}，做出 A_{562} 对蛋白浓度的标准曲线。

④ 以相同方法处理未知样品，从标准曲线上获取相应蛋白浓度。

几种蛋白质检测和定量方法总结见表 5-6。

表 5-6　常用蛋白质检测和定量方法比较

检测方法	检测波长/nm	检测范围	反应机制	附注
考马斯亮蓝染色法（Bradford 法）	595	1 mg/L～100 mg/L	与蛋白四级结构或特殊氨基酸结合，颜色由红色转变为蓝色	不同蛋白之间差异大，不能与去污剂共存，检测快速
BCA 法	562	0.5 mg/L～1.2 g/L	碱性条件下蛋白将 Cu^{2+} 还原成 Cu^+，并与 BCA 形成紫色的螯合物	体系中不能存在还原剂
Folin-酚法（Lowry 法）	750	5～100 μg/mL	碱性条件下蛋白将 Cu^{2+} 还原成 Cu^+，并与双缩脲形成螯合物，由 Folin-酚试剂增强蓝色结果	过程复杂，操作多，体系中应避免去污剂和还原剂
紫外分光光度法	205/280/260	10～50 mg/L 或 50 mg/L～2 g/L	蛋白中的色氨酸和酪氨酸具有紫外吸收的性质	灵敏度与蛋白中的芳香族氨基酸数量有关，核酸含量多时影响测定结果，对蛋白不具有破坏性，样品可回收

5.3.2　相对分子质量及纯度测定

测定蛋白相对分子质量的方法有葡聚糖凝胶薄层层析法、凝胶过滤层析法、十二烷基硫酸钠–聚丙烯酰胺凝胶电泳法（SDS-polyacrylamide gel electrophoresis，SDS-PAGE）、质谱分析法等。这些方法也适用于纯化后抗体的纯度及相对分子质量的测定，质谱测定的相对分子质量结果最准，误差为1（图5-6），SDS-PAGE检测用得比较广泛。

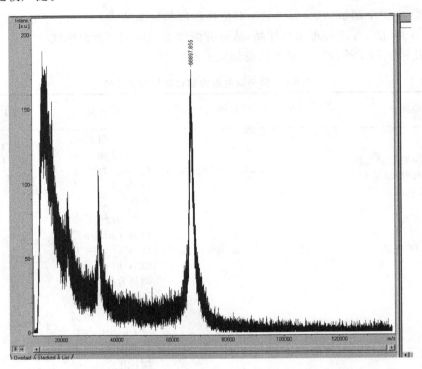

图 5-6　用飞行时间质谱测定一种蛋白质的相对分子质量为 66 897.855
（北京大学冯仁青实验室提供）

聚丙烯酰胺凝胶是网状结构，具有分子筛效应，以其为支持介质的电泳分为非变性聚丙烯酰胺凝胶电泳（native-PAGE）和变性聚丙烯酰胺凝胶电泳（也称 SDS-PAGE）两种形式。在非变性条件下，蛋白质在电泳中保持完整的状态，蛋白的分离由三种因素控制：蛋白大小、形状和电荷。而 SDS-PAGE 则不同，它仅根据蛋白亚基的相对分子质量不同分离蛋白。这个技术于 1967 年由 Shapiro 建立，他们发现在样品介质和聚丙烯酰胺凝胶中加入离子去污剂和强还原剂后，蛋白亚基的电泳迁移率主要取决于亚基相对分子质量的大小，电荷因素可以忽略。SDS 是一种阴离子去污剂（图 5-7），作为变性剂和助溶试剂，可与蛋白结合，它能断裂分子内和分子间的氢键，从而使分子去折叠，破坏蛋白分子的二、三级结构，使蛋白变性并带上大量负电荷,1 g 蛋白大约可以结合 1.4 g 十二烷基硫酸钠。而强还原剂如巯基乙醇、二硫苏糖醇的引入,使半胱氨酸残基间的二硫键断裂,于是蛋白分子在这两种物质的作用下,最终被解聚成多肽链,解聚后的氨基酸侧链和 SDS 结合成蛋白-SDS 胶束,所带的负电荷大大超过了蛋白原有的电荷量,消除了不同分子间的电荷差异和结构差异。在这种情况下,在电泳中的泳动速度只与相对分子质量的大小有关。所以,SDS-PAGE 可用于测定蛋白的相对分子质量,可以根据蛋白分子大小不同分离蛋白。SDS-PAGE 一般采用较多的是不连续缓冲系统,具有较高的分辨率,通常以考马斯亮蓝染色(灵敏度为 $0.1\sim0.5\ \mu\mathrm{g}/$带)或银染色($1\sim10\ \mu\mathrm{g}/$带)。

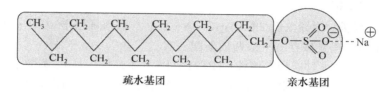

疏水基团　　　　　　　亲水基团

图 5-7　十二烷基硫酸钠(SDS)的分子结构

蛋白的相对迁移率 M_R 可根据下式计算:

$$相对迁移率\ M_R = \frac{蛋白样品距加样端的迁移距离(cm)}{溴酚蓝前沿距加样端距离(cm)}$$

然后以标准蛋白的相对迁移率为横坐标,标准蛋白相对分子质量的对数值为纵坐标,作出标准曲线(图 5-8),即可根据未知蛋白样的相对迁移率得出其相对分子质量。

1. 细胞色素
2. 肌球蛋白
3. γ-球蛋白（轻链）
4. 碳酸酐酶
5. 卵白蛋白
6. γ-球蛋白（重链）
7. 人转铁蛋白

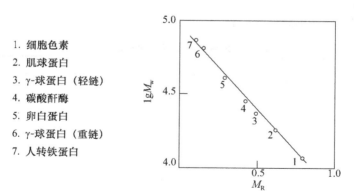

图 5-8　标准蛋白的相对迁移率和相对分子质量的标准曲线

不连续 SDS-PAGE 的具体操作过程详见"6.13　免疫印迹"。

5.3.3　等电点的测定

蛋白等电点是其作为两性电解质的一个重要性质,对于了解蛋白样品的溶解性及其在溶液中的电荷状态具有现实的指导意义。等电聚焦电泳(isoelectric focusing electrophoresis,IEF)一般以聚丙烯酰胺凝胶为支持物,加入终浓度为1%~3%的两性电解质载体(脂肪族多氨基多羧酸的混合物),用来分离蛋白并测定其等电点(isoelectric point,pI)。

等电聚焦的具体操作如下:

(1) 配制试剂。

① 凝胶储液:丙烯酰胺 29.10 g,N,N'-亚甲基双丙烯酰胺 0.90 g,加蒸馏水到 1000 mL,4℃避光保存。一般两周新配一次。

② 10%(m/V) 过硫酸铵溶液(APS):APS 0.1 g 溶于 1 mL 蒸馏水中。

③ 10%(V/V)TEMED:TEMED 1.0 mL 溶于 9.0 mL 蒸馏水中。

④ 电极缓冲液(pH 3.5~9.5):

阳极缓冲液:天冬氨酸 0.33 g,谷氨酸 0.37 g,加蒸馏水到 100 mL;

阴极缓冲液:乙二胺 13.2 mL,精氨酸 0.44 g,赖氨酸 0.40 g,加蒸馏水至 100 mL。

⑤ 固定液:甲醇 350 mL,三氯乙酸 130 g,磺基水杨酸 35 g,加蒸馏水至 1000 mL。

⑥ 染色液:考马斯亮蓝 R-250 1.5 g,乙醇 105 mL,乙酸 30 mL,加蒸馏水到 300 mL。

⑦ 脱色液:乙醇 350 mL,乙酸 100 mL,加蒸馏水到 1000 mL,现配现用。

⑧ 保存液:甘油 5 mL,乙醇 175 mL,乙酸 50 mL,加蒸馏水到 500 mL。

(2) 制备凝胶。

根据需要制备不同厚度的胶,参见表 5-7。

表 5-7　聚丙烯酰胺等电聚焦的胶配方

胶厚度/mm	0.1	0.2	0.3	0.4	0.5
胶储液/mL	1.25	2.5	3.75	5.0	6.25
两性电解质/mL	0.38	2.5	3.75	5.0	6.25
蒸馏水/mL	3.3	6.7	9.9	3.4	16.7
10%APS/μL	25	50	75	100	125
10%TEMED/μL	20	50	75	100	125
胶溶液总体积/mL	5	10	15	20	25

(3) 样品准备。

一般要求离子浓度小于 50 mmol/L,如果样品易沉淀,最好将含 4~5 μg 蛋白的溶液与样品处理液(8% 两性电解质,40% 甘油,甲基红少量,4% Tween-80)以3:1混合。

176

（4）上样。

理论上整个 pH 梯度上均可以加样，一般样品常常加在距离阴极 10 mm 处；可以把大分子蛋白加在等电点附近，但应避免加在等电点上。常用的加样工具是加样箔和加样纸片。

（5）等电聚焦电泳。

将恒温仪设置在 10℃，实验前将胶片放在冷却板中央预冷 15 min，用电极缓冲液润湿电极条后放在胶上。可以先进行预电泳（如果只用一半胶，电流和功率需减少一半），表 5-8 列出了典型的电泳条件。

表 5-8　pH 3.5～9.5 电泳条件

胶厚度/mm		0.1	0.2	0.3	0.4	0.5
预电泳	电压/V	300	300	300	300	300
	电流/mA	10	10	10	10	10
	功率/W	10	10	15	15	15
	时间/min	10	20	20	20	20
聚焦	电压/V	3500	3500	3500	3500	3500
	电流/mA	50	50	50	50	50
	功率/W	15	15	20	20	20
	时间/min	45	60	60	60	60
总时间/min		55	80	80	80	80

（6）考马斯亮蓝染色。

（7）计算蛋白的等电点：

利用等电点标准做出工作曲线，然后在线上读出未知蛋白的等电点。

5.3.4　亲和力的测定

亲和力是指抗体与抗原的结合强度，其具体定义为

$$K_{aff} = \frac{[AbAg]}{[Ab][Ag]} \tag{1}$$

其中，K_{aff} 为抗原与抗体的亲和常数（结合、解离的平衡常数），$[AbAg]$ 为抗原-抗体复合物的浓度，$[Ab]$ 为游离抗体的浓度，$[Ag]$ 为溶液中游离抗原的浓度。

若将（1）式变换：

$$K_{aff} = \frac{[AbAg]/[Ab]_{总}}{\dfrac{[Ab]}{[Ab]_{总}}[Ag]} \tag{2}$$

其中 $[Ab]_{总}$ 为抗体的总浓度（游离的和结合的抗体之和）。

若以 r 代表 $[AbAg]/[Ab]_{总}$，即与抗原结合的抗体比例，c 表示 $[Ag]$，n 表示

抗体能与抗原结合的位点数,或每摩尔抗体分子最多可结合的抗原的量。则(2)式可以转换成

$$K_{aff} = \frac{r}{(n-r)c} \tag{3}$$

再进一步变换,即成 Scatchard 方程式:

$$r/c = nK_{aff} - rK_{aff} \tag{4}$$

注意亲和力与亲合力的区别。亲和力为一个抗原表位与单价抗体结合的能力,用 K_{aff} 表示(L/mol),数值越大表示亲和力越大,可高达 10^{12} L/mol。室温时,大部分抗原-抗体相互作用可于 1 h 内达到平衡,但在 4℃ 时却要较长时间(往往需要过夜反应)才能达到平衡。亲合力是一个抗体分子与整个抗原之间的结合强度。低亲和力的抗体也许不适合进行免疫沉淀,但往往可以于免疫组织化学实验中得到很好的结果,这正是由于其高亲合力。然而与蛋白的低亲和力交叉反应也可在免疫组织化学技术中造成许多麻烦。

目前测定抗体亲和力的方法比较多,有平衡透析法(Scatchard 分析)、竞争结合法、非竞争 ELISA、硫氰酸盐洗脱法及表面等离子体共振法等。

1. 平衡透析法

该法适宜于抗体与半抗原之间亲和力的测定。通常将少量抗体装入透析袋中,对已知浓度的半抗原透析,当透析平衡时,透析袋内外的游离半抗原浓度相同,总抗原浓度的减少源于与抗体结合的抗原。这时,若已知抗体的浓度,就可以得出每摩尔抗体分子平均结合的半抗原物质的量[即公式(4)中的 r]和游离的半抗原的浓度 c。然后变换半抗原的浓度,进行一系列透析试验,分别得出一系列的 r 值和 c 值,以 r/c 对 r 作图,所得直线的斜率即为抗体的亲和常数。

2. 竞争结合法

对(1)进行变换,

$$K_{aff} = \frac{[AbAg]}{[Ab]([Ag]_{总} - [AbAg])} \tag{5}$$

其中 $[Ag]_{总}$ 是抗原结合位点的总浓度。若抗原浓度保持恒定,使抗体浓度作相应变化,则当 $1/2[Ag]_{总} = [AbAg]$ 时,$K_{aff} = 1/[Ab]$,即此时抗体浓度的倒数就是亲和常数。

根据上述推论,固定抗原的量,加入少量的标记抗体(FITC 或者其他标记)和梯度稀释的未标记抗体,通过两种抗体的竞争反应,最终以结合标记抗体百分数的对数为纵坐标,未标记抗体量的负对数为横坐标作图,在标记抗体 50%(纵坐标为1.7)结合时的相应未标记抗体的浓度的倒数即为亲和常数。

3. 非竞争 ELISA

1987 年,Beatty 和 Vlahos 提出一系列抗体结合性质的假设,通过数学推导得

出抗体的亲和常数也可以用非竞争酶联免疫分析法测定。

$$K_{\text{aff}} = \frac{n-1}{2(n[\text{Ab}']_{\text{t}} - [\text{Ab}]_{\text{t}})}$$

其中 $n = [\text{Ag}]_{\text{t}}/[\text{Ag}']_{\text{t}}$，$[\text{Ag}]_{\text{t}}$ 和 $[\text{Ag}']_{\text{t}}$ 是包被在孔底的不同抗原浓度，而 $[\text{Ab}]_{\text{t}}$ 和 $[\text{Ab}']_{\text{t}}$ 是对应不同抗原浓度包被下，梯度稀释抗体所能获得最大吸光值一半时的抗体浓度。具体操作是将抗原作 2 倍系列稀释包被，然后加入梯度稀释的抗体得出如图 5-9 曲线：

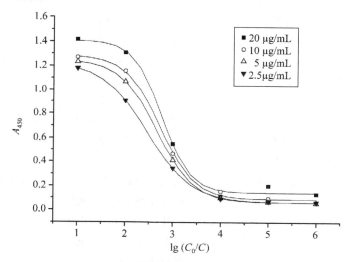

彩图 5-9

图 5-9　以非竞争 ELISA 测定亲和常数

图中 C_0 为抗体的初始浓度，C 为抗体稀释后的浓度，然后根据公式任选两条曲线即可计算。

彩图请扫描二维码

4. 硫氰酸盐洗脱法

由于硫氰酸盐(thiocyanate)是一种能够使抗体、抗原之间的非共价结合作用减弱的试剂，所以使用 ELISA 或其他形式的免疫反应时，加入浓度依次升高的硫氰酸盐，使抗原、抗体的结合发生解离，当抗原、抗体的结合下降 50% 时的硫氰酸盐浓度即为亲和常数的一种量度，也称这种量度为相对亲和力。一些抗体工程技术制备的抗体经常采用这种方法进行亲和力的测定。

5. 表面等离子体共振法

表面等离子体共振法(surface plasmon resonance，SPR)主要利用了由 Pharmacia Biotech 公司开发的 Biocore 技术，这种技术以表面等离子体共振的光学现象为基础，检测生物分子之间的相互作用。

在物理光学中，当一束光线从光密介质射入光疏介质时，入射光会在两种介质的界面处分成反射光和折射光两部分,如果减小入射光的入射角,则在一个临界点会产生全反射现象,即折射光完全消失,只留下反射光,且反射光的能量与入射光一致。进一步的研究表明,此时入射光并不是完全不能进入光疏介质,而是以电磁波的形式逐渐渗入光疏介质,并随渗入深度的增加呈指数衰减,这一电磁波称为消失波,其渗入深度约为 $100\sim300\ nm$。如果光疏介质对消失波没有吸收或散射,则全内反射的光能量并不会损失,但当光疏介质为金、银薄膜时,消失波将导致金属的自由电子振荡,其振荡电荷将以矢量形式沿表面运动,形成等离子体。这时,入射光通过入射角或波长 λ 的调节,使其在界面产生一个平行于界面且光波矢量与等离子体矢量相当的平行分量,造成等离子体与平行光波矢量发生共振——表面等离子体共振。出现表面等离子体共振时,能量从入射光传递到等离子体,反射光消失。

将 SPR 用于生物分子间的相互作用,主要是利用作为激发自由电荷出现等离子体运动的消失波会受到其渗入介质(光疏介质)折射率影响的原理,当金属薄膜及其表面液体折射率发生变化时,入射光将重新改变入射角来重新达到表面等离子体共振的现象。即入射光的入射角度与金属表面液体的折射率状况直接相关,而这也就是 SPR 能探测生物分子之间相互作用的原理。

一般 Biocore 系统中的金属薄膜厚度为 50 nm 左右,消失波可以透过薄膜达到表层。实际应用时,常将相互作用的一对分子中的一个先固定在金属薄膜表面,制成生物芯片。然后利用集成微射流卡盘 IFC(integrated micro-fluidies cartridge)将样品或缓冲液输送到生物芯片上,随时监测样品与固定分子之间的相互作用情况。它对于亲和力的测定主要分别从一系列 Biocore 相应曲线上得出抗原、抗体的结合速率常数 K_a 和解离常数 K_d,然后依据 $K_{aff}=K_a/K_d$ 得出亲和常数(图 5-10)。

彩图 5-10

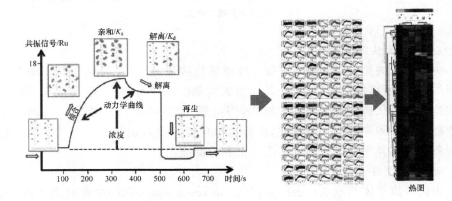

图 5-10 **SPR(表面等离子共振)技术**,实时检测分子间相互作用数据,

输出亲和/解离曲线、参数及热图

(彩图请扫描二维码)

5.4　抗体的标记

　　显微镜的出现为人们研究细胞提供了方便，而抗体事实上也是人们借以研究抗原的一种重要工具。在现实应用中，常常利用抗体能与抗原特异性结合的能力去探测、指示环境或人体试样中相应抗原（污染物、病原等）的存在与否。但是除了基因工程抗体之外，传统意义上的抗体（单克隆抗体、多克隆抗体）本身并不带有任何标记，一般无法指示抗原、抗体的反应结果。所以为了使抗体更加具备实用性，对抗体进行相应的标记是必不可少的。比较常见的标记物主要有放射性同位素（如^{125}I）、荧光素、酶、生物素和胶体金等，最近用 DNA 标记抗体的应用报告不断出现。

5.4.1　放射性同位素标记技术

　　用于标记抗体的放射性同位素主要是^{125}I，因为^{125}I 衰变时可发出易于检测的低能 γ 和 α 射线，而且^{125}I 的半衰期为 60 天，适于实验室的应用。将碘标记抗体的方法很多，常用的是氯胺 T（N-氯代苯磺胺）法和 Indogen 包被试管法。它们都是借助强氧化剂将碘化钠（NaI）中的碘离子氧化成碘分子，使产生的自由碘分子与蛋白中的酪氨酸残基（少量的组氨酸残基）发生卤化反应。

　　同位素标记抗体的具体操作如下（以氯胺 T 法为例）：

　　① 将 0.5 mol/L pH 7.5 的磷酸缓冲液 15 μL 与抗体溶液 10 μL 混合。

　　② 加入 Na^{125}I 1.85×10^7 Bq，混匀。

　　③ 加入 2 g/L 氯胺 T 溶液 25 μL，混匀。

　　④ 室温下放置 1 min。

　　⑤ 加入 50 μL 反应终止液（含 2.4 g/L 偏重亚硫酸，10 g/L 酪氨酸，10% 甘油，1 g/L 二甲苯胺的 PBS 缓冲液），用大量的酪氨酸结合过量游离的 Na^{125}I。

　　⑥ 过凝胶层析柱分离碘化抗体与碘化酪氨酸。

　　⑦ 将碘化抗体装入放射性核素保护管内，4℃保存。

　　用同位素标记抗体进行免疫分析具有很高的灵敏度，在免疫微量分析中发挥重要的作用。美国医学物理学家 Rosalyn Sussman Yalow 因为开发多肽类激素的放射免疫分析法获得 1977 年诺贝尔生理学或医学奖。鉴于同位素对人体存在潜在的危害，使用放射性同位素的实验要严格按照相关规定进行操作，操作人员必须经过严格的训练，才能获得相应的资格证书，并且^{125}I 标记物还有半衰期短等因素的限制，在环保意识日益增强的今天，同位素标记抗体应用渐少。

5.4.2 荧光素标记技术

荧光素是一种能够吸收激发光的能量产生荧光,并能作为染料使用的有机化合物。用于抗体标记的荧光素应具备能与蛋白质分子形成稳定的共价键结合的化学基团,荧光效率高,标记抗体后不影响抗原、抗体的结合反应,标记方法简便,游离的荧光素易与标记后的抗体分离等特点。目前用于标记抗体的荧光素主要有异硫氰酸荧光素(fluorescein isothiocyanate,FITC)、四甲基异硫氰酸罗丹明(tetramethyl rhodamine isothiocyanate,TMRITC)、藻红蛋白(phycoerythrin,PE)等。

FITC 的分子式如图 5-11 所示。

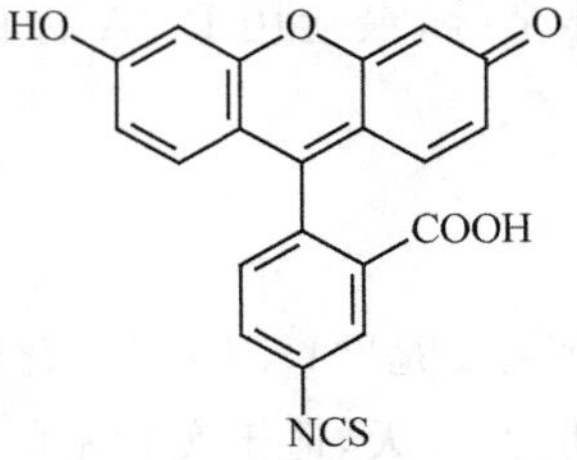

图 5-11 FITC 的结构

FITC 最大吸收光谱在 490 nm 处,而最大激发光谱在 520 nm 左右,所发出的荧光为黄绿色。用 FITC 标记抗体,使抗体具备荧光信号,再结合分离技术,便可进行荧光免疫分析。FITC 与抗体蛋白的连接反应原理如下:

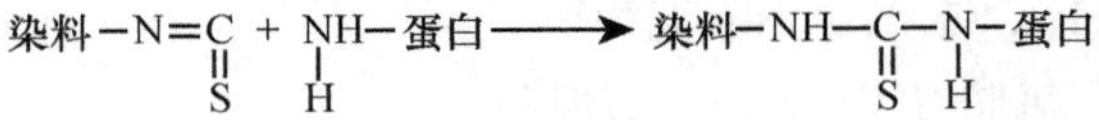

$$染料—N=C + NH—蛋白 \longrightarrow 染料—NH—C—N—蛋白$$
$$\qquad\quad \overset{\|}{S}\quad\ \overset{|}{H}\qquad\qquad\qquad\qquad\qquad \overset{\|}{S}\ \overset{|}{H}$$

关于抗体与 FITC 的偶联反应,一般要求 pH 为 9~9.5,抗体蛋白的含量应在 10~40 mg/mL,而 FITC 的量则取决于所期望达到的 FITC/抗体的摩尔比,根据经验所得的两者的关系见表 5-9:

表 5-9 FITC 标记的用量

所期望的 FITC/抗体(摩尔比)	1.0	1.5	2.0	2.5	3.0	3.5	4.0	4.5	5.0
每克蛋白应加的 FITC/mg	4	6	8	11	14	18	21	25	29

通常在 25℃ 的条件下,偶联反应 30~60 min 即可完成 FITC 标记;4℃ 则需要 12 h。标记的具体过程如下:

① 用 0.05 mol/L pH 9.0~9.5 的碳酸盐缓冲液制备浓度为 1 mg/mL 的 FITC 溶液。

②　将 10 mg/mL 抗体溶液对碳酸盐缓冲液(0.05 mol/L,pH 9.0~9.5)透析过夜。

③　搅拌下,缓慢滴加一定体积的 FITC 溶液[可按表 5-9 计算,也可直接以抗体:FITC(m/m)=100∶1 进行],此时应注意控制溶液的 pH,若发现 pH 低于9.0,应立刻用 0.1 mol/L NaOH 调节。

④　室温,避光搅拌下持续反应 2~4 h。

⑤　将标记液用 PBS 缓冲液透析 4~8 h。

⑥　以 Sephadex G-25 层析柱提纯标记物,除去过量 FITC 后,置于 4℃保存。

一般标记后,仍应对具体的 FITC 标记率进行测量,根据溶液的紫外吸收值并利用如下公式计算:

$$F/P=\frac{\dfrac{A_{493}}{73\,000}}{\dfrac{(A_{280}-0.35A_{493})}{1.4M_{p}}}$$

其中 F/P 为 FITC 与抗体蛋白的摩尔比,A_{493} 为标记物在 493 nm 的吸收值,A_{280} 为标记物在 280 nm 处的吸收值,73 000 为荧光素基团在 493 nm 的摩尔吸光系数,M_{p} 为抗体的相对分子质量。

5.4.3　酶标记技术

常用于抗体标记的酶主要有辣根过氧化物酶(horseradish peroxidase,HRP)和碱性磷酸酶(alkaline phosphatase,AP)。

辣根过氧化物酶是从辣根植物中提取得到的过氧化物酶,它由酶蛋白(糖蛋白)和辅基(正铁血红素Ⅸ)结合而成,能催化过氧化物(如 H_2O_2)参与的氧化反应。反应过程中释放的氧将无色的供氢体[如邻苯二胺(OPD)、四甲基联苯胺(TMB)]氧化成有色的产物(实质上是酶分子将供氢体中的氢转移给 H_2O_2)。抗体与酶通过化学方法偶联起来,使抗原-抗体反应的特异性和酶催化底物反应的高效性有机结合起来。这样抗原-抗体反应可以通过酶催化的显色反应产物来体现,若生成的产物是可溶的,则可用酶标仪定量分析;若生成的产物为不溶性沉淀物,则可用光学显微镜或目视进行定位研究。

碱性磷酸酶主要存在于动物组织和微生物细胞中,它可以水解各种磷酸酯,生成醇、酚和胺类。碱性磷酸酶的全称为"碱性磷酸单酯磷酸水解酶(orthophosphoric monoester phosphohydrolase)"。其作用机理是 AP 作用于底物,形成磷酰基-酶的中间产物,再进一步将磷酰基转变为无机磷(P_i)。底物一般为对硝基磷酸盐(p-niteophentl phosphate,PNPP)。

抗体与酶偶联的方法很多,目前较为常用的是戊二醛法和改良的过碘酸钠法。

1. 戊二醛法(以辣根过氧化物酶为例)

戊二醛(glutaraldehyde,GA)是一种同型双功能偶联剂,它一般以两个活泼的醛基与碱性氨基酸的氨基(如赖氨酸的 ε 氨基)形成希夫碱(Schiff's base)或迈克尔加成复合物(Michael type),也可以与半胱氨酸的巯基、酪氨酸的苯酚基和组氨酸的咪唑基发生交联。抗体和辣根过氧化物酶或碱性磷酸酶都是富含上述基团的生物分子,所以可以通过 GA 将两者偶联起来。

用作偶联剂的 GA 通常要求外观无色,A_{235}/A_{280} 值小于 3,以保证试剂中自身聚合的 GA 较少。根据偶联反应中酶与抗体反应的顺序,GA 法可以分为一步法和二步法。

(1) 一步法。

一步法操作较为简单,只需将一定量的抗体与酶[一般为酶/抗体$(m/m)=2/1$]混合在 1 mL 0.1 mol/L pH 6.8 的磷酸缓冲液中,然后加入 1% 的 GA 0.05 mL。室温反应 2～3 h 后,加入过量的赖氨酸(终浓度 1 mol/L)封闭 GA 的多余反应位点,最后用透析、过滤等方法除去过量的 GA,即得到酶标记物。

一步法的问题在于反应不易控制,经常出现某一反应物发生大量自身聚合的情况,导致偶联效果差。

(2) 二步法。

针对一步法的缺点,二步法首先将偶联剂与抗体或酶进行反应,待除去多余的偶联剂后,再与另一种物质反应。这样使偶联的效率大为提高(从一步法的 6%～7% 提高到 10%～15%),同时减少了自身聚合物的产生。其具体的操作步骤如下:

① 将 GA 以 0.2 mL 100 μmol/L pH 6.8 的磷酸溶液稀释至终浓度为 0.15 mol/L。

② 将 HRP 10 mg 溶于 0.2 mL 上述 GA 溶液中,室温下搅拌反应 18 h。

③ 对 PBS 缓冲液透析过夜,过 Sephadex G-25 凝胶柱,并收集流出的棕色液体,浓缩至 1 mL。

④ 将抗体 5 mg 溶于 1 mL PBS 缓冲液,加入上述液体中,并加入 1.0 mol/L pH 9.6 的碳酸缓冲液 0.1 mL。

⑤ 4℃反应 24 h,然后加入 1 mol/L pH 7.0 的赖氨酸溶液 1 mL,继续 4℃反应 2 h。

⑥ 对 PBS 缓冲液 4℃透析过夜。

⑦ 过 Sephadex G-200 层析柱,分管收集,将 A_{280} 的第一峰收集,-20℃冻存。

2. 改良的过碘酸钠法

这是一种偶联酶和糖蛋白的有效方法,由 Wilson 和 Nakane 对传统的过碘酸钠法改良而成。其原理一般认为是过碘酸钠(NaIO₄)氧化 HRP 的糖基环,使糖环断裂成醛基或羧基,然后由这些活化后的基团与抗体中的游离氨基完成偶联反应。与 GA 法相比,改良的过碘酸钠法的偶联效率提高了 3～4 倍。

改良过碘酸钠法的具体操作步骤如下:

① 将抗体溶液(浓度≥1 mg/mL)对 0.1 mol/L pH 6.8 的磷酸缓冲液透析过夜。

② 将 HRP 10 mg 溶于 1 mL 0.1 mol/L pH 9.2 的碳酸盐缓冲液,取 0.25 mL 加入 0.25 mL 新配制的 $NaIO_4$ 溶液中,加盖混匀,室温下避光反应 2 h。

③ 加入透析后的抗体溶液 1 mL,混匀后加入一端装有玻璃棉的小柱中,柱下端以封口膜封住,并加入 Sephadex G-25 0.25 g,室温下避光反应 3 h。

④ 柱子用 0.75 mL 缓冲液淋洗,得到洗脱偶联物,然后将 38 μL 新配制的 5 mg/mL $NaBH_4$(以 0.1 mmol/L NaOH 配制)加入洗脱偶联物中,室温下避光反应 30 min。

⑤ 再加入新配制 $NaBH_4$ 112 μL,避光反应 60 min,加入饱和硫酸铵溶液 0.9 mL,4℃搅拌反应 30 min。

⑥ 4℃,12 000 r/min,离心 15 min,弃上清液,沉淀溶于 TEN 缓冲液中,于 4℃对 TEN 缓冲液透析过夜。

⑦ 加等体积甘油,−20℃保存。

5.4.4 生物素标记技术

生物素(biotin)也称辅酶 R 或维生素 H,是生物体内许多羧化酶的辅酶,其化学结构(图 5-12)为尿素和噻吩相结合的骈环,同时带有戊酸侧链。

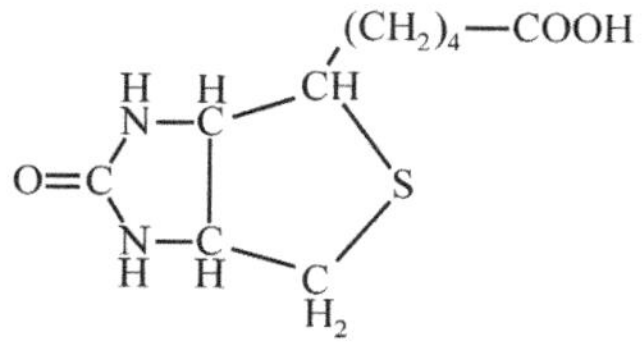

图 5-12 生物素的结构

生物素与抗体蛋白的偶联主要通过侧链上的羧基与抗体分子上的 ε-氨基形成酰胺键来进行,一般生物素标记抗体的偶联率高,而且不影响抗体的生物活性。

亲和素(avidin)又称抗生物素抗蛋白,是一种糖蛋白,相对分子质量为 28 000,通常从鸡蛋清中提取。其包括 4 个亚单位,每个亚单位都可以和生物素分子中的咪唑酮环进行特异性结合,两者的亲和常数为 10^{15} L/mol。亲和素对酸、碱、

185

温度的耐受性较强,但是在强光或氧化反应下稳定性较差。由于亲和素容易和细胞膜表面的负电荷及核酸等发生非特异性结合,从而造成背景升高,所以目前应用较多的是来源于链霉菌培养滤液的链霉亲和素(streptavidin),相对分子质量为60 000。尽管其结构不同于亲和素,但具备与亲和素相似的生物学特性,可以和生物素结合,而且等电点为 6.0,不含糖基,结合背景远低于普通的亲和素,更适用于免疫组织化学分析。

亲和素的四个结合位点是两两靠在一起的,所以在 ELISA 中,常常以亲和素为桥梁,一端与标有生物素的抗体相连,另一端则结合标记的其他蛋白,这样就可以起到检测信号放大的作用。而结合有酶、荧光染料及放射性碘的亲和素或链霉亲和素均已有商品化的试剂供应,所以尽管生物素和链霉亲和素的酶联免疫分析模式很多,但它们都有一个共同的步骤,即需要将抗体生物素化(用生物素标记抗体)。

用生物素标记抗体(或其他蛋白)时,需要将生物素的羧基先进行化学修饰,制成活化生物素,目前较为流行的活化生物素是生物素-N-羟基琥珀酰亚胺酯(biotinyl-N-hydroxy-succimide,BNHS,结构见图 5-13)。在碱性溶液中以酯键水解,使酯键上的羧基与溶液中抗体所含的赖氨酸残基结合成肽键(图 5-14)。一般抗体蛋白上的赖氨酸越多或者抗体的等电点在 6.0 以上,标记的效果越好。

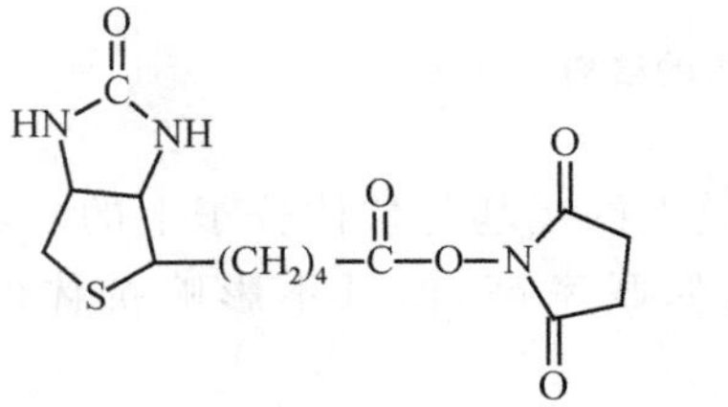

图 5-13　BNHS 结构

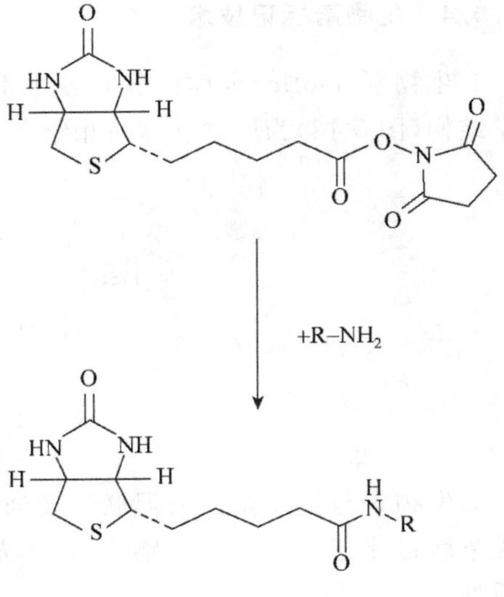

图 5-14　生物素-N-羟基琥珀酰亚胺酯与蛋白质的偶联

186

生物素标记抗体的具体步骤如下：

（1）生物素的酯化反应（以生物素-N-羟基琥珀酰亚胺酯为例）。

① 试剂的准备：二甲基甲酰胺（N, N'-dimethylformamide, DMF）过分子筛。将 N-羟基琥珀酰亚胺（N-hydroxy succinimide, NHS）和生物素进行真空干燥。

② 在干燥器内将生物素 1 g 溶于 20 mL DMF 中。

③ 加热至 80℃，加入 N, N'-羰基二咪唑（N, N'-carbonyldimidazole）665 mg，待 CO_2 释放停止后，终止加热。

④ 室温振荡 2 h，加入 NHS 475 mg（溶于 10 mL DMF），加塞振荡过夜。

⑤ 将产物真空干燥，并以异丙醇重结晶得无色 BNHS，干燥保存。

（2）生物素与蛋白的偶联。

① 将抗体蛋白（1 mg/mL）对 0.1 mol/L pH 8.0 的碳酸盐缓冲液充分透析（4℃过夜）。

② 在蛋白溶液中加入 120 μL BNHS（1 mg 溶于 1 mL DMSO），室温下搅拌反应 2～4 h。

③ 加入 1 mol/L NH_4Cl 9.6 μL，继续搅拌 10 min。

④ 4℃对 PBS 缓冲液进行透析，并过 Sephadex G-25 柱除去盐及未标记的生物素。

⑤ 产物可加入 50% 甘油，−20℃ 保存。

标记后，有时会出现抗体活性降低的现象，这往往是由于保持抗体活性的相应氨基和生物素过度偶联所造成的，一般可以通过标记前后抗体活性的检测来判断，进而采取相应的措施。

5.4.5　胶体金标记技术

胶体金（colloidal gold）也称金溶胶（gold sol），是由金盐被还原成金后形成的金颗粒悬液。一般的胶体金是表面带负电荷的疏水性颗粒，由一个基础金核（金原子 Au）及包围在外的双离子层构成，接近于金核表面的是内层负离子（$AuCl_2^-$），外层离子层 H^+ 则分散在胶体间的溶液中，颗粒间的静电排斥力使胶体金游离于溶胶之间，成为悬液。

颗粒直径不同的胶体金具有不同的颜色，颗粒直径最小的胶体金（2～5 nm）是橙黄色的，中等大小（10～20 nm）的是酒红色的，较大颗粒（30～80 nm）的则是紫红色。对于电子显微镜而言，胶体金颗粒具有很高的电子密度，比其他颗粒（如铁蛋白颗粒）易于辨认，而且对于电子显微镜包埋剂的非特异性吸附很低，是一种良好的标记物；对于光学显微镜而言，颗粒直径较大的胶体金颗粒（直径大于 20 nm）因呈现砖红色，可以被轻易地观测到，而采用免疫金银法后，大量银颗粒的吸附会令金颗粒周围出现黑褐色，从而使较小直径的金颗粒也可以在光镜下清晰分辨，因此利用胶体金的呈色性质进行适当的标记是免疫反应中的一种有效手段。

胶体金可以用于标记蛋白质等各种大分子物质，一般认为两者的结合是通过物理性吸附进行的，因为胶体金颗粒表面带有一层负电荷，可以与蛋白质表面的正电荷通过静电作用互相吸附。这种由胶体金标记的蛋白质复合物称为金探针或免疫金（immunogold）。

1. 胶体金的制备方法

胶体金的制备一般采用还原法，常用的还原剂有柠檬酸钠、鞣酸、抗坏血酸、白磷、硼氢化钠等。下面介绍最常用的制备方法及注意事项。

（1）玻璃容器的清洁。

玻璃表面少量的污染会干扰胶体金颗粒的生成，一切玻璃容器应绝对清洁，用前经过酸洗、硅化。硅化过程一般是将玻璃容器浸泡于 5％二氯二甲硅烷的氯仿溶液中 1 min，室温干燥后蒸馏水冲洗，再干燥备用。专用的清洁器皿以第一次生成的胶体金稳定其表面，弃去后以双蒸水淋洗，可代替硅化处理。玻璃容器的清洁非常重要，否则会影响生物大分子与金颗粒结合和活化后胶体金颗粒的稳定性，不能获得预期大小的胶体金颗粒。

（2）试剂、水质和环境。

氯金酸极易吸潮，对金属有强烈的腐蚀性，不能使用金属药匙，避免接触天平秤盘。配制胶体金溶液的 pH 以中性为宜。将氯金酸配制成 1％ $HAuCl_4$ 水溶液，在 4℃保存数月稳定。所有试剂均需要使用双蒸水或三蒸水配制，最好用微孔滤膜（0.45 μm）过滤，以去除其中的聚合物和其他可能混入的杂质。实验室中的尘粒要尽量减少，否则影响实验结果的重复性。

金颗粒容易吸附于电极上使之堵塞，故不能用 pH 电极测定金溶液的 pH。为了使溶液 pH 不发生改变，应选用缓冲容量足够大的缓冲系统，一般采用柠檬酸-磷酸盐（pH 3.0～5.8）、Tris-HCl（pH 5.8～8.3）和硼酸-氢氧化钠（pH 8.5～10.3）等缓冲系统。但注意不应使缓冲液浓度过高而使金溶胶自凝。

（3）柠檬酸三钠还原法制备金溶胶。

取 0.01％氯金酸水溶液 100 mL 加热至沸，搅动下准确加入 1％柠檬酸三钠水溶液 0.7 mL，金黄色的氯金酸水溶液在 2 min 内变为紫红色，继续煮沸 15 min，冷却后以蒸馏水恢复到原体积，如此制备的金溶胶其可见光区最高吸收峰在 535 nm，A_{535}＝1.12。金溶胶的光散射性与溶胶颗粒的大小密切相关，一旦颗粒大小发生变化，光散射也随之发生变异，产生肉眼可见的显著的颜色变化，这就是金溶胶用于免疫沉淀或免疫凝集试验的基础。

金溶胶颗粒的直径和制备时加入的柠檬酸三钠的量是密切相关的，保持其他条件恒定,仅改变加入的柠檬酸三钠的量,可制得不同颜色的金溶胶,也就是不同粒径的金溶胶(表 5-10)。

表 5-10　100 mL 氯金酸中柠檬酸三钠的加入量对金溶胶粒径的影响

1%柠檬酸三钠/mL	0.30	0.45	0.70	1.00	1.50	2.00
金溶胶颜色	蓝灰	紫灰	紫红	红	橙红	橙
吸收峰/nm	220	240	535	525	522	518
粒径/nm	147	97.5	71.5	41	24.5	15

(4) 柠檬酸三钠-鞣酸混合还原剂还原法制备金溶胶。

用此混合还原剂可以得到比较满意的金溶胶,操作方法如下:取 1%柠檬酸三钠($Na_3C_6H_5O_7 \cdot 2H_2O$)4 mL,加入 1%鞣酸 0~5 mL,25 mmol/L K_2CO_3 0~5 mL(体积与鞣酸加入量相等),以双蒸水补至溶液最终体积 20 mL,加热至 60℃。取 1% $HAuCl_4$ 1 mL,加到 79 mL 双蒸水中,水浴加热至 60℃。然后迅速将上述柠檬酸-鞣酸溶液加入,于此温度下保持一定时间,待溶液颜色变成深红色(约需 0.5~1 h)后,将溶液加热至沸腾,保持沸腾 5 min 即可。改变鞣酸的加入量,制得的胶体颗粒大小不同。

(5) 白磷还原法制备金溶胶。

在 120 mL 双蒸水中加入 1%氯金酸 1.5 mL 和 0.1 mol/L K_2CO_3 1.4 mL,然后加入 1/5 饱和度的白磷乙醚溶液 1 mL,混匀后室温放置 15 min,在回流下煮沸直至红褐色转变为红色。此法制得的胶体金直径约 6 nm,并有很好的均匀度,但白磷和乙醚均易燃易爆,必须在通风橱内操作,一般实验室不宜采用。

(6) 抗坏血酸还原法制备金溶胶。

取 1% $HAuCl_4$ 水溶液 1 mL 置烧杯内,加入 0.2 mol/L K_2CO_3 1.4 mL 及双蒸水 25 mL,混匀,置冰浴中,搅拌下加入 0.7%抗坏血酸水溶液 1 mL,溶液呈紫红色。随后加蒸馏水至 100 mL,加热至溶液变为红色为止。此法制备的胶体金颗粒直径为 8~13 nm。

要得到大小更均匀的胶体金颗粒,可采用甘油或蔗糖密度梯度离心,经分级后制得胶体金颗粒直径的变异系数(CV)可小于 15%。

2. 胶体金的质量鉴定

胶体金制备好后,应该测定金颗粒的直径和金颗粒之间大小的均匀度。

(1) 胶体金颗粒直径和均匀度测定。

用预先处理好的覆有 Formvar 膜的 300 目镍网浸入胶体金溶液内,取出后放在空气中干燥或 37℃恒温箱中干燥。然后在透射电镜下观察,主要观察金颗粒的大小。可以拍片放大后测量金颗粒直径的大小。一般至少需要测量 100 个胶体金颗粒,然后用统计学方法处理,计算胶体金颗粒的平均直径及标准差,平均直径反映颗粒的大小,标准差反映颗粒是否均匀一致。观察有无椭圆形及多角形金颗粒存在。理想的金颗粒是大小基本相等,均匀一致,无椭圆形及多角形的金颗粒存在。

(2)影响胶体金颗粒大小的因素。

如果大小不等的金颗粒总数超过 10%及有椭圆形、三角形金颗粒存在,则应重新制备。注意事项:还原剂要一次快速加入,迅速搅拌均匀,根据制备量选用合适的容器,100℃加热时间不能超过 15 min。多次加入还原剂,搅拌不均匀,可造成颗粒大小不等。制备出合格的胶体金以后,应将其放在室温或 4℃保存。避免低温冻存,因为冻存可导致胶体金凝集,破坏胶体状态。胶体金在室温避光无灰尘的环境中可放置 3 个月左右,冰箱内可保存半年左右。根据胶体金的性质,有不稳定和聚沉的可能性,因此,制备完毕后最好在 20 天以内进行标记。

3. 免疫胶体金制备

(1)蛋白质的处理。

由于盐类成分能影响金溶胶对蛋白质的吸附,并可使溶胶凝聚沉淀,故致敏前应先将蛋白质对低离子强度的水透析。必须注意,蛋白质溶液应绝对澄清无细小微粒,否则应先用微孔滤膜过滤或超速离心除去。

一般情况下应避免磷酸根离子和硼酸根离子的存在,因为它们都可吸附于颗粒表面而减弱胶体金对蛋白质的吸附。

(2)蛋白质最适用量的选择。

将待标记的蛋白质储存液作系列稀释后,分别取 0.1 mL(含蛋白质 5～40 μg)加到 1 mL 胶体金溶液中,另设一管不加蛋白质的对照管,5 min 后加入 0.1 mL 10%NaCl 溶液,混匀后静置 2 h,不稳定的金溶胶将发生凝聚沉淀,能使胶体金稳定的最适蛋白量再加 10%即为最佳标记蛋白量。

(3)胶体金溶液的前处理。

胶体金对蛋白质的吸附主要取决于 pH,在接近蛋白质的等电点或略偏碱的 pH 条件下,二者容易形成牢固的结合物。如果胶体金的 pH 低于蛋白质的等电点,胶体金会聚集而失去结合能力。因此预先调节胶体金的 pH 尤为重要(用 0.1 mol/L K_2CO_3 或 0.1 mol/L HCl)。

根据经验,标记不同抗体所用的参考 pH 不同:①标记 IgG 时,胶体金溶液的 pH 调节至 9.0;②标记 McAb 时,胶体金溶液的 pH 调节至 8.2;③标记亲和层析抗体时,胶体金溶液的 pH 调节至 7.6;④标记 SPA 时,胶体金溶液的 pH 调节至 5.9～6.2;⑤标记亲和素时,胶体金溶液的 pH 调节至 9.0～10.0;⑥标记链霉亲和素时,胶体金溶液的 pH 调节至 7.4 或 6.6。

（4）标记。

在接近并略高于蛋白质等电点的条件下标记是比较合适的，在此情况下蛋白质分子在金颗粒表面的吸附量最大。

以下是最为常见的标记步骤：

① 用 0.1 mol/L K_2CO_3 或 0.1 mol/L HCl 调节金溶胶至所需 pH。

② 于 100 mL 金溶胶中加入最佳标记量的蛋白质溶液（体积为 2～3 mL），搅拌 2～3 min。

③ 加入 1% PEG 20 000 溶液 5 mL。

④ 于 10 000～100 000 g 离心 30～60 min（根据粒径大小选择不同离心条件），小心吸去上清液（切忌倾倒）（图 5-15）。

⑤ 将沉淀悬浮于一定体积含 0.2～0.5 mg/mL PEG 20 000 的缓冲液中，离心沉淀后，再用同一缓冲液恢复，浓度以 A_{540} 为 1.5 左右为宜，以 0.5 mg/mL 叠氮钠防腐，置 4℃ 保存。

⑥ 包被后的金溶胶也可浓缩后于 Sephadex G-200 柱进行分离纯化，以含 0.1%BSA 的缓冲溶液洗脱。通常用 IgG 包被的金溶胶洗脱液 pH 为 8.2，以 A 蛋白包被的金溶胶洗脱液为 pH 7.0。以上操作应注意，一切溶液中不应含杂质微粒，可用高速离心或微孔滤膜对溶液进行预处理。

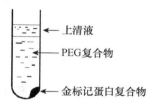

图 5-15　胶体金标记蛋白复合物的分离

（5）胶体金-蛋白结合物的质量鉴定。

胶体金-蛋白结合物的质量鉴定包括：胶体金颗粒平均直径的测定；胶体金-蛋白溶液 A_{520} 的测定，其中应用液（work solution）的 A_{520} 应为 0.2～0.4；金标蛋白的特异性与敏感性的测定。

4. 胶体金的稳定性及免疫胶体金的储存

胶体金具有很高的动力学稳定性，在稳定因素不受破坏时自身凝聚极慢，可放置数年不发生凝聚。影响稳定的因素主要有电解质、溶胶浓度、温度、非电解质等。

金溶胶必须有少量电解质作稳定剂，但浓度不宜过高。高浓度亲水性非电解质能剥去胶粒外面的水化膜使其凝聚。少量的高分子物质促使溶胶凝聚，但一定量的高分子物质反而可增加溶胶稳定性，如蛋白质、葡萄糖、PEG 20 000 等的加入有良好的稳定效果。

当金溶胶吸附蛋白质后,溶胶的稳定性随溶液 pH 而变化,而这种变化又取决于吸附蛋白质的等电点,如刀豆素(ConA)、过氧化物酶等,当 pH 较低时保持稳定,提高 pH 则显得不稳定,接近等电点或略高时又变得稳定了。标记后的胶体金溶液可用 0.2～0.5 mg/mL PEG 20 000 作为稳定剂。在 4～10℃ 储存数月有效,不宜冰冻。储存中可能会发生程度不同的凝聚,可离心除去。

5.4.6　DNA 标记抗体

随着分子生物学技术的发展,免疫学技术与分子生物学技术的融合,高度特异性和高度灵敏度的检测新方法不断涌现。将一段已知序列的 DNA 探针标记到抗体上,用免疫 PCR 检测靶抗原或邻位连接技术(proximity ligation,PLA)分析蛋白质之间的相互作用,使检测的灵敏度和特异性进一步提高。目前 DNA 标记抗体的方法主要有以下三种:

(1) 蛋白 A -链霉亲和素嵌合蛋白(prAS)连接法。

利用 DNA 重组技术和蛋白质工程技术表达融合蛋白。构建蛋白 A -链霉亲和素融合表达载体,融合表达蛋白 A -链霉亲和素嵌合蛋白(prAS)并纯化。用生物素标记 DNA 探针。嵌合蛋白中的蛋白 A 与抗体结合,链霉亲和素与生物素标记的 DNA 探针结合。形成抗体-蛋白 A -链霉亲和素-生物素标记的 DNA 探针复合物,完成 DNA 对抗体的标记。

这种方法的缺点是实验本底比较高。

(2) 亲和素连接法。

分别用生物素标记抗体和 DNA,再通过亲和素与生物素结合,即可制成 DNA 标记的抗体,即生物素化抗体-亲和素-生物素化 DNA 特异性结合物。因为亲和素结合的生物素有可能全部来自抗体,或者全部来自 DNA,所以可形成连接副产物。这种方法要注意用层析法纯化标记物,以去除连接副产物。

(3) 化学交联。

用双功能交联剂分别处理抗体和 DNA,然后再共价连接抗体和 DNA。这种方法标记后有可能影响抗体活性。

第 6 章 抗体在体外检测中的应用

免疫学技术的基础是抗原、抗体结合的高度特异性。免疫学技术广泛应用于生物、医学、环境、农学等领域的各个学科。随着探测手段的进步,免疫分析的灵敏度不断提高,新的免疫学检测方法不断涌现。本章主要介绍在体外检测中应用的免疫学新技术的原理和方法。

6.1 放射免疫分析

放射免疫分析(radio immunoassay,RIA)技术也是标记技术的一种,也称同位素标记技术。它是将放射性同位素分析的高灵敏性与抗原-抗体反应的特异性相结合的一种敏感的检测方法。RIA 法所用的标记物质是放射性物质(放射性同位素),检测时需要用特殊的仪器检测放射量,以对待测物进行定性、定量分析。这种检测技术包括放射免疫分析法(RIA)、免疫放射分析法(immunoradiometric assay,IRMA)。美国医学物理学家 Rosalyn Sussman Yalow 因为开发多肽类激素的放射免疫分析法,而获得 1977 年诺贝尔生理学或医学奖。放射免疫技术是一种超微量分析方法,目前仍然是许多内分泌实验室的重要研究手段。该技术已被广泛应用于含量很少的物质的检测,如激素类[包括胰岛素、人生长激素、促卵泡激素、促黄体生成素、副甲状腺素、降钙素、血管紧张素 I、三碘甲状腺原氨酸(T_3)、四碘甲状腺原氨酸(T_4)等]、多种肿瘤抗原或标志物、维生素以及免疫球蛋白的检测,还用于急慢性肝炎的许多诊断指标检测。

6.1.1 基本原理

放射免疫分析技术一般采用竞争结合分析技术。其基本原理为放射性同位素标记抗原(Ag^*)和待测抗原(或标准品 Ag)对有限的特异性抗体发生可逆性的竞争结合反应,最终形成的放射性同位素标记 Ag-Ab 复合物的量与待测物的 Ag 含量呈负相关。当抗体的量固定不变时,免疫复合物的形成就受到待测抗原含量的制约。如反应系统中待测抗原含量高时,对抗体的竞争结合能力就强,Ag-Ab 复合物的形成量就会增加,Ag^*-Ab 复合物则相对减少;反之,当待测抗原含量低时,对抗体的竞争结合能力弱,Ag^*-Ab 复合物的形成量即增多(图 6-1)。

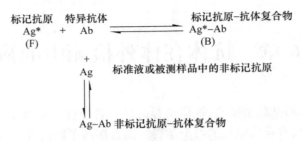

图 6-1　放射免疫分析技术的基本原理

6.1.2　基本试剂及材料

① 标准品：是竞争性放射免疫分析的定量依据，标准品应尽量与待测抗原的化学结构完全相同。在某些特殊情况下，也可以用结构相似、与抗体亲和力相近的物质代替，但必须列出其换算系数。

② 多克隆抗体或单克隆抗体。

③ 放射性同位素标记物。

④ 分离试剂：用于将结合态和游离态的标记抗原（Ag*）分离。

⑤ γ 计数仪。

6.1.3　检测方法

目前有许多商品化的试剂盒用于放射免疫检测，操作时按试剂盒要求即可，一般包括：

① 加样温育：按照试剂盒说明书操作。将待测标本、放射性同位素标记 Ag*、抗血清（Ab）按顺序定量加入小试管底部，混匀后温育一定时间。

② 结合抗体的放射性同位素标记 Ag* 与游离态放射性同位素标记 Ag* 的分离：在 RIA 反应中，标记 Ag* 和特异性 Ab（第一抗体）含量极微，故所形成的 Ag*-Ab 复合物不能自行沉淀，需用一种合适的分离试剂（沉淀剂）使其彻底沉淀，以完成与游离 Ag* 的分离。如果沉淀不完全，将会影响 RIA 结果的准确性。

常用的分离剂有：第二抗体、蛋白 A、葡萄糖加活性炭、聚乙二醇（PEG）及磁珠等。

③ 放射性强度的测定：结合抗体的 Ag* 与游离态 Ag* 被分离后，即可进行放射强度测定。由于标记的同位素不同，产生的射线亦不同，因此需要采用不同的检测仪。液体闪烁谱仪可测定 β 射线，如 ^3H、^{32}P 等的标记物；晶体闪烁计数器可测 γ 射线，如 ^{125}I、^{131}I、^{57}Co 等的标记物。通常放射免疫检测试剂盒均采用 ^{125}I 或者 ^{131}I

标记。测定时要注意扣除本底,先要计算对照管(无标记 Ag 和特异性 Ab)的非特异放射强度,其余各测定管均需减去对照管的数值。

④ 制作标准曲线图:每打开一个试剂盒进行检测时,均应做一系列已知 Ag 的不同浓度的标准品,检测其放射强度,以其浓度为横坐标,放射强度为纵坐标作标准曲线图。

⑤ 查标准曲线,求待测物的含量:待测标本测定时应作双份测定,减去对照值取其平均值,以此放射强度查标准曲线,求得相应的待测 Ag 浓度。

6.2　免疫放射分析

免疫放射分析于 1968 年由 Miles 和 Hales 首先提出,应用放射性同位素标记抗体的方法测定牛血清胰岛素获得成功。但当时由于抗体纯化的问题,以及抗原-抗体复合物与游离的放射性同位素标记抗体分离的问题未得到解决,限制了该项技术的进一步发展。70 年代以后单克隆抗体的产生,促进了该技术的迅速发展。

6.2.1　免疫放射分析原理

IRMA 方法有两种:一种为单位点 IRMA 法;另一种为双位点 IRMA 法(或夹心 IRMA 法)。两种方法都属于非竞争性结合分析法。

单位点 IRMA 法是以过量的放射性同位素标记抗体直接与待测未知抗原结合,经与游离的放射性同位素标记抗体的分离,测定其复合物放射性计数。如待测抗原含量多,复合物计数就高;反之,如果待测抗原量少,复合物计数就低。单位点 IRMA 中抗原分子只需一个反应位点决定簇,与放射性同位素标记抗体上一个相应结合位点反应,形成复合物。将抗原-抗体复合物与游离的放射性同位素标记抗体分离,然后进行测定(图 6-2)。单位点 IRMA 法灵敏度和特异性都不够理想,目前应用较少。

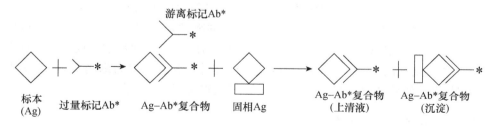

图 6-2　单位点 IRMA 法的原理

双位点 IRMA 法或夹心 IRMA 法,采用固相抗体、放射性同位素标记抗体同时与待测抗原的两个抗原决定簇结合,过量固相包被抗体(Ab)与待测抗原(Ag)结合后,再与过量^{125}I 标记抗体(Ab*)结合,形成 Ab–Ag–Ab* 夹心复合物,经洗涤除去游离的 Ab*,复合物上的标记^{125}I 可以作为集中产物,直接进行放射计数测量,通过相应的函数曲线计算待测抗原的含量。由于待测抗原夹在两种抗体分子之间,故非特异性结合(NSB)较低,大大提高了测定的灵敏度(图 6-3)。

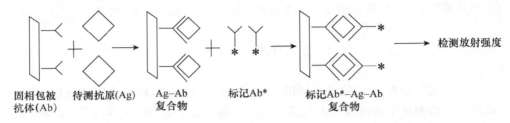

固相包被   待测抗原(Ag)   Ag–Ab   标记Ab*   标记Ab*–Ag–Ab
抗体(Ab)   复合物   复合物

图 6-3   夹心 IRMA 法的原理

6.2.2   检测方法

单位点 IRMA 法基本过程:① 在 IRMA 反应体系中加入过量的 Ab* 和一定量待测标本,一起温育。在标准对照管中加入与标本等量的含白蛋白和非特异 IgG 的缓冲液。如果待测标本是血清,应用不含待测 Ag 的血清作为对照管。② 向反应体系中加入过量的 Ag 免疫吸附剂,温育一定时间以除去游离的标记 Ab*。③ 离心除去游离的 Ab* 与 Ag 免疫吸附剂所形成的复合物,测定上清液中放射强度,此强度与待测标本中 Ag 含量成正比。④ 以标准品的浓度为横坐标,放射强度为纵坐标,绘制标准曲线图,以待测管的放射强度查标准曲线,求待测标本中 Ag 的含量。

夹心 IRMA 法基本过程:① 将过量的未标记抗体(Ab)包被到固相支持物上。② 在 IRMA 反应体系中加入一定量待测标本,温育一定时间后,洗涤。③ 加入过量的 Ab*,在标准对照管中加入与标本等量的含白蛋白和非特异 IgG 的缓冲液。如果待测标本是血清,应用不含待测 Ag 的血清作为对照管。温育一定时间后,洗涤。④ 测定 Ab–Ag–Ab* 夹心复合物的放射强度,此放射强度与待测标本中 Ag 含量成正比。⑤ 以标准品的浓度为横坐标,放射强度为纵坐标,绘制标准曲线图,以待测管的放射强度查标准曲线,可获得待测 Ag 的含量。

6.2.3   免疫放射分析技术特点

IRMA 方法在反应体系中加入过量的放射性同位素标记的抗体,待测抗原(或标准品)与同位素标记的抗体进行全量反应,属于非竞争性结合反应。和 RIA 的

竞争性结合反应比较,有如下优点:

① 操作更为简便快速。将待测抗原、放射性同位素标记抗体同时加入有固相包被抗体的反应管中进行反应,反应很快达到平衡;操作更为简便快速,可在 10 min～3 h 出结果。

② 灵敏度高。由于使用过量的单克隆抗体,并进行同位素标记,复合物的计数效率很高;加之固相结合的复合物与游离标记抗体有效的分离方法,提高了 IRMA 法的灵敏度。其灵敏度比 RIA 法提高 10～100 倍以上,可达到纳克水平或者皮克水平。

③ 稳定性好。IRMA 法测定结果稳定性较好,标记抗体和固相抗体均属过量,不易受外界环境的影响。温度变化对 K 值的影响较小,一般在 4～37℃间的温度改变往往对实验结果无明显影响;也不易受实验操作的影响,抗体过量,加样误差影响不大(但注意抗原加样误差影响较大);待测样品中的蛋白、脂类等对 IRMA 干扰较小。故 IRMA 法的批内、批间变异均比较小。

④ 特异性高。单克隆抗体的广泛应用,加之应用双位点系统的 IRMA,一种待测物质必须同时具备两个抗原决定簇才能最后形成标记复合物;有些类似物可能仅与两种抗体中的一种有交叉反应,可造成标准品的结合率下降,但最终不能形成放射性复合物,故 IRMA 不易发生严重的交叉反应,大大提高了分析特异性。

⑤ 标准曲线工作范围:由于 IRMA 法的高灵敏度、高特异性,一般可使 IRMA 标准曲线的有效工作范围达到三个数量级以上(而 RIA 一般为两个数量级),这样使低含量的指标得到准确的定量。

⑥ 示踪剂特点:IRMA 法应用抗体作为示踪标记物,易于碘化,且不同抗体的标记均基本相同,方法简单,易于推广;RIA 法标记抗原,各种抗原化学结构组成各异,标记方法也各不相同,有的甚至很难用 125I 标记,测定效果差异较大。

近年来将生物素-亲和素系统(biotin-avidin system,BAS)引入免疫放射分析,发展了一种新型生物反应放大技术,即 BAS-IRMA。生物素-亲和素系统具有高亲和力的结合,其亲和常数 K_{aff} 高达 10^{15} L/mol,是抗原-抗体反应的 10 万～100 万倍,且二者结合极为稳定。由于一个抗体分子上可标记数十个生物素分子,而每个亲和素分子又可与四个生物素分子结合,从而产生多级放大效应。通过有效利用生物素-亲和素系统的高亲和力和放大效应,使 IRMA 法不仅具有更好的分离效果,而且 BAS-IRMA 具有高灵敏度、高特异性和稳定性等优点。将生物素化的抗体、125I 标记抗体与待测抗原发生免疫反应,形成生物素化抗体-待测抗原-125I 抗体复合物,用简单方法移除多余的 125I 抗体,再用亲和素富集生物素化抗体-待测抗原-125I 抗体复合物,即可得到复合物,其生成量与待测抗原量呈正比关系。

IRMA 法的主要不足之处表现在,要求抗原含有不少于两个抗原决定簇,这样也局限了 IRMA 法，只能用于测定多肽和蛋白质抗原。甾体激素、小于 20 个氨基酸的小肽及其他小分子物质，由于很难获得抗两个不同结合位点的抗体，因此不适于用 IRMA 法进行测定。所以尽管 IRMA 法有许多优势，应用范围比较广泛，但不会在短时间内完全取代 RIA 法。

6.3　酶免疫分析

放射性同位素标记物免疫分析技术的应用极大地推动了医学、生物学的发展。放射免疫分析法和免疫放射分析法的高灵敏度为研究者所公认，由于这些方法在生物活性物质的微量分析方面的优势，仍然是许多内分泌实验室的重要研究手段。但是放射性同位素的应用也存在一些问题，如放射性同位素对人体有害，操作者要经过严格的训练，注意防护和防止污染；用^{125}I 或^{32}P 标记抗原或抗体，放射性同位素的半衰期短，影响标记物的使用和保存；放射性同位素标记物的批间差异较大，每一个试剂盒都要附上标准品制作标准曲线；测量仪器昂贵等。1971 年 Engvall、Penlmann 和 Vanweemen、Schuurs 两个研究团队分别用酶代替放射性同位素制备了酶标记试剂，创立了酶免疫分析技术（enzyme immunoassay，EIA）。EIA 除可避免放射性同位素伤害以外，最重要的优点是酶标记物的有效期长，在无菌或防腐的条件下，4℃或冻干后放置室温的保存期可超过一年。最近在 EIA 中引进放大系统，使测定的灵敏度超过 RIA，达到 10^{-19} mol/L。在医学和生物学等领域中，EIA 的应用越来越广泛，数以千计的 EIA 诊断药盒已投放市场，取得了极为显著的社会效益和经济效益。

酶是能催化化学反应的特殊蛋白质，其催化效力超过所有人造催化剂。酶一般可使反应加速 $10^8 \sim 10^{10}$ 倍。酶还具有高度专一的特性，每一种酶只能催化一种或一组密切相关的反应。EIA 是将酶催化放大作用和抗原-抗体免疫反应特异性相结合的一种微量分析技术。酶标记抗体或抗原后，既不影响抗体或抗原的免疫反应的特异性，也不改变酶本身的活性。在 EIA 系统中，免疫反应进行以后，使酶催化相应的底物水解呈色，再用肉眼观察有无颜色及颜色的深浅以进行定性和半定量分析，用光学显微镜或电子显微镜进行组织和细胞及亚细胞定位，用分光光度计（酶标仪）测其光吸收进行准确的定量分析。

酶免疫分析一般根据测定过程中是否需要将结合的酶标记物和游离的酶标记物分离而分为均相（homogeneous）和非均相（heterogeneous）两大类。均相测定中由于免疫反应后有酶活性的改变，所以不需将游离和结合的酶标记物分开。非均相则要求分离游离和结合的酶标记物。这两类 EIA 在近年来的发展中又派生出多种分析模式。

6.3.1 均相 EIA

在均相 EIA 中有三种主要的生物物理现象：① 与一般免疫学检测方法相同，抗体(Ab)可以识别并同其相应的抗原(Ag)特异性结合；② 酶标记的抗原(Ag^*)同 Ab 结合后形成 Ab-Ag^*，可使酶的活性增强或减弱；③ 标准品或待测样品中的 Ag 与 Ag^* 互相竞争与有限量的 Ab 结合。因此，不需对反应系统中的 Ab-Ag^* 与 Ag^* 进行分离，直接测定酶活性的变化即可推算出待测样品中 Ag 的含量。具有上述特点的均相 EIA 又派生出多种各具特点的分析模式。

1. 酶增强免疫分析技术

酶增强免疫分析技术(enzyme multiplied immunoassay technique，EMIT)是应用最广泛的均相 EIA 系统，属竞争性结合分析法。在 EMIT 中，Ag^* 同时具有抗原和酶的活性。当 Ag^* 与有限量的 Ab 结合成 Ab-Ag^* 复合物后，因 Ab 与酶密切接触，影响酶的活性中心而使酶的活性被明显抑制。加入非酶标记抗原(标准品或待测样品中的 Ag)时，Ag 与 Ag^* 互相竞争与有限量的 Ab 结合，形成 Ab-Ag，使反应液中 Ab-Ag^*(酶活性被抑制)减少，游离的 Ag^*(具有酶活性)增加。反应液中酶活性随着待测样品中的 Ag 浓度的升高而增加，所以该方法称为"酶增强免疫分析技术"。最常用的酶是葡萄糖-6-磷酸脱氢酶和溶菌酶。

另一种形式的 EMIT 是酶活性随着抗原 Ag 浓度的升高而减弱。例如苹果酸脱氢酶(malate dehydrogenase，MDH)标记甲状腺素(thyroxine，T_4)后，MDH 的立体结构发生了改变，导致酶活性被抑制。但酶标记的 T_4 与抗 T_4 抗体结合后，可恢复 MDH 的酶活性。非标记 T_4 同 MDH 标记的 T_4 互相竞争同有限量的抗 T_4 抗体结合，因此非标记 T_4 是 MDH 酶活性的抑制剂，反应液中 MDH 酶活性因 T_4 浓度的升高而减弱。上述两种 EMIT 已广泛用于地高辛、苯妥英和茶碱等药物，及简单激素和毒品等小分子抗原或半抗原的检测。

2. 其他均相 EIA

在 EMIT 系统中，酶标抗原结合抗体后，酶活性增强或减弱的改变，是由于抗原与抗体结合位置邻近酶的活性中心的缘故。已知其他一些分子如底物或酶的辅助因子是直接与酶的活性中心反应的，如果用这些小分子化合物标记抗原，这种标记抗原与抗体的结合将会干扰这些小分子与酶的结合，从而影响酶的活性。基于上述设想，人们已建立如下多种高度灵敏度的均相 EIA。

(1) 辅基标记抗原免疫分析法(prosthetic group labeled-antigen immuno-assay，PGLIA)。

PGLIA 又称酶蛋白复活免疫分析(apoenzyme reactivation immunoassay，ARIA)。酶蛋白为酶的蛋白质成分，可从辅基(或辅酶)中分离，但需在辅基存在下才可以形成活性复合酶(全酶)。ARIA 是用无活性的辅基代替全酶做标记物。例如,可预先将葡萄糖氧化酶(glucose oxidase,GOD)在酸性条件下水解成 GOD蛋白和黄素腺嘌呤二核苷酸(flavin adenine dinucleotide,FAD)两种成分,它们单独存在时无 GOD 活性,但两者可以重新结合成有酶活性的 GOD 全酶。检测时,将 FAD 标记在抗原分子上,此时 FAD 仍保留与 GOD 蛋白重组成具有酶活性的GOD 全酶的性能。但当 FAD 标记抗原与抗体结合后,FAD 则失去与酶蛋白重组成 GOD 全酶的能力。在标记和未标记抗原互相竞争同有限量的抗体结合反应完成后再加入 GOD 蛋白,此时重组 GOD 全酶的量即酶活性的强弱与标准或待测样品中未标记抗原的浓度成正比(图 6-4)。

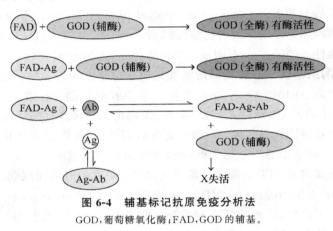

图 6-4　辅基标记抗原免疫分析法
GOD,葡萄糖氧化酶;FAD,GOD 的辅基。

(2) 克隆酶供体免疫分析(cloned enzyme donor immunoassay,CEDIA)的原理。

同 ARIA 近似。功能性 β-D-半乳糖苷酶(β-galactosidase,β-Gal)是由 4 个相同亚基构成的四聚体,但单一的亚基不具酶活性。每一个亚基 N 末端去掉 10～60个氨基酸,会影响具有酶活性的四聚体的形成。利用 DNA 重组技术合成 β-Gal 的两种片段:一种大片段称为酶受体(enzyme acceptor,EA);另一种小的片段称为酶供体(enzyme donor,ED)。EA 和 ED 本身及单一的 β-Gal 亚基均无酶活性,但在一定条件下可形成有酶活性的四聚体。ED 标记的抗原(Ag-ED)只能同 EA 或Ag 的特异性抗体(Ab)结合,不能同时结合 EA 和 Ab。当反应液中只有 Ag、Ab和 EA 时,Ag 即与 Ab 结合,而 EA 则仍处于游离状态;只有 Ag-ED 和 EA 时,则Ag-ED 可同 EA 结合为酶亚基,并进而形成具有酶活性的四聚体;若同时存在 Ag-ED、EA 和 Ab,由于抗原和抗体的亲和力高于 ED 同 EA 的结合,因此 Ag-ED 优先同 Ab 结合成 Ab-Ag-ED 复合物,从而抑制了酶亚基 Ag-ED-EA 及其有酶活性复合物的形成。此时若加入待测样品或标准 Ag,Ag 即与 Ag-ED 互相竞争同有限量的抗体结合,导致有酶活性的四聚体数量的增加。标准样品或待测样品中 Ag 的浓度越高,反应液中有酶活性的四聚体形成得越多(图 6-5)。此法已成功地用于甲状腺素和地高辛等的测定,也可用于相对分子质量大的抗原的单一抗原决定簇的定量分析。

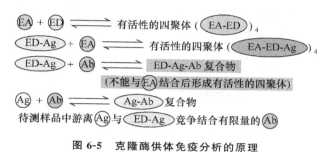

图 6-5　克隆酶供体免疫分析的原理

　　(3) 底物标记荧光免疫分析法(substrate label fluorescein immunoassay,SLFIA)。

　　用底物分子做标记物。在实验中,酶分子只识别未与抗体结合的底物标记抗原,并水解其中的底物分子。由于标记在抗原上的底物分子不多,抗原与抗体反应中涉及的底物分子数量少,为了提高检测的灵敏度,常用一种荧光产物扩大信号。在 SLFIA 中多选用大肠杆菌的 β-Gal 及其荧光底物 4-甲基伞形酮基-β-D-半乳糖苷(4-methyl-β-umbelliferyl-β-galactoside,4-MUG)。用 4-MUG 标记的抗原茶碱与其抗体结合后,β-Gal 对抗原-抗体复合物中的 4-MUG 无作用,只水解游离标记抗原上的 4-MUG,产生发荧光的 4-甲基伞酮(4-methylumbelliferone,4-MU)。反应液中 4-MU 的荧光强度与样品中抗原的浓度成正比。

　　均相 EIA 由于不要求分离结合和游离标记抗原,可减少因物理分离而引起的误差。操作步骤简单快速,便于自动化。灵敏度为 10^{-9} mol/L,主要用于小分子半抗原如药物和小分子激素的测定。其主要缺点是由于没有物理分离结合和游离标记抗原的步骤,样品中非特异的干扰物质如内源性酶、酶抑制剂及有交叉反应的抗原等容易影响结果。此外,由于均相 EIA 采用的是竞争性结合的原理,其测定的灵敏度不如非均相 EIA 高。

6.3.2　非均相 EIA

非均相 EIA 可分为竞争性和非竞争性两大类。

1. 竞争性非均相 EIA

(1) 酶标记抗原的 EIA。

这种 EIA 与经典 RIA 相似,不同的是用酶代替了放射性同位素标记抗原,并且抗体吸附在固相载体上。在这种 EIA 中,过量的酶标记抗原(Ag-E)同有限量的抗体一起温育。由于抗体结合位点数比总的抗原结合位点数少,因此 Ag-E 与抗原互相竞争与抗体的结合。洗去游离的 Ag-E 后,测定固相抗体结合的 Ag-E(即 Ab-Ag-E)酶的活性,即可对待测抗原进行定量。此法简单快速,不需离心,非特异性结合低,可用目测判断结果(定性、半定量),也可用酶标仪进行超微量测定,但灵敏度一般不如 RIA 的高(图 6-6)。

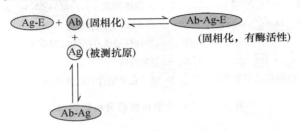

图 6-6　酶标记抗原的酶免疫分析

(2) 酶标记抗体 EIA。

此类 EIA 是用酶标记抗体(Ab-E)作为示踪剂。使标记和未标记抗体互相竞争同固相抗原的结合,固相抗原结合酶标记抗体的量同待测样品中抗体的浓度成反比。测定固相抗原结合的酶标记抗体的酶活性,即可对待测样品中抗体进行定量。此法可用于测定多种不同的抗体,也可检测半抗原和药物,其灵敏度与 RIA 相当(图 6-7)。

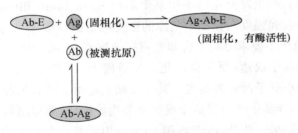

图 6-7　酶标记抗体的酶免疫分析

(3) 直接竞争 EIA 测定可溶性抗原。

将特异性抗体包被在固相载体上,形成固相抗体,加入待测标本(含相应抗原)和相应的一定量的酶标记抗原,待测样品中的抗原和酶标记抗原竞争与固相抗体结合,待测样品中抗原含量越高,则与固相抗体结合亦越多,使得酶标记抗原与固相抗体结合的机会就越少,甚至没有机会结合。加入底物后不显色或显色很浅为阳性,显色深者为阴性(图 6-8)。

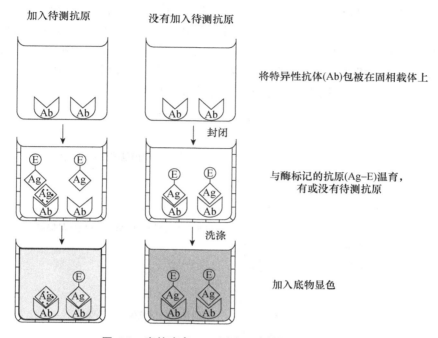

图 6-8　直接竞争 EIA 测定可溶性抗原的原理

2. 非竞争非均相 EIA

非竞争非均相 EIA 又称 ELISA,其特点是:① 使用过量的试剂,待测抗原(或抗体)同酶标记抗体(或抗原)、固相抗体(或抗原)的结合反应属非竞争性的,酶标记物的结合量与待测物的浓度成正比;② 均使用固相分离技术(固相抗体或抗原),这样不但易于分离结合和游离的酶标记物,而且在测定的每一个阶段均易于洗涤,减少了各种物质的相互干扰;③ 多数 ELISA 使用两种抗体,一种作固相抗体,另一种作酶标记的抗体,待测抗原可同时与两种抗体结合,夹在两种抗体之间,故这种 ELISA 又称为夹心 ELISA。近 10 年来,针对待测物的不同已有多种新型的 ELISA 问世。

(1) 间接 ELISA 检测特异性抗体。

如果能得到毫克量级的纯化抗原,可以用间接 ELISA 检测特异性抗体,筛选抗血清、杂交瘤培养上清液或腹水中的特异性抗体。

将特异性抗原包被在固相载体(多用聚苯乙烯酶标板)上,4℃ 过夜或者 37℃ 温育 2 h,形成固相抗原,洗涤后用 2% 的明胶封闭,37℃ 温育 2 h,以防止非特异性结合,洗涤后加入待测标本(含相应抗体),其中抗体与固相抗原形成抗原-抗体复合物,无关蛋白质通过洗涤去除,再加入酶标记的抗抗体(即二抗),与上述抗原-抗体复合物结合,形成抗原-第一抗体-酶标记第二抗体复合物。没有结合的酶标记的抗抗体通过洗涤去除,此时加入底物,抗原-第一抗体-酶标记第二抗体复合物上的酶催化底物显色。酶的活性强弱与样品中的抗体含量成正比(图6-9)。这种方法是在制备单克隆抗体时筛选阳性克隆、制备多克隆抗体时检测抗体效价过程中最常用的方法,也广泛用于疫苗免疫效果等的临床检测。

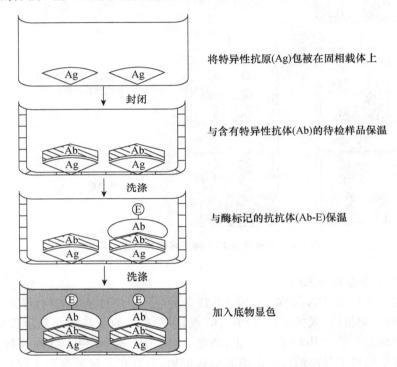

将特异性抗原(Ag)包被在固相载体上

封闭

与含有特异性抗体(Ab)的待检样品保温

洗涤

与酶标记的抗抗体(Ab-E)保温

洗涤

加入底物显色

图 6-9　间接 ELISA 检测特异性抗体的基本原理

(2) 双抗体夹心法测定可溶性抗原。

将已知的特异性抗体包被在固相载体上,4℃过夜或者 37℃温育 2 h,形成固相抗体,洗涤后用 2%的明胶封闭,37℃温育 2 h,以防止非特异性结合,洗涤后加入待测标本(含相应抗原),抗原与固相抗体结合成复合物,没有结合的杂蛋白通过洗涤去除,再加入特异性酶标记的抗体,使之与已形成的抗原-抗体复合物结合,形成抗体-抗原-酶标记抗体复合物,通过洗涤去除没有结合的特异性酶标记的抗体,当加入与酶相应的底物时,抗体-抗原-酶标记抗体复合物中的酶催化底物显色,根据颜色的有无和颜色的深浅对待测样品中的抗原进行定性和定量分析。双抗体夹心法测定可溶性抗原比直接将抗原包被到固相载体上测定抗原敏感 2~5 倍。

　　这种夹心 ELISA 要求待测抗原分子要足够大,至少有两个互不干扰的抗原决定簇。所用的抗体可以是多克隆抗体,同时作固相和酶标记抗体。由于杂交瘤技术的发展,可选用一对各自与待测抗原分子上不同位点结合、彼此完全互不干扰的单克隆抗体,其中一种作为固相抗体,非特异性吸附在固相载体表面,以便特异性捕捉待测样品中的抗原;另一种用酶标记,作为对待测抗原进行特异性定量的指示剂。这样可以将上述 ELISA 的步骤简化为一步,即把含待测抗原的样品或标准品、酶标记抗体和固相抗体一起温育。这种 ELISA 由于有两种单克隆抗体来认定待测物的结构,所以特异性很高,可以区分整分子及其亚单位;还具有简便快速的优点,可在数分钟内完成整个测定,是应用最为广泛的一种 ELISA(图 6-10)。

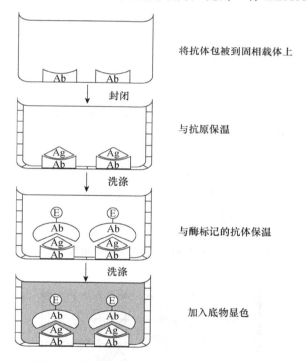

将抗体包被到固相载体上

封闭

与抗原保温

洗涤

与酶标记的抗体保温

洗涤

加入底物显色

图 6-10　双抗体夹心法测定可溶性抗原的原理

　　(3) 双抗体夹心法测定特异性抗体。
　　此方法用于待测抗体的量较小,而且得不到纯化抗原时特异性抗体的测定。也可用于几种单克隆抗体对同一种抗原的表位作图(图 6-11)。图 6-12 显示 HRP 标记的第二抗体用 TMB 作为底物显色的结果,黄色的孔为阳性结果,白色的孔为阴性结果。

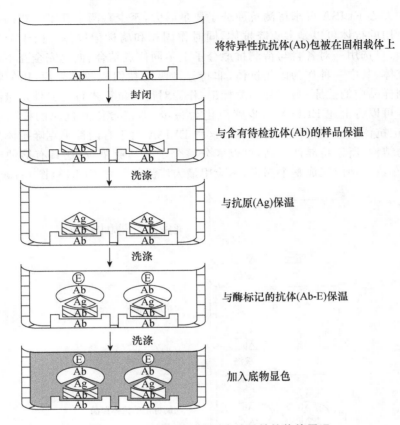

将特异性抗抗体(Ab)包被在固相载体上

封闭

与含有待检抗体(Ab)的样品保温

洗涤

与抗原(Ag)保温

洗涤

与酶标记的抗体(Ab-E)保温

洗涤

加入底物显色

图 6-11 双抗体夹心法测定特异性抗体的原理

彩图 6-12

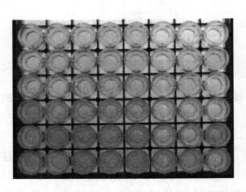

图 6-12 HRP 标记的第二抗体用 TMB 作为底物显色的结果

(彩图请扫描二维码)

ELISA 的测定具有如下优点：① 由于固相和标记的抗体均为过量,抗原同抗体的结合是非竞争的,所以对抗体亲和力的要求不像竞争性免疫测定那么高。② 灵敏度和可测范围比 RIA 高 5～10 倍。用酶(HRP 或 AP)标记的抗体,通过 ELISA 检测抗原,灵敏度可以达到 1～10 ng/mL;用双抗体夹心 ELISA 检测抗原,灵敏度可以达到 100 pg/mL～1 ng/mL。③ 双位点夹心原理明显提高了测定的特异性。④ 反应迅速,采用短期保温即可。上述优点使 ELISA 成为一类具有高度特异性和灵敏度、简便快速、准确可靠、便于自动化的新一代免疫检测技术,其应用日渐广泛。

3. 酶免疫分析中的放大系统

近几年来,在 EIA 中由于引进了放大系统,使测定的灵敏度有了较大的提高。文献中不断有新颖的超微量 EIA 的报道。兹将几种行之有效的方法介绍如下。

(1)荧光底物的使用。

在 EIA 中使用能生成荧光产物的底物,把酶和荧光的特点结合起来,可将 EIA 的灵敏度提高 10～100 倍。4-羟基苯乙烯吡啶[4-(p-hydroxystyryl) pyridine,pHSP]、吡罗红可以作为 HRP 的荧光底物,β-D-2-吡喃半乳糖(FDG)和 4-甲基伞形基-β-D-半乳糖苷(MUGAL)可以作为 β-D-半乳糖苷酶的荧光底物,4-甲基伞形酮磷酸酯(4-MUP)可以作为碱性磷酸酶的荧光底物。

(2)生物素-亲和素放大 ELISA。

生物素、亲和素以及链霉亲和素的性质参见第 5 章。

正常情况下亲和素是由四个相同的亚单位组成的四聚体,每个亚单位可结合一分子生物素,所以一分子亲和素可以结合四分子生物素。

亲和素对生物素有很高的亲和力,1 mg 亲和素可结合 15～18 pg 生物素,亲和常数可高达 1×10^{15} L/mol,而抗原和抗体之间的亲和常数则只有 10^5～10^{11} L/mol。可见亲和素和生物素的亲和力至少比抗原、抗体之间的亲和力高 1 万倍以上,亲和素和生物素一旦结合,很难解离,因此生物素-亲和素系统有高度的稳定性。

利用生物素和亲和素既可偶联抗体等生物大分子,又可被多种标记物所结合的特点,已建立了多种检测方法。在 ELISA 中,使抗体和酶等蛋白质生物素化,即一个蛋白质分子结合多个生物素分子。这些生物素化的蛋白质分子一方面保留原来的免疫反应性或酶的活性,同时由于生物素的导入而成为多价,可与多个亲和素结合,抗原-生物素化抗体-亲和素-生物素化酶复合物催化底物显色,从而产生多级放大效应。ELISA 及免疫组织化学分析中应用生物素-亲和素系统,可明显提高分析的灵敏度。从链霉菌培养液提纯的链霉亲和素,虽然其结构不同于亲和素,但同亲和素有相似的生物学特征,也可与生物素结合,而且等电点为 6.0,不含糖,可显著降低非特异性吸附,进一步提高测定的灵敏度,有取代从鸡蛋清提纯的亲和素的趋势。

生物素-亲和素(链霉亲和素)ELISA 分析模式的优点:① 亲和素对生物素的亲和力很高,结合牢固而稳定;② 每个亲和素分子可以结合四个生物素分子,使反应明显放大;③ 生物素在温和条件下结合到抗体或酶上,比活性高,不影响酶和抗体的活性;④ 用生物素代替酶标记抗体,减少了酶产生立体位阻的问题;⑤ 可提高测定的特异性;⑥ 多种生物素的衍生物可使生物素结合到蛋白质的功能基团上,有较大的余地提高此系统的测定灵敏度。

(3) 其他酶放大系统。

在 EIA 中,由于抗体或抗原上标记的酶分子不多,因此最后酶催化的呈色反应不够强,不能满足某些抗原检测灵敏度的要求。多种酶偶联和氧化还原反应的反复循环,可使常规 EIA 的灵敏度提高 100 倍以上。酶放大包括两个密切相关的反应系统:① 第一个反应系统中酶作用生成的产物是第二个反应系统中的激活剂,并参加第二个反应系统的反应;② 第二个反应系统是氧化还原的反复循环,同时产生不可逆的有色产物。例如,碱性磷酸酶使其底物辅酶Ⅱ(NADPH)脱磷酸生成辅酶Ⅰ(NADH)。在黄素酶和醇脱氢酶(alcohol dehydrogenase,ADH)的作用下,NAD/NADH 不断循环,同时使对-碘硝基四唑紫(p-iodonitrotetrazolium violet,INT)转变成红色的甲䐶,可在 492 nm 下定量分析。在第一个反应系统中产生的 NADH 经过多次循环,放大了酶的作用,使甲䐶迅速堆积。放大了酶催化的上述反应结果,其信号可放大 100～5000 倍,从而提高了测定的灵敏度(图6-13)。

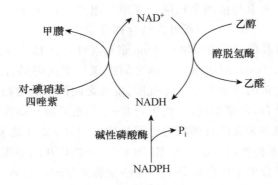

图 6-13 酶放大系统的原理

6.4 荧光免疫分析

荧光免疫分析(fluorescence immunoassay,FIA)是将免疫学反应的特异性与荧光技术的敏感性结合起来的一种方法,是标记技术的一种,是免疫技术中发展最早的一种检测方法。1941 年 Coons 等首先用荧光素标记抗体,检测肺组织内的肺炎双球菌获得成功,建立了荧光抗体技术。

某些化学物质的分子能从外界吸收并储存能量(如光能、化学能等),内层的电子吸收能量后从基态跃迁到激发态。处于高能激发态的电子是不稳定的,它们又回到原来的基态时,过剩的能量可以电磁辐射的形式发射,这种发射的光能称为荧光。荧光发射的特点是:可产生荧光的分子或原子在接受能量后即刻引起发光,而一旦停止供能,发光(荧光)现象也随之在瞬间消失。

可以引发荧光的能量种类很多:由光激发所产生的荧光称为光致荧光;由化学反应所引发的荧光称为化学荧光;由 X 射线或阴极射线引发的荧光分别称为 X 射线荧光或阴极射线荧光。荧光免疫技术一般应用光致荧光物质进行标记。

在荧光发射过程中消耗一部分能量,所以辐射光量子的能量通常小于激发光光量子的能量,即荧光波长总是大于激发光波长。荧光物质把吸收的光能转变成荧光的能力称为荧光效率,其关系式如下:

$$荧光效率 = \frac{荧光的光量子数}{吸收的光量子数} \times 100\%$$

一种物质激发荧光的效率是不变的,被激发的荧光波长是一定的。从上式可见发射的荧光强度是可变的,与激发光强度呈正相关。在一定范围内,激发光越强,荧光也越强。所以选择适当的强光源和吸收量最多的波长作为激发光源是提高荧光强度的根本方法。

某些理化因素可以影响荧光的强度,例如,紫外线的长期照射,常使荧光逐渐消退。某些化合物如苯胺、酚、间苯二酚、硝基苯、苯甲醛、汞、铁、镍、碘化钾及其他卤化物都有较强的荧光淬灭作用。在荧光免疫试验时,要避免这些物质的污染。另外,溶液中 pH 的变化会大大影响荧光的强度。结合在蛋白质上的荧光素的荧光在 pH 6 时的强度要比 pH 8 时降低 50%,故在定量荧光研究中要注意控制实验条件。

传统荧光免疫技术的基本原理是:用荧光素标记抗体,使之在细胞涂片上或组织切片上以一定的条件与标本中的待测抗原特异性结合,通过一个高发光效率的点光源,经过滤色板发出紫外光或蓝紫光,将激发与标本结合的荧光素而产生荧光。借助荧光显微镜观察,可判断待测抗原的有无。近年来,随着科学技术的发展,一系列新仪器和新技术问世,如扫描电子计算微处理机、电视扫描成像、流式细胞仪等,使荧光免疫技术不断完善,已从原来仅限于固定标本、组织切片、细胞表面的抗原或血清中的抗体的定性检测,扩大到进行活细胞分类检测及多种成分的定量检测。荧光免疫技术也被比较广泛地应用于临床检测和研究领域。

常用于标记抗体的荧光素有:异硫氰酸荧光素(FITC)、四乙基罗丹明(tetraethyl

rhodamine B200,RB200)、四甲基异硫氰酸罗丹明(TMRITC)、藻红蛋白(PE)、藻蓝蛋白(phycocyanin,PC)、得克萨斯红(Texas red)等(表 6-1)。根据实验目的不同,可以选择不同波长的荧光素配合使用,使信号与背景的反差更明显。除了荧光素外,镧系元素的螯合物也能产生较强的荧光,近年来被用于标记抗体。

表 6-1　常用荧光素的激发波长和荧光波长

荧光染料	激发波长/nm	荧光波长/nm
Cy™3	548	561
Alexa Flour 594	590	617
PE-Cy™7	496/566	785
异硫氰酸荧光素	490	520
四甲基异硫氰酸罗丹明	511	572
得克萨斯红	596	620
藻蓝蛋白	280	650
藻红蛋白	495	578
四乙基罗丹明	570	600
PE-Cy™5.5	565	693
APC-Cy™5.5	650	964

近年来,新的荧光物质的发现以及抗体制备、分离和纯化技术的发展和更新,进一步推动了荧光免疫技术的发展,使其灵敏度和特异性有较大的提高,并被广泛应用于生命科学的研究。

荧光免疫技术分为荧光抗体技术和荧光免疫分析两大类。前者包括荧光免疫细胞化学和荧光免疫组织化学等技术,主要用于定性、定位和定量计数;后者则属超微量分析。

6.4.1　荧光免疫染色法

1. 直接法

(1)原理。

将荧光素标记在已知的抗体上,把荧光标记抗体加到待测的细胞悬液、细胞涂片或组织切片上,使之与待测物内抗原结合成复合物,洗去未结合的荧光标记抗体,将待测标本在荧光显微镜下观察,可以看见荧光所在的组织细胞,从而对抗原进行定性、半定量、定位分析(图 6-14)。如果样品为单细胞悬液,也可以用流式细胞仪进行定量分析。荧光免疫染色应用范围极其广泛,可以测定内分泌激素、蛋白质、多肽、核酸、神经递质、受体、细胞因子、细胞表面抗原、肿瘤标志物等各种生物活性物质含量及血药浓度。荧光免疫染色的应用根据医学诊断类别来分,可分为传染性疾病、内分泌疾病、肿瘤诊断及药物检测、免疫学分析、血型鉴定等。

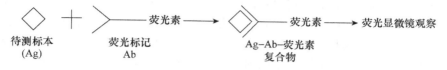

图 6-14 直接荧光免疫染色法的原理

（2）染色。

① 标本片制备。

将标本（涂片、印片、组织切片、组织培养细胞涂片、细菌培养涂片等）置于 0.8～1.0 mm 清洁无色载玻片上，使成一薄层，除特殊要求外，一般均应固定，以防止标本自载玻片脱落和消除影响抗原与抗体反应的因子（如脂类物质）。通过固定，不仅要使标记的抗体易于接近抗原，从而发生反应，而且要求标本中的抗原的活性不受损失，同时还要保护其自然形态和位置。因此，根据所研究的抗原和组织细胞种类的不同，相应地采用不同的固定方法。应用最广泛的固定液是丙酮和乙醇，其次是甲醇、甲醛、丙烯醛等。切片标本大多用乙醇固定，组织培养标本主要用丙酮固定。固定液的浓度：丙酮为 100%，乙醇为 100% 或 95%，甲醛为 10%，甲醇为 100%。固定的温度和时间变化很大，温度从 −70℃ 至 37℃ 都有应用，时间一般在 10～30 min。标本固定后需立即以冷的 0.01 mol/L pH 7.4 的 PBS 缓冲液浸洗 3 次（3 个标本缸），每次洗 3 min，风干，立即进行荧光染色。必须保存时，应保持干燥，置密封塑料袋中保存于 4℃，使用时取出先在室内复温，然后再启封取片，以防止抗原片上细胞溶解而影响染色结果。一般细菌、原虫或胃及肝组织切片经固定后可保存一个月以上；病毒和某些组织抗原标本的抗原性易丢失，需在 −20℃ 以下保存。

较多用丙酮和多聚甲醛固定细胞，需注意的是：首先，这两种固定剂的固定效果都很好，但若用多聚甲醛长时间固定，则要注意防止醛基封闭抗原决定簇；其次，丙酮作用的原理是溶解膜磷脂，所有的脂质双层（胞膜、核膜、细胞器膜等）都被破坏，而蛋白质和多糖类不受影响，因此丙酮固定后的标本不需要进行抗原恢复，它是一种非交联试剂；再次，多聚甲醛对酶类和脂类保护得较好，易与蛋白发生交联，所以，一般经过多聚甲醛固定后的标本需要抗原恢复。

另外直接染色法也可以用来检测活细胞表面的抗原，如淋巴细胞表面抗原、免疫球蛋白受体、癌细胞表面抗原等，均须用活细胞进行直接染色，因此，不需要制备标本片，而是采用一定的方法将待测细胞分离后进行直接染色。

② 染色方法。

将适当稀释的荧光标记抗体滴于固定好的标本上，放 37℃ 湿盒内染色 30～

60 min,取出,先用 pH 7.4 PBS 缓冲液轻轻冲洗,一般洗 3～4 次,吹风机吹干;于已染色标本上滴加缓冲甘油(优质甘油 1 份,0.01 mol/L pH 7.4 PBS 缓冲液 1 份)1 滴,盖上盖玻片;荧光显微镜下镜检。由于荧光素在高温下发生淬灭,应选择低温环境进行镜检。镜检时根据荧光素的吸收光谱不同选择合适的滤光系统。阳性结果应根据荧光特征、抗原形态或细胞的关系来判定结果。如为活细胞染色,则将已分离好的待测细胞配制成一定的浓度,取一定量待测细胞加入一定量的荧光抗体,温育 30～40 min 后,制片镜检。亦可利用流式细胞仪进行定性或定量分析。

（3）对照的设立。

① 标本自发荧光对照。已知抗原标本加 1～2 滴 PBS 缓冲液或不加,应无荧光出现。

② 抗原对照。已知抗原加正常同种动物标记球蛋白溶液染色,应无荧光。

③ 阻抑试验。标本滴加同种未标记抗体保温 30 min 后,再加标记抗体,镜检应无荧光现象。

④ 种属抗原染色。标记抗体与种属抗原标本染色,应无荧光出现。

⑤ 阳性对照。标记抗体与已知抗原染色,应呈强荧光反应。对照染色可根据条件适当选择。

2. 间接法

（1）原理。

将待测抗原与已知未标记抗体(第一抗体)混合,使之结合成抗原-抗体复合物;再加入荧光标记的抗抗体(第二抗体,通常是兔或羊抗鼠 IgG 抗体),使之与上述的抗原-抗体复合物结合;洗去未结合的荧光抗体,在荧光显微镜下观察结果,此法可检出未知抗原。也可以将已知抗原与待测标本(抗体)混合,使之结合成抗原-抗体复合物,再加荧光二抗,使之与上述复合物结合,洗去未结合的荧光抗体,镜检。此法可检测未知抗体(图 6-15)。如果样品为单细胞悬液,也可以用流式细胞仪进行定量分析。

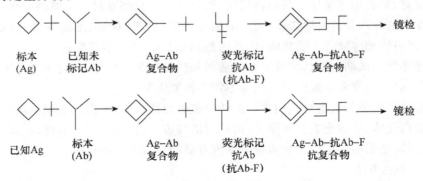

图 6-15 间接荧光免疫染色法的原理

（2）染色。

检测待测标本中未知抗原时,于固定标本上先滴加未标记已知抗体;检测待测标本中未知抗体时,于已知抗原的标本片上滴加待测标本(抗体)。放 37℃ 湿盒中30 min,严防干涸,取出后用 0.01 mol/L pH 7.4 PBS 缓冲液冲洗 3～4 次,风干。在标本片上滴加荧光标记的二抗,置湿盒中 30 min,取出后用 PBS 缓冲液冲洗,风干,镜检。注意设定合适的对照实验组。

3. 荧光免疫染色技术的优缺点

优点：① 抗原和抗体的特异性与形态的分析结合在一起;② 能做到快速、敏感、定位。

缺点：① 不能对组织细胞进行微细结构的观察;② 标本不能永久保存,荧光有自然消退现象,需及时观察,及时照相;③ 有非特异性荧光的干扰。

6.4.2 荧光免疫分析

1. 固相荧光免疫分析

荧光免疫分析技术是将荧光素标记在抗体或蛋白质抗原上作为示踪物,然后按照免疫学原理与相应的抗原或抗体结合,以检测抗原或抗体的含量。固相荧光免疫分析(solid phase fluorescence immunoassay)是基于固相抗体和抗原反应,经清洗除去干扰杂质后,测定抗原-抗体复合物的发光强度的免疫分析法。荧光免疫法测定抗体是把相应的可溶性抗原吸附在固相载体上,成为固相抗原,然后与待测样品保温,使样品中的待测抗体与固相抗原结合,洗净固相抗原上非特异结合的物质后,再与荧光素标记抗体(二抗)结合,待测抗体的量与结合的标记二抗的量成正比,与游离的标记二抗的量成反比,所以测定固相或游离的荧光强度即可对待测抗体进行定量分析。若要检测抗原,则使相应的抗体成为固相抗体,荧光素标记在另一抗体或二抗上,按上面相似的过程进行检测。

具体的测定方法如下：① 抗体(专一的免疫球蛋白)吸附于玻璃纤维纸上,形成固相抗体;② 将样品(如含有待测药物的病人血清)加在固相抗体上,样品中抗原(药物)与抗体反应;③ 向固相抗体上再加酶标记抗原(或用荧光化合物标记抗原),在适宜条件下保温一段时间,使酶标记抗原与未结合的抗体结合;④ 加入底物洗脱液,从反应区洗除样品中的血清蛋白和游离抗原,同时与酶标记结合物反应产生荧光,测量反应区发光强度。

2. 以镧系元素螯合物作为示踪物的免疫测定方法

在荧光免疫分析中,由于待测成分、试管、仪器、试剂等本底荧光的干扰及激发光源散发光的影响,使测定方法的稳定性差,灵敏度也受到限制。人们一直在寻找解决这些问题的方法。自从 1979 年芬兰科学家 Soini 和 Hemmila 提出时间分辨荧光免疫分析(time-resolved fluorescence immunoassay,TRFIA)理论以来,特别是自 1983 年 Soini 和 Kojola 首先报告以镧系元素标记为示踪物,与时间分辨荧光测量相结合,建立了一种新的非放射性微量分析技术以来,以稀土螯合物为探针的时间分辨免疫荧光分析因其灵敏度高,操作简便,示踪物稳定,标准曲线范围宽,不受样品自然荧光干扰,无放射性污染等许多优点而迅速发展起来。目前用于免疫荧光分析的稀土螯合物探针主要集中在四种稀土离子(Tb^{3+}、Eu^{3+}、Sm^{3+}、Dy^{3+})上,尤其是前两者用得最多。这种荧光免疫分析克服了一般荧光免疫分析的缺点,消除了样品中非特异性荧光的干扰,提高了检测的灵敏度。TRFIA 的标记物不是荧光素,而是镧系元素如铕、钐和铽等。

镧系元素螯合物的荧光有两个特点:① 激发光谱和发射光谱相差大,即峰移很大,例如,铕的激发高峰在 337 nm,而荧光发射峰为 613 nm,相差近 300 nm。同时发射光谱很窄,激发光的散射不容易影响荧光的测定,这一特点有利于排除非特异荧光的干扰,提高了荧光信号测量的特异性。② 镧系元素螯合物具有长的荧光寿命,例如,铕的荧光衰退时间为 430 μs,而样品中人血清白蛋白的自然本底荧光的寿命却为 1~10 ns,两者相差 5 个数量级。延缓测量时间,待短寿命的自然本底荧光完全衰退后才进行荧光测定,所得到的信息即为长寿命镧系元素螯合物的荧光,从而可有效地消除非特异本底荧光的干扰,这是 TRFIA 的最大特点。

镧系元素标记抗体的制备是 TRFIA 的重要步骤。与其他标记物一样,镧系元素标记抗体要求有高的比活性,同时又保留其免疫反应性。通常利用双功能基团化合物作螯合剂。螯合剂的一端与镧系元素结合,另一端与抗体的氨基连接。作为有机配体的荧光试剂主要有多胺多羧基类螯合剂、邻二氮菲类螯合剂、水杨酸类螯合剂、β-二酮类以及联吡啶类螯合剂等。常用的螯合剂有异硫氰酸-苯基 EDTA、亚乙基三亚胺五醋酸和 N-(异硫氰酸-苯基)亚乙基三胺四醋酸等。

TRFIA 的操作流程与酶免疫的 ELISA 相仿。免疫反应完成后,生成的抗原-抗体复合物上的镧系元素在弱碱溶液中被激发,但产生的荧光信号极为微弱,如果加入一种低 pH 的特殊增强溶液(含 β-二酮体、三辛烷基磷化氢的氧化物、乙酸和 Triton X-100),镧系元素在 pH 2~3 时很容易从抗原-抗体复合物中解离下来,与增强液中的 β-二酮体生成带有强烈黄光的镧系元素螯合物,大大地提高检测的灵敏度。

TRFIA 的荧光计与一般的荧光分光光度计不同,其光源是脉冲光源(每秒闪烁 1000 次的氙灯)。荧光计本身能控制测定时间,待非特异性荧光衰退后才测定样品中长寿命的镧系元素荧光。

TRFIA 是一种超微量检测方法,灵敏度可达 10^{-17} mol/L,特异性强,标记化合物稳定,方法简单快速,不受天然荧光的干扰,最近几年已用于蛋白质激素、药物、肿瘤和病毒抗原等的检测。

6.5 化学发光免疫分析

化学发光免疫分析(chemiluminesence immunoassay,CLIA)或免疫化学发光分析(immunochemiluminometric assay,ICLA)是继酶免疫技术(EIA)、放射免疫技术(RIA)、荧光免疫技术(FIA)和时间分辨荧光免疫技术(TRFIA)之后免疫测定技术发展的一项新兴测定技术。

化学发光技术是近二三十年来发展起来的,它利用化学反应释放的自由能产生激发态的中间体,当中间体从激发态回到稳定的基态时会释放等能级的光子,利用光信号测量仪对光子进行测定,从而进行定量分析。化学发光具有荧光的特异性,同时不需要激发光,避免了荧光分析中激发光、杂散光的影响,有很高的灵敏度,并且不像放射免疫分析那样存在强烈的环境污染和健康危害,是一种非常优秀的定量分析方法。

虽然化学发光具备很高的特异性和很小的干扰,但化学分析本身的非特异性制约了整个方法的应用。CLIA 技术利用免疫反应的特异性和化学发光本身的信号特异性形成了一种高度灵敏的微量测定技术,其具备以下特点:① 高度灵敏,检测极限达 $10^{-17} \sim 10^{-19}$ mol/L,远高于 RIA、EIA,与 TRFIA 相当,但比 TRFIA 便宜;② 特异性强,重复性好,CV<5%;③ 测定范围宽,可达 7 个数量级;④ 试剂稳定性好,无污染,有效期 6~12 个月;⑤ 操作简单,易于自动化;⑥快速,几秒钟内产生发光信号。

在对环保很重视的国家,CLIA 成了取代 RIA 的首选方法。与其他技术比较,表现为化学发光底物的不同。

在化学发光反应中参与能量转移并最终以发射光子的形式释放能量的化合物称为化学发光剂或发光底物。

免疫技术中常用的化学发光底物有以下几类:

1. 氨基苯二酰肼类

这类发光剂主要是鲁米诺(luminol,5′-氨基-2,3-二氢-1,4-酞嗪二酮)及异鲁米诺衍生物,是最常用的一类化学发光剂。鲁米诺的分子结构及化学发光原理如图 6-16。

鲁米诺在免疫测定中既可用作标记物,也可用作过氧化物酶的底物。异鲁米诺衍生物 ASEI 和 ABMI 等也是常用的标记物。但是鲁米诺直接标记抗原或抗体后发光强度降低而影响检测的灵敏度,近来鲁米诺多用作化学发光酶免疫分析的发光底物,发光强度依赖于免疫反应中酶的浓度。

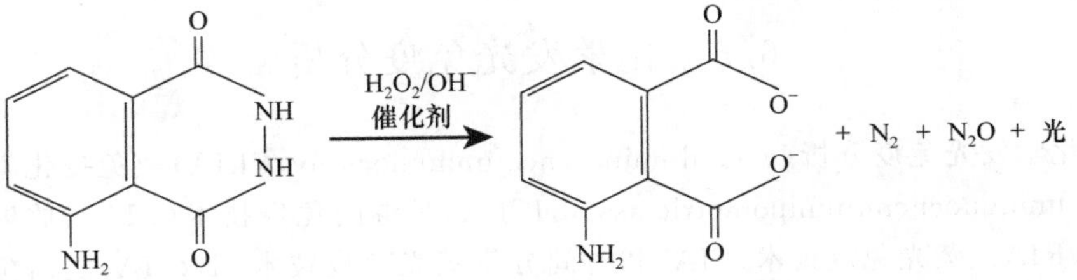

图 6-16　鲁米诺的分子结构及化学发光原理

2. 吖啶酯(acridinium ester,AE)类

这类发光剂的结构中都有共同的吖啶,在过氧化阴离子作用下,生成电子激发态中间体 N-甲基吖啶酮,当回到基态时发出光子。不需催化剂的存在,在有过氧化氢的稀碱溶液中即能发光。反应式见图 6-17。该反应迅速,在 $1\sim5\,s$ 内即可完成。具有背景低、信噪比高的优点,其检测极限可达 8×10^{-19} mol/L,发光量与 AE 浓度呈良好的线性关系,是一类应用较广泛的标记物。

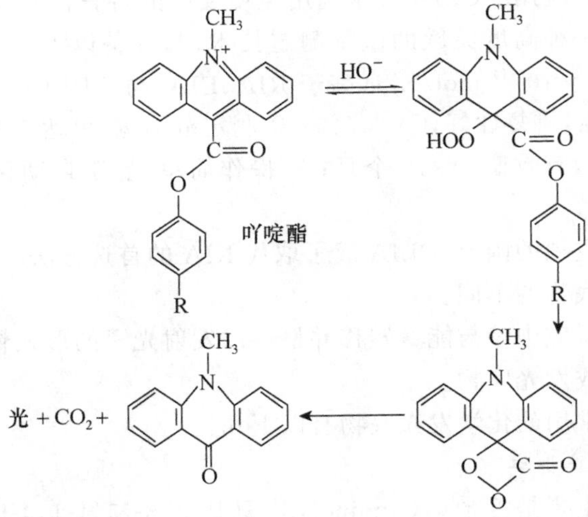

图 6-17　吖啶酯化学发光的原理

化学发光免疫分析可以分为直接标记法和化学发光酶免疫分析法两种。

吖啶酯是直接标记法所用的有效发光物质。吖啶酯Ⅰ和Ⅱ分子中有 N-羟基琥珀酰亚胺酯活化基团,它能与抗体(或抗原)分子末端的氨基在缓和条件下共价结合,生成具有化学发光活性强、免疫反应特异性高的标记物。吖啶酰胺(吖啶酯Ⅲ)需要加入缩合剂和 N-羟基琥珀酰亚胺才能与抗体反应得到标记抗体。

化学发光酶免疫分析法是以酶标记抗原或抗体进行免疫反应,免疫反应复合物上的酶作用于发光底物(如鲁米诺),在发光启动试剂(NaOH - H$_2$O$_2$)的作用下发光,用发光仪进行发光测定。氨基苯二酰肼类是用于化学发光酶免疫分析法的重要发光底物。在过氧化酶和活性氧存在下,氨基苯二酰肼类发光底物生成激发态中间体,当回到基态时发射出波长为 425 nm 的光子。

3. 电化学发光免疫分析法(electrochemiluminescence immunoassay,ECLIA)

检测原理

世界上第一台应用电化学发光免疫技术的全自动免疫分析仪是 1996 年德国宝灵曼公司推出的 Elecsys 2010 系统。1998 年罗氏公司收购宝灵曼公司,2001 年推出电化学发光免疫模块 E170,2006 年推出电化学发光免疫模块 e601。20 多年以来,罗氏公司一直致力于电化学发光免疫模块及配套试剂的研发,并且不断地给我们带来惊喜。

电化学发光免疫分析法是继放射免疫、酶免疫、荧光免疫、化学发光免疫测定以后的新一代标记免疫测定技术。通过施加一定的电压进行电化学反应,使免疫反应产物在电场参与化学发光反应。

在反应体系中,生物素标记的抗体和三联吡啶钌标记的抗体同时与靶抗原发生特异性结合,再通过生物素与链霉亲和素包被的磁珠结合,形成链霉亲和素包被的磁珠–生物素标记的抗体–抗原–三联吡啶钌标记的抗体复合物。铂金电极下方的磁铁将复合物吸附到电极表面,施加一定的电压,在电极表面进行电化学反应,通过磁珠的富集和电极表面的电化学反应,使检测信号放大,提高监测的灵敏度和特异性。

具体的化学反应是:体系中电极表面的三丙胺 TPA 释放电子,进而释放质子成为自由基 TPA·,同时,二价的三联吡啶钌[Ru(bpy)$_3$]$^{2+}$ 释放电子成为三价的三联吡啶钌[Ru(bpy)$_3$]$^{3+}$。具有强氧化性的三价的三联吡啶钌[Ru(bpy)$_3$]$^{3+}$ 和具有强还原性的三丙胺自由基 TPA· 发生氧化还原反应,结果使三价的三联吡啶钌[Ru(bpy)$_3$]$^{3+}$ 还原成激发态的二价的三联吡啶钌[Ru(bpy)$_3$]$^{2+}$,激发态[Ru(bpy)$_3$]$^{2+}$ 衰变并以释放出波长为 620 nm 光子的方式释放能量,成为基态的[Ru(bpy)$_3$]$^{2+}$。这一过程在电极表面周而复始地进行,产生许多光子,使信号得以增强(图 6-18)。通过检测光信号,测定体系中靶抗原的浓度。

链霉亲和素包被的磁珠,通过与生物素结合将生物素标记的抗体–抗原–三联吡啶钌标记的抗体复合物拉到磁铁表面的电极上,施加电压后,在电极表面发生氧化还原反应,释放出光子。

彩图 6-18

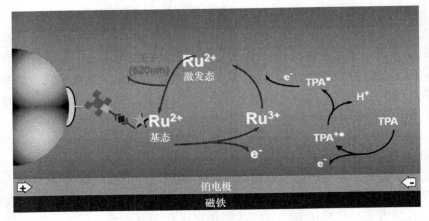

图 6-18　电化学发光免疫分析法检测原理

（彩图请扫描二维码）

引自 https://dialog. roche. com/cn/zh_cn/news/all-news/pubic-on-news201707(引用日期：2019-08-10).

6.6　免 疫 染 色

　　自从 1941 年 Coons 首先用荧光素标记抗体检测肺组织内的肺炎双球菌获得成功以来,出现了许多免疫组织化学方法,有许多抗体标记物已经商品化。间接免疫染色法的发展,使得免疫染色的敏感度更高,应用更广。免疫组织化学用抗原-抗体反应证明组织细胞内某种物质的存在部位,即用抗体与细胞内的抗原反应,通过标记抗体,在显微镜下能观察到抗原-抗体反应。

6.6.1　免疫染色的原理

　　免疫染色(immunostaining)是用酶、荧光素、胶体金或生物素标记的特异性抗体作为示踪剂,通过抗原-抗体反应,对组织细胞中的特异性抗原以及用 Western blotting 转移到硝酸纤维素膜上的蛋白质抗原进行定性、定位和(或)半定量分析的重要手段。根据检测方法,免疫染色分为直接免疫染色法和间接免疫染色法两大类。

　　直接免疫染色法是直接标记特异性抗体,利用标记的特异性抗体检测特定蛋白质抗原的方法(图 6-19)。直接免疫染色法需要标记识别靶抗原的特异性抗体,实验成本较高,而且在有些情况下得不到标记的识别靶抗原的特异性抗体,限制了直接免疫染色法的应用。

　　间接免疫染色法是将识别靶抗原的特异性抗体作为第一抗体,与特定的蛋白质抗原反应,用标记的可识别第一抗体的第二抗体与第一抗体反应,检测特定蛋白质抗原的方法(图 6-20)。在间接免疫染色法中,第一抗体作为标记的第二抗体识别的抗原。如果第一抗体来自同种动物,则多种不同的第一抗体可以共享同一种标记的第二抗体,即标记的抗同一种动物的免疫球蛋白的抗体。如辣根过氧化物酶(HRP)标记的羊抗小鼠 IgG 或兔抗小鼠 IgG 可用作多种识别不同抗原的小鼠 IgG 的第二抗体,即间接免疫染色法中标记的二抗具有通用性。能够避免直接免疫染色法的不足。

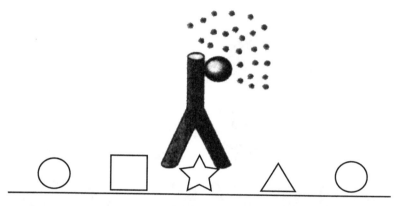

图 6-19　直接免疫染色法的原理

间接免疫染色法常用的标记抗体有以下几种:

1. 酶标记抗体

常用 HRP 或者碱性磷酸酶(AP)标记抗体。HRP 的发色底物是对二氨基联苯胺(diaminobenzidine,DAB),在过氧化氢存在下生成茶色的沉淀物。AP 的发色底物可以是氮蓝四唑(nitroblue tertazolium,NBT),在 5-溴-4-氯-3-吲哚磷酸(5-bromo-4-chloro-3-indolyl phosphate) 存在下生成青紫色的沉淀物。在 Western blotting 转移到硝酸纤维素膜上的蛋白质抗原进行染色时,AP 的发色底物可以是 disodium 3-{4-methoxyspiro[1,2-dioxetane-3,2′-(5′-chloro)tricyclo(3.3.1.1^{3,7}) decan]-4-yl}phenyl phosphate(CSPD),利用化学发光、X 射线片曝光记录或者用 CCD 照相机记录。但是化学发光法不能用于组织或者细胞染色。

2. 荧光色素标记的抗体

第二抗体常用异硫氰酸荧光素(FITC,发绿色荧光)、罗丹明(发红色荧光)等荧光素标记,抗原、抗体反应后用相应激发波长的光源激发,然后检测发射的荧光。该方法多用于组织或者细胞染色。

3. ABC 法

利用亲和素或链霉亲和素能与生物素特异地、牢固地结合的特性,第二抗体用生物素标记,亲和素-酶复合物与第二抗体上的生物素结合,一分子亲和素可以结合四分子生物素,一分子抗体可以结合的酶量增加,提高了检测方法的灵敏度。

彩图 6-20

抗原蛋白质
抗原以外的蛋白质
第一抗体
酶标记的第二抗体
底物
发色沉淀物

图 6-20　间接免疫染色法的原理
(彩图请扫描二维码)

4. 胶体金标记的抗体

第二抗体用胶体金标记,免疫反应后可以用电子显微镜检测,即用于免疫电子显微镜研究。样品与金颗粒结合后着色,也可用于 Western blotting 检测,用光学显微镜进行免疫组织化学检测等,并且可以利用银试剂增加灵敏度(免疫金银法)。

6.6.2　培养细胞的免疫染色方法

1. 贴壁生长的细胞进行免疫细胞化学染色

对于贴壁生长的细胞,比较容易进行免疫细胞化学染色。细胞一般生长在培养皿中或者玻璃盖片上(细胞爬片)。根据待测的抗原是在细胞膜表面还是在细胞溶胶中,选择不同的固定方法。如果抗原是在细胞膜表面,用低浓度的多聚甲醛固定一般不会破坏抗原性,并能保护细胞形态。如果固定破坏抗原性,可以省略固定步骤,操作在 4℃ 进行。如果抗原是在细胞溶胶中,必须增加细胞膜的渗透性,使抗体能进入细胞内。有两种方法可以破坏细胞膜的脂质双层并使细胞内的蛋白质固定：一种方法是用甲醇脱水；另一种方法是用多聚甲醛和 Triton X-100 的混合物增加细胞膜的渗透性。两种方法都很实用，用多聚甲醛和 Triton X-100 的混合物固定通常能更好地保护细胞形态。贴壁生长的细胞要长满或接近长满培养皿或玻璃盖片后进行免疫细胞化学染色。基本过程如下：

① 将细胞放置冰上冷却，尽量去除培养基。用 PBS 缓冲液洗 4 次。

② 如果抗原是在细胞膜表面，用 2% 多聚甲醛在冰上固定 30 min。如果抗原是在细胞溶胶中，用 2% 多聚甲醛和 0.1% Triton X-100 的混合物在冰上固定 30 min，也可以用 100% 甲醇在 −20℃ 固定 15 min。

③ 去除固定液，在 4℃ 用 PBS 缓冲液洗 3 次。

④ 去除 PBS 缓冲液，加入适当稀释的第一抗体覆盖细胞，4℃ 保温 1 h。

⑤ 用 PBS 缓冲液洗 4 次。加入适当稀释的第二抗体覆盖细胞，4℃ 保温 1 h。

⑥ 用 PBS 缓冲液洗 4 次。根据第二抗体的标记物不同，用不同的方法显色观察。如果使用荧光标记的第二抗体，操作时要避光，并且必须在 24 h 之内进行观察，因为荧光会很快淬灭。

2. 悬浮生长的细胞进行免疫细胞化学染色

对于悬浮生长的细胞进行免疫细胞化学染色，可以在悬浮液中进行染色，离心收集细胞，然后铺到多聚赖氨酸包被的载玻片上观察；也可以直接用 Cyto-spin 将细胞离心的同时收集到多聚赖氨酸包被的载玻片上（细胞甩片）观察。为了保护细胞形态，可以增加 PBS 缓冲液的用量，减少洗涤离心次数，并且离心速度不能太高。如果抗原是在细胞溶胶中，用 2% 多聚甲醛和 0.1% Triton X-100 的混合物固定，不能用 100% 甲醇固定，因为甲醇固定后的细胞在离心时容易破碎。基本过程如下：

① 将 $5×10^6 \sim 10^7$ 个细胞收集到 15 mL 离心管中。在 4℃，1000 r/min 离心 5 min。

② 去除培养基，将细胞悬浮于预冷的 PBS 缓冲液中。在 4℃，1000 r/min 离心 5 min。

③ 去除 PBS 缓冲液，将细胞悬浮于 2% 多聚甲醛（用于检测膜抗原）或者 2% 多聚甲醛和 0.1% Triton X-100 的混合物（用于检测细胞溶胶中的抗原）中，在 4℃ 固定 15 min。

④ 离心收集细胞，并用 PBS 缓冲液洗两次，去除 PBS 缓冲液，加入适当稀释的第一抗体，一般 $5×10^6$ 个细胞中加入 0.25 mL 抗体，4℃ 温育 1 h。

⑤ 加入 PBS 缓冲液，在 4℃，1000 r/min 离心 5 min。去除 PBS 缓冲液，再用 PBS 缓冲液洗两次。

⑥ 离心收集细胞，加入适当稀释的第二抗体，一般 $5×10^6$ 个细胞中加入 0.25 mL 抗体，4℃ 温育 1 h。

⑦ 加入 PBS 缓冲液,在 4℃,1000 r/min 离心 5 min。去除 PBS 缓冲液,再用 PBS 缓冲液洗两次。

⑧ 离心收集细胞,将细胞悬浮于少量 PBS 缓冲液中,铺到多聚赖氨酸包被的载玻片上;也可以直接用 Cyto-spin 将细胞离心的同时收集到多聚赖氨酸包被的载玻片上,根据第二抗体的标记物不同,用不同的方法显色观察。如果不能马上观察,可以用铝箔包好,放置到冰箱中保存。如果使用荧光标记的第二抗体,操作时要避光,并且必须在 24 h 之内进行观察,因为荧光会很快淬灭。

6.6.3 组织切片

组织切片有冷冻组织切片和福尔马林固定后的石蜡包埋切片。

1. 冷冻组织切片

冷冻组织切片是将组织迅速冷冻,并切片,适于用光学显微镜进行原位杂交、免疫组织化学、酶组织化学等的研究。基本过程为:

① 向一个 50 mL 的大口瓶内加入液氮预冷,注入冷冻剂,如 Cryokwik 或者异戊烷。

② 在滤纸条的一端做好标记,标本放置于另一端,放入冷冻剂中。1 min 后,标本表面会有固化的冷冻剂。可以将标本放入液氮或者−70℃冰箱中处理(在此条件下可以保存一年以上)。

③ 将带有标本的滤纸条放于恒冷箱中,将有一薄层 OCT(optimal cutting temperature compound,聚乙二醇、聚乙烯醇和氯化二甲苯胺的混合物)的切片台也放入恒冷箱中,将显微镜用薄片切片机预冷 10 min 以上。将载玻片用 1% 的明胶包被。

OCT 包埋剂目前已广泛用于免疫组织化学实验中,其用途是在冰冻切片时支撑组织,以增加组织的连续性,减少皱褶及碎裂。又因 OCT 包埋剂为水溶性,故在漂片时可溶于水,所以在以后的染色中不会增加背景染色。利用 OCT 包埋剂预先浸润组织,然后再进行恒冷箱切片,使切片质量得到改善。

④ 待 OCT 固化后,用薄片切片机切片。根据需要可以选择切片厚度,多选择 8 μm。收集切片置于包被好的载玻片上。根据不同的抗原,可以使切片自然干燥,也可以用多聚甲醛固定后用于免疫组织化学染色(图 6-21)。

2. 福尔马林固定后的石蜡包埋组织切片

大多数组织学研究都可以用福尔马林固定后的石蜡包埋组织切片。

① 将 1 cm×1 cm×0.4 cm 组织块放入新配的 4% 多聚甲醛固定液中,固定 2 h 以上。

② 标准的石蜡包埋过程和组织切片。

③ 收集切片置于洁净的载玻片上,切片厚度以 5～10 μm 为宜,不能超过 20 μm。

④ 切片用二甲苯脱蜡两次,每次 5 min。

⑤ 用系列乙醇水化。

⑥ 用水漂洗后,可用于免疫组织化学染色。

组织切片的染色可以在科普林缸(Coplin jar)内进行,同时可对数张切片进行染色,操作方便。注意不要使切片之间互相接触。

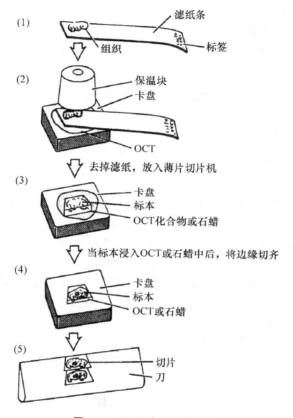

图 6-21　组织冷冻切片过程

6.6.4　细胞涂片

细胞涂片是将一薄层的细胞以物理方法固着在洁净的载玻片上。活检组织样品染色可以进行细胞涂片,如临床上的针吸活检标本、刮片等。关键的操作步骤是要将样品涂成单层细胞,才能取得良好的染色效果。细胞涂片的不足之处是不能保持组织结构。

① 含液体间隙的组织或器官(脾、肝),可切一小块组织直接轻敷于洁净干燥的载玻片上。对组织刮片和针吸活检组织,可将组织样本放置载玻片的一端,用另

一张载玻片呈 45°均匀平推制片;对稠密的标本,宜用另一张载玻片轻压拉动,使组织分散开。

② 使样品自然干燥。

③ 将标本片浸于组织固定液中,常用丙酮,但也可以用甲醇,或者 50% 丙酮和 50% 甲醇的混合物。

④ 在室温孵育标本 5 min。

⑤ 用 PBS 缓冲液漂洗两次。

此时,标本可用于免疫染色。

6.6.5 Western blotting 膜上蛋白质的免疫染色方法

参考"6.13 节免疫印迹"。

6.6.6 免疫染色的注意事项

1. 抗体的选择

第一抗体可以是单克隆抗体,也可以是多克隆抗体。多克隆抗体含有识别不同抗原决定簇的多种抗体。单克隆抗体只识别单一的抗原决定簇。反映在免疫染色的结果中,多克隆抗体染色的信号要比单克隆抗体染色的信号强。但是单克隆抗体比多克隆抗体特异性强,可以避免非特异性交叉反应。一般来讲,在免疫染色中,亲和纯化的多克隆抗体优于单克隆抗体,没有纯化的抗血清最差。

关于抗体工作液的浓度,多克隆抗体抗血清一般进行 1:50 或者 1:100 稀释。如果是亲和纯化的多克隆抗体,一般工作液浓度为 5～10 μg/mL。杂交瘤培养上清(单克隆抗体)工作液一般为 1:5 或者 1:10 稀释。腹水或者纯化的免疫球蛋白(单克隆抗体)工作液一般为 1:1000 或者 1:10 000 稀释。

2. 对照的设置

免疫染色实验必须设计阴性对照和阳性对照实验,以排除假阴性和假阳性的结果。

(1)抗体对照。特异性染色反应应与对照进行比较。如果选用多克隆抗体,应该用同一动物免疫前采集的血清作为阴性对照。但是,在多数情况下,也可以采用相同种属动物的非免疫血清。如果选用单克隆抗体,对照必须和特异性抗体的来源相同,即细胞培养上清液与上清液对比,小鼠腹水与腹水对比,或者纯化抗体与纯化抗体相对比。如果可能,对照抗体应该是特异性抗体的同类或相同亚类。

(2)样品对照。用已知的阳性样品、阴性样品和待测样品同时进行免疫染色,以检查方法的可靠性。

(3)注意样品内源性酶的活性。

如果使用过氧化物酶或者碱性磷酸酶标记的抗体进行免疫染色检测,在加入抗体前应该先阻断或抑制内源性酶的活性。阻断内源性过氧化物酶的活性,使用甲醇-3%过氧化氢(按 4∶1 的比例配制)溶液孵育标本 20 min。过氧化氢一般以30%的溶液储存于 4℃,可以存放 1 个月。也可以单纯使用 3%过氧化氢处理标本。阻断内源性碱性磷酸酶活性,则用 0.1 mmol/L 左旋咪唑溶液孵育。此抑制剂不能减少肠组织的碱性磷酸酶活性。因此,碱性磷酸酶标记的抗体不宜用于有内源性肠碱性磷酸酶的标本染色。

6.7　DNA 标记抗体的应用

免疫-聚合酶链反应(immuno-polymerase chain reaction,IM-PCR)和 PCR -免疫都是免疫学技术和分子生物学技术相结合的超微量分析技术。前者是利用 PCR 反应对抗原-抗体反应后的结合产物进行放大,反映蛋白质抗原的水平;后者则是利用抗原-抗体反应对 PCR 扩增产物进行定量,反映 DNA 或 RNA 的水平。

6.7.1　IM-PCR

IM-PCR 是将抗原-抗体反应的特异性与体外扩增 DNA 的技术相结合,用于检测生物样品中含量极少的蛋白质,如细胞因子、微量抗原等的方法。Sahot 等用重组的链霉亲和素与蛋白 A 的嵌合体,将免疫反应和 PCR 结合在一起。其基本原理和 ELISA 一样,所用的标记物不是放射性同位素、酶、荧光素或化学发光剂等物质,而是一段特定的 DNA,并且通过 PCR 扩增进行检测。为此,它要比 ELISA 敏感 10 万倍,敏感性可达几百个待测分子。因此,此项新技术自 1992 年问世以来,用于牛血清白蛋白(BSA)、人癌基因表达产物、肿瘤相关抗原、T 细胞受体、肿瘤坏死因子(TNF)、激素和 β-葡萄糖苷酶等的检测。

IM-PCR 主要包括两部分:其一是免疫反应;其二是 PCR 扩增标记的 DNA 及其测定。免疫反应方面与常用的免疫分析法相似,但多数采用双位点法,如 ELISA 等。夹心法需选用两种抗待测物不同位点的单克隆抗体(McAb):其中一种包被在固相载体上,作为固相抗体(sMcAb);另一种用一定长度的 DNA 序列标记作为标记抗体(DNA-McAb)。在两种抗体对待测抗原而言都是过量的情况下进行免疫反应。待免疫反应达到终点后,对 sMcAb-Ag-DNA-McAb 复合物上的 DNA 序列进行 PCR 扩增。根据 PCR 产物的存在与否及量的多少即可对待测抗原进行定性或定量分析(图 6-22)。

按反应中所用抗体的方式不同,IM-PCR 可分为直接 IM-PCR 法和间接 IM-PCR(双抗体夹心 IM-PCR)法。

1. 直接 IM-PCR 法

将所测抗原吸附在固相载体上,使特异性单克隆抗体与之反应,然后用生物素化的多克隆抗体通过亲和素与生物素化 DNA(标记分子)相连接,形成抗原-抗体-生物素化第二抗体-亲和素-生物素化 DNA 的复合物,再用合适的引物通过 PCR 扩增复合物上标记的 DNA。该方法灵敏度可达 15 pg(图 6-23)。

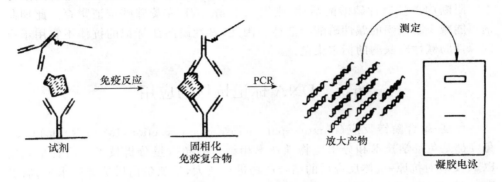

图 6-22　双位点 IM-PCR 的原理示意

　　：DNA 标记抗体；　　：固相化抗体；　　：被测物

抗原吸附到固相载体上

加入特异性单克隆抗体
反应后加入生物素化的多克隆抗体

通过亲和素与生物素化的DNA相连接

用适宜的引物进行PCR

用琼脂糖凝胶电泳检查PCR产物

紫外灯下拍照，激光扫描进行定量

图 6-23　直接 IM-PCR 的原理(检测微量抗原)

　　2. 间接 IM-PCR(双抗体夹心 IM-PCR)法

　　此法用于难以直接吸附于固相载体的抗原检测。将识别待测抗原的 McAb 先吸附在固相载体上,然后使待测抗原与之反应。再用识别待测抗原的生物素化的特异性多克隆抗体结合抗原,通过亲和素再与生物素化 DNA 相连接,形成单克隆抗体-抗原-生物素化的多克隆抗体-亲和素-生物素化的 DNA 复合物。然后以合适的引物对复合物中标记的 DNA 分子进行 PCR 扩增。由于此法是以扩增的 DNA 量来反映待检抗原的量,所以要用不同浓度的标准抗原同时进行 PCR,以获得标准抗原(根据生成 DNA 量计算)的剂量反应曲线,然后从标准曲线上读取待测抗原量(图 6-24)。

抗待测抗原的单克隆抗体吸附到固相载体上

↓ 加入待测抗原
反应后加入生物素化的特异性多克隆抗体

通过亲和素与生物素化的DNA相连接

↓

用适宜的引物进行PCR

用琼脂糖凝胶电泳检查PCR产物

紫外灯下拍照，激光扫描进行定量

图 6-24　间接 IM-PCR 的原理

　　PCR 扩增产物的测定,一般是用 2% 琼脂糖凝胶进行电泳,然后根据 DNA 合成时所掺入的同位素标记的脱氧核糖核苷酸的放射性,或者 DNA 被溴化乙锭(EB)染色的程度来判定。Mantero 等(1991)发展了 DNA 的酶免疫分析法(DEIA)。此法是用一个吸附亲和素的固相载体,去结合带有生物素的特异性寡核苷酸探针。于是可将所得的变性 PCR 产物与之杂交。然后用一种能区别单链和双链 DNA 的单克隆抗体,使其与双链 DNA 发生反应。再用酶标记的羊(或兔)IgG 抗体,形成固相化的亲和素-生物素标记的 DNA 探针-PCR 产物-酶标记的识别双链 DNA 杂交体的抗体复合物,用酶的相应底物进行显色。使用这一方法,可检测出单个抗原分子。材料与试剂包括:① 所测物的单克隆抗体(鼠);② 所测物的多克隆抗体(兔);③ 生物素化羊抗鼠 IgG;④ 生物素化羊抗兔 IgG;⑤ 生物素化 dUTP;⑥ Klenow 聚合酶;⑦ PCR反应液;⑧ 引物(自行设计);⑨ 生物素化 DNA 标记分子。

　　3. 邻位连接分析

　　邻位连接分析(proximity ligation assay,PLA)是最近几年建立的免疫分析技术,是一种用于识别细胞内或组织中原位蛋白质之间相互作用的简单的定性方法。

　　基本原理:一对第一抗体分别识别并结合潜在相互作用的目标蛋白质。用 DNA 标记的相应第二抗体分别结合第一抗体。这对第二抗体上标记的是能形成匹配的短单链寡核苷酸。如果两个独立的目标蛋白质相互作用,此时仍处于最近的邻位,这对第二抗体上标记的寡核苷酸探针将与另外两个寡核苷酸连接子杂交和连接,从而形成连续环形 DNA 结构。DNA 聚合酶将通过简单、可靠的滚环扩增,将这些环形分子扩增。获得的这些高度扩增的环形 DNA 分子可采用荧光标记的探针进行杂交(Southern blot),用荧光显微镜检测荧光信号,并可作为两个蛋白质之间相互作用的定性标记物(图 6-25)。

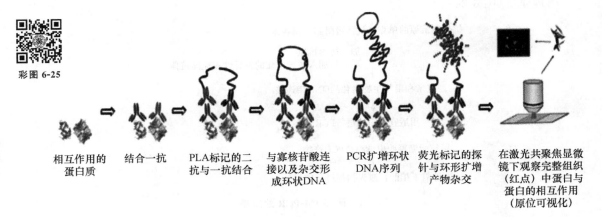

彩图 6-25

相互作用的   结合一抗   PLA标记的二   与寡核苷酸连   PCR扩增环状   荧光标记的探   在激光共聚焦显微
蛋白质   抗与一抗结合   接以及杂交形   DNA序列   针与环形扩增   镜下观察完整组织
                                                              成环状DNA   产物杂交   (红点)中蛋白与
                                                                                                                          蛋白的相互作用
                                                                                                                          (原位可视化)

图 6-25 邻位连接分析的基本原理

(彩图请扫描二维码)

与研究蛋白质之间的相互作用的传统方法,如免疫共沉淀(co-immunoprecip-itation,Co-IP)、荧光共振能量转移(fluorescence resonance energy transfer,FRET)、双分子荧光互补技术(bimolecular fluorescence complementation,BiFC)、酵母双杂交系统(yeast two hybrid system)等相比,邻位连接技术的第一个优点是简单,邻位连接技术无须经过数周的分子克隆或条件优化,它们仅需具有良好的探针和良好的抗体。现已有相应的试剂盒上市,只要有合格的样品和第一抗体,就可以进行实验。第二个优点是灵敏,通过 PCR 指数扩增,将抗原-抗体反应的信号扩大,提高检测的灵敏度。第三个优点是在自然条件下研究天然蛋白质之间的相互作用。邻位连接技术直接在固定细胞和组织切片中进行。无须研究人员破坏细胞或从组织中提取蛋白质成分来识别蛋白质之间的相互作用,还可以使用其他标签和标记来同时识别其他变量。但是,实验前必须设计好实验体系的阴性对照、阳性对照及确认实验,避免假阴性和假阳性结果。

4. DNA 标记抗体的制备

(1)标记物 DNA。

一般而言,只要不影响检测的特异性,任何来源的 DNA 分子均可作为标记物,其长度从几十到几百个碱基均可。还可采用长度不同但 5′端和 3′端序列相同的 DNA 片段分别标记不同的抗体。在一次 IM-PCR 反应中同时检测多种不同的抗原。例如 Herdrickson 等曾分别以 5′和 3′端引物序列相同的 55、85 和 99 个碱基的 DNA 标记 β-半乳糖苷酶(β-Gal)、人促甲状腺素(hTSH)和人绒毛膜促性腺激素(hCG)的 McAb,在一次 IM-PCR 反应中同时测定这三种蛋白质。虽然短链或长链的 DNA 序列均可用作标记物,但长链 DNA 在检测时比短链 DNA 有更多的优点,因为长链 DNA 较容易通过荧光或光吸收的方法进行检测,可允许导入更多的非同位素标记物以利于检测,另外 DNA 长度的增加有利于以杂交为基础的检测。

单链和双链的 DNA 均可作为抗体的标记物,但双链的具有如下优点：① 第二链的存在可增加标记物的稳定性;② 第二链并不结合到抗体上,在 PCR 第一个循环变化时可释放到反应液中,有助于消除变性的多肽链对 DNA 扩增产生的空间位阻;③ 由于 DNA 化学合成法的局限性,只能合成 ≤100 个核苷酸的单链寡核苷酸,而通过生物学和生物化学方法产生的双链 DNA 的碱基对则数以千计。

（2）DNA 标记抗体的制备。

制备高质量的 DNA 标记抗体是 IM-PCR 技术的关键,制备技术正在不断发展和完善,目前主要采用如下三种方法。

① 蛋白 A-链霉亲和素嵌合蛋白连接法。蛋白 A 是从金黄色葡萄球菌的细胞壁中提取的一种蛋白质,由一条肽链构成,相对分子质量为 42 000。蛋白 G(593 个氨基酸)是从链球菌细胞壁中分离的蛋白质。蛋白 A 或者蛋白 G 能与多个物种的抗体分子,特别是 IgG 的 Fc 段结合,因此能作为桥分子。蛋白 A 或蛋白 G 与不同物种的 IgG 分子的结合力不同,人、家兔、豚鼠、猪、狗的 IgG 以及小鼠的 IgG2a、IgG2b、IgG3 与蛋白 A 的结合能力很强,而小鼠的 IgG1,牛、马、羊等的 IgG 与蛋白 A 的结合能力很弱,鸟类 IgG 完全不能与蛋白 A 结合。蛋白 G 与小鼠的 IgG1、大鼠、牛、马、羊等的 IgG 产生强烈的结合,而与家兔、豚鼠的 IgG 的结合能力与蛋白 A 相近。所以在使用蛋白 A 或蛋白 G 作为桥分子时,必须注意抗体来源的物种。一般推荐将蛋白 A 用于与小鼠单抗 IgG2a、IgG2b 和 IgG3 亚类抗体交联,而将蛋白 G 用于 IgG1 类抗体。蛋白 G 用于与大鼠单克隆抗体的交联,对于各种多克隆抗体,蛋白 A 适用于家兔、人、猪、豚鼠、狗或猫的抗体,而蛋白 G 适用于小鼠、大鼠、绵羊、马、驴、牛或山羊的多克隆抗体。

Sano 等分别用基因工程方法制备蛋白 A(prA)-链霉亲和素(S)嵌合蛋白(prAS),用化学方法使 DNA 生物素化(BDNA),利用蛋白 A 与抗体 IgG Fc 段(Ab)的结合及 S 与生物素的高度亲和力和高度特异性结合,形成结合物 Ab-prAS-BDNA,使 DNA 标记在抗体上。但制备 prAS 嵌合蛋白有一定难度,而且蛋白 A 与抗体的结合是非特异的,它既可与标记抗体结合,也能和固相抗体结合,使本底偏高、特异性降低。

② 亲和素连接法。亲和素对生物素有很高的亲和力,每分子亲和素可以结合四分子生物素,而每分子生物素化的抗体等蛋白质上又存在多个生物素分子。因此,先分别使抗体和 DNA 均生物素化,再通过亲和素的偶联作用,即可制成 DNA

标记的抗体,即生物素化抗体-亲和素-生物素化 DNA 特异性结合物。但是,当生物素化抗体、生物素化 DNA 和亲和素共处于同一反应系统时,除了生成上述所需的特异性结合物外,还形成多种其他形式的结合物,其中可能存在无 DNA 或无抗体的形式,生物素与亲和素结合的这种非均一性将会影响测定的灵敏度、准确度和重复性。另外,由于 DNA 标记抗体的过程是在 IM-PCR 反应系统中进行,为了除去多余试剂及非特异结合物要增加很多步骤,过程复杂、费时,因此并非是理想的方法。

③ 化学交联。1995 年,Hendrickson 首先报道用化学交联法使 DNA 直接共价结合到抗体上。在 DNA 与抗体连接之前,需先用两种不同的双功能交联剂如琥珀酰胺和马来酰胺分别处理 DNA 和抗体,使其成为乙酰硫代乙酰化 DNA 和马来酰亚胺化抗体。然后将两者混合,在盐酸羟胺的作用下共价连接成 DNA -抗体结合物。Hendrickson 不但采用化学交联法成功地制备了 55 个碱基 DNA 标记的 β-Gal McAb、85 个碱基 DNA 标记的 hTSH McAb 和 96 个碱基 DNA 标记的 hCG McAb,还建立了同时测定 β-Gal、hTSH 和 hCG 的 IM-PCR 方法。测定的灵敏度分别比用同样抗体的 ELISA 高 10^3、10^2 和 10^3 倍。随着 IM-PCR 的发展,更简单和有效的 DNA 与抗体结合的方法将不断出现。

5. 引物的设计

在 IM-PCR 反应中,引物的设计是影响 PCR 扩增产量和特异性的最重要因素之一。引物的设计要求很特异,要尽量避免引物内及引物间二聚体和多聚体的形成,同时还需确保每个引物 3' 端的 10 个碱基序列仅结合到标记 DNA 的引物结合位点上,而不与其他位点或互补链结合。如果想要在一个 IM-PCR 反应中同时测定多种物质,其相应的各种标记 DNA 的引物序列应是相同的,以便同时扩增多种 DNA 链。IM-PCR 技术由于其灵敏度比 ELISA 的高 $10^2 \sim 10^7$ 倍,又可同时检测多种物质,且操作简单和易于自动化,故对极微量蛋白抗原等的检测的优越性远远高于其他免疫方法。目前最大的难题是如何避免非特异性扩增,随着方法学的不断改良和完善,其应用前景令人瞩目。

6.7.2　PCR -免疫

在常规的分子生物学实验室中,对 PCR 扩增的核酸产物的分析主要是采用琼脂糖或聚丙烯酰胺凝胶电泳,溴化乙锭（EB）染色,在紫外线照射下观察、拍照（PCR-EB 法）。这种方法简单,经济。由于 EB 污染环境,紫外线伤害人体,近年来用 GoodView 代替 EB 用于核酸检测（PCR-GoodView 法）。PCR-EB 法和 PCR-GoodView 法共同的缺点是存在假阴性、假阳性,因为只要 DNA 的大小相同,电泳就出现在相同的位置,就可以被 EB 或者 GoodView 染色显示一条带。并且只能进行定性或半定量分析,PCR-EB 法的灵敏度是 10 ng/条带,不能准确定量。PCR-免疫是利用免疫学方法对 PCR 产物(DNA)进行定量分析的一种新技术,比 PCR-EB 法有更高的特异性和灵敏度,检测范围可以达到 fg 级。

PCR-免疫技术包括待测目的 DNA 的 PCR 扩增和 PCR 产物的检测两部分。在免疫检测方面,多数学者选用 ELISA。PCR-Southern blot 和免疫学这两部分的反应能联系起来,必须对 PCR 的引物和探针进行特殊的标记。在探针的 5′端用生物素标记,用地高辛标记 dUTP(digoxibenin-dUTP),使 PCR 产物标记上地高辛;也可以在引物的 5′端用地高辛标记,使 PCR 扩增产物标记上地高辛。PCR 扩增产物用微孔板液相杂交和酶联免疫显色的方法来检测。在微孔板上形成抗生物素蛋白-(生物素-探针)-(PCR 扩增产物-地高辛)-抗地高辛抗体-HRP 的复合物,用相应的底物显色,在酶标仪上测定相应的吸光值。

基本过程为:

① PCR 扩增目的 DNA。

② 将亲和素或链霉亲和素包被微孔板,4℃过夜。用 PBS 缓冲液洗 3 次,用 BSA 封闭,4℃过夜。

③ 用 PBS 缓冲液洗 3 次,用生物素标记的探针包被微孔板(生物素与抗生物素蛋白或链霉亲和素结合),37℃,1 h。

④ 用 TBS 缓冲液洗 3 次,加入扩增的 PCR 产物和杂交液(扩增的 PCR 产物与探针结合),42℃,1 h。

⑤ 用 TBS 缓冲液洗 3 次,加入 HRP 或 AP 标记的抗地高辛抗体(扩增的 PCR 产物上的地高辛与抗体结合),37℃,1 h。

⑥ 加入显色底物,避光,显色 5～10 min。加入终止液,立即在酶标仪上测定相应的吸光值。

在 PCR-免疫方法中,可以加入批内标准,作出标准曲线,实现定量检测的目的。地高辛标记的引物具有引物和探针的双重特异性,可提高检测方法的特异性,结果更准确和可靠;操作步骤简化,有利于检测的自动化,一次可检测大批样品;判断更客观,避免了人为因素的影响。此法已用于乙肝病毒(HBV)DNA 和丙型肝炎病毒(HCV)RNA、腺病毒(ADV)DNA、人乳头状瘤病毒(HPV)DNA 等的检测,提高了相应疾病的临床诊断和治疗水平。

6.7.3 注意事项

① 固相载体的选择:主要取决于抗原在固相载体上的吸附程度。如果抗原吸附良好,可以进行直接 IM-PCR;如果抗原吸附不良,则需选用双抗体夹心 IM-PCR。另外,选用的固相载体要和 PCR 仪器相匹配。一般用 0.5 mL 的聚苯乙烯

反应管,也可以用微量滴定板。

② 待测抗原的特异性抗体:这是决定此法特异性和敏感性的关键试剂,应使用相应的 McAb 为宜。将抗体进行生物素标记后,可用于直接 IM-PCR,或以生物素化的二抗来连接亲和素和生物素化 DNA 分子,用于间接 IM-PCR。

③ 连接分子:用于连接两个不同的分子。在 IM-PCR 中,就是把作为模板的 DNA 标记分子连接到目的物(例如抗原)上去,并且要求这种连接是特异的、高亲和性的。为此,常用生物素及其结合蛋白——亲和素或链霉亲和素作为连接分子。只要将需要连接的分子标以生物素,就可以通过亲和素将它们连接起来。Sano 等用的是重组的链霉亲和素与蛋白 A 的嵌合体,它一方面可借亲和素与生物素化 DNA 分子(质粒)相结合,另一方面可以通过蛋白 A 与所测抗原的相应抗体(IgG)的 Fc 段相结合。此种连接分子虽操作步骤少,但蛋白 A 部分可引起非特异性结合,使反应的本底增高,而且无市售商品试剂可得。后来 Ruzicka 等用亲和素-生物素化 DNA 复合物作为连接分子。该连接分子系用亲和素与生物素化的特异性 DNA 分子相结合而制得,其优点是亲和素有市售商品。与亲和素相连接的特异性抗体-生物素结合物也有商品试剂存在的问题。亲和素分子有四个亚基,可分别与生物素分子相连接,于是在形成复合物时,可因反应物的浓度差异,生成五种不同饱和度的产物。这种不均一性使得反应的敏感性和重复性降低。因此,Zhou 等主张将亲和素独立地加入,并认为这是保证重复性的简化步骤。目前使用的亲和素有链霉亲和素和一般亲和素两种。

④ DNA 标记分子:作为标记分子,应当考虑其来源和效果。一般应是在样品中绝对不存在的、纯度高、均质性好的 DNA。为此,选用质粒 DNA 或 PCR 扩增产物为宜。为了保证生物素标记的 DNA 与亲和素结合的均质性,DNA 标记分子以用饱和浓度为佳。

⑤ 引物:除与 DNA 分子互补外,还须考虑到它的特异性、灵敏度或扩增效果。因为所用引物的浓度过高时,会由于非特异性结合使本底过高,又会使灵敏度降低。

6.8 抗体芯片技术

1995 年澳大利亚学者 Wasinger V. C. 提出了蛋白质组(proteome)的概念。随着全球性人类基因组和功能基因组计划的顺利实施,蛋白质组学(proteomics)逐渐受到人们的重视。蛋白质组是指一个机体、组织或者细胞内表达的所有蛋白质的总和。蛋白质组学是以细胞或机体全部蛋白质的表达及其活动方式为研究对象,采用高分辨率的蛋白质分离手段,结合高通量的蛋白质鉴定技术,全面研究在各种特定情况下的蛋白质表达谱。虽然蛋白质组学的研究策略包括从大规模、系统性、全面性的角度研究蛋白质组和不同时期细胞蛋白质组成的变化两个方向,但是由于同一个机体在不同组织、不同器官,甚至不同发育阶段、不同外界刺激下,其细胞内蛋白质的表达也不尽相同,现阶段主要的研究方向是功能性策略,即研究不同时期细胞蛋白质组成的变化。20 世纪 90 年代蛋白质芯片(protein chip)技术问世以来,以其高通量、微型化、集成化、平行性检测的特点,已用于医学研究、疾病检测、新药的筛选、测试与研发、食品卫生监督等领域。蛋白质芯片技术与层析、质谱、双向电泳等联合应用,成为检测蛋白质存在和变化的高效工具。抗体(免疫)芯片、基因芯片、蛋白质芯片及组织芯片等统称为生物芯片(biochip)。各芯片的操作流程近似,但在芯片上固相化的探针及用途差别很大。基因芯片上固相化的探针是寡核苷酸,待分析的是基因的表达、分型和多态性;抗体芯片(antibody chip)上固相化的探针是抗体,待测物是相应的抗原或独特型抗体。抗体芯片在蛋白质芯片中发展最快,而且在技术上日益成熟。抗体是具有免疫功能的蛋白质,抗体芯片的分析原理也是基于抗体和抗原的特异性结合,因此,抗体芯片也可称为免疫芯片。

蛋白质芯片的原理是在固相支持物的表面,按照预先设计的方法固定大量的探针蛋白,形成高密度排列的探针蛋白点阵。一个蛋白质芯片可以容纳一个蛋白质家族的所有成员或者一种蛋白质的所有变异体。将带有特殊标记的蛋白质分子(如抗体或配体)与该芯片进行孵育,探针可以与待测样品中的相应蛋白质结合,通过检测器对标记物进行检测,计算机分析计算出待测样品中所含蛋白。

虽然膜载体如硝酸纤维素膜、醋酸纤维素膜、尼龙膜、聚偏二氟乙烯膜(PVDF)均可作为固相载体,它们并不适用于蛋白质芯片。因为这些物质的表面通常不适合高密度的蛋白质,被点样的物质可能在这些物质的表面扩散,或者它们不允许有良好的信噪比。大多数芯片以玻璃片为载体,其表面可以高密度地点样蛋白质,并且有较低的荧光背景。

抗体芯片具有高通量和特异性等优点,是后基因组计划研究基因功能,包括蛋白质表达谱、蛋白质翻译后的修饰、蛋白质之间的相互作用及生物学功能等的新技术。抗体是检测复杂混合物中蛋白质的传统试剂。在抗体芯片里,能结合具体抗原的抗体(或者抗体模拟物)高密度地排列在芯片上,细胞裂解液经过芯片后,将芯片洗涤,连接抗原的抗体能被检测出来。通常是通过标记了的裂解液中的蛋白或是能识别感兴趣抗原的标记二抗来进行检测。美国 BD Clontech 公司提供的第一张商品化抗体芯片上排列了 378 种已知蛋白质的单克隆抗体,这些单克隆抗体对应的蛋白质都是细胞结构和功能上十分重要的蛋白质。

蛋白质芯片的核心技术是芯片的制备和反应信号的检测分析。由于蛋白质的生物活性依赖于不同的折叠方式,对芯片的表面修饰非常重要,既要保证蛋白质稳定地固定在载体表面,又不丧失蛋白质的生物活性。目前对玻片载体的表面修饰方法有戊二醛修饰法、聚赖氨酸修饰法、巯基修饰法、多糖修饰法等。如 Robinson 等研制成功了多聚赖氨酸修饰的蛋白质芯片,芯片上包被有 196 种特异性蛋白质或多肽,用来检测风湿病患者血清中的抗体。

制作抗体芯片是利用抗体芯片技术检测相应抗原的关键步骤之一。先将已知特性的抗体通过阵列点样机(arrayer)或阵列复制器(arraying and replicating device,ARD)及电脑控制的机器人,准确、快速、定量和有序地将特定的抗体探针点加在硅片、玻璃或尼龙膜等载体上,经洗涤和封闭后即制成抗体芯片。然后按微阵列 ELISA 类似的方法进行操作,用相应的成套自动化仪器及配备的软件收集、分析和打印出分析结果。

对吸附到蛋白质芯片表面的靶蛋白的检测有两种主要方法:一种是蛋白质标记法。样品中的蛋白质预先用荧光物质或同位素等标记,结合到芯片上的蛋白质就会发出特定的信号,用 CCD(charge-coupled device)照相技术及激光扫描系统等对信号进行检测。另一种是以质谱技术为基础的直接检测法。Ciphergen Biosystems公司采用表面增强激光解吸离子化–飞行时间质谱(surface-enhanced laser desorption/ionization-time of flight mass spectrometry,SELDI-TOF-MS)技术使靶蛋白离子化,以分析蛋白质的相对分子质量和相对含量。

芯片制备复杂烦琐,需要配备昂贵的点样与检测设备,限制其在中小实验室中的应用。目前,抗体芯片技术尚难推广。但是,随着工程抗体技术以及成套自动化仪器等的进一步发展,此项新技术有望于不久的将来在基因功能诊断、有效药物筛查和个体化治疗等方面取得重大突破。

6.9 免疫胶体金的制备和应用

免疫胶体金技术是四大免疫标记技术之一,已经成为继荧光素、放射性同位素和酶之后,在免疫标记技术中常用的非放射性示踪剂。1971 年 Faulk 和 Taytor 将胶体金引入免疫化学,此后免疫胶体金技术(immunocolloidal gold,ICG)作为一种新的免疫学方法,在生物医学各领域得到了日益广泛的应用。目前在医学检验中的应用主要是胶体金快速免疫层析法(colloidal gold enhanced immunochromatography assay)和快速斑点免疫金渗滤法(dot-immunogold filtration assay,DIGFA),用于检测 HBsAg、hCG 和抗双链 DNA 抗体等,具有简单、快速、准确和无污染等优点。

6.9.1　免疫胶体金技术的基本原理

氯金酸($HAuCl_4$)在还原剂作用下,可聚合成一定大小的金颗粒,形成带负电的疏水胶溶液。由于静电作用而成为稳定的胶体状态,故称胶体金。胶体金标记,实质上是蛋白质等高分子被吸附到胶体金颗粒表面的包被过程。吸附机理可能是胶体金颗粒表面的负电荷,与蛋白质的正电荷基团因静电吸附而形成牢固结合。胶体金颗粒的粗糙也是有利于形成吸附的重要条件。由于这种标记过程主要靠物理吸附作用,因而对蛋白质分子的生物学活性没有明显的影响。

用还原法可以方便地从氯金酸制备各种不同粒径,也就是不同颜色的胶体金颗粒。这种球形的粒子对蛋白质有很强的吸附功能,可以与蛋白 A、免疫球蛋白、毒素、糖蛋白、酶、抗生素、激素、牛血清白蛋白、多肽等非共价结合,因而在基础研究和临床实验中成为非常有用的工具。

免疫金标记技术(immunogold labelling techique)主要利用了金颗粒具有高电子密度的特性,在金标蛋白结合处,在显微镜下可见黑褐色颗粒,当这些标记物在相应的配体处大量聚集时,肉眼可见红色或粉红色斑点,因而免疫金标记技术可用于定性或半定量的快速免疫检测。这一反应也可以通过银颗粒的沉积被放大,称之为免疫金银染色。

6.9.2　胶体金和免疫胶体金的制备方法

胶体金的制备一般采用还原法,常用的还原剂有柠檬酸钠、鞣酸、抗坏血酸、白磷、硼氢化钠等。在接近并略高于蛋白质等电点的条件下用胶体金标记免疫球蛋白是比较合适的,在此情况下蛋白质分子在金颗粒表面的吸附量最大。操作方法和注意事项参考第 5 章。

6.9.3　免疫胶体金的应用

1. 免疫胶体金在电子显微镜水平的应用

胶体金应用于电子显微镜水平的研究最早,发展最快,应用最广泛。其最大优点是可以通过应用不同大小的颗粒或结合酶标记进行双重或多重标记。直径为 $3\sim15\,\mathrm{nm}$ 的胶体金均可用作电子显微镜水平的标记物。$3\sim15\,\mathrm{nm}$ 的胶体金多用于单一抗原颗粒的检测,而直径 $15\,\mathrm{nm}$ 的多用于检测量较多的感染细胞。

胶体金用于电子显微镜水平的研究,主要包括:① 细胞悬液或单层培养中细胞表面抗原的观察;② 单层培养中细胞内抗原的检测;③ 组织抗原的检测。

在电子显微镜水平应用的胶体金标记方法包括:包埋前染色、包埋后染色、免疫负染色、双标记技术和原位杂交技术等。

实验证明,该法样本用量少,检测速度快,对比明显,操作简单,灵敏度和特异性高,既可用于抗原检测,也可用于抗体检测,因此,可同时适用于科研和医疗诊断。

2. 免疫胶体金在光学显微镜水平的应用

胶体金同样可用作光学显微镜水平的标记物,取代传统的荧光素、酶等。各种细胞涂片、切片均可应用。主要用于:① 用单克隆抗体或抗血清检测细胞悬液或培养的单层细胞的膜表面抗原;② 检测培养的单层细胞胞内抗原;③ 组织中或亚薄切片中抗原的检测。胶体金用于光学显微镜水平的研究,可以弥补其他标记物不可避免的本底过高和内部酶活性干扰等缺点。

3. 免疫胶体金在流式细胞分析中的应用

应用荧光素标记的抗体,通过流式细胞仪计数分析细胞表面抗原,是免疫学研究中的重要技术之一。由于不同荧光素的光谱相互重叠,难以区分不同的标记,因此必须寻找一种非荧光素标记物,用于流式细胞计数,这种标记物必须能够改变散射角,而胶体金可以明显地改变红激光散射角,因而可以作为流式细胞仪分析的标记物之一。

4. 凝集试验

单分散的免疫金溶胶为清澈透明的溶液,其颜色随溶胶颗粒大小而变化。当与相应抗原或抗体发生专一性反应后出现凝聚,溶胶颗粒极度增大,光散射随之发生变化,颗粒发生沉降,使溶液的颜色变淡甚至变成无色。这一原理可定性或定量地应用于免疫反应。

5. 免疫印迹技术

免疫印迹(immunoblotting)是一种较新的免疫化学技术。它是用聚丙烯酰胺凝胶电泳将蛋白质分离,得到的区带转移至硝酸纤维素膜,然后用酶免疫法(或免疫荧光、RIA)进行定量分析。

免疫胶体金也可用于免疫印迹中的定量研究。转移后的硝酸纤维素膜与某特异性抗体保温后,再与经蛋白 A 致敏的胶体金温育,彻底洗去多余的胶体金,根据膜上胶体金颗粒颜色深浅可测知样品中的特异性抗原。利用金颗粒可催化银离子还原成金属银这一原理,采用银显影剂增强金颗粒的可见性,更可大大提高测定灵敏度,检测下限可低至 0.1 ng,这种免疫金银染色法应用已日趋广泛。由于胶体金免疫印迹技术简便、快速,且有相当高的灵敏度,在临床免疫诊断上有很大的应用潜力。

6. 免疫胶体金在肉眼水平的应用

胶体金取代传统三大标记物,用于肉眼水平的免疫检测中。除了胶体金本身具有的特点外,还有以下优点:① 试剂和样品用量极小,样品量可低至 1~2 μL;

② 不需 γ 计数仪、荧光显微镜、酶标检测仪等贵重仪器,更适于现场应用;③ 没有诸如放射性同位素、邻苯二胺等有害物质参与;④ 实验结果可以长期保存;⑤ 检测时间大大缩短,提高了检测速度。

金标记过程中,无共价键形成,是一定离子浓度下的物理吸附,因此几乎所有的大分子物质都可被金标记,标记后大分子物质活性不发生改变。实验结果表明,胶体金的灵敏度可达到 ELISA 的水平。结合银染色时,检测的灵敏度更大大提高。

7. 免疫胶体金在免疫层析快速诊断技术中的应用

胶体金免疫层析(colloidal gold immunochromatography assay,GICA)技术是一种将胶体金标记技术、免疫检测技术和层析分析技术等多种方法有机结合在一起的固相标记免疫检测技术,具有简便、快速(几分钟出结果)、采样随意、用量少、结果易判读等特点,是近十几年来国外兴起的一种快速诊断技术。其原理是以硝酸纤维素膜为固相载体,将特异的抗体先固定于硝酸纤维素膜的某一区带,当该干燥的硝酸纤维素膜一端浸入样品(尿液或血清)后,利用微孔滤膜的可滤过性,通过毛细管作用使含金标记的抗原或抗体与特异性配体在膜上进行反应,通过可目测的标记物而得到呈色的阳性信号,而游离标记物通过层析作用越过检测带,与结合标记物自动分离,从而实现特异性的免疫诊断。该技术在感染性疾病、心血管疾病、风湿病、自身免疫疾病等的抗原、抗体的检测、诊断中有广泛的应用,也可用于各种蛋白质、激素及药物的检测。早孕诊断用的免疫层析试纸条(通常又叫尿妊纸条)的装配结构如图 6-26 所示。

装配方法:在硬质塑料底板上分别将吸尿用玻璃纤维、冻干金标记的抗 α-hCG 玻璃纤维、已固定有抗 β-hCG 抗体的 NC 膜及硬质吸水滤纸按图装配,配件与塑料底板的结合可用双面胶或其他黏性材料黏接。装配好的纸板按纵向剪切,裁成宽度为 4 mm 的条状,即为尿妊纸条。

早孕诊断用的免疫层析法检测速度快,一般 1~2 min 可出结果;灵敏度高,可达 50 IU/L;好的尿妊纸条结果也是准确可靠的,这是其能在尿妊诊断中得到广泛应用的主要原因。尿妊纸条的快速特性来源于胶体金免疫层析法的固有特性,但与原材料选择,特别是 NC 膜的孔径大小密切相关,准确性取决于抗 β-hCG 抗体的特异性。

金标尿妊纸条虽然好用,但在使用中也必须注意以下几个方面:一是温度,试纸条虽然可在室温保存,但大批暂时不用的试纸条还是应该放在 4℃保存,以免抗体失效。从冰箱刚取出的试纸条则应待其恢复至室温,然后才打开密封包装袋,这样才能避免反应线模糊不清。二是正确操作,一般的操作方法是在试纸条的吸尿玻璃纤维端滴入 2 滴(约 100 μL)尿液,或将吸尿玻璃纤维端直接插入标本中,深度约 10～15 mm，20 s 后取出平放，待 1～2 min 反应带清晰后观察结果。

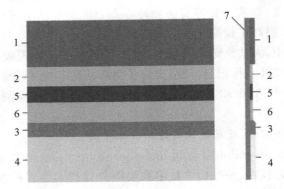

免疫层析试纸条的装配结构。左：正视图；右：纵切图。1. 吸水滤纸；2. 固定有抗β-hCG抗体的NC膜；3. 冻干金标记抗α-hCG玻璃纤维；4. 吸尿用玻璃纤维；5. 试剂质控区带；6. 固定的抗β-hCG抗体区带；7. 硬质塑料底板。（双位点，阳性时2，6显色）

图 6-26　免疫层析试纸条的装配结构

（彩图请扫描二维码）

8. 免疫胶体金在快速斑点渗滤技术中的应用

ELISA 在临床实验室已得到普遍的应用，特别是用于各型肝炎标志物的检测。但 ELISA 由于操作程序复杂，时间较长，给实验带来不便。一步法快速检测试剂盒，虽可提高检测速度，但有出现假阴性结果的弊端。ELISA 需时较长的主要原因，是由于液相中的抗原或抗体需经扩散才能与固相上的抗体或抗原反应，不适当地缩短反应时间，将使灵敏度降至临床要求以下。为满足临床快速检测的需要，近年来发展了多种简便、快速的免疫学检测方法，快速斑点渗滤法即为其中一种，其标记物质用的是胶体金，因此称为快速斑点免疫金渗滤法，又称滴金免疫法。详见内容请见"6.10　免疫胶体金快速诊断技术"。

6.10　免疫胶体金快速诊断技术

6.10.1　免疫胶体金快速诊断技术的原理

免疫胶体金技术有许多种，目前医学检验中应用的免疫胶体金快速诊断技术主要有两种：胶体金快速免疫层析法和快速斑点免疫金渗滤法（dot immunogold filtration assay，DIGFA）。这两种方法的基本原理都是以微孔滤膜为载体，包被已知抗原或抗体,加入待测标本后,经滤膜的毛细管作用或渗滤作用使标本中的抗原或抗体与膜上包被的抗体或抗原结合,再用胶体金结合物标记而达到检测目的。

1. 胶体金快速免疫层析技术的基本原理

免疫层析技术是 20 世纪 90 年代国外兴起的一种快速诊断技术,其原理是将特异的抗体或抗原先固定于硝酸纤维素膜的某一区带,当该干燥的硝酸纤维素膜一端浸入样品(尿液或血清)后,由于毛细管作用,样品将沿着该膜向前移动,当移动至固定有抗体或抗原的区域时,样品中相应的抗原或抗体即与该抗体或抗原发生特异性结合,再通过标记技术使该区域显示一定的颜色,从而实现特异性的免疫诊断(图 6-27)。

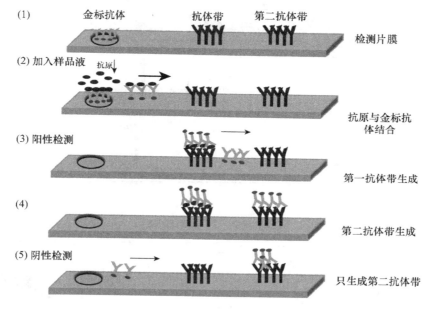

动图 6-27

图 6-27　胶体金快速免疫层析技术的基本原理

金标记的抗体和第一抗体识别同一抗原的不同抗原决定簇,第二抗体是抗第一抗体的抗体。(动图请扫描二维码)

胶体金免疫层析(GICA)就是利用胶体金本身的显色特点结合免疫层析技术诊断特异性的待测物。同样是层析法的金标试纸条,根据胶体金标记的抗原或抗体不同可以分成间接法、竞争法和双抗体夹心法等不同种类。例如德国Boehringer Mannheim 公司生产的测定缺血性心肌损伤试剂条,在加样孔加入130~160 μL 全血,血中的肌钙蛋白-T 与生物素标记的抗肌钙蛋白-T 抗体及胶体金标记的抗肌钙蛋白-T 抗体反应,形成生物素标记的抗肌钙蛋白-T 抗体-肌钙蛋白-T -胶体金标记的抗肌钙蛋白-T 抗体复合物,通过滤网将血细胞阻拦,游离的胶体金标记的抗肌钙蛋白-T 抗体与固定的肌钙蛋白-T 抗原肽结合，显示一条带。游离的生物素标记的抗肌钙蛋白-T 抗体、生物素标记的抗肌钙蛋白-T 抗体-肌钙蛋白-T -胶体金标记的抗肌钙蛋白-T 抗体复合物与固相化的亲和素结合，显示第二条带。所以显示一条带为阴性，显示二条带为阳性。灵敏度达到 0.1 ng/mL 肌钙蛋白-T,5～20 min 出结果（图 6-28）。

彩图 6-28

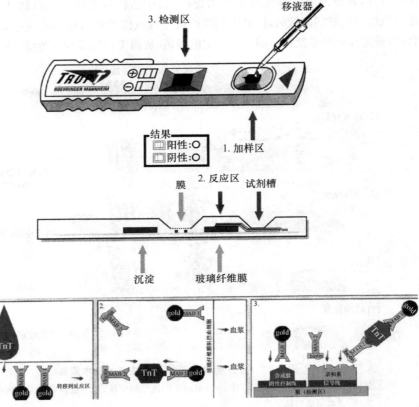

图 6-28　快速胶体金层析技术测定肌钙蛋白的基本原理
（彩图请扫描二维码）

2. 快速斑点免疫金渗滤技术的基本原理

斑点免疫渗滤技术（dot immune-filtration assay,DIFA）真正推广使用始于 1985 年,美国的 Valkirs 等运用斑点免疫酶渗滤法检测人绒毛膜促性腺激素获得了成功。1989 年 Spielberg 等又利用胶体金代替酶来检测抗 HIV 抗体,从而建立了斑点免疫金渗滤技术。该技术类似酶联免疫吸附试验,基本原理仍是间接法或夹心法,只是利用胶体金作为标记物,并将反应发生的场所转移到特定的渗滤装置

240

里,一般为:扁形小盒(4 cm×3 cm×0.6 cm)中充满吸水垫料,小盒分底部和盖部两部分,盖部中央有直径 0.5 cm 的小孔,小孔下紧贴的吸水垫料上放置一片 NC 膜,紧闭盒盖。试验时将标本和金标结合物先后滴加在膜上,通过渗滤使抗原、抗体在膜上发生免疫结合反应并显色。

间接法测抗体:固定于膜上的特异性抗原＋标本中的相应抗体＋金标记的抗抗体或 SPA 显色。夹心法测抗原:固定于膜上的多克隆抗体＋标本中待测抗原＋金标记的特异性单克隆抗体显色。

结果判断:在操作完成后即可直接观察结果。

6.10.2　免疫胶体金快速诊断技术的优点

免疫胶体金快速诊断技术在诊断行业中的迅速崛起主要是因为与其他检测方法比较,它具有以下一些优点:

① 快捷迅速,大大缩短出结果时间。不论是胶体金免疫层析法还是斑点免疫金渗滤技术都具有快速的特点。两种方法出结果的时间都在几分钟之内,这是目前其他快速检测方法所无法达到的。如市场上销售的金标 hCG 快速检测试纸条一般 1～2 min 内就能出结果;又如 Huang Q 等用 DIGFA 检测人血中的梅毒抗体,整个试验过程也只需要 2 min。这种快速与胶体金本身显色特点有关,也与免疫层析法和斑点免疫渗滤的"免疫浓缩"(immunoconcentration,ICON)有关。而其他如 ELLSA 法出结果要 1～2 h;以灵敏度高见长的 PCR 步骤烦琐,耗时甚长。

② 灵敏准确,结果受外因影响较少。免疫胶体金快速诊断方法并不因为其快速而牺牲了它的灵敏度和准确性。如用 GICA 试纸条检测中国药品生物制品检定所 HBsAg 标准品,灵敏度可达 1 ng/mL。用 GICA 与酶免疫法比较检测了 395 份不同血清标本中 HBsAg,两法符合率为 99.0%。再如,与 ELISA 比较,用DIGFA检测人血清中抗结核 IgG 抗体,相对敏感性为 95.5%,相对特异性为93.2%,相对符合率为 97.6%。而结合银染色时,检测的敏感性更大大提高。此外,由于胶体金标记蛋白质是一个物理结合过程,结合牢固,很少引起蛋白质活性改变,所以试剂非常稳定,不受温度等外界因素影响,可在室内甚至野外进行检测,实验结果也可长期保存。

③ 安全简便,不需任何仪器和设备。免疫胶体金检测方法不需任何仪器和设备,只需制备好的试纸条或试剂盒即可。由于胶体金本身具有颜色,比 ELISA 省略了加显示剂和终止液的步骤,大大简化了操作,更适合于野外或室内的现场应用。因为没有诸如放射性同位素、邻苯二胺等有害物质参与,所以也不会污染环境,具有放射性同位素或酶标记的抗体等检测方法所无法比拟的安全性。

④ 成本低廉,所需试剂和样品(组织液、血清、血浆、全血或排泄物)量少。因

为免疫浓缩,GICA 和 DIGFA 所需试剂和样品量都非常少,样品量可低至 $1\sim$ $2\,\mu L$,再加上无须任何仪器和设备,并且可进行单份标本检测,使成本大幅下降。

6.10.3　免疫胶体金快速诊断技术的应用现况

由于免疫胶体金快速诊断技术已日趋成熟,以及它的便捷、灵敏、安全、低成本等特点,使其在诊断领域中迅速推广。目前市场上出售的产品和各文献报道主要集中在以下四个方面。

① 妇女妊娠检测系列:胶体金免疫层析较早地运用于妇女妊娠检测。主要是检测血中或尿中的人绒毛膜促性腺激素(hCG),也有检测黄体生成素(LH)和促卵泡激素(FSH)等。如市场销售的有早早孕尿血联用测试卡、早早孕尿血联用测试条、LH 测试卡、LH 测试条等。这些商品特异性强,灵敏度高,再加上操作简单,出结果仅需几分钟,故已经较广泛地应用于临床。前些年国内市场销售的早孕试纸条均为进口或采用进口散件国内装配,目前已有完全由国内自行生产的试纸条。试纸条的快速特性来源于胶体金免疫层析法的固有特性,但与原材料选择特别是 NC 膜的孔径大小密切相关,准确性则取决于抗 β-hCG 等抗体的特异性。

② 病原体抗原或抗体检测系列:应用免疫胶体金对病原体的抗原和抗体的检测也日趋增多。市售的有关免疫层析胶体金类试剂有:乙肝表面抗原血清测试条/板、乙肝表面抗原全血测试条/板、乙肝表面抗体血清测试条/板、乙肝表面抗体全血测试条/板、丙肝表面抗体血清测试条/板、丙肝表面抗体全血测试条/板、衣原体感染测试条/板、幽门螺旋杆菌感染血清测试条/板、幽门螺旋杆菌感染全血测试板、胃幽门螺旋杆菌-脲酶测试条/板、A 族乙型溶血性链球菌感染测试条/板、B 族乙型溶血性链球菌感染测试条/板、艾滋病感染测试板、梅毒抗体血清测试条/板、梅毒抗体全血测试条/板等。市售的有关免疫渗滤胶体金类试剂有:沙眼衣原体 GIFA IgM/IgG、肺炎支原体 GIFA IgM/IgG、幽门螺旋杆菌 GIFA IgM/IgG、结核杆菌 GIFA IgM/IgG/IgA、HSV-Ⅱ GIFA IgM/IgG 等。

此外,文献报道利用胶体金快速诊断技术检测的还有:恶性疟原虫循环抗原、血吸虫循环抗原、抗囊尾蚴抗体、抗棘球幼囊肿抗体、利士曼氏原虫、弓形虫抗体、抗登革热病毒 IgM/IgG、霍乱弧苗、淋病奈瑟氏菌、贝氏柯克斯体等。

③ 药物滥用检测系列:GICA 由于方便快捷,也常被用来进行药物滥用的检测。市售试剂有:吗啡测试条/卡、可卡因测试条/板、麻黄碱测试条/板、鸦片毒测试条/板、大麻测试条/板、苯异丙胺(AMP)测试条/卡等。

④ 疾病相关蛋白检测系列:对某些疾病的相关蛋白的检测多用胶体金免疫层析法。市售试剂有:甲胎蛋白血清测试条/板、甲胎蛋白全血测试条/板、胚胎癌

抗原血清测试条/板、胚胎癌抗原全血测试条/板、类风湿因子血清测试条/板、类风湿因子全血测试条/板、心肌钙特异蛋白血清/血浆测试板、肌球蛋白血清/血浆测试板、尿微量白蛋白测试条/板、单核白细胞增多症血清测试条/板、单核白细胞增多症全血测试条/板、促甲状腺素血清测试条/板、促甲状腺素全血测试条等。

除了以上四个系列外,免疫胶体金快速诊断技术也用在其他一些医学检测中,如市场上销售的就有大便隐血测试卡、血清铁质测试条、免疫球蛋白血清测试条/板、免疫球蛋白全血测试条/板、前列腺抗原血清测试条/板等。

随着免疫胶体金对传统三大标记物的替代,免疫胶体金快速诊断技术也逐渐有取代 ELISA 等检测方法的趋势。尤其是随着胶体金免疫层析技术的逐步完善,如可以对一个样品进行多项检测,以及可以定量检测等,使其更易得到市场的青睐。而免疫胶体金快速诊断技术的无污染、便捷、灵敏、安全,不仅更适合于未来环保型社会,而且利于家居、野外检测或作为军事用途,尤其对生物武器的检测有着相当大的应用前景。

6.11　基于抗体的细胞分离技术

6.11.1　免疫淘洗法

将细胞贴附于抗体包被的培养皿中,即一种免疫淘洗(immune panning)过程,已成功地应用于多种不同细胞类型的分离。使用 Applied Immune Science 公司所开发的 CELLector,将一般细胞培养皿表面覆上大豆凝集素(soybean agglutinin),或覆上大豆凝集素后再键接上抗 CD34 抗体。大豆凝集素是一种糖蛋白,其多价构型及对特定细胞表面多糖具有结合亲和力,能选择性地凝集某些细胞,用于细胞的分离和纯化。第一个步骤是负向选择,将血液或骨髓液和覆有大豆凝集素的培养皿作用,除去大部分含有 CD34 的细胞;第二个步骤是正向选择,再将含有 CD34 细胞的细胞悬液置入另一具有抗 CD34 抗体的培养皿中,让 CD34 细胞贴附于培养皿上,最后再将细胞洗下来,所得的造血干细胞纯度可达 74% 左右。

6.11.2　免疫磁珠法

1. 免疫磁珠法分离细胞的原理

免疫磁珠法(immunomagnetic beads,BD™ Imag)或称磁场激活的细胞分选法(magnetic activated cell sorting,MACS),其分离细胞是基于细胞表面抗原能与特异性单克隆抗体包被的磁珠相结合,在外加磁场中,通过抗体与磁珠相连的细胞被吸附而滞留在磁场中,不表达特异性表面抗原的细胞由于不能与连接着磁珠的特异性单克隆抗体结合而没有磁性,不在磁场中停留,从而使细胞得以分离。免疫磁珠法分为正选法和负选法。正选法中磁珠结合的细胞就是所要分离获得的细胞;负选法中磁珠结合不需要的细胞,游离于上清液的细胞为所需细胞。一般而言,负选法比正选法的磁珠用量大(图 6-29)。

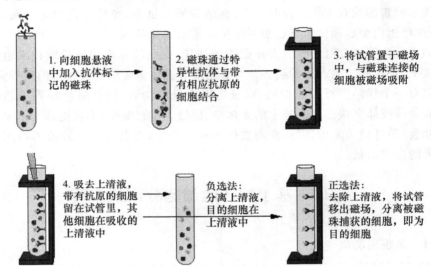

1. 向细胞悬液中加入抗体标记的磁珠

2. 磁珠通过特异性抗体与带有相应抗原的细胞结合

3. 将试管置于磁场中,与磁珠连接的细胞被磁场吸附

4. 吸去上清液,带有抗原的细胞留在试管里,其他细胞在吸收的上清液中

负选法:分离上清液,目的细胞在上清液中

正选法:去除上清液,将试管移出磁场,分离被磁珠捕获的细胞,即为目的细胞

图 6-29　BD™ Imag 细胞分离工作原理

(彩图请扫描二维码)

2. 挪威 Dynal 公司生产的免疫磁珠的应用

脐带血中含有大量的干细胞,这些细胞可分化为淋巴干细胞及骨髓干细胞,淋巴干细胞可进一步分化成免疫系统所需的细胞,如 B 细胞、T 细胞及树突细胞等,骨髓干细胞则可分化成巨噬细胞、粒细胞、红细胞、血小板等。1 mL 的脐带血中含有大约 8000 个红细胞原始细胞(CFU-E),13 000~24 000 个骨髓原始细胞(CFU-GM),1000~10 000 个多能原始细胞(CFU-GEMM)。脐带血干细胞的移植应用需要大量且纯度高的造血干细胞。由于造血干细胞形状大小与一般已分化的血细胞无异,因此其分离十分不易。近几年来,由于造血干细胞表面标志的陆续发现,使得造血干细胞的分离纯度大为提高,临床上应用的分离方法多以正向选择(positive selection)的方式将造血干细胞纯化出来,将特异性识别 CD34 的抗体键接到磁珠(成分是 Fe_3O_4)、塑胶盘或高分子聚合体上,使得表达 CD34 表面抗原的干细胞固定,而不表达 CD34 表面抗原的细胞则被洗掉。

挪威的 Dynal 公司制造出一种带有 20% 磁铁的聚苯乙烯微球(polystyrene

microsphere），表面固定有特异性识别 CD34 的抗体，和血液混合后便可吸附表达 CD34 表面抗原的造血干细胞，通过磁场时，干细胞会被固定在磁场中，而非干细胞则被洗掉，等所有干细胞都被吸附住，再将磁场移除，表达 CD34 表面抗原的干细胞便可被纯化出来，使用 Dynal microsphere 所分离出来的骨髓造血干细胞纯度可达 64%（图 6-30）。Wang X. 等用抗 CD31 抗体包被的 Dynabeads 成功地从人的胎盘分离出微血管内皮细胞。

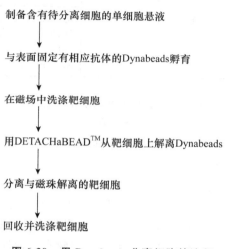

制备含有待分离细胞的单细胞悬液

↓

与表面固定有相应抗体的Dynabeads孵育

↓

在磁场中洗涤靶细胞

↓

用DETACHaBEAD™从靶细胞上解离Dynabeads

↓

分离与磁珠解离的靶细胞

↓

回收并洗涤靶细胞

图 6-30　用 Dynabeads 分离细胞的流程

根据 Dynabeads 表面固定的抗体不同，可以分别用于分离 T 细胞、B 细胞、NK 细胞、单核细胞、树突细胞、颗粒细胞、干细胞、内皮细胞、肿瘤细胞等。

3. BD™ Imag 磁珠的特点

① 大小在 0.1～0.45 μm；② 包被了 BD Pharmingen 生产的高质量单克隆抗体；③ 磁珠已为白细胞亚群的分选所优化；④ 用于 BD™ Imagnet direct magnet。

将包被了特异性单克隆抗体的 BD™ Imag 磁珠加入细胞悬液，磁珠特异性地与表达相应的细胞表面抗原的细胞亚群结合，通过 BD™ Imagnet direct magnet 分离得到的连有 BD™ Imag 磁珠的细胞可直接用于功能试验和流式细胞仪检测。

4. 磁珠分离细胞的重要指标

纯度和得率是磁珠分离细胞的重要指标，取决于磁珠所连接单克隆抗体的特异性和磁珠大小（磁性），然而太小的磁珠得率不高，太大的磁珠又会影响细胞活性，也无法直接用流式细胞仪分选。目前市场上有两种磁性细胞分离系统：小磁珠（small particle）（直径大约 50 nm，如 MACS）和大磁珠（large particle）（直径 1200～4500 nm，如 Dynal），见表 6-2。

表 6-2　两种磁性细胞分离系统的优缺点

	优点	缺点
小磁珠	对细胞温和,不影响分离细胞的后续培养 可直接用流式细胞仪分选,不影响散射光	需要很强的磁场来分离细胞 分离速度慢,得率不高 需要一次性的分离柱,不能在普通试管进行 成本昂贵
大磁珠	技术简单,分离可在试管中完成 易于增减细胞用量 速度快,得率高 成本低	对细胞造成机械压力,影响其生物学活性,不利于分离后培养 纯度低 阻塞 FCM 的喷嘴

BD™ Imag 吸收大磁珠和小磁珠分离系统的优点,开发出直径约 200 nm 中等大小磁珠。其特点为:① 技术简单,分离在普通的试管中完成;② 易于增大细胞用量;③ 对细胞温和,不影响细胞功能及其分离后培养,可直接用流式细胞仪分选;④ 纯度高,回收率高;⑤ 成本低。

5. BD™ 提供两种免疫磁珠

① 直接标记磁珠:包被了特异性识别白细胞亚群的单克隆抗体。

② 间接标记磁珠:包被了链霉亲和素,这种情况下,在实验系统中加入生物素标记的单克隆抗体,磁珠通过链霉亲和素与生物素标记的单克隆抗体结合、单克隆抗体与细胞表面相应抗原特异性结合而使细胞被磁珠间接捕获,从而达到分离目的。这种磁珠使研究者可根据自己需要选择生物素标记的各种单克隆抗体去分离目的细胞,应用范围更广泛,使用更灵活。

6. BD™ Imag 磁分离座

BD™ Imag 磁分离座使用钕铁硼永磁体,是一种强合金磁铁,比一般磁铁的磁性强 5 倍。能装配六根 12 mm×75 mm 的 BD™ Falcon 检测试管或者两根17 mm×100 mm 检测管。经检测,其回收率(>95%)和纯度(>95%)均与应用一次性磁分离柱相同,但更为经济。

7. 实验结果实例

小鼠脾细胞用连接了抗小鼠 B220 单克隆抗体的磁珠分离后,再用 anti-CD19-PE 和 anti-CD45R/B220-FITC 染色分离所得到的阴性产物和阳性产物,用流式细胞仪分析。图 6-31 和 6-32 为分别经过 BD™ Imag 和另一品牌的磁珠分离试剂得到的阴性产物和阳性产物中 CD19+ / B220+ 的细胞所占百分比。

已经商品化的不同物种磁珠分离试剂有:

人:CD3,CD4,CD8,CD14,CD19;

小鼠：CD4，CD8a，CD14，CD45R/B220，CD90.2(Thy1.2)，CD11b，Ly-6G。

未经分离的新鲜脾细胞

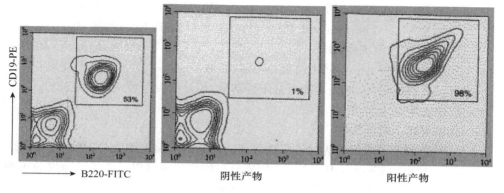

图 6-31　BD™小鼠 B220 磁珠分离试剂的 FCM 分析结果

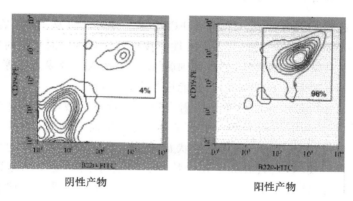

图 6-32　另一品牌 B220 磁珠分离试剂的 FCM 分析结果

　　利用链霉亲和素连接的磁珠，只需选配生物素标记的所需单克隆抗体，就能分离多种类细胞。

　　现在，BD 公司又推出用于分离小鼠造血干细胞/祖细胞的新试剂 Mouse Lineage Panel。这一产品中包括五种生物素标记单克隆抗体，这些单克隆抗体能结合小鼠造血细胞的主要分化系细胞：T 细胞、B 细胞、单核/巨噬细胞、粒细胞和红细胞。将这组试剂与 Streptavidin Plus BD™ Imag Particles 联合使用，就能通过免疫磁性分离法去除小鼠骨髓造血细胞的主要分化系细胞，从而富集到造血干细胞和祖细胞（阴性部分）。

8. 小鼠造血干细胞/祖细胞免疫磁性分离操作步骤

① 取小鼠骨髓用 BD 染色液制成约 2×10^8 个/mL 单细胞悬液。

② 阻断：加入 MsFc Block ™ 置冰上 15 min，0.25 mg/10^6 个细胞。

③ 加入 Mouse Lineage Panel 中 Biotin-mAb，每种 2 mL/10^6 个细胞，冰上 15 min。

④ Imag 缓冲液洗涤，加 Streptavidin 磁珠，5 mL/10^6 个细胞，6~12℃ 30 min。

⑤ 放入磁场中 8 min，将上清液小心吸出、收集。

⑥ 试管移出磁场，加缓冲液重悬阳性部分，反复吹吸后放入磁场 8 min。

⑦ 小心吸出上清液，一并收集。

⑧ 重复以上两步操作。

⑨ 收集的上清液中即为通过阴性分离法得到的造血干细胞/祖细胞。

此外，Mouse Lineage Panel 中生物素标记的抗体还可用于流式细胞仪分析细胞表面抗原，以及进行细胞/组织免疫荧光实验。

6.11.3　荧光激活的细胞分选法

流式细胞术(flow cytometry，简称 FCM)是一种可以快速、准确、客观，并且同时检测单个微粒(通常是细胞)的多项特性的技术。该技术同时可以对特定群体加以分选。研究对象为生物颗粒，如各种细胞、微生物及人工合成微球等。研究的微粒特性包括多种物理及生物学特征，并能进行定量分析。

流式细胞分析是以高能量激光照射高速流动状态下被荧光素染色的单细胞或微粒，测量其产生的散射光和发射荧光的强度，从而对细胞(或微粒)的物理、生理、生化、免疫、遗传、分子生物学性状及功能状态等进行定性或定量检测的一种现代细胞分析技术，它具有如下几个特点：① 标本只要是单细胞即可用于分析，如血液、骨髓、体液中的细胞、培养细胞等，实体组织只要经处理制成单细胞悬液也能分析，因此，实际上所有组织细胞均可用于分析。② 极短时间内可分析大量细胞，只要标本中的细胞数量足够，流式细胞仪可以每秒钟 5000~70 000 个细胞的速率进行测量，测量的细胞总数可达数千、数万乃至数百万个。③ 当同时用多种分子探针，可同时分析单个细胞的多种特征。如用不同荧光素标记的不同单克隆抗体进行多色荧光染色，通过流式细胞分析，即可获得单细胞的多种信息，使细胞亚群的识别、计数更为准确。④ 定性或定量分析细胞：通过荧光染色对单细胞的某些成分如 DNA 含量、抗原或受体表达量、Ca^{2+} 浓度、酶活性、细胞的功能等均可进行单细胞水平的定性与定量分析。概要说来，流式细胞技术主要包括了样品的液流技术、细胞的分选和计数技术，以及数据的采集和分析技术等。FCM 目前发展的水平凝聚了半个世纪以来人们在这方面的心血和成果。

由上述几个主要特点可知,FCM 是一种在医学基础、临床及科学研究中有着广泛应用前景的细胞分析技术。尤其是随着人类基因组计划的完成,流式细胞分析在单细胞水平研究基因的表达、调控及功能等也将有着更广泛的应用。近年来,随着流式细胞仪性能的不断改进和测定方法与技术的迅速发展,流式细胞仪迅速进入临床实验室,临床流式细胞分析(clinical flow cytometry)在临床检验医学中的应用范围不断拓宽,一些检验项目已成为临床疾病诊断、治疗方案选择、预后判断等不可缺少的内容。

流式细胞仪是对细胞进行自动分析和分选的装置。它可以快速测量、存储、显示悬浮在液体中的分散细胞的一系列重要的生物物理、生物化学方面的特征参量,并可以根据预选的参量范围把指定的细胞亚群从中分选出来。多数流式细胞仪是一种零分辨率的仪器,它只能测量一个细胞的总核酸量、总蛋白量等指标,而不能鉴别和测出某一特定部位的核酸或蛋白的多少。也就是说,它的细节分辨率为零。国外又把流式细胞仪称为荧光激活细胞分选器(fluorescence activated cell sorter,FACS)。美国 Becton Dickinson 公司生产的流式细胞仪系列均冠以 FACS 字头。目前我国使用的仪器多来自美国、日本及西欧的国家,国内有些单位也已研制成功,但尚无定型产品面市。

1. 流式细胞仪的基本结构

流式细胞仪主要由四部分组成:流动室和液流系统、激光源和光学系统、光电倍增管和检测系统、计算机和分析系统(图 6-33)。

(1) 流动室和液流系统:

流动室由样品管、鞘液管和喷嘴等组成,常用光学玻璃、石英等透明、稳定的材料制作。设计和制作均很精细,是液流系统的心脏。样品管储放样品,单个细胞悬液在液流压力作用下从样品管射出;鞘液由鞘液管从四周流向喷孔,包围在样品外周后从喷嘴射出。为了保证液流是稳液,一般限制液流速度<10m/s。由于鞘液的作用,待测细胞被限制在液流的轴线上。流动室上装有压电晶体,接收到振荡信号可发生振动。

(2) 激光源和光学系统:

经特异荧光染色的细胞需要合适的光源照射激发才能发出荧光供收集检测。常用的光源有弧光灯和激光,激光器又以氩离子激光器为普遍,也有配合氪离子激光器或染料激光器。光源的选择主要根据被激发物质的激发光谱而定。汞灯是最常用的弧光灯,其发射光谱大部分集中于 300~400 nm,很适合需要用紫外光激发的场合。氩离子激光器的发射光谱中,绿光 514 nm 和蓝光 488 nm 的谱线最强,约占总光强的 80%;氪离子激光器光谱多集中在可见光部分,以 647 nm 较强。免疫学上使用的一些荧光染料激发光波长在 550 nm 以上,可使用染料激光器。将有机染料作为激光器泵浦的一种成分,可使原激光器的光谱发生改变以适应需要,即构成染料激光器。例如,用氩离子激光器的绿光泵浦含有 Rhodamine 6G 水溶液的染料激光器,则可得到550～650 nm 连续可调的激光,尤其在590 nm 处转换效率最高,约可占到一半。为使细胞得到均匀照射,并提高分辨率,照射到细胞上的激光光斑直径应和细胞直径相近。因此需将激光光束经透镜会聚。光斑直径 d 可由下式确定:

$$d = 4\lambda f / \pi D$$

其中 λ 为激光波长,f 为透镜焦距,D 为激光束直径。色散棱镜用来选择激光的波长,调整反射镜的角度使调谐到所需要的波长 λ。为了进一步使检测的发射荧光更强,并提高荧光信号的信噪比,在光路中还使用了多种滤片。带阻或带通滤片是有选择地使某一滤光区段的光线滤除或通过。例如,使用525 nm 带通滤片只允许异硫氰酸荧光素(FITC)发射的525 nm 绿光通过。长波通过二向色性反射镜只允许某一波长以上的光线通过,而将此波长以下的另一特定波长的光线反射。在免疫分析中常要同时探测两种以上的波长的荧光信号,可采用二向色性反射镜或二向色性分光器,来有效地将各种荧光分开。

彩图 6-33

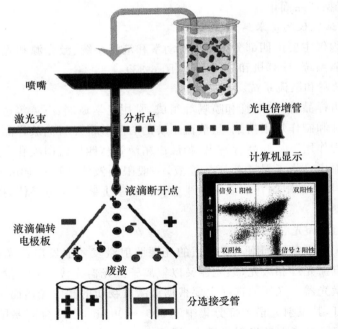

图 6-33　流式细胞仪的工作原理

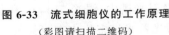

(彩图请扫描二维码)

（3）光电倍增管和检测系统：

经荧光染色的细胞受合适的光激发后所产生的荧光是通过光电转换器转变成电信号而进行测量的。光电倍增管（photomultipler tube，PMT）最为常用。PMT的响应时间短，仅为纳秒数量级；光谱响应特性好，在 $200\sim900$ nm 的光谱区，光量子产额都比较高。PMT 的增益从 10^3 到 10^8 可连续调节，因此对弱光测量十分有利。PMT 运行时特别要注意稳定性问题，工作电压要十分稳定，工作电流及功率不能太大。一般功耗低于 0.5 W，最大阳极电流在几个毫安。此外要注意对 PMT进行暗适应处理，并注意良好的磁屏蔽。在使用中还要注意安装位置不同的PMT，因为光谱响应特性不同，不宜互换。也有用硅光电二极管的，它在强光下稳定性比 PMT 好。

从 PMT 输出的电信号仍然较弱，需要经过放大后才能输入分析仪器。流式细胞仪中一般备有两类放大器。一类是输出信号幅度与输入信号呈线性关系，称为线性放大器。线性放大器适用于在较小范围内变化的信号以及代表生物学线性过程的信号，如 DNA 测量等。另一类是对数放大器，输出信号和输入信号之间呈对数关系。在免疫学测量中常使用对数放大器。因为在免疫分析时常要同时显示阴性、阳性和强阳性三个亚群，它们的荧光强度相差 $1\sim2$ 个数量级，而且在多色免疫荧光测量中，用对数放大器采集数据易于解释。此外，它还有调节便利、细胞群体分布形状不易受外界工作条件影响等优点。

（4）计算机和分析系统：

经放大后的电信号被送往计算机分析器。多道的道数是和电信号的脉冲高度相对应的，也是和光信号的强弱相关的。对应道数纵坐标通常代表发出该信号的细胞相对数目。多道分析器出来的信号再经模-数转换器输往微机处理器编成数据文件，或存储于计算机的硬盘和软盘上，或存于仪器内以备调用。计算机的存储容量较大，可存储同一细胞的 $6\sim8$ 个参数。存储于计算机内的数据可以在实测后脱机重现，进行数据处理和分析，最后给出结果。

除上述四个主要部分外，流氏细胞仪还备有电源及压缩气体等附加装置。

2. 流式细胞仪的工作原理

下面分别简要介绍流式细胞仪有关的参数测量、样品分选及数据处理等的工作原理。

（1）参数测量原理：

流式细胞仪可同时进行多参数测量，信息主要来自特异性荧光信号及非荧光散射信号。测量是在测量区进行的，所谓测量区就是照射激光束和喷出喷孔的液流束垂直相交点。液流中央的单个细胞通过测量区时，受到激光照射会向立体角为 2π 的整个空间散射光线，散射光的波长和入射光的波长相同。散射光的强度及其空间分布与细胞的大小、形态、质膜和细胞内部结构密切相关,这些生物学参数又和细胞对光线的反射、折射等光学特性有关。未遭受任何损坏的细胞对光线都具有特征性的散射,因此可利用不同的散射光信号对不经染色活细胞进行分析和分选。经过固定的和染色处理的细胞由于光学性质的改变,其散射光信号不同于活细胞。散射光不仅与作为散射中心的细胞的参数相关,还跟散射角及收集散射光线的立体角等非生物因素有关。

在流式细胞技术测量中,常用两种散射方向的散射光测量：① 前向角(即 0°角)散射(FSC)；② 侧向散射(SSC),又称 90°角散射。这里所说的角度指的是激光束照射方向与收集散射光信号的光电倍增管轴向方向之间大致所成的角度。一般说来,前向角散射光的强度与细胞的大小有关,对同种细胞群体随着细胞截面积的增大而增大。实验表明,对球形活细胞,在小立体角范围内基本上和截面积大小呈线性关系；对于形状复杂具有取向性的细胞,则可能差异很大,尤其需要注意。侧向散射光的测量主要用来获取有关细胞内部精细结构的颗粒性质的有关信息。侧向散射光虽然也与细胞的形状、大小有关,但它对细胞膜、胞质、核膜的折射率更为敏感,也能对细胞质内较大颗粒给出灵敏反映。

(2) 样品分选原理：

流式细胞仪的分选功能是由细胞分选器来完成的。总的过程是：由喷嘴射出的液柱被分割成一连串小水滴,根据选定的某个参数由逻辑电路判明是否将被分选,而后由充电电路对选定细胞液滴充电,带电液滴携带细胞通过静电场而发生偏转,落入收集器中,其他液体被当作废液抽吸掉,某些类型的仪器也有采用捕获管来进行分选的。

稳定的小液滴是由流动室上的压电晶体在几十千赫的电信号作用下发生振动而迫使液流均匀断裂形成的。一般液滴间距约数百微米。实验经验公式 $f=v/4.5d$ 给出形成稳定水滴的振荡信号频率。其中 v 是液流速度,d 为喷孔直径。由此可知,使用不同孔径的喷孔及改变液流速度,可能会改变分选效果。分选的含细胞液滴在静电场中的偏转由充电电路和偏转板共同完成。充电电压一般选＋150V 或－150V,偏转板间的电位差为数千伏。充电电路中的充电脉冲发生器是由逻辑电路控制的,因此从参数测定经逻辑选择再到脉冲充电需要一段延迟时间,一般为数十毫秒。精确测定延迟时间是决定分选质量的关键,仪器多采用移位寄存器数字电路来产生延迟,可根据具体要求予以适当调整。

(3) 数据处理原理：

FCM 的数据处理主要包括数据的显示和分析,至于对仪器给出的结果如何解释则随所要解决的具体问题而定。

数据显示：FCM 的数据显示方式包括单参数直方图(histogram)、二维点图(dot

plot)、二维等高图(contour)、假三维图(pseudo 3D)和列表模式(list mode)等。

直方图是一维数据用得最多的图形显示形式,既可用于定性分析,又可用于定量分析,形同一般 X-Y 平面描图仪给出的曲线。根据选择放大器类型不同,横坐标可以是线性标度或对数标度,用"道数"(channel No.)来表示,实质上是所测的荧光或散射光的强度。纵坐标一般表示细胞的相对数。

二维点图能够显示两个独立参数与细胞相对数之间的关系。横坐标和纵坐标分别为与细胞有关的两个独立参数,平面上每一个点表示同时具有相应坐标值的细胞存在。可以由二维点图得到两个一维直方图,但是由于兼并现象存在,二维点图的信息量要大于两个一维直方图的信息量。所谓兼并是指多个细胞具有相同的二维坐标,在图上只表现为一个点,这样对细胞点密集的地方就难于显示它的精细结构。

3. 流式细胞仪的技术参数

为了表征仪器性能,往往根据使用目的和要求提出几个技术参数或指标来定量说明。对于流式细胞仪常用的技术指标有荧光分辨率、荧光灵敏度、适用样品浓度、分选速度、可分析测量参数等。

① 荧光分辨率:强度一定的荧光在测量时是在一定道址上的一个正态分布的峰,荧光分辨率是指两相邻的峰可分辨的最小间隔。通常用变异系数(CV 值)来表示。CV 的定义式为 $CV=\sigma/\mu$,其中 σ 为标准偏差,μ 是平均值。

在实际应用中,我们使用关系式 $\sigma=0.423\ FWHM$,其中 FWHM 为在峰高一半处的峰宽值。目前仪器的荧光分辨率均优于 2.0%。

② 荧光灵敏度:反映仪器所能探测的最小荧光光强的大小。一般用荧光微球上所标注的可测出的异硫氰酸荧光素的最少分子数来表示。目前仪器均可达到 1000 左右。

③ 分析速度/分选速度:为仪器每秒钟可分析/分选的数目。一般分析速度为 5000～70 000,分选速度掌握在 1000 以下。

④ 样品浓度:主要给出仪器工作时样品浓度的适用范围。一般在 $10^5\sim10^7$ 细胞/mL 的数量级。

4. 仪器的操作和使用

① 打开电源,对系统进行预热。

② 打开气体阀,调节压力,获得适宜的液流速度,开启光源冷却系统。

③ 在样品管中加入去离子水,冲洗液流的喷嘴系统。

④ 利用校准标准样品调整仪器,使在激光功率、光电倍增管电压、放大器电路增益调定的基础上,0°和 90°散射的荧光强度最强,并要求变异系数为最小。

⑤ 选定流速、测量细胞数、测量参数等,在同样的工作条件下测量样品和对照样品;同时选择计算机屏上数据的显示方式,从而能直观掌握测量进程。

⑥ 样品测量完毕后，再用去离子水冲洗液流系统。

⑦ 因为实验数据已存入计算机硬盘（有的机器还备有光盘系统，存储量更大），因此可关闭气体、测量装置，单独使用计算机进行数据处理。

⑧ 将所需结果打印出来。

在操作和使用中一定要注意如下事项：① 光电倍增管要求稳定的工作条件，暴露在较强的光线下以后，需要较长时间的"暗适应"以消除或降低部分暗电流本底才能工作，另外还要注意磁屏蔽；② 光源不得在短时间内（一般要 1 h 左右）关上又打开，使用光源必须预热并注意冷却系统工作是否正常；③ 液流系统必须随时保持液流畅通，避免气泡栓塞，所使用的鞘液使用前要经过过滤、消毒；④ 注意根据测量对象的变换选用合适的滤片系统、放大器的类型等；⑤ 特别强调每次测量都需要对照组。

5. 流式细胞分析的发展趋势

（1）从相对细胞计数到绝对细胞计数。

流式细胞分析最大的优点是对混合细胞群体中亚群细胞的计数，如淋巴细胞可依其表面标志的不同分为 T 细胞（CD3$^+$）、B 细胞（CD19$^+$）、NK 细胞（CD16$^+$56$^+$/CD3$^-$），T 细胞又可进一步分为辅助/诱导 T 细胞（CD3$^+$CD4$^+$CD8$^-$）和抑制/细胞毒 T 细胞（CD3$^+$CD4$^-$CD8$^+$）等。这些亚群细胞计数过去多以相对百分比来表达结果，百分比只能代表每种细胞在混合细胞群体中所占的比例，并不能体现在单位体积血液中的绝对数量，现在临床一些疾病的诊断需要考虑细胞的绝对数量，如艾滋病患者的血液中，辅助/诱导 T 细胞（CD3$^+$CD4$^+$CD8$^-$）＜200 个/μL，而仅有 HIV 感染而未发病者的相应数值＞200 个/μL。T 细胞亚群的绝对计数在国外实验室早已成为常规检查，而国内仅有少数实验室开展。

流式细胞绝对计数在临床可开展的项目包括：① 细胞亚群，尤其是 T 细胞亚群的绝对计数；② 外周血或骨髓中造血干/祖细胞的绝对计数；③ 血液中网织红细胞的绝对计数；④ 血液中血小板数量，尤其是血小板减少症患者血小板的绝对计数，此种计数优于血细胞分析仪法，已成为血小板计数的国际推荐参考方法。此外，可能出现在血液中的其他一些稀少细胞（如内皮细胞、转移的肿瘤细胞等）的计数，也将发展为流式细胞绝对计数。流式细胞绝对计数的开展对临床疾病的诊断、治疗等有重要意义。

（2）从相对定量到绝对定量分析。

细胞的多种成分如某些抗原或受体表达的流式细胞分析，以前多以平均荧光强度（MFI）或相对荧光强度（RFI）表达其含量。由于流式细胞仪每次的仪器状况可能出现差异，每个实验室所用仪器的类型也不尽相同，以 MFI 或 RFI 表示某些细胞的抗原或受体的表达量缺乏可比性，虽然流式细胞仪有极高的荧光灵敏度，但却无法准确应用这些信息。近年来,为了通过 FCM 精确定量分析细胞的某些成分,定量流式细胞术(quantitative flow cytometry,QFCM)逐渐得到发展,其定量分析原理主要有两种:

① 定量抗体微球法:在特制的微球上包被已知分子数的羊抗鼠 IgG 分子,再将包被不同分子数的微球混合,形成含不同羊抗鼠 IgG 分子数的混合微球,此微球与待测标本在相同条件下与荧光素标记的单克隆抗体(McAb)反应,然后在流式细胞仪上测定其荧光强度,根据微球上所包被的羊抗鼠 IgG 分子数和与之对应的对数荧光强度计算回归方程,再将待测样本中阳性细胞的对数荧光强度代入方程,即可求得每个细胞上的平均抗原分子数(抗原结合位点数)。

② 定量荧光素分子微球法:在特制微球上直接包被荧光素分子,再将包被不同分子数的微球混合,形成含不同数量荧光素分子的混合微球。在 FCM 仪器设置相同的条件下测定此微球及待测细胞的荧光强度,根据微球上所包被的荧光素分子数和与之对应的对数荧光强度计算回归方程,再将待测样本阳性细胞的对数荧光强度代入方程,可求得每个细胞上的平均荧光素分子数,根据所用于样本测定的单克隆抗体与荧光素结合的分子比例,计算每个细胞上的平均抗原分子数。

单细胞的抗原或受体定量是流式细胞分析的重要进展,为研究细胞的生物学、生物化学及免疫学等性质提供了更精确的方法。例如,白血病性原始细胞膜 CD45 分子表达量低于正常淋巴细胞,活化血小板膜 CD62P、CD41 分子数显著高于静止血小板,活化淋巴细胞 CD69 分子数显著增高,活化中性粒细胞膜 CD64 分子数显著高于静止中性粒细胞,强直性脊柱炎患者 T 细胞膜 HLA-B27 分子数明显增高。$CD8^+$ T 细胞膜 CD38 分子数增高是慢性 HIV 感染者病情发展或死亡的更有力的预后指标。AIDS 治疗有效后,$CD8^+$ T 细胞 CD38 分子数降低。

(3) 从单色到多色荧光分析。

流式细胞分析最初的间接免疫荧光染色、单色或双色直接荧光染色,一般只能分析单细胞的一种或两种信息。随着新的荧光素分子的不断发现,荧光标记技术的进步和流式细胞仪的多激光激发等技术的进展,多色荧光分析得到迅速发展,三色、四色甚至五色或六色荧光分析对细胞亚群的识别、细胞功能评价等更为精确。目前,淋巴细胞亚群的分析、白血病免疫表型分析均应使用至少三色荧光以上分析才更可靠。例如,辅助/诱导 T 细胞四色荧光分析的免疫表型为 $CD3^+ CD4^+ CD8^-$ $CD45^+$,慢性淋巴细胞白血病的异常淋巴细胞的四色免疫表型为 $CD5^+ CD10^-$ $CD19^+ CD45^+$。多色荧光分析是流式细胞技术发展的必然趋势,有条件时应尽可能地采用。

(4) 从细胞膜成分到细胞内成分分析。

流式细胞膜免疫表型分析是最重要的分析内容之一,很多细胞亚群的检测均是以膜免疫表型为主,如 T、B 细胞和 NK 细胞分析,白血病免疫分型等。然而,仅有膜免疫表型的分析是不够的,尤其对一些细胞的系列鉴定和功能状态分析常较为困难,而细胞浆或细胞核内成分则更能反映某些细胞的系列特征和功能变化。随着近年来细胞内成分检测技术的不断完善,细胞内成分检测已成为流式细胞分析的又一个热点。例如,急性髓系白血病性原始细胞浆中检测到髓过氧化物酶(myeloperoxidase,MPO)是最为准确的标志;急性 B 细胞白血病性原始细胞浆中检测到 CD79a 是最为特异的标志;检测 T 细胞胞浆内细胞因子合成的种类及含量和膜 CD69 分子表达,是判断 T 细胞活化及其功能的重要手段,而且还能将辅助/诱导 T 细胞(Th)进一步分成 Th1 和 Th2 亚类,在 Th1 和 Th2 细胞浆中可分别合成 γ-干扰素(IFN-γ)、白细胞介素-1(IL-1)和 IL-4、IL-5、IL-10。通过细胞内成分检测技术与多色免疫荧光分析方法结合,可检测不同细胞亚群合成的不同细胞因子(cytokine),如用五色免疫荧光分析血液中淋巴细胞经诱导剂刺激后,辅助/诱导 T 细胞亚类——Th1 细胞内有细胞因子合成的免疫表型为 $CD3^+ CD4^+ CD8^- IFN-\gamma^+ IL-1^+$。

(5) 液体中可溶性成分的流式细胞分析。

从传统意义上讲,流式细胞术只能分析细胞及其成分,液体中的可溶性成分则不能进行分析。然而,如果将液体中的可溶性成分结合在一种类似于细胞大小的颗粒(如乳胶颗粒)上,流式细胞仪便可以对其进行分析,这就是近年来发展起来的流式微球分析(cytometric bead assay,CBA)技术。CBA 的原理是将包被某种抗原或抗体的不同大小的微球与待测液体中的相应成分反应形成抗原与抗体的复合物,再加入荧光素标记的第二抗体,微球上结合的待测抗原或抗体分子数量与其荧光强度呈线性关系,由此可对待测液体中与微球上包被抗原或抗体分子相对应的成分进行定性或定量分析,例如同时测定血清或细胞培养液中的多种细胞因子,同时测定血清中多种自身抗体。CBA 发展的时间虽很短,目前所能检测的项目还不多,但极具发展潜力。已知检测细胞因子的方法有多种,包括靶细胞功能分析法、ELISA、斑点酶免疫分析等,但与这些方法相比,CBA 灵敏度更高,可达 2 pg/mL,而且能同时测定单个标本中的多种细胞因子。

(6) 流式分子表型分析。

流式分子表型分析(molecular phenotyping)是指用流式细胞术检测细胞中特异性核酸序列或特异性基因异常。流式分子表型分析与免疫表型分析技术相结合,对于检测所选择细胞亚群的特异性核酸序列(如癌基因、病毒核酸等),提供了一种非常有用的工具,具有广阔的应用前景。流式分子表型与免疫表型结合分析的基本技术路线是：① 待测细胞首先与特异性细胞亚群的单克隆抗体反应；② 固定并渗透细胞；③ 通过 PCR 进行引物特异的核酸序列扩增；④ 应用对扩增产物的特异性寡核苷酸荧光素标记探针进行荧光原位杂交（FISH）；⑤ 加入针对细胞亚群单克隆抗体的荧光素标记的第二抗体；⑥ 流式细胞仪检测及数据分析。例如，流式细胞免疫表型与聚合酶链式反应及荧光原位杂交（PCR-FISH）结合测定血液 CD4$^+$ 细胞中 HIV 特异的 DNA 或 RNA，对于 AIDS 的病程监测、治疗反应及预后等有重要价值。用流式荧光原位杂交（Flow-FISH）法测定染色体端粒长度，细胞的染色体端粒是由 $2 \sim 20$ kb 串联的短片段重复序列（TTAGGG）n 和一些结合蛋白组成，端粒长度越长，所含重复碱基数目越多。用荧光素标记的核酸-（CCCTAA）$3'$ 端粒序列特异性探针进行 FISH 后，经流式细胞仪检测，其荧光强度的高低可反映端粒的长短。Flow-FISH 可测出小于 3 kb 的端粒长度差，对肿瘤的发生与发展、治疗与预后等的研究有一定价值。

以上几个方面的进展代表了当前临床流式细胞分析发展的主要趋势，对今后进一步开展临床流式细胞分析将有一定的指导作用。

6. 流式细胞术的优缺点

① 优点：高通量，同时多参数分析；提供细胞群体的均值和分布情况，可进行精确的统计；灵敏度高；检测速度快，可分析 $5000 \sim 70\,000$ 个细胞/秒。

② 缺点：丢失了实体组织的结构、细胞定位及细胞荧光分布等信息。

7. 流式细胞术的主要功能及应用

流式细胞术在药物研究、多色荧光蛋白研究、荧光分子标记物及免疫细胞分型、蛋白相互作用、细胞周期、干细胞、细胞内基因表达等多项研究上发挥重要作用。可应用于细胞表面标志检测、细胞内蛋白检测、细胞因子检测、细胞内离子浓度检测、DNA 总量分析、细胞膜电位测定、细胞增殖与凋亡分析、内源及外源基因表达分析、特定群体的富集和分选等。

6.12 免疫沉淀法

免疫沉淀法可用于检测并定量分析多种蛋白混合物中的靶抗原。这种方法很敏感，可检测出 100 pg 的放射性标记蛋白。当与 SDS-聚丙烯酰胺凝胶电泳并用时，既可以用于分析内源蛋白的表达水平，也可以分析外源基因在原核和真核宿主细胞中的表达情况。

放射性标记靶蛋白的免疫沉淀以及其后的分析包括下列几个步骤：① 靶蛋白的放射性标记；② 裂解细胞；③ 特异性免疫复合物的形成；④ 免疫复合物的收集及纯化；⑤ 放射性标记蛋白质的放射自显影分析。

6.12.1　靶蛋白的放射性标记

用于标记蛋白质的放射性同位素通常是^{35}S,其半衰期为 87.1 天。^{35}S-甲硫氨酸和^{35}S-半胱氨酸是哺乳动物细胞的必需氨基酸,必须由培养基中提供。因此,培养的哺乳动物细胞的放射性标记就可以通过将细胞培养在含^{35}S-甲硫氨酸或同时含^{35}S-甲硫氨酸和^{35}S-半胱氨酸的培养基中进行。

培养基本身含有高浓度的甲硫氨酸和半胱氨酸,为了增加同位素标记氨基酸的掺入率,可去除培养基中的甲硫氨酸或同时去除甲硫氨酸和半胱氨酸。同位素标记的强度取决于待测蛋白的合成速度和其氨基酸的组成,以及该蛋白质的代谢速度。

操作过程如下:

① 吸去培养基,用不含甲硫氨酸和血清的培养基(Med-AA)洗两次。

② 于 Med-AA 中 37℃培养 20 min,以耗尽细胞内的含硫氨基酸。

③ 吸去 Med-AA,立刻换含适当量^{35}S标记氨基酸的 Med-AA,按所需时间于 37℃中培养。每隔 15 min 轻轻摇动一下培养皿,以免细胞干燥。

④ 吸去含有同位素的培养基。如果只检测细胞内的抗原,则弃去含同位素的培养基;如果待测抗原是分泌型蛋白质,则留下培养基进行免疫沉淀。

⑤ 用冰浴的 PBS 缓冲液洗涤细胞两次,尽量吸去残留的 PBS 缓冲液,然后即可进行细胞裂解。

6.12.2　裂解细胞

(1)试剂:

常用于提取哺乳动物细胞蛋白的裂解缓冲液为:50 mmol/L Tris-HCl(pH 8.0),150 mmol/L NaCl,0.02%叠氮钠,0.1%SDS,100 μg/mL 苯甲基磺酰氟(PMSF),1 μg/mL 胰蛋白酶抑制剂,1%NP-40。

(2)步骤:

① 单层培养的细胞,用 PBS 缓冲液洗 1 次,去净 PBS 缓冲液,向培养皿中加入裂解缓冲液,冰浴 20 min。用橡皮刮子刮下培养皿中的细胞,将裂解缓冲液及细胞碎片吸入一预冷的微量离心管中。

② 悬浮培养的细胞,1000 r/min 离心 10 min,收集细胞,去除上清液,用 PBS 缓冲液洗 1 次,去净 PBS 缓冲液,向盛有细胞团的试管中加入裂解缓冲液,冰浴 20 min。

③ 于 4℃下 10 000 r/min 离心 2 min。

④ 将上清液吸入一支新的微量离心管中,保存于 4℃或−70℃。

（3）注意事项：

PMSF 是抑制丝氨酸蛋白酶和巯基蛋白酶的蛋白酶抑制剂,对呼吸道黏膜、眼睛及皮肤等极具毒性,如果被吸入或接触到皮肤,应立即用水冲洗。由于 PMSF 在水溶液中不稳定,要临用前加入缓冲液中。储存液为 17.4 mg/mL PMSF 的异丙醇溶液,保存于-20℃。

上述步骤均应在冰冷的条件下进行,以免蛋白酶抑制剂失活而导致蛋白质的降解。

6.12.3　特异性免疫复合物的形成、收集及纯化

① 将上述细胞裂解液等分放入两支微量离心管中,用 NET-gel 缓冲液调节,使其体积为 0.5 mL,向一支管中加待测蛋白的特异抗体,向另一支管中加入无关的抗体。在 0℃下轻轻地摇动 1 h。

NET-gel 缓冲液:50 mmol/L Tris-HCl(pH 7.5),150 mmol/L NaCl,0.1% NP-40,1 mmol/L EDTA(pH 8.0),0.25%白明胶,0.02%叠氮钠。

抗体的用量取决于抗原的浓度及抗体的滴度。一般来说,对转染的哺乳动物细胞提取液进行免疫沉淀时,需要 0.5~5 μL 多克隆抗血清、5~100 μL 杂交瘤组织培养液或 0.1~1.0 μL 腹水。如果抗体的用量过多,会增加非特异性背景。

用 NET-gel 缓冲液稀释细胞抽提液可降低非特异性背景,但表面活性剂浓度过高则导致蛋白质的部分变性或降解。

② 如果待测蛋白抗体不能有效地与蛋白 A 结合,可加适当的抗免疫球蛋白抗体,并继续在 0℃下轻轻地摇动 1 h。

③ 向抗原-抗体混合液中加入蛋白 A-Sepharose,于 4℃下轻轻地摇动 1 h。所需蛋白 A-Sepharose 的量应做预试验来确定,一般来说,1 mL 包装的已膨胀蛋白 A-Sepharose 至少能结合 20 mg 的 IgG;1 mL 标准的 10%悬浮的 S. aureus 细胞能结合 1 mg 免疫球蛋白。

④ 于 4℃,10 000 r/min 离心 1 min,吸去上清液,加 1 mL 洗涤缓冲液重悬 Sepharose,共洗 3 次,前两次用 NET-gel 缓冲液洗,最后用 10 mmol/L Tris-HCl (pH 7.5)-0.1%NP-40 洗 1 次。

⑤ 4℃振荡 20 min,10 000 r/min 离心,弃上清液。

⑥ 向沉淀中加 30 μL SDS 凝胶上样缓冲液:50 mmol/L Tris-HCl(pH 6.8),100 mmol/L 二硫苏糖醇,2%SDS,0.1% 溴酚蓝,10%甘油。

⑦ 100℃加热 3 min,10 000 r/min 离心,收集上清液至一支新管中。

6.12.4　放射性标记蛋白质的放射自显影分析

将上述收集的上清液进行 SDS-聚丙烯酰胺凝胶电泳,干胶,压片,放射自显影。

6.13　免疫印迹

免疫印迹又称蛋白质印迹(Western blotting),是将凝胶电泳的高分辨力和固相免疫测定的灵敏、特异、稳定、简便结合起来的一种方法。既可以从复杂抗原中检出特定的抗原或者从多克隆抗体中检出单克隆抗体,又可以对转移到固相膜上的抗原或抗体进行连续分析,以取得定性或定量数据。

6.13.1　SDS-聚丙烯酰胺凝胶电泳

1. 基本原理

聚丙烯酰胺凝胶电泳(PAGE),是目前对蛋白质进行分离、纯度鉴定及相对分子质量测定的主要方法之一。具体原理参见 5.3 节。SDS-PAGE 可用于测定蛋白质的相对分子质量,可以根据蛋白质的大小分离蛋白质。但是,在 SDS-PAGE 分离蛋白质时,只要相对分子质量相同,蛋白质就出现在同一位置。所以,SDS-PAGE 分离蛋白质后,还需要特异性的抗体来鉴定靶蛋白——免疫印迹。

SDS-PAGE 是最常用的凝胶电泳技术。它通常采用不连续电泳系统,即用上层胶(浓缩胶,stacking gel)和下层胶(分离胶,running gel)两种不同浓度的凝胶灌制凝胶板(图 6-34)。

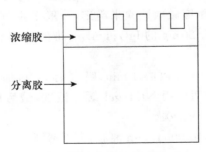

浓缩胶 →

分离胶 →

图 6-34　SDS-PAGE 胶板示意

SDS-PAGE 通过其电荷效应、浓缩效应和分子筛效应,达到蛋白质高分辨率的分离效果。待分离蛋白质样品在电泳中的泳动速度或相对迁移率(M_R),与蛋白质本身性质(如分子大小)、凝胶孔径和电泳条件(如电流、电压)等密切相关。蛋白质结合大量的 SDS 后,各组分之间的形状和电荷差异被抵消,此时蛋白质在电场中泳动速度的快慢,仅与各自相对分子质量的大小有关。因此,可根据下列公式,计算蛋白质的相对分子质量:

$$\lg M_w = \lg K - b M_R$$

其中 M_w 为蛋白质的相对分子质量,K 为常数,M_R 为相对迁移率,b 为常数。将已知相对分子质量的几种标准蛋白质在电泳中的相对迁移率对其相对分子质量的对数作图,即可得到一条蛋白质相对分子质量校正曲线。根据待测样品的相对迁移率,可由校正曲线查到其相对分子质量。蛋白质样品加 SDS 煮沸后,蛋白质发生变性,为保护和还原二硫键,尚需加入还原剂 β-巯基乙醇(2-ME)或二硫苏糖醇(DTT)。蛋白质变性使以亚基聚合形式存在的蛋白质解聚成单个亚基。因此,对于一个纯化蛋白质,可经 SDS-PAGE 确定其亚基种类、数目及大小。上述测得的蛋白质相对分子质量更确切地说是蛋白质分子各亚基的相对分子质量。丙烯酰胺凝胶孔径对电泳速度及分离效果影响很大。凝胶孔径的大小取决于丙烯酰胺(Acr)单体及 N,N'-亚甲基双丙烯酰胺(Bis)的含量及比例。总胶浓度可在3%~30%范围内变动,其中 8%~15% 的凝胶适用于大多数蛋白质样品的分离。交联度是反映凝胶聚合情况的一个指标。凝胶聚合过程中 Acr 单体之间形成延伸的多聚链,并通过 Bis 的作用连接和交叉成网状结构,最终成为肉眼可见的凝胶。催化剂过硫酸铵(APS)和加速剂四甲基己二胺(TEMED)直接影响凝胶聚合质量。二者加量过多,会使 Acr 单体聚合链较短,聚合不充分,胶的脆性增加;反之,如加量过少,则聚合速度大大降低,甚至只出现所配制的胶溶液黏度稍增加、无胶状物出现的现象。

根据电泳的目的和要求及样品的特点,可采取恒流或恒压条件进行电泳(图6-35)。

2. 试剂与器材

① 30% Acr/Bis 储存液:Acr 29.2 g,Bis 0.8 g,加双蒸水 60 mL,充分溶解后再加双蒸水至 100 mL。过滤,于 4℃ 避光保存。

② 分离胶缓冲液(1.5 mol/L Tris-HCl,pH 8.8):Tris 18.15 g,溶于 60 mL 双蒸水中,用 1 mol/L HCl 调 pH 至 8.8,加双蒸水至 100 mL,于 4℃ 保存。

③ 浓缩胶缓冲液(0.5 mol/L Tris-HCl,pH 6.8):Tris 6.0 g,溶于 60 mL 双蒸水中,用 1 mol/L HCl 调 pH 至 6.8,加双蒸水至 100 mL,于 4℃ 保存。

④ 10%APS:APS 1.0 g 加双蒸水 10 mL 溶解,−20℃ 分装冻存,或新鲜配制。

⑤ TEMED:原液。

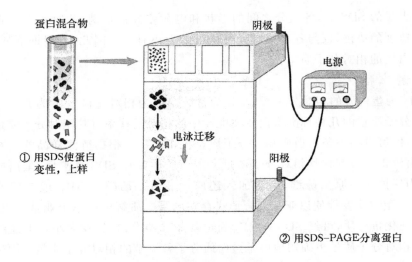

图 6-35　SDS-PAGE 装置示意

⑥ 10% SDS：SDS 10 g 溶于 80 mL 双蒸水中，加热搅拌至完全溶解，定容至 100 mL。室温保存。

⑦ 50%甘油：甘油 50 mL 加双蒸水 50 mL，配成 100 mL 溶液。

⑧ 样品缓冲液(6×)：浓缩胶缓冲液 1.0 mL，50%甘油 0.8 mL，10% SDS 1.6 mL，2-巯基乙醇 0.4 mL，0.05% 溴酚蓝 0.2 mL，双蒸水 4.0 mL。混合均匀后，分装冻存。

⑨ 电极缓冲液(1×)：pH 8.3，Tris 3.03 g，甘氨酸 14.4 g，SDS 1.0 g，加双蒸水至 1000 mL。

⑩ 蛋白质相对分子质量标准品：蛋白质相对分子质量标准(高相对分子质量和低相对分子质量)均有商品供应。

⑪ 直板电泳装置：电泳槽 UM-250 型(大连)。

⑫ 电泳仪。

⑬ 玻璃微量进样器：微量加样器配扁而长的加样头亦可。

3. 操作步骤

① 将两块玻璃板组成的灌胶模具(其中一块上口带有凹槽，另一块内面两侧黏有凝胶板隔离胶条，胶条厚度为 0.5、0.75、1.0 mm，按所需凝胶厚度选择)洗净、晾干，安装好。

② 选择合适的分离胶浓度，按表 6-3 配制所需分离胶溶液。

表 6-3　分离胶溶液配方

单位：/mL

总胶浓度/(%)	8	10	12	15
蒸馏水	6.15	5.15	4.15	2.65
30% Acr/Bis 储存液	4.00	5.00	6.00	7.50
分离胶缓冲液	3.75	3.75	3.75	3.75
10% SDS	0.10	0.10	0.10	0.10
50%甘油	0.90	0.90	0.90	0.90
10% APS	0.10	0.10	0.10	0.10
TEMED	0.01	0.01	0.01	0.01
总体积	15.0	15.0	15.0	15.0

③ 将分离胶溶液混合后缓慢倒入玻璃板之间,并即刻在胶表面用滴管沿凝胶板内壁滴加 2~3 mm 高的水饱和正丁醇(无水乙醇亦可),以防止空气中的氧扩散进入胶液,影响聚合(胶液与正丁醇分界面可见清晰的折光线)。

④ 待分离胶聚合后(约 30~40 min),倾去表面液体,用少量分离胶缓冲液洗2~3 次,多余的液体用滤纸条吸干。

⑤ 配制浓缩胶液:双蒸水 3.05 mL,30% Acr/Bis 储存液 0.65 mL,浓缩胶缓冲液1.25 mL,10%SDS 50 μL,10%APS 50 μL,TEMED 5 μL。总体积 5.0 mL,总胶浓度为 4%。

⑥ 将浓缩胶液混合后,缓慢加到分离胶表面,至凹口玻璃板上沿。小心插入梳子(梳子应在步骤①安装完毕后,预先试一下是否合适),注意排除气泡。

⑦ 30 min~1 h 后,小心拔出梳子,去掉四周封闭乳胶管,将凝胶板与上、下电泳槽连接好。

⑧ 上层电泳槽中加电极缓冲液没过加样孔,并用电极缓冲液冲洗加样孔。如个别孔发生扭曲,可将玻璃微量进样器针头插入孔中,把孔间的短胶柱推正。

⑨ 待测蛋白质溶液中按 1∶4 比例加样品缓冲液,如为沉淀及冻干粉,样品缓冲液应稀释 4~5 倍后加入,并使样品充分溶解。蛋白质相对分子质量标准按商品说明书处理。沸水浴中煮 3~5 min 后上样。

⑩ 恒压电泳。样品在浓缩胶中泳动时,电压为 100V,进入分离胶后,电压增至 150~200V(约 15 V/cm)。为防止电泳产热过多,应外接冷却水装置。

⑪ 当样品缓冲液中的溴酚蓝指示剂移至凝胶底部时,终止电泳(用时约 3 h)。取出凝胶板,小心将两板之间的胶移至较大的平皿中。此凝胶可直接进行染色观察,亦可进一步通过免疫印迹技术,对待测蛋白质进行检测。

4. 注意事项

① 分离胶中加入少量甘油可增加胶的柔韧性,使胶不易破裂。

② 配制胶液时，最后加 APS 和 TEMED，加入后立刻使胶液充分混合，但要防止剧烈摇晃而产生气泡。

③ 表 6-3 中所加试剂的量是依据灌制面积为 14 cm×14 cm，厚度为 1 mm 的凝胶而设定，其他规格的凝胶板试剂用量可参考此表，进行适当调整。

④ Acr 及 Bis 具有神经毒性，实验中应戴手套操作。

⑤ 可选用恒流条件进行电泳，如，样品在浓缩胶中泳动时，电流为 30 mA，进入分离胶后，电流增加至 40 mA；亦可以 4～5 mA 低电流，电泳过夜，次日增加电流至 10～20 mA，5～10 min，以改善样品的少量扩散。

⑥ 待分离样品的质、量直接影响电泳效果，如，若电泳出现波浪线，说明上样量过多，应减少上样量；若样品中含盐浓度过高，应先透析，以除掉盐分；若样品黏度过大（如细胞蛋白质），最好先用超声波破碎染色体 DNA 后再电泳。

⑦ 如果待分离样品中蛋白质组分相对分子质量的变化幅度大，则应考虑用梯度发生器制备 5％～20％ 的梯度胶，以达到满意的分离效果。

6.13.2 免疫印迹

1. 基本原理

免疫印迹是蛋白质样品经 SDS-PAGE 分离后，从凝胶转移至聚偏二氟乙烯（PVDF）膜或者硝酸纤维素（NC）膜上，并在膜上对蛋白质进行定性分析及定量检测的方法。免疫印迹技术结合了电泳分辨率高及抗原-抗体反应高度特异性的双重优点。因此，也是目前蛋白质研究工作中的重要手段之一。

电泳后蛋白质样品转移的方法，包括半干式转移、湿式转移等。各种转移方法原理相似，都是将膜与胶放在中间，上下加滤纸数层，做成"三明治"样的转移单位，并且保证带负电的蛋白质向阳极转移，即膜侧连接阳极或面向阳极（图 6-36）。

2. 试剂与器材

① 电泳凝胶。

② 转移缓冲液：pH 8.1～8.4，Tris 3.03 g，甘氨酸 14.4 g，甲醇 200 mL 充分溶解后，加双蒸水定容至 1000 mL。

③ TBS 缓冲液：Tris 1.21 g，NaCl 8.77 g，加 HCl 调 pH 至 7.4，加双蒸水定容至 1000 mL。

④ TTBS 缓冲液：在 TBS 缓冲液中加入 Tween-20，浓度为 0.1％，4℃保存 1 个月。

⑤ 封闭液：脱脂奶粉 1.5 g 溶于 50 mL TTBS 缓冲液中，现用现配（用 1％～3％ 的 BSA，或 10％ 胎牛血清亦可）。

⑥ 特异性单克隆抗体：用封闭液适当稀释。

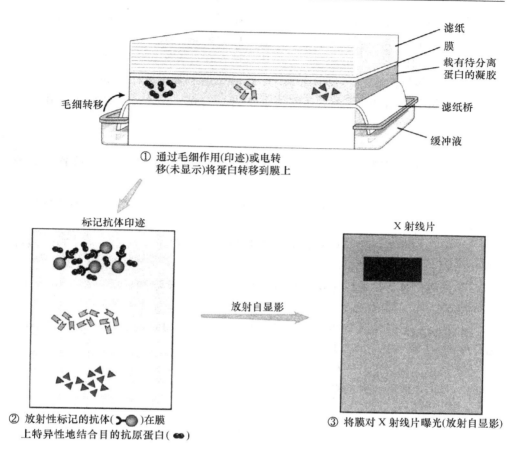

① 通过毛细作用(印迹)或电转
移(未显示)将蛋白转移到膜上

标记抗体印迹

放射自显影

X 射线片

② 放射性标记的抗体(🦴⬤)在膜
上特异性地结合目的抗原蛋白(⬤⬤)

③ 将膜对 X 射线片曝光(放射自显影)

图 6-36　免疫印迹示意

⑦ 酶标记第二抗体：辣根过氧化物酶或碱性磷酸酶标记。

⑧ 蛋白质转印膜：NC 膜、PVDF 膜或尼龙膜等均可。

⑨ 显色底物。

⑩ 器材：恒温振荡器,半干式电泳凝胶转移仪,Whatman 3 mm 滤纸,手套,孵育及显色用塑料盒,塑料袋,塑料封口机。

3. 操作步骤(半干式转移)

(1) 转移:

① 电泳后的凝胶先切除浓缩胶及需要进行凝胶直接染色的孔道部分,并将胶切一小角作为定位标记,然后放在转移缓冲液中平衡 30 min 左右。

② 将转印膜 1 张及 6 张 Whatman 3 mm 滤纸剪成与胶板同样大小。转印膜

用前需在转移缓冲液中平衡 10～15 min,滤纸用前在转移缓冲液中浸湿即可。

③ 由下至上将三层滤纸、凝胶、膜及三层滤纸依次放好。每放一层都应注意排除气泡。如有气泡,可用光滑的玻璃棒或试管在各表面缓慢滚动,予以排除。

④ 将转移装置连接好,接通电源。0.8 mA/cm^2 恒流下转移 30 min～1 h。

⑤ 关闭电源,取出膜,然后用双蒸水漂洗 1～2 min,放在滤纸中干燥备用。注意膜上要做好标记。

(2)检测:

① 将膜放在塑料盒中,加入适量封闭液,于 37℃ 恒温振荡器上放置 1 h,或 4℃ 过夜。

② 将膜转入塑料袋中,加入用封闭液稀释的第一抗体,于 37℃ 室温孵育反应 1 h 或 4℃ 过夜。

③ 剪开塑料袋,倾去第一抗体溶液,用镊子将膜移至塑料盒中,加 TBS 缓冲液洗 3 次,每次 15 min。

④ 加入稀释好的酶标记第二抗体,继续在 37℃ 或室温孵育反应 30 min～1 h。

⑤ 同上第三步,洗膜。

⑥ 加底物显色液。此步骤一般要求避光进行。最好即时检查一下,以控制显色程度,防止本底过高及出现非特异性条带。

⑦ 终止反应,用大量双蒸水冲洗,然后将膜放于双层滤纸中干燥保存。图 6-37 为一例 SDS-PAGE 和免疫印迹的实验结果。

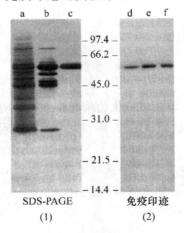

图 6-37 SDS-PAGE 和免疫印迹的实验结果

(1) SDS-PAGE 的实验结果:a 为相对分子质量标准;b,c 为待测样品。(2) 免疫印迹的实验结果,用特异性单克隆抗体及酶标记的二抗反应后,用显色剂显色,目的蛋白为一条带,与相对分子质量标准比较,可以计算目的蛋白的相对分子质量。

4. 注意事项

① 如果采用 PVDF 膜,使用前应在甲醇中浸泡一下,再移至转移缓冲液中平衡。另外,PVDF 膜在检测时,采用 TTBS 缓冲液。

② 电泳凝胶一般可重复转移一次,以获得两张相同的膜,第二次转移的时间可略延长。

③ 如果待分析的蛋白质相对分子质量大,转移时间也需延长。

④ 上述显色检测方法仅给出了基本步骤,采用不同检测系统,需按厂家说明书操作。

⑤ 电转移操作时,保证滤纸、膜、凝胶之间无气泡存在是实验的关键步骤。因为即使有微小的气泡残留,也会导致电转移时局部温度升高、气泡膨胀,从而严重影响印迹结果。

6.14　免疫亲和层析技术

生物大分子具有能和某些相对应的专一分子可逆结合的特性,例如,酶的活性中心或别构中心能和专一的底物、抑制剂、辅助因子效应剂通过某些次级键相结合,并在一定条件下又可以解离。抗体与抗原、激素与其受体、核糖核酸与其互补的脱氧核糖核酸等体系,也都具有类似的特性。这种高分子和配基之间形成专一的可解离的复合物的能力称为亲和力。根据这种具有亲和力的生物分子间可逆地结合和解离的原理发展起来的层析称为亲和层析。

从理论上说,亲和层析可以用来纯化各种酶、抗体、抗原、维生素结合蛋白、传递蛋白、激素和药物的受体、核酸、多酶系统以致完整的细胞。固相化的配基也可用来探讨生物体内大分子和配基间的作用方式。这种固相吸附剂还可作为生物大分子的结构与功能研究的工具。

近几十年来,亲和层析技术发展十分迅速,目前已成为生物化学中分离提纯生物活性物质的重要方法。亲和层析能在温和条件下操作,纯化过程简单、迅速,得率高。对分离含量极少又不稳定的生物活性物质极为有效,但并不是任何生物活性物质间都具有特异的亲和力,而且针对某一分离对象,需要寻找和制备专一的配基和选择层析的稳定条件,因此亲和层析法的应用范围也受到一定的限制。由于很多物质可以作为抗原或半抗原,免疫吸附亲和层析法更为人们所重视。

免疫亲和层析技术是纯化各种生物大分子的有效方法。最初是将抗体作为一种结合剂用于免疫亲和层析,根据抗原、抗体结合后形成大量多聚体和不溶性物质的原理来收集抗原。随后用抗体与惰性微珠共价交联,虽然这种反应是一种简单的结合,但抗体的活性因交联缺乏定位作用或抗体的过量交联而丧失。通过研究发现,抗体与蛋白 A 或蛋白 G 微珠共价交联后更容易与抗原结合。将具有良好抗原结合特性,且来源广泛的各种单克隆抗体制成免疫亲和层析柱,已成为一种实用和有效的纯化方法。

免疫亲和层析具有以下特点:① 纯化效果取决于待纯化抗原的浓度和抗体的亲和力。抗体与其相应抗原结合具有高度亲和力和特异性,能大量分离天然状态或近似天然状态的抗原。② 需要适当纯化的抗体,不是所有的抗体都适用于免疫亲和层析,不过一旦获得一种性能良好的抗体,纯化过程就简单、快速、可靠;使用层析柱快速纯化抗原,层析柱一般可重复使用。③ 可按照抗体的量选择不同规模的层析柱,半天内即可完成层析,而且可以获得其他层析法不可比拟的纯化效果,可获得纯化的抗原,对蛋白质(抗原)的纯化率为 1000~10 000 倍,但是不能用于定量测定。④ 经过简单的改进,免疫亲和层析法也可用于纯化识别特异性抗原的特异性抗体。

免疫亲和层析是一种既简单又非常有效的分离抗原的技术,即将抗体共价结合到一种惰性的微珠上,然后将微珠与含有待纯化抗原的溶液混合。当抗原被交联在微珠上的抗体捕获后,通过洗涤去除无关的抗原,然后用洗脱缓冲液处理微珠,结合的抗原被洗脱,从而得到纯化的抗原。如果洗脱条件掌握较好而且比较温和,纯化的抗原仍能保持其天然状态。虽然下述的所有实例都是以蛋白质抗原作为研究对象,但凡是能与抗体有效结合的分子都能用这种方法进行纯化,只需简单地改变操作程序。免疫亲和层析法同样也可以用来分离经过初步纯化的抗体,此时抗原和抗体所起的作用正好相反,抗原共价交联在微珠上,再与抗体结合,然后通过洗脱,得到纯化的抗体。在条件合适的情况下,应用免疫亲和层析法通常只需一次就可以达到 1000~10 000 倍的纯化效果。使用性能特别优良的抗体,并且掌握好洗脱条件,也可以达到 10 000 倍以上的纯化效果。

6.14.1　免疫亲和层析的基本过程

用化学方法把抗体连接到固相支持物上制成免疫吸附剂(偶联),用免疫吸附剂装一根亲和层析柱。将含有待分离抗原的溶液通过亲和层析柱,待分离抗原被吸附到层析柱上(亲和吸附),而其他蛋白质则不被吸附。用洗涤缓冲液将不被吸附的杂蛋白洗掉之后,换用利于抗原、抗体解离的洗脱缓冲液将待分离的抗原从亲和层析柱上洗脱下来,即可得到欲分离的抗原。将亲和吸附剂的层析柱充分洗涤再生,可用于下一周期的纯化工作,如图 6-38。

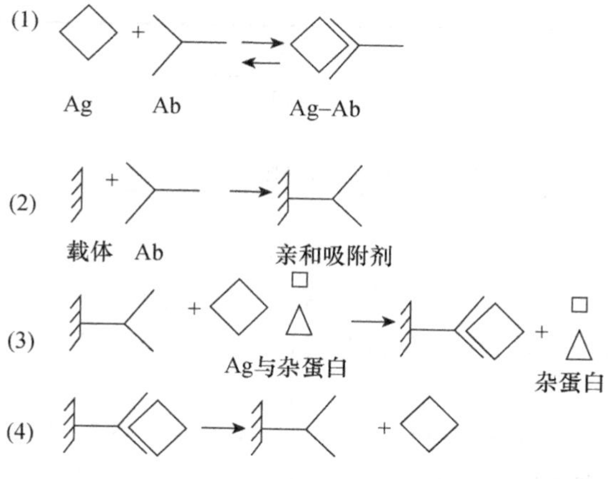

图 6-38　免疫亲和层析的基本过程

（1）一对可逆结合的抗原、抗体；（2）载体与抗体偶联；（3）免疫亲和层析；（4）洗脱抗原。

6.14.2　抗体和载体的选择

1. 抗体的选择

通过实验比较和经验积累才能发现最适用于免疫亲和层析的抗体。这意味着没有捷径能选择到最佳的抗体，最好的方法就是通过预实验来初步测试各抗体的效果。一种方法是用不同的共价交联微珠进行免疫沉淀试验，然后通过免疫印迹法测定结合的抗原量；另一种方法是将抗原溶液通过小型层析柱，然后用免疫印迹的样品缓冲液进行洗脱。一旦确定与抗原结合性能良好的抗体后，下一步就应用不同的洗脱条件进行试验，以找到一种洗脱峰形较好的抗体。

如果通过预实验发现使用的抗体不适合免疫亲和层析，较好的解决方法是用一个已知特性的表位分子作为标记蛋白，用其他的抗体来捕获此抗原表位。先构建一个包括有该表位分子和目的分子的融合蛋白表达载体，然后表达融合蛋白，后者可以用针对表位的特异性抗体进行分离。

2. 多克隆抗体和单克隆抗体的比较

免疫亲和层析技术使用单克隆抗体或经过亲和层析纯化的多克隆抗体（表6-4）。在某些情况下可用未纯化的多克隆抗体，但一般不使用混合的单克隆抗体。

表 6-4　免疫亲和层析用抗体的选择

	亲和纯化的多克隆抗体	单克隆抗体
信号强度（抗体结合容量）	非常好	视抗体而异，但应该非常好
特异性	非常好	非常好，但某些抗体有交叉反应

续表

	亲和纯化的多克隆抗体	单克隆抗体
优点	洗脱峰形易分辨（已知）， 特异性强	应用不受限制，特异性强
缺点	制备困难，应用受限	需要筛选合适的抗体

（1）应用多克隆抗体进行免疫亲和层析。

使用多克隆抗体进行免疫亲和层析有一定的局限性，因为多克隆抗体通常结合抗原分子上的多个表位，虽然亲和力高，但洗脱困难。当一种抗原与多种不同的抗体结合后，需要很苛刻的洗脱条件，通常会损坏抗体层析柱，至少也会使部分抗原变性。在这种情况下，每种抗原和抗体相互作用的洗脱条件不同，故难以建立有效的洗脱条件。应用多克隆抗体的另一缺点是其中含有大量针对无关抗原的抗体。

两种类型的多克隆抗体可以用于免疫亲和层析柱，即针对合成肽或某种抗原中特定区域的抗体。在这两种情况下，由于结合到层析柱上的抗原位点局限在一个很小的区域，因此可能实现有效的洗脱。

如果要将多克隆抗体用于免疫亲和层析，一种方法是利用抗原亲和层析柱来纯化特异性的抗体。这种方法要求能得到足够量的抗原供制备亲和层析柱。另一种方法是利用针对某一物种蛋白的抗体，来纯化其他物种的同源蛋白。用抗原亲和层析柱来纯化多克隆抗体时，只需收集与抗原结合的抗体，因为是从抗原免疫亲和层析柱上洗脱下来的，从免疫亲和层析柱上洗脱抗原的条件已经确定，故不存在问题。

（2）应用单克隆抗体进行免疫亲和层析。

应用单克隆抗体进行免疫亲和层析具有许多优点。单克隆抗体的来源不受限制，而且高亲和力的单克隆抗体可以结合抗原的容量大，因为所有的单克隆抗体都是均质的，并结合相同的表位，所有结合的抗原可以在相同的条件下被洗脱。由于单克隆抗体结合的是抗原分子上的单一表位，抗原、抗体之间的结合键基本上是均质的，洗脱抗原的条件也比使用多克隆抗体容易掌握。

应用单克隆抗体进行免疫亲和层析时出现的问题，通常涉及抗原的特性、低亲和力或交叉反应。低亲和力通常是免疫亲和层析法存在的共同问题。一方面，使用单克隆抗体时，交叉反应并不常见，主要出现在某些抗体的亚类上，抗体与其他抗原上的相同表位结合所致。这些表位可能有广泛的同源性，这种性质使得单克隆抗体可用于这些相关蛋白的研究，而不能用于抗原的纯化。另一方面，交叉反应可能只限于某一表位本身。在这种情况下，使用针对该抗原中其他表位的单克隆抗体能够消除交叉反应。另一个解决办法就是采用其他层析或抽提技术从杂蛋白中纯化抗原。

（3）用混合的单克隆抗体进行免疫亲和层析。

除特殊情况外，一般不应将混合的单克隆抗体用于制备免疫亲和层析柱。使用混合的单克隆抗体所遇到的与洗脱有关的各种问题已在上面提到。混合的单克隆抗体通常仅用于纯化那些在使用之前需要经过变性的抗原，或制备抗原-抗体-微珠复合物用于免疫动物。

3. 载体的选择

进行免疫亲和层析不仅要有合适的抗体，而且还要有合适的载体。亲和层析的载体多为凝胶。几乎所有的天然大分子化合物和合成的高分子化合物，在适当的液体中都可能形成凝胶。用于亲和层析的理想载体应该具有下列特性：

① 不溶于水而高度亲水，在这样的载体上的配基（固相吸附剂）容易与水溶液中的亲和物接近。

② 必须是化学惰性的，同时要没有物理吸附和离子交换等非专一性吸附，或者这样的吸附很微弱，不致于影响亲和层析。

③ 必须有足够数量的化学基团，这些化学基团经用化学方法活化之后，能在较温和的条件下与大量的配基偶联。

④ 有较好的物理和化学的稳定性，在配基固定化和进行亲和层析时所采用的各种 pH、离子强度、温度、变性剂和去污剂的条件下，物理化学结构不致破坏。

⑤ 具有稀松的多孔网状结构，能使大分子自由通过，从而增加配基的有效浓度。

⑥ 具有良好的机械性能，最好是均一的珠状颗粒，这样的载体制成的亲和柱有较好的流速，适合于层析要求。

亲和层析中使用的载体种类较多，其中较为理想、使用最广泛的是珠状琼脂糖凝胶。亲和层析中常用凝胶载体有葡聚糖凝胶（dextran gel，商品名为 Sephadex）、聚丙烯酰胺凝胶（polyacrylamide gel，商品名为 Bio-Gel P）、琼脂糖凝胶（agarose gel，商品名为 Sepharose）、由琼脂糖及葡聚糖组成的复合凝胶（商品名为 Superdex）、聚丙烯酰胺-琼脂糖凝胶（ACA，瑞典 LKB 公司生产这种凝胶，商品名为 Ultrogel）。凝胶的交联程度越大，孔隙越小；交联程度越小，孔隙越大。根据不同的实验目的，选择相应的载体。有许多凝胶载体已经商品化，如表 6-5。

表 6-5　商品化的凝胶载体

出品厂商	名称	凝胶类型	分离范围/10^3	流速*/(cm/h)
Bio-Rad	Bio-Gel P6DG	聚丙烯酰胺	1～6	15～20
	Bio-Gel P30	聚丙烯酰胺	25～40	6～13
	Bio-Gel P60	聚丙烯酰胺	3～60	3～6
	Bio-Gel P100	聚丙烯酰胺	5～100	3～6
	Bio-Gel A-5m	琼脂糖	10～5000	7～25

续表

出品厂商	名称	凝胶类型	分离范围/10³	流速*/(cm/h)
	Bio-Gel A-15m	琼脂糖	40～15 000	7～25
	Bio-Gel A-50m	琼脂糖	100～50 000	5～25
Pharmacia	Sephacryl S-100HR	X-链葡聚糖/双丙烯酰胺	1～100	20～39
	Sephacryl S-200HR	X-链葡聚糖/双丙烯酰胺	5～250	20～39
	Sephacryl S-300HR	X-链葡聚糖/双丙烯酰胺	10～1500	24～48
	Sephadex G-25	葡聚糖	1～5	2～5
	Sephadex G-50	葡聚糖	1.5～30	2～5
	Sepharose CL-6B	交联琼脂糖	10～4000	30
	Superdex 75	琼脂糖	3～70	7～50
	Superdex 200	葡聚糖	10～600	7～50
	Superose 6	交联琼脂糖	5～5000	30

此外,纤维素和多孔玻璃(商品名为 Bio-Glass)也可作为层析用载体,由于它们的非特异性吸附作用较强,利用它们作载体制备的吸附剂进行亲和层析时,纯化倍数不高,因而应用受到了限制。

应用最广泛的免疫亲和层析吸附剂多为上述载体经活化后与蛋白 A 或蛋白 G 微珠的偶联物。此类层析柱容易制备,由于抗体分子是通过 Fc 段与微珠基质结合,抗体的抗原结合片段(Fab)可与抗原最大限度地发生作用。

一旦抗体与蛋白 A 或蛋白 G 微珠结合后,再通过双功能结合剂将其交联。双功能结合剂的种类很多,通常使用二甲基庚二酸酯(DMP),DMP 价廉而且易于操作。DMP 的两种结合基团相同,都能与游离的氨基结合,由于其碳分子骨架的韧性大,大多数抗体-蛋白 A 或蛋白 G 组合在合适的距离内存在反应位点,故能有效地交联。偶尔不能有效交联,可以使用带有不同长度碳原子空隙的其他交联剂,Pharmacia 和 Bio-Rad 公司均有商品化的蛋白 A-Sepharose 树脂或蛋白 G-Sepharose 树脂,但价格昂贵。

此外,也可以将抗体直接与活性微珠偶联。可以购买溴化氰活化的 Sepharose,在实验室偶联抗体,在碱性条件下,抗体的游离氨基与氰酸酯偶联。溴化氰有剧毒,偶联反应必须在通风橱内进行。用溴化氰活化的方法偶联率较高,但使用时间过长,且配基有脱落现象。另外,蛋白质与溴化氰活化的琼脂糖反应的主要基团是非质子化的氨基($-NH_2$),在高 pH 时,$-NH_2$ 基团多,偶联率高,但也因此改变了配基的高级结构,甚至使其丧失活性。也可以用双环氧偶联剂或者高碘酸钾偶联剂偶联。溴化氰活化的载体与配基偶联的机理如图 6-39。

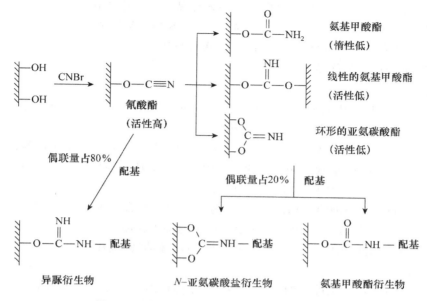

图 6-39　溴化氰活化的载体与配基偶联的机理

6.14.3　操作步骤

1. 交联

① 将抗体结合到蛋白 A 或蛋白 G 微珠上。一般情况下,每毫升湿的微珠大约可以结合 2 mg 单克隆抗体或经亲和层析纯化的多克隆抗体。将抗体和蛋白 A 或蛋白 G 微珠混合成为稀薄的匀浆,在总量为 10 mL 的溶液中加入大约 1 mL 微珠,室温孵育 1 h,轻轻摇动混匀。

② 用 10 倍体积的 0.2 mol/L 硼酸钠(pH 9.0)洗涤微珠两次,每次以 3000 g 离心 2 min,或 10 000 g 离心 30 s。

③ 用 10 倍体积的 0.2 mol/L 硼酸钠(pH 9.0)重悬微珠,留取相当于 10 μL 湿微珠的样品。加入足量的二甲基庚二酸酯(固体)至微珠匀浆中,使终浓度为 20 mmol/L。

④ 室温孵育 30 min,使结合在蛋白 A 或蛋白 G 微珠上的抗体与微珠基质发生交联,并轻轻混匀。留取相当于 10 μL 交联微珠的样品。

⑤ 用 0.2 mol/L 乙醇胺(pH 8.0)洗涤微珠一次以终止交联反应。然后将其重悬于 0.2 mol/L 乙醇胺溶液中,室温孵育 2 h,轻轻混匀。微珠用 PBS 缓冲液洗涤后,重悬于 PBS 缓冲液,加入 0.01% 硫柳汞保存。

⑥ 将交联前和交联后的微珠样品加入样品缓冲液中煮沸后,检查交联效果。分别取相当于 1 μL 和 9 μL 的两份样品在 10% SDS-PAGE 中电泳,并用考马斯亮蓝 G-250 染色。如果交联效果良好,在交联前的微珠样品中显示一条 55 000 的重链条带,而交联后的样品无此条带。

2. 结合

亲和层析柱所用的平衡缓冲液及其组成、pH 和离子强度都应选择抗原、抗体之间的作用最强、最有利于形成复合物的条件。一般选取中性 pH 作为吸附条件。

① 将抗体交联的微珠转入合适的层析柱中,用 PBS 缓冲液冲洗容器,收集残留的微珠。如果可能,仅使用待纯化制品中全部抗原所需的抗体微珠基质。

② 用 20 倍柱床体积与待纯化抗原溶液相同的缓冲液洗柱。

③ 将待纯化抗原溶液加入层析柱,为了有利于复合物的形成,抗原与抗体的结合在 4℃ 左右进行为宜,并以尽可能慢的流速加入样品。

④ 用 20 倍柱床体积的结合缓冲液(即 PBS 缓冲液)洗柱。

3. 洗脱

抗原-抗体反应是可逆的,改变缓冲液的 pH、离子强度等能减弱抗原与抗体之间的相互作用,使得复合物解离。用酸、碱和浓盐都可作为洗脱剂。洗脱剂的选择首先必须是不会引起欲分离制备的抗原物质变性失活的溶液系统。用酸性或者碱性洗脱剂可得到十分集中的蛋白峰,洗脱的蛋白应立即中和、稀释或透析,促使分离对象重组为天然结构。

① 用 20 倍柱床体积的预洗脱缓冲液洗柱。

② 采用分段洗脱法,连续以 0.5 倍柱床体积的洗脱缓冲液通过层析柱,分管收集每一组分。如果使用过高或过低 pH 的缓冲液洗脱,收集管内需加入 0.1 倍柱床体积的中和缓冲液。

③ 检测每管的抗原含量,将浓度高的各管合并。根据抗原的用途,需对收集的抗原洗脱液透析。

④ 将 20 倍柱床体积的起始缓冲液流经基质,使层析柱再生。加入 0.01% 硫柳汞可将其长期保存于 4℃ 的环境中。

酸性洗脱剂有:0.01～1 mol/L 盐酸,0.1～1 mol/L 醋酸(pH 2.0),1 mol/L 丙酸,20% 甲酸,0.1 mol/L 甘氨酸-盐酸(pH 2.2～2.8),0.015 mol/L 醋酸-0.15 mol/L 氯化钠,0.1 mol/L 甘氨酸-硫酸(pH 2.8),1% NaCl - HCl(pH 2.0)等。

碱性洗脱剂有:0.01 mol/L NH_4OH,1 mol/L NH_4OH - 0.3 mol/L KCl,0.05 mol/L NH_4OH - 20% 甘油(体积比)-1% BSA,0.3 mol/L 1,4-二氨基丁烷,0.2 mol/L NH_4OH - 0.3 mol/L KCl-1% BSA 等。

盐溶液洗脱剂有：3 mol/L 硫氰酸钾，5 mol/L 碘化钾，2.5 mol/L 碘化钠（pH 7.5），2.8 mol/L $MgCl_2$，4～8 mol/L 尿素，6 mol/L 盐酸胍（pH 3.1）等。

用酸、碱洗脱时，要注意低温，洗脱液分部收集时要及时中和酸、碱性，以免蛋白质变性失活。

6.14.4 影响免疫亲和层析纯化效果的因素

1. 抗原和抗体在层析柱上保温平衡的时间

当将抗原溶液流经层析柱时，抗原结合到抗体上而被固定。抗原和抗体之间达到结合平衡需要一定的时间，结合率随着保温时间的延长而增加。在开始的一段时间，结合率增加得很快，最后抗原、抗体百分之百地结合。抗原与固相抗体之间达到平衡的吸附速度很慢，为了使抗原、抗体能充分地吸附，上样时流速要尽量慢（比如 5 滴/min），特别是样品浓度高时，流速太快会造成吸附不全。抗原的初始纯度，以及抗原与抗体的亲和力影响抗原和抗体在层析柱上达到结合平衡的时间，因而影响纯化效果。在免疫亲和层析技术中，抗原的初始相对浓度（即纯度）是决定最终产物纯度极为重要的因素，因为抗原、抗体的反应具有相当高的特异性，还没有其他任何一种层析技术能经过一步纯化得到如此高的纯度。然而，纯化的程度不是无限的，免疫亲和层析的纯化效果不低于 1000 倍，一般可达 10 000 倍。如果所纯化的蛋白质抗原的量非常低，免疫亲和层析必须与其他方法结合，才能获得纯化产物，可以在免疫亲和层析之前或其后采用其他的纯化步骤。例如，常用的方法是在进行免疫亲和层析之前先将样品通过一种或多种标准层析柱，或者将免疫亲和层析的纯化产物进行 SDS-PAGE，再转印到尼龙膜上进行微量测序。

抗体对相应抗原的亲和力是免疫亲和层析法遇到的最麻烦的问题，抗体的亲和力将决定从含抗原的溶液中捕获抗原的总量，高亲和力的抗体（>10^8 L/mol）能在 1 h 以内完成有效的结合，而低亲和力的抗体（10^6 L/mol）即使在高浓度时也不能结合溶液中的全部抗原。值得注意的是，免疫亲和层析达到平衡所需的总时间比其他方法如免疫沉淀显著延长，因为抗体是结合到固相支持物上，这样就减慢了结合速率。由此亦可采用其他更有效的免疫化学技术来捕捉抗原，如使用多克隆抗体来识别同一抗原上的多个表位，但这种方法对大多数免疫亲和层析并不如预期的那样有效，通过这些方法增强抗原、抗体结合的亲和力，虽然可结合较多的抗原，但是在洗脱抗原时，也会遇到很多始料不及的问题。如果最终的目的是纯化保持原来特性的蛋白，只能选择结合一个表位或一个短肽序列的抗体。只有当无须考虑最终产物是否变性时，才选用结合抗原分子上多个表位的抗体。

如果样品中待分离的物质与抗体的亲和力很大，对于一定量的样品来说，上柱样品的体积或浓度对层析效果不起关键性作用，待分离的物质在层析柱的顶部将形成一个紧密的区带。对于亲和力弱的物质,则要用体积小、浓度高的样品溶液上柱。在样品浓度很高时,流速快可能使少量欲吸附的生物大分子与杂蛋白一起流出层析柱。然而流速对于低浓度样品则影响很小,使用很低浓度的样品,即使用较高的流速上柱,样品仍然能被有效吸附。

亲和层析有时也采用搅拌吸附的方式进行,即把一定量的亲和吸附剂加入待分离组分的溶液中搅拌平衡一定时间,然后过滤或离心,最后用适当的洗脱液进行洗脱。这种方法特别适用于黏度较大的待分离组分溶液。在搅拌吸附操作中,样品浓度往往对亲和吸附有较大的影响。例如,用 N6 -(6-氨基己烷基)- AMP -琼脂糖搅拌吸附甘油激酶和乳酸脱氢酶时,结合到亲和吸附剂上的酶的百分比随着酶浓度增大而增加。

抗原的初始浓度、抗原与抗体的亲和力、上柱样品的体积及流速都会影响免疫亲和层析的效率,所以应该根据抗原与抗体的亲和力调整上柱样品的体积和流速。

2. 温度的影响

通常,亲和吸附剂对于相应的生物大分子的亲和力随着温度的升高而降低。例如,温度对乳酸脱氢酶和固定在载体上的 AMP 之间亲和力影响的情况是:将酶从亲和吸附剂上洗脱下来所需的 NADH 的浓度随着温度的升高而减小。而且温度升高的影响在 $0\sim10℃$ 的范围内尤为显著。这一情况应引起高度重视,因为 $0\sim10℃$ 是亲和层析经常使用的温度范围。由于温度对亲和层析有较大的影响,所以要想获得可重复的分离纯化结果,必须严格地控制实验时的温度。

根据温度对亲和吸附的影响,可以选择最佳的洗脱温度。例如,在有些情况下,待分离的生物大分子在 4℃ 下被紧密地吸附,如果把温度提高到 25℃ 或 25℃ 以上,则又可容易地从亲和吸附剂上洗脱下来。因此,我们可以在 4℃ 条件下进行亲和吸附,在 25℃ 或 25℃ 以上进行洗脱。

3. 抗原、抗体结合是否容易发生解离

影响免疫亲和层析纯化效果的第三个因素是抗原被洗脱的相对容易程度。这完全取决于抗原、抗体相互作用的结合键的类型和数量。这虽然与抗体的亲和力有关,但亲和力并不决定抗原是否容易洗脱。用于免疫亲和层析的理想抗体是对抗原具有高亲和力,这种结合可被一种易于操作、简单而且温和的方法而逆转,例如 pH 的改变。在设计免疫亲和层析的方法时,通常认为最重要的是选择抗体和洗脱条件,在不同的洗脱条件下测试不同抗体,有利于选用高亲和力与易于洗脱的抗体。

在设计免疫亲和层析的实验中,常见的错误是将低亲和力等同于容易洗脱。尽管使用某些低亲和力抗体时洗脱较为容易,但通常并非总是如此,不论高亲和力还是低亲和力,抗体与抗原结合键的基本类型是相同的。例如,高亲和力和低亲和力的抗体都可通过盐桥和抗原结合,并且是疏水作用,在这两种情况下洗脱抗原都需要将这种结合键破坏,因此,选择洗脱条件时就面临相同的问题。此外,低亲和力抗体还会带来另外的问题,包括结合容量低;在连续不断从层析柱中洗脱抗原时,将会形成一个较为平坦的峰,而不是陡峭的洗脱峰。

6.15　免疫电子显微镜技术

免疫电子显微镜技术(immuno-electron microscopy)是通过特殊的标记方法使抗体与电子致密的标记物结合,然后利用电子显微镜在超微结构水平鉴定抗原、抗体的特异反应,它可以对细胞表面或细胞内的抗原进行定位或定量分析。标记物可以直接结合到一抗(特异性抗体)上,也可以结合到二抗(抗抗体)上,前者称为直接法,后者称为间接法。

6.15.1　透射电子显微镜样品的制备

1. 固定

用于免疫电子显微镜研究的生物学样品都需经过固定。固定过程中既要保存抗原性,又要保存细胞的超微结构,固定方法有物理固定法和化学固定法两类。本节重点讨论化学固定法。

(1) 固定组织的体积。

一般固定组织的体积为 $0.5\ mm^3$ 左右,较小的组织块能保证良好的固定和脱水效果。

(2) 固定时间。

固定要及时,组织在离体后应尽早置于 $5\sim10$ 倍被固定组织体积的固定液中固定,并且固定的持续时间不宜过长,否则可能导致组织形态的改变和抗原的过分遮蔽,具体的固定时间应视组织块的大小、固定温度、固定剂的种类和浓度及被固定组织而定。一般中性甲醛磷酸缓冲液固定 $2\sim24\ h$ 为宜。如组织固定后不立即包埋,可先将组织暂置于 0.1% 叠氮钠缓冲液中。

(3) 固定剂。

根据不同的研究目的,采用不同的固定剂。戊二醛在保存细胞结构方面是一个优良的固定剂,但对多数抗原活性有明显抑制作用。一般对肽和蛋白质抗原的固定采用 $2\%\sim4\%$ 的中性甲醛溶液或 $2\%\sim4\%$ 多聚甲醛较为合适。经过免疫标记的样品再用四氧化锇固定能使细胞结构的反差增强,但是由于四氧化锇能使多数抗原失活,因此,在包埋后法中一般避免使用四氧化锇固定剂。

2. 组织包埋

透射电子显微镜(transmission electron microscopy,TEM)下的免疫电子显微镜样品需要包埋支撑组织,以便制备超薄切片。经过包埋的组织除了应满足一般包埋的要求外,还要能保存抗原活性。下面介绍几种常用的树脂包埋方法:

(1) Epon 812/816 树脂包埋步骤:

① 50％乙醇,15 min。

② 75％乙醇,15 min。

③ 90％乙醇,15 min。

④ 100％乙醇,15 min。

⑤ 100％环氧丙烷,15 min。

⑥ 100％环氧丙烷,30 min。

⑦ Epon 812/816∶100％环氧丙烷(1∶1),1～2 h。

⑧ Epon 812/816∶100％环氧丙烷(2∶1),1～2 h。

⑨ 100％ Epon 812/816,3～6 h。

⑩ 组织置包埋槽内 45℃过夜,60℃固化 24 h。

不同抗原对环氧树脂包埋的耐受能力有很大区别,细胞骨架蛋白、膜蛋白等对环氧树脂十分敏感,而某些多肽(如肽类、激素与神经肽等)用环氧树脂包埋后仍可保存抗原活性。

(2) Lowicryl K4M 树脂包埋步骤:

Lowicryl K4M 是 20 世纪 80 年代开始使用的一种主要用于免疫电子显微镜的包埋材料。其主要特点是:a. 它是一种丙烯酸类树脂,不含环氧基;b. 聚合过程可在低温下进行,避免升温对抗原活性的影响;c. 它是一种水溶性树脂。

① 30％甲醇,5 min,4℃。

② 50％甲醇,5 min,4℃。

③ 70％甲醇,5 min,－10℃。

④ 90％甲醇,30 min,－20℃。

⑤ 包埋剂∶90％甲醇(1∶1),60 min,－40～－20℃。

⑥ 包埋剂∶90％甲醇(2∶1),60 min,－40～－20℃。

⑦ 100％包埋剂,60 min,－40～－20℃。

⑧ 100％包埋剂,过夜,－40～－20℃。

⑨ 组织置包埋囊内,加满新鲜配制并经过预冷的包埋剂,盖好胶囊盖,将紫外灯(360 nm)置于距胶囊 20～30 cm 处照射 24 h,固化(－20℃或－40℃),聚合后的包埋块可在低温箱(－20℃)中长期保存。

(3) LR White 树脂包埋步骤:

LR White 与 Lowicryl K4M 一样也是一种丙烯酸类树脂,具有与 Lowicryl

K4M 类似的性质,也是免疫电子显微镜中常用的包埋剂。

① 50％乙醇,30 min(室温)。

② 70％乙醇,30 min(室温)。

③ LR White：75％乙醇(1∶1),1～2 h。

④ LR White：75％乙醇(2∶1),1～2 h。

⑤ 100％ LR White,1～2 h。

⑥ 100％ LR White,3 h 至过夜。

将浸透的组织块转入胶囊内,充满树脂,50～55℃聚合 24 h。

(4) LR Gold 树脂包埋步骤:

LR Gold 是另一种丙烯酸类树脂,用于包埋体积较大的组织。

① 50％丙酮,5 min,0℃。

② 60％丙酮,45 min,0℃。

③ 70％丙酮,45 min,0℃。

④ 90％丙酮,45 min,0℃。

⑤ LR Gold：100％丙酮(1∶1),60 min,−20℃。

⑥ LR Gold：100％丙酮(7∶3),60 min,−20℃。

⑦ 100％ LR Gold,60 min,−20℃。

⑧ 100％ LR Gold,5 h 至过夜,−20℃。

⑨ 100％ LR Gold＋0.5％苯偶姻甲基醚,60 min,−20℃。

⑩ 100％ LR Gold＋引发剂,60 min,−20℃。

⑪ 100％ LR Gold＋引发剂,5 h 至过夜,−20℃。

⑫ 组织最好置于包埋胶体中,防止氧抑制聚合,100％ LR Gold＋引发剂,将紫外灯(360 nm)置于包埋胶体 10 cm 处,照射 24 h(−20℃)固化。

6.15.2　免疫电子显微镜标记物

免疫电子显微镜标记物必须具备高电子密度。目前常用的有胶体金、铁蛋白、葡萄糖酸铁和辣根过氧化物酶,前三种本身为重金属或含有重金属,后一种为酶反应产物转变为含重金属的成分。

1. 胶体金

胶体金是由氯金酸经过还原得到的金溶胶。改变还原的条件可制备直径不等的胶体金颗粒,胶体金表面有负电荷,若在胶体金表面吸附上亲水胶体,例如蛋白质,便能稳定其胶体性质。利用胶体金能吸附蛋白质分子的特性,可将抗体分子吸附于胶体金颗粒上,在电子显微镜下,根据其所在位置即可进行定位分析(图 6-40)。

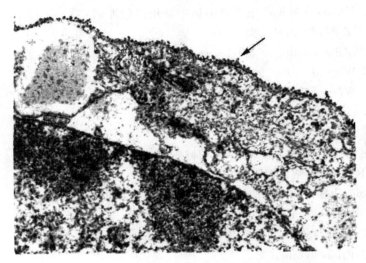

图 6-40　胶体金标记抗体检测人乳腺癌细胞(MCF-7 细胞)表面抗原位置

箭头所指示的细胞表面小黑点为胶体金颗粒(30 000×)。

胶体金是目前广泛应用的一种免疫电子显微镜标记物。其主要优点：① 电子密度高,形状规则,易于识别;② 胶体金与蛋白质结合为物理吸附,因而不影响所吸附分子的生物活性;③ 可人为控制、制备直径不等的胶体金颗粒,可进行双标记(double labelling),以利于细胞结构与功能的研究;④ 不仅能作为透射电子显微镜的免疫标记物,也可作为扫描电子显微镜和光学显微镜的免疫标记物,便于对不同水平的免疫标记结果的对比研究。

胶体金及胶体金-蛋白结合物的制备参考第 5 章。

2. 铁蛋白

铁蛋白(ferritin)是最早使用的一种免疫电子显微镜标记物,其相对分子质量为 250 000,分子中心为一羟化铁硝酸盐构成的核心,含有大量的铁原子,因此,铁蛋白的核心电子密度较高,在透射电子显微镜下可以直接观察到。其蛋白外壳可与其他蛋白质(例如抗体等)通过双功能剂结合,成为铁蛋白标记的抗体。最新研究发现铁蛋白有过氧化物酶的活性,是一种纳米酶(nanozyme)。

铁蛋白与抗体的偶联方法主要有三种：① 用化学偶联剂(如戊二醛等)使铁蛋白与抗体偶联,此法易使抗体活性损失,且不易纯化;② 制备铁蛋白-亲和素复合物,通过生物素与抗体偶联;③ 制备抗铁蛋白抗体,通过不标记抗体法与抗体偶联,形成铁蛋白-抗铁蛋白抗体-第二抗体-抗特异性抗原的抗体-抗原复合物,其中抗铁蛋白抗体和抗特异性抗原的抗体是同一种属的抗体,第二抗体是抗种属抗体的抗体,作为分子桥,如图 6-41。

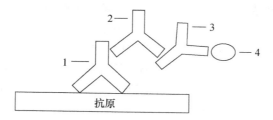

图 6-41　用抗铁蛋白抗体实现铁蛋白标记抗体

1. 抗特异性抗原的抗体;2. 识别种属特异性抗体的第二抗体;3. 抗铁蛋白抗体,与抗特异性抗原的抗体是同一种属的抗体;4. 铁蛋白。

3. 辣根过氧化物酶

酶标记免疫电子显微镜技术主要是应用辣根过氧化物酶(HRP)标记抗体,HRP 在底物 H_2O_2 存在条件下,催化供氢体 3,3′-二氨基联苯胺(DAB)的氧化,产生棕色沉淀,经过 OsO_4 处理后,棕色沉淀变成锇黑,具有较高的电子密度,可用于电子显微镜观察。HRP 的相对分子质量为 40 000,其标记抗体可穿透经适当处理的组织与细胞膜,可用于细胞内抗原定位,但酶反应产物的分辨率不如颗粒性标记物等(图 6-42)。

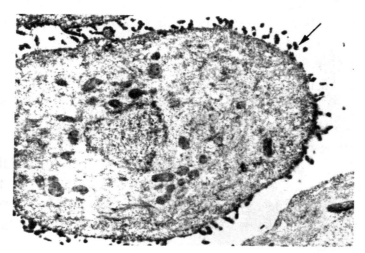

图 6-42　HRP 标记抗人乳腺癌细胞(MCF-7)表面抗原的抗体免疫染色的透射电子显微镜照片

(箭头所指为酶和底物的反应产物,1000×)

HRP 标记抗体的方法主要有两类:

① 双功能偶联剂偶联法：最常用的是戊二醛,它的两个醛基能与蛋白质和 HRP 的氨基或羟基结合,而使两者偶联在一起。常用的方法为二步标记法,即第一步先使戊二醛的一个醛基与 HRP 的氨基结合,第二步再使戊二醛的另一个醛基与抗体的氨基结合。此法所得的 HRP -抗体结合物中,HRP 与抗体皆为单体,相对分子质量为 200 000 左右,抗体与酶的活性保存 60％左右,结合率不高。

② 过碘酸盐氧化标记法：为提高标记率以及提高抗体与酶的活性,此法用过碘酸钠(NaIO₄)氧化 HRP 的糖组分,形成 HRP -糖基,然后再与抗体反应,在用 NaIO₄ 氧化前,需将酶分子上残余的氨基用氟二硝基苯(FDNB)封闭,避免酶分子产生醛基后与自身的氨基发生偶联。近 70％的 HRP 与抗体结合,将近 99％的抗体能被酶标记,而且 99％的 HRP 活性与 92％的抗体免疫活性被保留,但结合物的相对分子质量≥400 000,表明抗体有聚合现象。

通过上述制备过程是否获得结合的酶标记抗体,可通过免疫电泳、聚丙烯酰胺凝胶电泳或其他方法进行鉴定。在免疫电泳上观察到的发生交叉反应的物质;或在聚丙烯酰胺凝胶电泳上,结合物被区分为它的组成成分中的各种不同条带等,均可证明偶联成功。

6.15.3　免疫电子显微镜中的分子桥技术

在免疫电子显微镜的间接法中,标记物需要通过第二抗体或相当于第二抗体的分子与特异性抗体结合,这些分子称为桥分子,常用的桥分子及其使用方法介绍如下:

1. 种属特异性抗体

种属特异性抗体即第二抗体,是一种广泛使用的桥分子,它不仅可与标记物偶联,在间接法中还可以作为第一层桥分子与其他桥分子结合,从而构建成几种分子桥。如图 6-41 用抗铁蛋白抗体实现铁蛋白标记抗体。

2. 蛋白 A 和蛋白 G

蛋白 A 对很多动物的 IgG 的 Fc 段具有亲和性,因此,作为桥分子比种属特异性 IgG 有更广泛的通用性。蛋白 A 与不同的物种的 IgG 分子结合力不同,对人、家兔、豚鼠、猪和狗等的 IgG 结合力最强,对小鼠、牛、马、羊等的 IgG 结合能力则很弱,对鸟类的 IgG 完全不能结合,因此,在使用蛋白 A 作为桥分子时必须考虑第一抗体的物种来源。

蛋白 A 类似的另一种桥分子是从一种链球菌细胞壁分离出来的蛋白质——蛋白 G,它对家兔、豚鼠等的 IgG 的结合力与蛋白 A 相似,而对羊和小鼠的 IgG 也能产生强烈的特异性结合,比蛋白 A 有更广泛的用途。

蛋白 A 和蛋白 G 均可与标记物(如胶体金等)结合,代替种属特异性 IgG 使用。

3. 生物素与亲和素

生物素和亲和素分别来源于鸡蛋的卵黄和卵清,两者结合的亲和力极高(其亲和常数 $K_{aff}=10^{15}$ L/mol)。生物素的分子由疏水区和亲水区两部分构成,其中亲水区可与蛋白分子(如 IgG)或核酸分子结合,而疏水区则能以高亲和力与亲和素结合。由于亲和素是一种糖蛋白,且等电点偏高(pI 10.5),易与组织成分发生非特异性结合,因此,在免疫细胞化学中常用的是一种从卵白链霉菌(*Streptomyces avidinii*)中分离提取的链霉亲和素,其等电点(pI 7.2～7.5)接近中性。

天然亲和素由四个单位组成,四个单位中各含一个活性位点,均可与生物素上的羟基共价结合,结合后的复合物的半衰期长(约为 160 天),而且稳定性较好,由于亲和素分子的四个结合位点不是水平分布而是两两相靠,使每对位点只能与生物素化的蛋白质分子结合,在酶免疫测定中,与固相载体相连的生物素残基并不能全部占领这些结合位点,亲和素中剩下的游离活性位点可作为另一种生物素化蛋白的受体,从而将两种生物素化的蛋白连接起来,在酶免疫检测中起活性放大作用(图 6-43)。

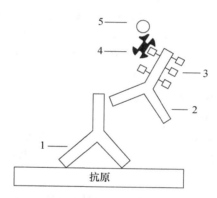

图 6-43　生物素与抗生物素蛋白分子桥法

1. 特异性抗体;2. 生物素化的第二抗体;3. 生物素;4. 抗生物素蛋白;5. 标记物。

在进行免疫标记时,通常先将种属特异性 IgG 分子生物素化并制备生物素或亲和素与标记物的复合物,利用生物素与亲和素之间高亲和性识别抗原位置。

IgG 分子的生物素化方法(BNHS 法):

① 将生物素-N-羟基琥珀酰亚胺酯(biotinyl-N-hydroxysuccinimide ester, BNHS)溶于二甲基亚砜,浓度为 1 mg/mL,为 A 液。

② 将 IgG 溶于 0.1 mol/L NaHCO₃(pH 9.0),浓度为 1 mg/mL,为 B 液。

③ 将 A 液与 B 液混合,使 A:B 为 1:8,室温,4 h。

④ 磷酸盐缓冲液透析过夜。

⑤ 真空透析浓缩。

4. 不标记抗体的分子桥法

此方法中，第二抗体不通过化学偶联，而是经过免疫学反应与标记物结合。利用不标记抗体作为桥分子的主要优点是避免了化学偶联对抗体活性可能产生的影响，PAP(peroxidase-antiperoxidase)法和铁蛋白法(图 6-41)均属此方法，搭桥法也是免疫铁蛋白技术中常用的免疫标记法。

6.15.4 免疫标记程序

根据研究对象(组织、细胞、颗粒等)、抗原部位(细胞内、细胞膜内、细胞表面等)和观察方法(透射电子显微镜、扫描电子显微镜)的不同，免疫标记的具体程序也各不相同，常用的标记方法有以下两种：

1. 包埋前法

此法即在包埋前进行免疫标记的方法，主要用于游离细胞表面抗原的研究。有时也用于研究细胞内抗原的定位，但组织或细胞需经预处理，以增加抗体和标记物向细胞内扩散。如果研究的是组织，应在固定后制成 $20\sim40\,\mu m$ 的厚切片(冰冻切片或振动切片)，再按标准程序进行。若研究的是培养细胞内抗原，应经过以下处理：a. 在含 1% Triton X-100 的固定剂中固定细胞 10 min；b. 0.1 mol/L PBS 缓冲液洗 10 min；c. 经 0.5% Triton X-100(溶于 0.1 mol/L PBS)处理细胞 10 min；d. 0.1 mol/L PBS 缓冲液洗涤。再按标准程序，继续进行包埋。

包埋前法的标准程序如下：

① 细胞经 PBS 缓冲液洗涤后离心，收集，重复两次。

② 选择适当浓度的固定剂(如 0.25% 戊二醛，4% 多聚甲醛等)固定细胞，4℃，30 min。

③ 弃去多余固定剂，加入 0.5 mol/L NH_4Cl(溶于 0.1 mol/L PBS 缓冲液内)30 min，4℃，封闭游离醛基。

④ 0.1 mol/L PBS 缓冲液洗涤，30 min，4℃，洗两次。

⑤ 10% BSA(溶于 0.1 mol/L PBS 缓冲液中)，室温，20 min。

⑥ 特异性抗血清(或单克隆抗体)用含 1% BSA 的 PBS 缓冲液稀释至适当浓度，室温中孵育 1 h 或 4℃过夜。

⑦ 0.1 mol/L PBS 缓冲液冲洗 10 min，室温。

⑧ 20 mmol/L Tris 缓冲盐溶液(TBS 缓冲液，内含 1% BSA，pH 8.2)洗 10 min。

⑨ IgG-胶体金复合物用 20 mmol/L TBS 缓冲液(pH 8.2)稀释 20 倍，室温，1 h。

⑩ 20 mmol/L TBS 缓冲液(pH 8.2)洗 10 min,室温。

⑪ 0.1 mol/L PBS 缓冲液洗 10 min,室温。

⑫ 1%OsO₄(溶于 0.1 mol/L PBS 缓冲液) 1 h,室温。

按常规脱水和环氧树脂包埋。

2. 包埋后法

此法主要用于研究细胞内抗原,标准程序如下:

① 细胞或组织经适当的固定剂 4℃固定 2～3 h。

② 0.5 mol/L NH₄Cl(溶于 0.1 mol/L PBS 缓冲液)4℃封闭游离醛基 2 h。

③ 0.1 mol/L PBS 缓冲液(含 0.2 mol/L 蔗糖)洗涤,2 h 或 4℃过夜,中间更换两次 PBS 缓冲液。

④ 脱水与包埋。

⑤ 制备超薄切片,并捞于镍或不锈钢网(带支持膜并经喷碳加固)上。

⑥ 将载片网的切片面向下,漂浮于 1%BSA 液滴表面,5 min,室温。

⑦ 载片网转入经 0.1 mol/L PBS 缓冲液(含 1%BSA)稀释至适当浓度的特异性抗体液中作用 1～2 h,或 4℃过夜。

⑧ 0.1 mol/L PBS 缓冲液洗 5～10 min,室温。

⑨ 20 mmol/L TBS 缓冲液(含 1%BSA)洗 5～10 min。

⑩ IgG-胶体金复合物(经 20 mmol/L TBS 缓冲液稀释 20 倍)孵育 1 h,室温。

⑪ TBS 缓冲液洗 5～10 min。

⑫ 双蒸水洗 5～10 min,切片干燥至少半小时后,经醋酸双氧铀和柠檬酸铅染色,增大反差,使结构清晰。

如果组织用低温包埋法(Lowicryl K4M 等)包埋切片,在免疫标记前不需要处理。

6.15.5　对照实验

为排除非特异性结合的可能性,以及证实抗原、抗体结合反应定位的可靠性,在免疫电子显微镜实验中必须设置对照实验。对照实验应与实验组在同样条件下平行进行。通常有以下几种对照观察:

① 特异性的封闭对照:样品在用标记抗体处理之前,先用非标记的特异性抗体处理,由于待测抗原表位被非标记的特异性抗体占据,反应部位被封闭,因而在对照的样品中标记抗体的染色应大为减弱。

② 特异性抗原的吸收对照:在用标记抗体处理样品之前,先使标记抗体与特异性抗原作用。由于标记抗体中能与待测抗原反应的部位大大减少,因而在这种对照样品中,标记抗体的染色也应大为减弱。

③ 非特异性对照：用非特异性标记的抗体处理样品时,样品应不被染色。经非特异性标记抗体处理后再用特异性的标记抗体处理,染色强度应不受影响。

④ 无抗体对照：用非特异性蛋白(如 BSA)代替特异性抗体,处理后样品应不被染色。

为证明方法的特异性,上述对照实验一般不必全部采用,可根据情况选择 1～2 种即可。

6.15.6 扫描免疫电子显微镜技术及冷冻蚀刻免疫电子显微镜技术

1. 扫描免疫电子显微镜技术

扫描免疫电子显微镜技术具有下列优点：① 样品制备比较简单；② 观察面积大；③ 能观察细胞或组织表面的三维结构及其与抗原组成的关系,并可进行抗原分子或受体的定量分析。

(1) 标记物：

适用于扫描免疫电子显微镜技术的标记物需具备一定的大小和形状,既要能在不甚平滑的表面背景上扫描,并在电子显微镜分辨率约 2～10 nm 的水平内易于被识别,又要小到足以对抗原进行较好的定位。

常用标记物可分三类：① 颗粒性标记物,如血蓝蛋白、烟草花叶病毒、噬菌体 T_4、胶体金、聚苯乙烯橡胶颗粒等。使用此类标记物时,所观察的是它们的二次电子像。② 含重金属元素的颗粒标记物,如铁蛋白、胶体金等。它们既可利用二次电子信号,也可利用背散射电子信号。③ 酶类标记物,如 HRP 需要将酶反应产物变成含有重金属(如锇等)的沉淀。通过收集这些重金属元素的背散射电子信号来确定酶的位点,进而定位抗原。

观察免疫细胞化学样品的扫描电子显微镜(scanning electron microscopy, SEM)最好备有二次电子和背散射的两种探测器。由于铁蛋白的直径小,而且只能观察二次电子像,因此,适用于表面结构简单的样品,例如红细胞或纤维束表面的抗原。胶体金的背散射电子像使其在电子显微镜下容易辨认,但背散射电子像不能显示细胞表面形态,因此,最好同时观察二次电子像。

扫描电子显微镜免疫标记研究的对象,主要是细胞或组织的表面,而有关细胞或组织内部大分子抗原的研究甚少。

应用细胞悬液作扫描电子显微镜免疫标记研究存在许多缺点。因为固定与免疫标记物的孵育过程都会引起细胞表面凝集,影响细胞表面的暴露,而且反复离心与悬浮会导致细胞表面形态的改变,所以细胞最好先黏附在一种固体表面上,例如过滤膜或涂有带正电荷聚合物的盖玻片。整个操作过程应尽量避免机械损伤。在黏附前应仔细清洗样品以除去死亡细胞以及表面的附着物。全部实验过程最好用同一种缓冲液,以避免产生沉淀物。为减轻生物标本的非特异性吸附,常在缓冲液中加入 0.1%～1%BSA 或 OVA。

样品的前固定液一般采用多聚甲醛和戊二醛,为避免清洗后标本上仍残留有自由醛基,需用甘氨酸、赖氨酸、氯化铵或硼氢化钠等试剂进行阻断,否则醛基会与各种抗血清或其他大分子的氨基结合,产生非特异性反应。

（2）具体操作方法：

① 制备样品处理细胞悬液,用 10 mL 清洗液①（WBS）悬浮细胞,500 g 离心 5 min。重复清洗一次,加入清洗缓冲液至 10^3～10^4 个细胞/mL,振摇成单细胞悬液。

② 细胞附着于固体支持物,将多聚-L-赖氨酸（10 μg/mL 双蒸水）滴在清洁过的盖玻片上,4℃放置 30 min,倒掉液体,用双蒸水洗涤,空气干燥。将细胞滴在盖玻片上,令其沉降,或用细胞离心机将细胞黏附在盖玻片上。

为制备培养细胞样品,可令细胞直接在盖玻片上生长,也可以在覆盖有 Formvar 膜和碳膜的铂网上培养,后者对于在扫描与透射电子显微镜下对整体细胞进行比较观察时特别有益。

③ 组织切片：

● 石蜡切片（5 μm 厚）,用二甲苯脱蜡两次、无水乙醇处理两次、70%乙醇水化 1 次,双蒸水洗 1 次,最后经 WBS-BSA 洗 3 次,每次 5 min,勿使标本干燥。

● 组织切片（20～200 μm 厚）,可用振动切片机或冷冻切片机切已经固定或者未经固定的组织,切片加几滴 WBS-BSA,避免干燥。

④ 固定组织。在不加血清的培养液中,将所需组织用小型外科器械切成小块,尽量减少机械损伤。WBS-BSA 洗 3 次。

（3）前固定：

① 固定前,用 WBS-BSA 洗 3 次,每次 5 min。

② 选择合适的固定液（常用 1%～4%多聚甲醛＋0.1%～0.05%戊二醛）,室温（18～22℃）固定 10～30 min 或 4℃固定过夜。

③ WBS-BSA 洗 3 次,每次 5～15 min。再用 0.1～0.5 mol/L 氯化铵-PBS 溶液,30～60 min;或 0.05～0.2 mol/L 甘氨酸或赖氨酸-HCl-PBS 溶液,30～60 min,除去残留的自由醛基。

④ WBS-BSA 洗 3 次。

（4）免疫标记：

扫描免疫电子显微镜的标记原则及步骤基本上与透射电子显微镜免疫标记相

---

① 清洗液（WBS,washing buffer solution）: 0.1 mol/L PBS,pH 7.6;20 mmol/L HEPES-MEM,pH 7.2～7.4;20 mmol/L HEPES-RPMI1640,内含 1 mg/mL BSA。

同。各种反应物的用量视标本的大小而定。例如,直径 12 mm 盖玻片只需 10～50 μL 液体,活检组织则需要 200～400 μL 液体。胶体金标记物使用前最好先离心,其上清液再用 0.22 μm 孔径的滤膜过滤,以除去聚合体。各种反应物的孵育时间以 15～60 min(室温)或 4℃ 过夜为宜。孵育后彻底清洗,为减少背景标记,可在清洗液中加去垢剂(0.05%～0.1% Triton X-100)。为证明标记的特异性,需设各种对照组,其方法同透射免疫电子显微镜标本的准备。

(5) 扫描电子显微镜样品处理的常规步骤:

① 先用不含蛋白质的清洗液 WBS 冲洗标本。

② 用 2.5% 戊二醛-0.1 mol/L PBS 溶液固定,有利于保存生物标本与标记物的形态,并能固定标记结合物的位置。必要时可再用 1% OsO_4 后固定 1～2 h。

③ 标本用乙醇或丙酮脱水后,进行临界点干燥,或冷冻干燥处理,喷碳与喷金。

2. 冷冻蚀刻免疫电子显微镜技术

冷冻蚀刻(freege etching)技术是研究生物膜结构的主要手段之一,冷冻的生物膜经过冷冻断裂,沿着脂类双分子层的疏水部分撕裂成两个不同的半膜。暴露出外在膜蛋白、外固膜蛋白及内在膜蛋白。

初期由于免疫标记必须在冷冻蚀刻之前进行,所以只能标记细胞表面。20 世纪 80 年代以后,建立了断裂免疫标记细胞方法,使得不仅细胞膜表面能被标记,而且细胞膜裂开之后,中央两侧断面以及各种细胞器的膜表面,甚至细胞质与核质都能被标记,从而为此技术创造了广泛应用的条件。此方法可用于抗原和受体分子的定量分析。

(1) 冷冻蚀刻法:

① 免疫标记:向新鲜或固定的细胞中加入标记结合物(胶体金、铁蛋白等结合于蛋白 A 或特异抗体分子),进行直接法或间接法免疫标记。用 10～20 mmol/L pH 7.5 PBS 缓冲液洗涤,再经双蒸水配制的 1 mmol/L $MgCl_2$ 溶液洗 3 次,离心沉积细胞。

② 冷冻断裂与蚀刻:将细胞小团捞在硬纸片上,浸入用液氮冷却的 Freon-22 中。取出放入冷冻蚀刻仪器进行断裂,-100℃,蚀刻 1 s。制作断裂面的复型。

此法主要用于细胞表面的研究。

(2) 断裂-免疫标记法:

此法的特点是先进行冷冻断裂,再进行免疫标记,故可在原位直接对断裂开的细胞各种膜结构及细胞浆断面进行标记。断裂标记可分为两种方法:超薄切片箔片标记法(thin section fracture-label)和临界点干燥断裂标记法(critical point drying fracture-label)。

　　标本制备：细胞或组织用 $1\%\sim2.5\%$ 戊二醛 PBS 溶液于 $4℃$ 固定 $1\sim2$ h，PBS 缓冲液洗 3 次。包埋于 30% BSA 中，室温中加入 1% 戊二醛，搅拌 30 min。使 BSA 凝胶化，将凝胶块切成 1 mm$\times2$ mm$\times2$ mm 小块，用 30% 甘油 PBS 溶液浸透，放入液氮冷却的 Freon-22 中冷却。

　　超薄切片箔片标记法：将上述凝胶小块放入液氮中，并置于固体二氧化碳＋液氮槽的玻璃匀浆器中，用预冷的匀浆器棒将凝胶块捣碎（即冷冻断裂）。取出碎块置于 30% 甘油＋1% 戊二醛 PBS 溶液中解冻，再用 1 mmol/L 氨基二酰甘氨酸 PBS 溶液去甘油，用 PBS 缓冲液洗两次，然后进行标记。经断裂、标记后的样品用 1% OsO$_4$ 于 $4℃$ 固定 2 h，丙酮脱水，常规电子显微镜包埋，先切半薄切片，经铅铀染色后透射电子显微镜观察。3% 醋酸铀水溶液染色 5 min，水洗 10 s；醋酸铅染色 45 s，水洗 10 s。

　　临界点干燥断裂标记法：将冰冻的凝胶小块放在盛有液氮的培养皿中，培养皿置于固体二氧化碳＋液氮槽中，用预冷的解剖刀切凝胶小块，进行冷冻断裂。随后解冻，去甘油，清洗，标记。方法同超薄切片箔片标记法。断裂、标记后的样品经 1% OsO$_4$ 室温固定 30 min 后，用乙醇脱水，进行临界点干燥，在断面喷涂 2 mm 厚的铂，再喷碳膜以增强复型。用次氯酸钠清洗复型，除去有机物，双蒸水洗后，捞至有 Formvar 膜的铜网上，用透射电子显微镜观察。

第7章 抗体药物在定向治疗中的应用

7.1 引　言

　　抗体作为治疗药物使用的历史可以追溯到 19 世纪末,将动物来源的抗血清用于肺炎、白喉、麻疹、破伤风等传染病的治疗,在人类与传染病的抗争中发挥了重要作用。但是由于抗血清毒副作用大,多克隆抗体用于传染病的治疗逐渐被磺胺药和抗生素取代。

　　当抗体理论日益成熟时,抗体制备技术不断发展,科学家们自然想到下一个从科学到技术的飞跃:用抗体作为蛋白质药物来治疗癌症、感染、自身免疫病等疾病。抗体药物具有两个天然的优势:① 抗体和靶点可以高度特异性地、紧密地结合,不会滥伤无辜。同小分子药物相比,抗体药物靶向性强、疗效可靠、毒副作用小。② IgG 抗体在体内的半衰期长,一次注射可以保持药效两三周甚至超过一个月。然而,把这一想法变成现实需要逾越几个障碍:a. 除非在一些特殊的应用中,比如没有特效药的情况下解毒、抗感染等,多克隆抗体很难被开发为药物。要想保持药物的稳定性、重复性和可靠性,识别单一分子的抗体或单克隆抗体更适用于治疗。b. 从多克隆抗体中纯化和生产单克隆抗体的过程极其艰难和复杂。c. 对于人体里的大部分靶蛋白,健康人的免疫系统不会把它们当成入侵蛋白,也就不会产生抗体。靶向人蛋白的抗体通常需要在其他动物(如小鼠,兔子等)中产生。

　　1975 年单克隆抗体问世,用杂交瘤技术制备单克隆抗体解决了多克隆抗体作为治疗药物存在的几个问题。表达特定单克隆抗体的杂交瘤细胞可以被筛选出来,建立稳定分泌特异性抗体的杂交瘤细胞系,并可无限地传代下去。这使针对某一靶点开发单克隆抗体药物成为可能。由于单克隆抗体具有单克隆性、同质性和高度特异性,被广泛用于实验研究和临床检测中。由于建立杂交瘤技术制备单克隆抗体的两个发明人德国学者 Köhler 和英国学者 Milstein 没有申请专利保护,新一代的生物技术公司纷纷以杂交瘤技术为基础,制备单克隆抗体,将其产业化。

　　单克隆抗体在治疗方面也开始了缓慢而稳定的进展。1986 年,也就是在Jerne、Milstein 和 Köhler 凭借杂交瘤技术制备单克隆抗体获得诺贝尔奖后的第三年,美国 FDA 批准了第一个单克隆抗体药物,即强生公司生产的抗 CD3 单克隆抗体 Orthoclone OKT3（注射用抗人 T 细胞 CD3 鼠单克隆抗体，静脉给药类免疫抑制剂），用于防止肾脏移植后的宿主排斥。OKT3 来自小鼠，它的氨基酸序列都是鼠源的。鼠源抗体在给病人使用过程中常常遇到一些问题：① 人体把这些单克隆抗体药当作异种蛋白，产生人抗鼠抗体，会中和靶向抗体，使其被快速清除。② 由于免疫排斥使单克隆抗体药物很快从病人体内被清除掉，大大降低了它们应有的疗效。尤其治疗慢性疾病需要长期使用的情况下，鼠源单克隆抗体药物在后续注射时疗效甚微。③ 少数病例中，鼠源抗体会引起严重的过敏反应，甚至导致个别病人的死亡。因此，早期单克隆抗体药物的销售并不理想。直到 9 年以后（1995 年），第二个抗体药物，礼来和强生的 ReoPro 才在美国上市，被用来抑制血栓形成。

为了克服单克隆抗体药物使用中的障碍，促进抗体药物在医学上更广泛的应用，必须开发人源化抗体或人源抗体。基因工程技术在抗体研发领域的应用促进了人源化抗体或人源抗体的开发。人源化抗体一般是以鼠源抗体为基础，通过更换蛋白片段和置换部分氨基酸序列，使抗体的最终氨基酸序列更接近人源的。而人源抗体是任何能被人体 B 细胞表达的抗体，其氨基酸序列是 100% 由人的基因编码的。

恶性肿瘤的治疗目的是在不损伤正常组织的前提下，长期根治肿瘤。肿瘤靶向治疗（targeting therapy of tumor）包括单克隆抗体、基因或酶抑制剂等的靶向治疗。以单克隆抗体为载体，可以发挥单克隆抗体的特异性导向功能，通过抗体依赖性细胞介导的细胞毒作用，或抗体与具有细胞毒作用的物质（化疗药物、激素、毒素或放射性同位素）结合，将细胞毒物质尽量集中在肿瘤细胞部位，从而发挥杀伤作用。基因或酶抑制剂的靶向治疗是通过封闭目的基因的表达或抑制酶的活性而抑制肿瘤生长的。

1997 年第一个治疗性嵌合型抗体 Rituximab（人 IgG1 κ 抗体与鼠抗 CD20 抗体的可变区相结合）问世，对 CD20$^+$ 低度恶性 B 细胞淋巴瘤取得令人振奋的治疗效果。Herceptin 是将人 IgG1 的恒定区和针对 HER2 受体胞外区的鼠源单克隆抗体的抗原决定簇结合部位嵌合在一起的人源化单克隆抗体。1998 年美国 FDA 批准了 Herceptin 用于 HER2 高表达的乳腺癌的临床治疗，取得了满意的疗效。2000 年美国 FDA 批准了 Mylotarg（为人源化抗 CD33 单克隆抗体与抗肿瘤抗生素 N-acetyl-gamma calicheamicin 的偶联物），有效地用于 60 岁以上的 CD33$^+$ 急性髓性白血病复发患者的治疗。随后相继出现了多种新型的抗体药物。

随着新靶点的大量发现，单克隆抗体药物成为生物制药产业研发的热点。由于抗体技术的发展，至今全球已报道的抗体有 10 多万种。目前国际上已有 500 多种抗体用于体外诊断或者体内治疗。抗体作为肿瘤的靶向治疗得益于抗体两个关键性技术的突破：① 人-鼠嵌合抗体、人源化抗体和人抗体制备技术的成熟，基本上可以克服鼠源抗体用于人体产生抗抗体的问题；在人体内的半衰期从鼠源抗体小于 20 h 到人源化抗体和人抗体的半衰期为数天，甚至 21 天之久。② 抗体库的建立和筛选以及多价重组抗体制备技术的发展使人们能够直接获得特异性强和亲和力高的单克隆抗体。

　　根据前瞻产业研究院发布《2018—2023 年中国生物医药行业战略规划和企业战略咨询报告》的统计显示，全球抗体药物市场发展规模及产品数量稳步增长，从近年来全球单克隆抗体药物市场发展来看，总体保持了逐年增长趋势，2011 年实现销售收入 497 亿美元，2017 年为 1060 亿美元，2011—2017 年的复合增长率为11.5%。从单克隆抗体药物数量来看，自 1986 年第一个单克隆抗体药物上市以来，截至 2017 年底，全球批准上市的单克隆抗体药物共计 73 个，2000 年以来上市的共计 62 个，其中近几年的上市数量明显提升，2017 年达到 10 个，为近年来最大值。从目前全球已经上市的抗体药物的治疗领域分布来看，主要用于肿瘤和自身免疫病的治疗，两者合计占比达 77%，其中肿瘤适应证占 47%，自身免疫病适应证占 30%。从全球抗体药物产品销售情况来看，2017 年表现最好的是阿达木单抗(Adalimumab)，适应证包括中重度类风湿性关节炎(RA)、银屑病关节炎(PsA)、强直性脊柱炎(AS)、中重度克罗恩病(CD)、牛皮癣(PS)、幼年特发性关节炎(JIA)、轴向脊柱关节病(AS)、儿童克罗恩病、溃疡性结肠炎(UC)、化脓性汗腺炎(HS)、葡萄膜炎(UV)。阿达木单抗 2017 年实现销售收入达到 184 亿美元，占到全球抗体药物销售总额的 17%，连续三年全球第一。2017 年销售额超过 10 亿美元的 23 个产品中(表 7-1)，销售额增速超过 10% 的企业有 10 个，涉及 8 个单克隆抗体产品，其中销售额增速超过 100% 的有两个产品，分别为派姆单抗和达雷木单抗。不过，仍有 3 个产品在 2017 年的销售额出现下降。

表 7-1　2017 年全球单克隆抗体药物销售额超过 10 亿美元的产品汇总

药品名称	公司	上市时间	币种	销售额/百万元			2017 年增速/(%)
				2015	2016	2017	
阿达木单抗	艾伯维	2002	美元	14 012	16 078	18 427	14.61
英夫利昔单抗	默克	1998	美元	8355	8234	7152	−13.14
利妥昔单抗	罗氏	1997	瑞士法郎	7045	7300	7388	1.21
曲妥珠单抗	罗氏	1998	瑞士法郎	6538	6782	7014	3.42
贝伐珠单抗	罗氏	2004	瑞士法郎	6684	6783	6688	−1.40
纳武单抗	百时美施贵宝		美元	942	3774	4948	31.11

药品名称	公司	上市时间	币种	销售额/百万元			2017 年增速/(%)
				2015	2016	2017	
尤特克单抗	强生	2009	美元	2474	3232	4011	24.10
雷珠单抗	诺华	2006	美元	2060	1835	1888	2.89
	罗氏		瑞士法郎	1520	1406	1414	0.57
依库珠单抗	亚力兄制药	2007	美元	2590	2843	3144	10.59
帕博利珠单抗	默克	2014	美元	566	1402	3908	178.74
奥马珠单抗	诺华	2003	美元	755	835	920	10.18
	罗氏		瑞士法郎	1277	1498	1742	16.29
戈利木单抗	强生	2009	美元	1328	1745	1833	5.04
	田边三菱		日元	14 200	26 300	—	
	默克		美元	690	766	819	6.92
帕妥珠单抗	罗氏	2012	瑞士法郎	1445	1846	2196	18.96
那他珠单抗	百健艾迪	2004	美元	1886	1964	1973	0.46
地诺单抗	安进	2010	美元	1312	1635	1968	20.37
托珠单抗	罗氏	2005	瑞士法郎	1432	1697	1926	13.49
苏金单抗	诺华	2015	美元	261	1128	2071	83.60
赛妥昔单抗	默克	2004	欧元	899	880	—	
	百时美施贵宝		美元	501	—	—	
	礼来		美元	176	687	646	−5.97
地诺单抗	安进	2010	美元	1405	1529	1575	3.01
真妥珠单抗	安斯泰来	2008	日元	6600	7700	—	
	优时比		欧元	1083	1307	1424	8.95
伊匹单抗	百时美施贵宝	2011	美元	1126	1053	1244	18.14
帕利珠单抗	艾伯维	1998	美元	740	730	738	1.10
	阿斯利康		美元	662	677	687	1.48
达雷木单抗	强生	2015	美元	20	572	1242	117.13

目前抗体治疗实体瘤仍存在着三个难题：① 难以进入实体肿瘤内部,因此治疗大体积实体肿瘤的疗效仍不十分理想。② 由于治疗肿瘤的抗体需要量很大,产品纯度很高,因此其生产成本及价格均非常昂贵。据 Genentech 报道,使用贝伐珠单抗治疗 10 个月将花费 4.4 万美元,这使它几乎成为目前市场上最昂贵的抗肿瘤药物。③ 肿瘤细胞的异质性导致同一个肿瘤中不同的肿瘤细胞之间表达标志性抗原的水平差异很大。目前的抗体治疗是针对肿瘤细胞的某个特异性受体,单一清除含有某种受体的肿瘤细胞并不代表能治愈肿瘤。

7.2　抗体药物的治疗机理

① 通过阻断或中和作用产生治疗效果。如阿达木单抗与 TNF-α 结合可阻断其与 p55 和 p75 细胞表面 TNF-α 受体的相互作用,有效抑制 TNF-α 的致炎作用,达到治疗类风湿性关节炎等自身免疫病的目的。帕利珠单抗(Palivizumab、Synagis)是一种人源化的鼠抗呼吸道合胞病毒(respiratory syncytial virus,RSV)的单克隆中和抗体。该药 1998 年获得 FDA 批准用于预防不足 35 周早产儿的先天性心脏病或肺部疾病,是目前唯一用于呼吸道合胞病毒的预防性药物。

贝伐珠单抗(阿瓦斯汀,Bevacizumab,Avastin)是重组的人源化单克隆抗体,包含了人源抗体 IgG1 的结构区和可结合人血管内皮生长因子(vascular endothelial growth factor,VEGF)的鼠源单克隆抗体的互补决定区。与人 VEGF 结合并阻断其生物活性。2004 年 2 月 26 日获得 FDA 的批准,是美国第一个获得批准上市的抑制肿瘤血管生成的药物。

抗 PD-1 抗体和抗 PD-L1 抗体在癌症治疗领域引起黑色旋风。在肿瘤微环境中诱导浸润的 T 细胞高表达 PD-1 分子,肿瘤细胞会高表达 PD-1 的配体 PD-L1 和 PD-L2,导致肿瘤微环境中 PD-1 通路持续激活,T 细胞功能被抑制,无法杀伤肿瘤细胞。抗 PD-1 抗体和抗 PD-L1 抗体均可阻断 PD-1 和 PD-L1 的结合,上调 T 细胞的生长和增殖,增强 T 细胞对肿瘤细胞的识别,激活其攻击和杀伤功能,通过调动人体自身的免疫功能实现抗肿瘤作用,目前有多家公司开发抗 PD-1 抗体和抗 PD-L1 抗体药物。帕博利珠单抗(Pembrolizumab)和纳武单抗(Nivolumab,Opdivo)为靶向 PD-1 的单克隆抗体,在 2014 年被美国 FDA 批准上市。Atezolizumab 为靶向 PD-L1 的单克隆抗体,在 2016 年被美国 FDA 批准上市。帕博利珠单抗(Keytruda,lambrolizumab,MK-3475)是默克公司开发的靶向 PD-1 的人源化 IgG4 型抗体。适应证为:晚期无法手术的对其他药物无响应的黑色素瘤和化疗或靶向治疗失败的非小细胞肺癌。纳武单抗是百时美施贵宝公司开发的靶向 PD-1 的全人源化免疫球蛋白,用于治疗晚期鳞状非小细胞肺癌(NSCLC)和黑色素瘤。Atezolizumab(Tecentriq)是 Genentech 公司开发的靶向 PD-L1 的单克隆抗体,为治疗晚期膀胱癌的二线药物。

2018 年两款具有广谱抗癌特性的 PD-1/PD-L1 单抗类药物在中国获批,即默克公司生产的 PD-1 单克隆抗体药物——即帕博利珠单抗注射液和百时美施贵宝公司生产的 Opdivo,标志着中国黑色素瘤治疗自此迈入免疫治疗时代。

2018 年诺贝尔生理学或医学奖授予两位免疫学家:美国的詹姆斯·艾利森(James P. Allison)与日本的本庶佑(Tasuku Honjo),以表彰他们“发现负性免疫调节治疗癌症的疗法方面的贡献"。本庶佑花了 20 年时间发现了 T 细胞表面受体 PD-1 抑制剂。

② 通过抗体 Fc 部分的免疫效应机制。人类免疫球蛋白能通过其 Fc 段与多种细胞表面的 Fc 受体结合,不同类别的免疫球蛋白可与不同的细胞结合,产生不同效应。IgG 的 Fc 段能与吞噬细胞、NK 细胞、B 细胞等表面的 Fc 受体结合,分别介导调理作用、抗体依赖性细胞介导的细胞毒作用、胞饮作用等。此外,抗体上 Fc 段与细胞上相应受体结合增加了靶抗原上与抗体交联的分子密度。如抗 CD20 的利妥昔单抗(Rituximab,人鼠嵌合性单克隆抗体)与 B 细胞上的 CD20 抗原结合后,诱导补体依赖的细胞毒性和抗体依赖性细胞介导的细胞毒作用,启动介导 B 细胞溶解的免疫反应,用于 B 细胞性非霍奇金淋巴瘤的治疗。

③ 利用抗体的靶向性,将细胞毒性物质,如放射性同位素、细胞毒药物、毒素等带到靶部位。例如,Mylotarg(为人源化抗 CD33 单克隆抗体与抗肿瘤抗生素 N-acetyl-gamma calicheamicin 的偶联物),有效地用于 60 岁以上的 $CD33^+$ 急性髓性白血病复发患者的治疗。

④ 通过对信号传导途径的影响达到治疗目的。例如,曲妥珠单抗(赫赛汀,Herceptin)与 HER2 受体结合后,干扰 HER2 受体的自身磷酸化,并阻碍 HER2/HER3、HER2/HER4 异源二聚体的形成,抑制信号传导系统的激活,能抑制 HER2 过度表达的乳腺癌细胞生长。

7.3　抗体药物治疗中存在的问题

① 大多数单克隆抗体靶向药物使用鼠源单克隆抗体制备,鼠源抗体用于人体产生人抗鼠抗体,不但会中和靶向抗体,使其被快速清除,而且能引起人体过敏反应。

② 抗体自身在亲和力和特异性方面存在的问题。多数抗体,特别是一些基因工程小分子抗体或人源化抗体自身亲和力较低,特异性不高,不能满足临床需要。

③ 到达肿瘤的药量不足。单克隆抗体偶联物在体内运送过程中受多种因素的影响,单克隆抗体偶联物是异体蛋白,会被网状内皮系统(reticulo endothelial system,RES)摄取,有相当数量聚积于肝、脾和骨髓。肿瘤内部的压力高,单克隆抗体偶联物的分子大,穿透能力低,通过毛细血管内皮层以及穿透肿瘤细胞外间隙均受到限制。静脉给予的全抗体一般只有千分之一到万分之一的抗体能够聚集到实体瘤。

④ 肿瘤自身抗原表达的不均一性造成肿瘤细胞的异质性也是影响靶向治疗成功的因素。

7.4 单克隆抗体靶向药物的发展趋势

① 抗体的人源化。单克隆抗体的人源化是单克隆抗体药物的发展趋势（图7-1）。单克隆抗体人源化主要是通过基因工程技术制备嵌合抗体或改形抗体。研究表明,嵌合抗体的人抗鼠抗体反应率较鼠源抗体低。已获准在临床应用的抗肿瘤单克隆抗体药物贝伐珠单抗、利妥昔单抗和赫赛汀均属嵌合抗体。近年来,随着抗体技术的发展,成功地建立了人源抗体库,解决了抗体人源化问题,并逐步应用于临床。转基因动物和转基因植物表达人源抗体越来越受到重视。

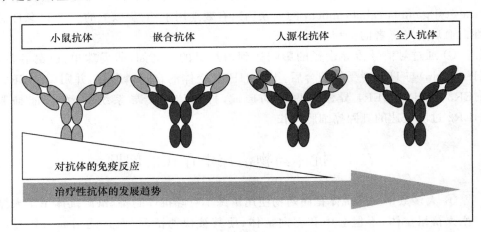

图 7-1　显示治疗性抗体药物的发展趋势

② 双特异性抗体。双特异性抗体是通过体外交联或采用基因重组技术将两个特异性不同的抗体分子连接在一起的具有两种抗原识别特异性的新型免疫分子。对于抗肿瘤的双特异性抗体,其一个臂是针对免疫活性细胞膜表面的特异性分子,主要有 T 细胞受体、Fc 受体等;另一个臂是针对肿瘤细胞表面抗原,可以同时与靶细胞和功能细胞(一般为 T 细胞)相互作用。通过双特异性抗体将免疫活性细胞和肿瘤细胞交联在一起,进而增强对靶细胞的杀伤作用,介导抗肿瘤的细胞毒性反应,产生 $1+1>2$ 的效果。数据显示,双特异性抗体杀伤肿瘤效果是普通抗体的 $100\sim1000$ 倍;用量最低可降为普通抗体的1/2000,在药效和价格上比一般抗

体更具竞争优势。更令人惊喜的是,双特异性抗体通过技术改进,进一步提高了治疗效果、成药稳定性等,有效保证了临床效果。目前已有数种抗肿瘤双特异性抗体进入临床试验阶段。双特异性抗体与普通抗体相比具备更强特异性、引导 T 细胞杀伤肿瘤和降低脱靶毒性等显著优势,目前已经在肿瘤和炎症等相关疾病中应用。安进(Amgen)公司的 Blinatumomab(商品名 Blincyto)在 2014 年年底通过 FDA审批,已经正式在美国上市,证明双特异性抗体临床应用的可行性。

③ 寻找新的分子靶点。确定并利用与肿瘤细胞相关的分子靶点是研制单克隆抗体药物的关键,特定的癌基因表达蛋白、生长因子受体等均可作为单克隆抗体药物的分子靶点。随着人类功能基因组和蛋白质组研究的深入及蛋白质芯片技术的发展,越来越多与人类疾病相关的靶分子将被发现,它们的抗体有可能成为治疗性抗体。如最近发现 CD146 在肿瘤血管内皮细胞高表达,开发抗 CD146 抗体可用于肿瘤的治疗。

④ 偶联物分子的小型化。通过酶切方法可得到单克隆抗体 F(ab′)2(胃蛋白酶消化)或 Fab(木瓜蛋白酶消化)片段,其相对分子质量分别相当于全抗体的 2/3或 1/3 左右,Fab 片段较易穿透细胞外间隙到达深部的肿瘤细胞。在裸鼠体内试验,由单克隆抗体 F(ab′)2 片段构成的免疫毒素比完整单克隆抗体构成的免疫毒素有更好疗效。单克隆抗体 Fab 片段的药物偶联物比完整单克隆抗体药物偶联物显示更高的抑瘤效果。

⑤ 单克隆抗体药物的高效化。研制高效化单克隆抗体药物需要高效"弹头"药物,使其仅有微量到达靶部位即可杀伤肿瘤细胞。

7.5　单克隆抗体与化疗药物联合用药治疗肿瘤的特点

① 与小分子化疗药物相比,抗体药物靶向性强、疗效可靠、毒副作用小。与几种化疗药联合用药相比,抗体药物与化疗药联合用药一般不会增加化疗药物的毒性。

② 单克隆抗体与化疗药物作用机制不同,联合用药会增加疗效。如贝伐珠单抗与化疗药联合用于结肠癌的治疗,能增加化疗药的疗效。

③ 单克隆抗体药物增加肿瘤对化疗药物的敏感性。如利妥昔单抗使化疗耐受性淋巴瘤重新敏感化。

7.6 重组免疫毒素在癌症治疗中的应用

免疫毒素是近年来新兴的一种肿瘤靶向治疗药物。它利用抗肿瘤单克隆抗体与肿瘤细胞的特异性结合,将生物毒蛋白与抗体偶联,定向攻击肿瘤细胞,而其对正常组织的杀伤较小,故被形象地称为"生物导弹"。免疫毒素由"弹头"和"载体"以一定的连接方法偶联而成。其"弹头"部分即生物毒蛋白,来自植物或微生物,为酶催化型毒素,效率很高,理论上一个分子进入胞浆即能杀死细胞。理想的毒素载体应可与肿瘤细胞特异性结合,并且与"弹头"偶联后不影响彼此活性。目前,单克隆抗体是主要的导向分子。

免疫毒素应用于人体的重要限制因素是机体对鼠源抗体会产生中和抗体,严重的会出现免疫反应,而且免疫毒素的相对分子质量较大,到达实体瘤部位的剂量不足。随着分子生物学技术的发展、基因工程抗体的问世,可以将毒素基因与抗体基因片段重组后表达产生出新一代免疫毒素,即重组免疫毒素(recombinant immunotoxin,RIT)。这种分子,既保留(或增加)天然抗体的特异性和主要生物活性,又去除(或减少或替代)无关结构,使得用相对分子质量更小、免疫原性更低的抗体片段,甚至完完全全的人源单克隆抗体作为载体分子成为现实。

重组免疫毒素是由单克隆抗体的 Fv 部分与毒素的一部分蛋白嵌合而成。Fv部分替代毒素的细胞结合区指导毒素到表达靶抗原癌细胞。重组免疫毒素靶向性地杀伤癌细胞,能有效地杀伤标准化疗耐受的癌细胞,杀伤各种类型的癌细胞以及利用 HIV 感染细胞表面的 gp120 抗原,杀伤 HIV 感染细胞。

有报道用假单胞菌外毒素(pseudomonas exotoxin,PE)制备重组免疫毒素。PE 有三个主要的结构域,通过在大肠杆菌分别表达 PE 的三个结构域并对其功能进行研究后发现,结构域 1a 为细胞结合区,结构域 2 是易位区,结构域 3 是修饰延长因子 2 的 ADP 核糖基化区。PE 的结构域 3 可以通过抑制 ADP-糖基化延长因子 2 的活性,抑制哺乳动物细胞蛋白质合成和诱导细胞凋亡。结构域 1b 为一个微小区域,功能还不清楚。去除结构域 1b 不影响毒素的活性。

Pastan Ira 的研究组为了制备 RIT,从杂交瘤细胞提取 RNA,分别克隆单克隆抗体的轻链和重链可变区,将两条链组装成单链可变区(scFv),然后与相对分子质量为 38 000 的假单胞菌外毒素(PE38)融合构成单链重组免疫毒素。为了稳定Fv,在轻链和重链可变区分别插入半胱氨酸,两条链组装成由二硫键连接的重组免疫毒素(disulfide-linkered recombinant immunotoxin,dsFv-RIT)(图 7-2)。

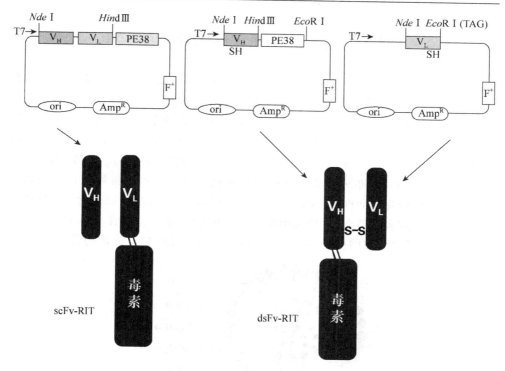

图 7-2 表达 scFv 和 dsFv 免疫毒素的质粒

用表达 V_H-PE38 或表达 V_L 的载体转染大肠杆菌,用 IPTG 诱导至 A_{600} 为 2.0~3.0,收集诱导的细胞,用溶菌酶和 Triton X-100 裂解细胞,离心收集包涵体蛋白。洗涤包涵体蛋白,变性并且 V_H-PE38 与 V_L 组分结合,重折叠 V_H-PE38 与 V_L 组分,分离重折叠的 V_H-PE38 与 V_L 组分,根据样品纯度选择 Q-Sepharose 层析、MonoQ 层析、TSK 层析纯化 RIT。

我国也有用抗肝癌单链抗体与假单胞菌外毒素 PE38 融合的研究报道,也有报道用抗肝癌单链抗体与人突变型肿瘤坏死因子-α 融合组成免疫毒素用于荷肝癌裸鼠的治疗试验,但是还处于研究阶段。已经用于临床的重组免疫毒素参考表 7-2。

表 7-2 免疫毒素在临床上的应用

临床命名	实验室命名	抗原	肿瘤类型
BL22	RFB4(dsFV)PE38	CD22	B 细胞淋巴瘤和白血病
LMB-2	anti-Tac(Fv)PE38	CD25	T 细胞恶性疾病和某些 B 细胞疾病
LMB-9	B3(dsFv)PE38	LE	结肠和乳腺肿瘤
SSIP	SS1(dsFv)PE38	间皮素	卵巢和间皮瘤

7.7 免疫脂质体在定向治疗中的应用

20 世纪 60 年代,Banham 发现并且制备了脂质体(liposome)。脂质体是由脂质双分子层组成,内部为水相的闭合囊泡。双脂层系由磷脂、胆固醇等组成,直径在 $1\mu m$ 以下(图 7-3)。脂质体作为药物载体具有制备简单、无毒、无免疫原性等特点,因而备受人们的重视。当其进入人体后,除可被网状内皮系统的细胞吞噬外,由于其双脂层类似于生物膜的基本结构,还可增加细胞的亲和力。此外,通过与有关细胞融合(fusion),亦可增加对细胞的渗透性。加之在肿瘤细胞上存在的磷酸酶及酰胺酶有较高的活性,故能较多地分解脂质体,使更多的抗癌药物进入肿瘤细胞内。肿瘤细胞多带负电荷,故应用带正电荷的脂质体尤为适宜。由于类脂的包封作用,故可减少药物的代谢,延长其作用时间,并降低药物对机体的毒性反应。

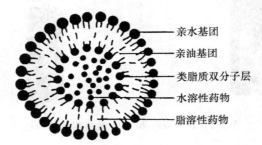

图 7-3 脂质体载体的结构示意

脂质体本身无特异靶向性,对靶细胞缺乏识别能力。20 世纪 80 年代初,人们开发了通过单克隆抗体与脂质体连接制成免疫脂质体(immunoliposome,IL),并作为药物释放载体的新技术。免疫脂质体能特异性识别表达某种抗原的组织或细胞,通过抗原-抗体反应将脂质体结合到特定的靶细胞而形成用药的靶向性。由于 IL 既具有脂质体载药量大、在体内滞留时间长、对机体毒副作用小的特点,又具有单克隆抗体靶向性强的优点,目前已成为具有广泛应用前景的靶向释药系统。

7.7.1 免疫脂质体的优越性

1. 对肿瘤细胞的选择性杀伤作用

化疗是肿瘤治疗的重要手段之一,但化疗药物在杀伤或抑制肿瘤细胞的同时,对正常组织或细胞的毒副作用较大。以免疫脂质体作为化疗药物的载体,可以改变药物的传递和释放方式,提高疗效,降低毒副作用。

体外实验结果表明,载药脂质体与单克隆抗体共价连接成免疫脂质体后,对肿瘤靶细胞呈现明显的选择性杀伤作用。其具体的表现是：① 对表达相关抗原的肿瘤细胞作用强，对抗原阴性的细胞作用弱或无作用；② 对肿瘤细胞的杀伤活性较非特异抗体脂质体的活性强；③ 药物包入免疫脂质体后的活性较游离药物强；④ 药物由免疫脂质体作为载体的活性较单独单克隆抗体作为载体时强。

免疫脂质体对肿瘤靶细胞的特异性结合与其单克隆抗体的靶向性有关。当事先用靶细胞与游离单克隆抗体结合，其后的肿瘤细胞对再加入的免疫脂质体摄取减少，这种摄入水平通常与无抗体结合的脂质体相同。

2. 在荷瘤动物体内的特异性分布

静脉注射脂质体，很快被巨噬细胞从血液循环中清除。而免疫脂质体能携带和释放药物，保护药物免受降解，使其分布到靶部位，选择性地与靶细胞作用，增强其靶向性，免疫脂质体所携带的药物在靶部位能达到有效浓度。免疫脂质体的临床有效性在于能特异性识别肿瘤细胞，以便提高肿瘤局灶的药物浓度，降低药物毒副作用。Konming 等将抗直肠腺上皮过度表达的 cc531 抗原的单克隆抗体 cc52 嵌入脂质体形成免疫脂质体，携带抗癌药物 5-氟尿嘧啶抑制结肠肿瘤的增生取得良好的疗效。人卵巢瘤异体移植裸鼠的体内实验显示，腹腔注入免疫脂质体 30 min 后，免疫脂质体与靶细胞的结合率为 70%，而无抗体结合的脂质体只有 3%。阿霉素（adriamycin，ADM）由于对心脏和骨髓的毒副作用导致临床应用严重受限，包入免疫脂质体后，在体内的组织分布明显改善。抗人甲胎蛋白（α-feto-protein，αFP 或 AFP）阿霉素免疫脂质体静脉给予肝癌荷瘤小鼠后，在肿瘤部位的 ADM 水平高于游离 ADM，而在心脏的分布则明显降低。

3. 在肿瘤部位呈现较高的药物浓度

化疗药物对肿瘤细胞的杀伤强度取决于药物剂量，杀伤一个癌细胞需要几个甚至几百个药物分子，如果单克隆抗体与药物分子直接结合，一般 1 个单克隆抗体分子结合 10 个以上药物分子后单克隆抗体即失去活性，而抗体在与载药脂质体形成免疫脂质体后，在不改变抗体活性的情况下，可携带上千个药物分子，加之脂质体对药物的保护作用，使得到达肿瘤部位的药物浓度大大提高。这样，一方面给予小剂量药物即可达到治疗目的。有关的实验显示，丝裂霉素免疫脂质体只需给予游离药物的 1/4 剂量即可达到对靶细胞同样的杀伤效果。另一方面可加大给药量而对正常细胞无损伤，抗胃癌 ADM 免疫脂质体给予正常人胚肺细胞，其细胞毒作用仅为游离 ADM 的 1/250。有人认为，免疫脂质体以高浓度将药物释放于靶组织的意义除了选择性作用于具有相关抗原的细胞外，也许还在于可以克服以往单独的单克隆抗体-药物偶联物难以克服的肿瘤细胞抗原异质性问题，因为脂质体中药物释放扩散后，可被肿瘤周围细胞摄取而杀死缺少特异抗原决定簇的细胞。

4. 在体内呈现较低的药物清除率

体内动力学研究指出,脂质体及包封的药物在血循环中的保留时间多数比游离药物长得多。有关研究显示,游离 ADM 进入血液循环后迅速被清除,几分钟后血药浓度已难以检测,而 ADM 免疫脂质体给药 16 h 后血药浓度仍可检测到。Nassander 等人对卵巢癌荷瘤小鼠的体内研究显示,腹腔注射 24 h 后,免疫脂质体给药剂量 86% 仍与靶细胞结合,而无抗体结合的脂质体的留存率只有 10%,他认为该结果和免疫脂质体能与肿瘤细胞紧密结合有关。对免疫脂质体而言,药物在体内的滞留时间与脂质体表面抗体含量及脂质组成有关,当抗体/脂质比相同时,体内滞留时间取决于脂质组成。目前认为,聚乙二醇衍生物、神经节苷脂 GM1 等作为脂质体组成成分均可增加所载药物在体内的滞留时间。有研究指出,改变脂质体组成可延长药物在体内的作用时间并降低网状内皮系统对脂质体的摄取。脂质体只要不被摄取即可重复与靶细胞结合发挥效能。此外,在相同脂质组成时,免疫脂质体在循环中的留存时间还与脂质体的制备方法及大小有关。

7.7.2 免疫脂质体的种类

除了普通的免疫脂质体外,还有如下几类。

1. 热敏免疫脂质体

热敏免疫脂质体(heat-sensitive immunoliposome)是由相变温度(transition temperature)稍高于体温的脂质组成,受热达到其双层脂质膜的相变温度时,膜的通透性增加,可释放其内容物。体内应用热敏免疫脂质体,配合局部加热,可能有较强的杀瘤效应。

2. pH 敏感性免疫脂质体

pH 敏感性免疫脂质体是由对 pH 敏感的脂质组成。在 pH 6.5 的酸性环境中,即与相邻的膜发生融合,称为酸诱导融合。这种特性是由于其膜脂中含有酸敏脂质或不饱和磷脂,在中性环境下可形成六方形晶体相,加入某些脂肪酸以制成稳定的脂质体。在酸性环境时,脂肪酸的羧基端质子化,脂质形成六方形晶体而引起膜融合。细胞中吞噬体的 pH 为 $5.0\sim6.5$,当酸敏免疫脂质体被吞入细胞内的吞噬体后,在酸诱导下脂质体膜与吞噬体膜融合,将内容物释放至胞质。这种由吞噬体直接进入胞质而不经溶酶体的机制,可用于其他导向载体难以完成的有关物质运送,如某些不耐溶酶体酶的药物、毒素和抗体等。酸敏免疫脂质体具有良好的导向杀伤靶细胞的效应。

3. 光敏免疫脂质体

在脂质体膜中渗入光敏物质,当受到光照射时,其光敏物质的结构发生改变,使脂质体膜通透性增加,从而释放药物至光照部位。当免疫脂质体与靶细胞作用后,给予光照,则可特异地杀伤靶细胞,而对非靶细胞无损伤。在体内应用这种免疫脂质体时,由于抗体和激发光的双重导向作用,可增强其特异性,减少毒副作用。

4. 重组免疫脂质体

由完整鼠源抗体制备的免疫脂质体在体内可以引起较强的人抗鼠抗体反应,限制了其临床应用。所以近年来基因工程重组的抗体片段被更多地用于免疫脂质体的制备。这种重组免疫脂质体(recombinant immunoliposome)在保留抗原结合能力的同时,由于不具有 Fc 段,从而大大降低了单核吞噬系统的清除及抗抗体的产生,在免疫诊断及治疗的应用中取得了较好的效果。

5. 长效免疫脂质体

目前制备的大多数免疫脂质体经静脉注入人体后,优先被单核吞噬细胞所摄取,致使 IL 的血浆半衰期较短,无法满足临床治疗的要求。因而人们在免疫脂质体的脂双层结构中引入了某种非糖基脂而制成长效免疫脂质体,又称空间构象稳定的免疫脂质体(sterically-stabilized immunoliposome,SIL)。这种免疫脂质体可大大延长在血液循环中存留的时间,从而提高运载药物的能力,起到增强疗效的目的。

7.7.3 免疫脂质体在应用中存在的问题

1. 提高免疫脂质体的药物包封率

使免疫脂质体包载更多的药物是使其发挥最大效能的第一步。不同药物依其理化特性不同,包封率相差很大。一般亲脂性药物包封率较高,而水溶性药物包封率较低。采用亲脂性处理可提高亲水性药物的包封率。水溶性柔红霉素经亲脂处理后,包封率由 20%增至 90%。此外,包封率还与脂质体制备方法、脂质组成、溶剂组成等有关。

2. 提高免疫脂质体的靶向性

免疫脂质体的靶向性是影响疗效的关键因素。提高单克隆抗体的特异性,减少与正常细胞的交叉反应,以及增加单克隆抗体结合物的内化能力,使其达到靶部位等可以增强免疫脂质体的靶向性。

肿瘤细胞抗原表达具有异质性,同一肿瘤中肿瘤细胞并非都表达某一特殊抗原,这使得对某一抗原决定簇的免疫脂质体作用受限。克服的方法可采用杂交抗体,即通过二次杂交瘤或基因工程技术产生具有两个不同抗原结合位点、能识别不同抗原决定簇的抗体。肿瘤相关抗原有可能从靶细胞脱离进入血液循环,然后与脂质体形成复合物,干扰与靶组织的结合。目前认为可采用多靶结合方式,即用多价抗体与靶细胞的不同抗原结合以解决单一抗体引起的对脂质体的抑制。

用鼠源单克隆抗体制备的免疫脂质体,容易引起人抗鼠抗体反应。通过人源单克隆抗体取代鼠抗体或采用鼠 IgG 的 Fab 段制备的免疫脂质体,则可减少其免疫原性。

3. 减少网状内皮系统(RES)对免疫脂质体的摄取

进入循环系统的免疫脂质体易被 RES(特别是单核吞噬细胞)作为外来异物吞噬,因此,静脉给药易浓集于内皮细胞丰富的组织如肝、脾等中,使到达肿瘤部位的药量减少。解决的途径有: ① 改变脂质体的组成,降低对 RES 的亲和性;② 提高免疫脂质体中的抗体含量,增加对靶细胞的结合率;③ 预先给予空白脂质体以饱和 RES 细胞,但此法因对 RES 的抑制会导致对宿主防御功能的破坏,在临床应用受限;④ 较好的方法是采用局部给药方式,已有人将抗卵巢癌 S-免疫脂质体通过腹腔注射给予荷瘤小鼠,效果良好。

免疫脂质体的表面特征如大小、双层膜的流动性、表面电荷等与体内行为密切相关。单克隆抗体的稳定性差,对 pH 变化敏感,对热不稳定,在提纯过程中容易变性等问题也给免疫脂质体的工业制备带来一定的难度。但是通过生物医学及相关学科的合作,免疫脂质体在肿瘤治疗方面的应用会有广阔的前景。

单克隆抗体药物的问世揭示了其巨大的发展潜力,目前单克隆抗体药物占在开发的生物技术药物的 1/3。单克隆抗体作为药物或药物的运载体,适用于范围广泛的疾病类别,包括炎症、自身免疫病、心血管病及肿瘤等,未来的发展方向是制备不会被人体当作入侵物排斥的抗体,以及降低抗体药物的制造成本。

7.8 嵌合抗原受体 T 细胞免疫疗法

2017 年 8 月 30 日,美国 FDA 批准了诺华的嵌合抗原受体 T 细胞免疫疗法(chimeric antigen receptor T-cell immunotherapy,CAR-T),商品名为 Kymriah。这是全球首个获批的 CAR-T 疗法,同时也是美国批准的第一个基因治疗,其适应证为 25 岁以下急性淋巴白血病患者(ALL)。该治疗定价为 47 万美元。

CAR-T 治疗就是将能识别某种肿瘤抗原的抗体的抗原结合部与 CD3-ζ 链或 FcεRIγ 的胞内部分在体外偶联为一个嵌合蛋白,通过基因转导的方法转染患者的 T 细胞,使其表达嵌合抗原受体(CAR)。患者的 T 细胞被"重编码"后,生成大量肿瘤特异性的 CAR-T 细胞。

美国国家癌症研究所已经开发出靶向 CD22 抗原的 CAR-T 细胞,CD22 出现在大多数 B 细胞中,但比 CD19 所占的比例少。CD22 靶向 T 细胞可以与 CD19 靶向 T 细胞合用于急性淋巴细胞白血病和 B 细胞恶性肿瘤(图 7-4)。

CAR-T 细胞治疗最大的副作用是发生细胞因子释放综合征,被注入的 T 细胞释放大量细胞因子,可能导致危险的高热和急剧的血压下降,一些患者可能需要采取额外的处理措施。

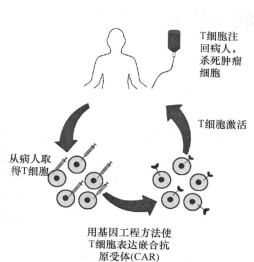

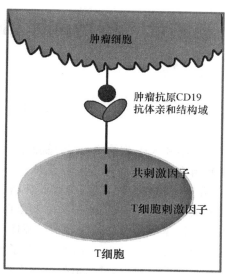

动图 7-4

图 7-4　嵌合抗原受体自体 T 细胞疗法（CAR-T）示意

（动图请扫描二维码）

第8章　植物抗体和转基因动物产生人抗体

8.1　引　言

　　动物和人受到病原菌的感染后,可产生相应的抗体来抵抗病原菌的入侵。1890 年德国学者埃米尔·阿道夫·冯·贝林发现白喉抗毒素并用于人工被动免疫,开创了免疫血清疗法,他因此获得 1901 年诺贝尔生理学或医学奖。经过一个多世纪的发展,由于抗体药物的安全性、特异性和高效性已经成为全球药物开发的焦点。抗体药物的发展经历了异源性抗体、人源化抗体(包括嵌合抗体)、全人源抗体 3 个阶段。全人源抗体由于克服了抗体鼠源性的问题而成为理想的人体内用药的候选分子。利用动物、植物作为生物反应器产生全人源抗体开辟了全人源抗体药物制备的新领域。

　　1983 年,世界上第一例转基因植物——含有抗生素药类抗体的烟草,在美国成功培植,由于这种转基因烟草具有对除草剂的耐受能力,在田间喷洒除草剂只除杂草而不会对烟草本身造成伤害,因此这种烟草的收成大大提高。1994 年,世界上第一种转基因作物——转基因晚熟西红柿(现已退出市场),正式投放美国市场。2016 年,全球已有 26 个国家批准种植转基因作物,全球转基因作物种植面积达1.851 亿公顷,创历史新高,全球种植总面积累计达 21 亿公顷,相当于美国国土面积的 2 倍。

　　人血清白蛋白基因进入的第一种植物是烟草,不过在转基因烟叶中,重组人血清白蛋白仅占烟叶可溶性蛋白总量的 0.02%。之后又在马铃薯等植物中获得表达,但是受限于表达效率偏低、重组蛋白结构不正确等问题,效果并不理想。

　　经过不懈努力,我国武汉大学教授杨代常和同事培育出高效生产重组人血清白蛋白的转基因水稻,有望开创新的大规模重组人血清白蛋白生产体系。研究人员为了人血清白蛋白更适合在水稻种子中合成,对人血清白蛋白基因进行了改造和优化,同时将其与水稻种子特异启动子组成新的基因,利用农杆菌将新基因转入水稻基因组中,获得转基因水稻植株。

　　植物抗体(plantibody)是通过基因工程技术将编码全抗体或抗体片段的基因导入植物,并在植物中表达或生产的具有免疫活性的抗体或其功能片段。植物抗体也具有识别抗原的特异性,可抑制或消灭外来物的入侵。这是基因工程抗体的一个新领域。人类既可以用植物作为生物反应器异源表达和生产具有药用及商业价值的抗体,也可以直接利用抗体在植物体内进行免疫调节,以研究植物生理代谢机制,或增加植物抵抗病虫害的能力。由于转基因植物能大规模种植,可以对蛋白质进行翻译后加工,生产成本低廉,所以利用转基因植物生产抗体越来越受到重视。科学家纷纷利用转基因植物来生产动物抗体等重组蛋白,以达到利用植物生产的抗体来诊断与治疗疾病的目的。

利用人抗体转基因小鼠技术和抗体库技术开发的候选抗体逐渐占据了抗体药物研发的主导地位。人抗体转基因小鼠技术比只能筛选单价抗体的抗体库技术更具有优势。1996 和 1997 年,Medarex 公司和 Abgenix 公司相继成功建立了人抗体转基因小鼠 HuMab(UltiMab 平台)和 XenoMouse,并很快得到广泛应用。2006 年,第一个来源于人抗体转基因小鼠技术的全人抗体药物——安进公司研发的 Vectibix(Panitumumab)用于转移性结肠癌的治疗,获得美国 FDA 批准上市。2005 年,安进公司以 22 亿美元的价格收购了 Abgenix 公司。2009 年,百时美施贵宝公司以 24 亿美元的价格收购了 Medarex 公司,将 HuMab 平台技术改称为 UltiMab 平台技术。目前已经有几家公司提供商业化人抗体转基因小鼠。

8.2　植物抗体的研究进展

1989 年 Hiatt 首次利用农杆菌介导转化法将动物的抗体基因转化烟草,在烟草中成功表达出具有生物功能活性的单克隆抗体。此后,人们就试图在植物中生产各种植物抗体。1990 年 During 等省略了有性杂交过程,也在烟草中表达出功能性全长抗体。随后 Owen 等首次成功地实现在植物细胞中表达 scFv,并且表明通过对受体蛋白的免疫修饰可改变植物的性状,诸如光敏色素的活性,表达 scFv 的转基因种子表现出不正常的萌发等。

1993 年,de Neve 等报道了抗体(IgG1)及其 Fab 片段在拟南芥和烟草中的表达。1994 年,英国科学家 Ma 等在烟草植株中制备了二聚体 IgA/IgG(SIgA/IgG),这种抗体分子能识别和聚集引起人类龋齿的变异链球菌(*Streptococcus mutans*),疗效可达 4 个月之久。1995 年,Ma 等又证实在植物中能表达组装完整的 SIgA 分子,并且证明在植物中单个叶细胞就能产生组装正确的 SIgA 分子,而在哺乳动物中,则需要两种不同类型的细胞来完成。最近,Bouquin 等在转基因芥类植物细胞中成功制备了抗 RhD 抗原的人源化 IgG1 抗体,研究表明其有强大的诊断、治疗应用价值。

近年来,也出现不少关于植物抗体表达水平的研究。不同类型的抗体在细胞不同区域定位对其稳定性和产量影响较大。研究表明,通过在完整抗体分子和

Fab 片段的 N 末端附加一段内质网信号序列使抗体进入分泌途径,可极大地提高其积累水平。不过也有报道称将 scFv 定位于胞壁连续区(apoplast)可提高其积累水平。植物抗体的另一表达系统是叶绿体。外源基因可通过同源重组插入叶绿体基因组的功能基因之间,由于细胞中叶绿体数量多,外源基因的拷贝数也较多,重组蛋白积累量占到可溶性蛋白(TSP)的 47%,并有杀虫功能。

8.3 转基因植物生产动物抗体的优越性

利用动物细胞生产抗体的成本昂贵,用最现代化的发酵技术(1 m³ 的发酵罐)每生产 1 g 纯化的单克隆抗体,成本在 1000～2000 美元之间。如果用较小的发酵罐,生产成本更高。此外,利用转基因动物生产抗体,还可能产生法律和伦理上的问题。而利用细菌生产的抗体不能进行糖基化,所带有的内毒素很难清除掉,抗体常储存于包涵体中,且抗体纯化过程复杂。

在植物中表达抗体远比利用微生物或动物细胞表达抗体优越:① 植物细胞蛋白质合成、分泌、折叠及翻译后加工途径和动物细胞类似,只是蛋白质的糖基化修饰不同,转基因植物可以生产复杂的蛋白质,如能将全长重链和轻链组装成带有 Fc 区域的全抗体;植物细胞没有动物细胞所带有的血源性病原体和致瘤性多肽,而且小麦、玉米、水稻和豆类植物中表达的抗体毒性物质的含量很低。② 植物可以无限制生长,其大规模种植无需特殊设备,用转基因植物生产抗体成本低廉且生产规模可被迅速扩大。③ 植物可以产生便于储藏和运输的目的产物。

8.4 植物抗体的生产流程

8.4.1 抗体基因的获得与转化

1. 抗体基因的克隆

抗体重链和轻链可变区,以及恒定区基因片段都可通过 PCR 方法从分泌抗体的杂交瘤细胞,通过噬菌体抗体库或核糖体展示抗体库扩增得到。通过杂交瘤技术筛选抗体产生细胞、再克隆的抗体基因可人为地进行修饰,该方法的不便之处是程序烦琐,实验周期长,需要昂贵的仪器设备和实验动物。通过噬菌体抗体库或核糖体展示抗体库技术克隆的抗体基因在植物中的表达产物具有预期的结合特异性和更高的稳定性。

2. 抗体基因的转化

首先将目的基因插入结构基因构建表达载体(T-DNA),然后通过直接法(基因枪法、电穿孔法）或载体法（农杆菌介导法、脂质体介导法等）将含有目的基因的载体转化植物细胞，并整合到植物细胞基因组中。目前认为农杆菌介导转化法是双子叶植物最理想的转化方法，而基因枪法是单子叶植物常用的转化方法。

8.4.2　植物抗体的表达

1. 抗体基因在植物中的表达

目前用于表达植物抗体的植物有烟草、拟南芥、玉米、大豆、水稻、小麦、苜蓿等。抗体基因在植物中表达需要加入植物表达启动子，CaMV35S 是常用的组成型启动子，通过这个启动子，各种细胞都可用来表达重组蛋白，但也可利用组织特异性启动子使抗体在特定器官中表达。抗体分泌到特定的细胞器对于抗体有效折叠和稳定是必要的。目前 IgG、IgA、嵌合抗体 IgA/IgG、分泌型 IgA、单链抗体 Fv 片段（scFv）、Fab 片段和重链可变区（V），以及双链抗体（diabody）等多种抗体都能在植物中表达。抗体基因在植物中的表达分为三种。

（1）完整抗体和 Fab 抗体在植物中的表达。

不同类型的完整抗体如 IgG1、IgM、IgA 和 IgA/IgG1 嵌合抗体以及 Fab 抗体基因都已经先后转入植物中表达。表达完整抗体的最初策略是用不同植物分别表达免疫球蛋白重链和轻链，然后通过两种植物杂交，将轻、重链基因都导入子代植物而获得目的植物。用这种技术得到的重组抗体的产量很高，占植物总蛋白的 $1\%\sim5\%$。另外，已有人用双重转化技术将抗体的重链和轻链基因同时转化同一植物细胞。虽然这种方法能缩短生产植物抗体的时间，但由于这两种基因的表达可能产生个体变异，而且用这种方法获得的抗体产量较低，只占可溶蛋白的 0.055%，并且组装效率也有所降低，所以这种转化方法并不是最佳的，还需要进一步筛选。还有一种方法是将重、轻链的基因都导入同一个 T-DNA 片段中。这是一种快速的技术，避免了子代植物隔离的问题，但要谨慎地选择启动子和终止子，确使被导入的两种基因能同时表达。有报道表明，这种方法所得到的抗体表达量可达总蛋白的 1.1%。

（2）单链抗体（scFv）和单域抗体（V）的表达。

scFv 是抗体的 V_H 和 V_L 通过一条连接肽连接而成，只有折叠成正确的空间构象才会有活性。在其一级结构的驱使下，这一折叠过程通常可自动进行，只要环境不是过于不利，一般都可形成正确的空间构象。已转化成功的有抗 ABA 生长素、抗纤维素抗体、抗植物病毒外壳蛋白和其他蛋白，以及一些医用治疗性抗体（如抗膀胱癌的抗体）等的 scFv。

（3）多价抗体在植物中的表达。

用杂交瘤技术只能得到单体 IgA，却不能得到分泌型 IgA，它包含四种不同的肽链：两条重链和两条轻链，一条连接链（J）和一种分泌片。通过四种基因分子各自的转基因植株进行相互杂交，可在一种植物中同时表达这些基因，并将四种多肽链成功地装配为功能性 sIgA。

2. 植物抗体的回收及纯化

重组植物蛋白的回收和高水平纯化通常包含多项步骤，如提取、沉淀、吸附、层析和过滤。通过将抗体导向亚细胞区室或与植物其他成分易于分离的组织，使得重组蛋白易于纯化。目前已有人设计了利用油质体（oilbody）进行提纯的新的抗体纯化的路线，同时，根据抗体或抗体片段的抗原结合特性，可通过进一步的亲和层析对植物抗体进行纯化。蛋白 A 亲和层析法已被用于从转基因烟草中大量提取乙肝表面抗原的抗体。

8.5 植物抗体的应用进展

8.5.1 医用价值

从经济效益和安全角度考虑，利用植物表达抗体较其他体系有着不可比拟的优越性，因此植物抗体备受国际生物医药产业的重视。目前许多国家致力于抗体药物的研究，开发携带抗体基因的植物。已导入植物的动物抗体基因有：乙肝抗体基因、人癌胚抗原（carcinoembryonic antigen）的抗体基因、变异链球菌抗体基因、绒毛膜促性腺激素抗体基因和一些病毒的抗体基因等。其中文献报道最多的是含乙肝抗体基因的转基因植物。

1. 抗乙肝表面抗原的抗体基因

近年来，乙肝的单链抗体（用连接肽将重链可变区和轻链可变区连接而成，scFv）已经在植物种子和根毛中表达，并利用转基因植物生产的抗体具有和乙肝表面抗原结合的特性。如 Valdes 等发现小鼠的抗乙肝表面抗原的单克隆抗体基因在烟草中稳定表达，而且抗体的氨基酸序列和小鼠体内的抗体氨基酸序列相同；同时 Valdes 等将烟草生产的抗乙肝表面抗原的抗体来纯化乙肝表面抗原，发现来源于烟草的抗体和来源于小鼠的单克隆抗体与乙肝表面抗原的亲和力是相同的，说明可以利用植物来源的抗体来纯化乙肝表面抗原。Yano 等把人的抗乙肝表面抗原的单克隆抗体基因导入悬浮培养的烟草细胞，然后提取烟草细胞中的抗体，发现提取出的单克隆抗体可以和乙肝病毒的表面抗原结合，表现出与抗乙肝病毒的免疫球蛋白一样的细胞毒性。这些研究说明，可以利用植物来生产乙肝的单克隆抗体。

2. 抗变异链球菌抗体基因

龋齿是一种常见病,与变异链球菌感染关系密切。实验证明,用烟草表达的抗引起龋齿的链球菌表面抗原的嵌合抗体 IgA/IgG,在预防病菌种植上和杂交瘤生产的抗体作用一样,且没有发现人体产生抗鼠抗体,应用安全。这是唯一开始大规模生产的植物抗体,已经进入二期临床。如果通过基因工程把抗变异链球菌的抗体基因导入苹果或其他水果中,可得到产生抗变异链球菌抗体的水果。这样不需对抗体进行纯化,每天吃一个具有抗变异链球菌抗体的水果,就可预防龋齿的发生。

3. 抗人癌胚抗原的抗体基因

目前有两种抗人癌胚抗原的抗体基因已经导入到植物中,它们是何杰金氏淋巴瘤(Hodgkin's disease,HD)和结肠癌的抗体基因。何杰金氏淋巴瘤是恶性淋巴瘤中的一种,Powledge 等将抗何杰金氏淋巴瘤的抗体基因导入烟草,得到的转基因烟草可以表达抗何杰金氏淋巴瘤的抗体。Vaquero 等利用农杆菌介导法将抗人结肠癌的抗体基因导入烟草,使抗人结肠癌的抗体基因在烟草中表达,从转基因烟草中提取的抗体可以与人结肠癌细胞结合,从转基因烟草中提取这些肿瘤的抗体,可以用于诊断和治疗肿瘤。此外,含有肿瘤抗体的转基因植物还有水稻、小麦、豌豆、番茄等。

4. 抗绒毛膜促性腺激素抗体基因

人绒毛膜促性腺激素(hCG)可以促进雌激素和孕激素的产生,以维持妊娠。抗 hCG 抗体和 hCG 结合,从而阻止 hCG 发挥作用。Kathurla 等利用转基因烟草生产抗 hCG 的单链抗体和嵌合抗体(小鼠抗体的可变区和人类抗体的恒定区连接),它们的含量分别是每千克鲜叶 32 mg 和 20 mg,其中嵌合抗体和 hCG 的结合能力最高。两种抗体均阻止了 hCG 和间质细胞上的受体结合,从而达到避孕的目的。此外,抗精子的抗体基因已经导入玉米中,也已得到转基因玉米。从玉米中提取的精子抗体可以用来避孕。

5. 抗病毒抗体基因

目前抗单纯疱疹病毒(herpes simple virus,HSV)和呼吸合胞病毒的抗体基因已经导入植物中。单纯疱疹病毒能引起人类多种疾病,如龈口炎(gingivostomatitis)、角膜结膜炎(keratoconjunctivitis)、脑炎(encephalitis)以及生殖系统感染和新生儿的感染。Zeitlin 等把抗单纯疱疹病毒抗体基因导入大豆,让小鼠食用后,小鼠即具有抗单纯疱疹病毒的能力。利用转基因水稻和大豆生产的抗单纯疱疹病毒抗体可以用来治疗单纯疱疹病毒引起的疾病。

呼吸合胞病毒可以引起婴儿支气管炎、支气管肺炎等疾病,对较大儿童和成人可引起鼻炎、感冒等上呼吸道感染。抗呼吸合胞病毒的抗体基因已导入玉米中，从玉米中提取的呼吸合胞病毒抗体可以用来治疗呼吸合胞病毒引起的疾病。

8.5.2　介导植物自身免疫

植物中表达的重组抗体除了直接用于临床外，也可用于植物体自身对环境胁迫的反应。如介导植物抗病毒、细菌、真菌及线虫等的感染，是植物分子育种的又一途径。Tavladoraki 等把编码对朝鲜蓟杂色皱纹病毒（artichoke mottled crinkle virus，AMCV）有作用的 scFv 基因导入烟草细胞，获得的转基因植株抗 AMCV 侵染，表现为发病率降低、发病延缓。这一研究结果使人们看到了利用胞内抗体免疫技术防止病毒及害虫危害的曙光。而 van Engelen 等和 de Wilde 等分别在烟草和拟南芥胞间表达全长抗体的成功则给人们展示了利用抗体防止病原菌危害的可能性。

8.5.3　调节植物代谢

20 世纪 90 年代以来，通过基因工程手段调控植物的研究逐渐兴起，并被预言为未来一段时期的一个重点发展领域。抗体分子可通过与被修饰的目标分子特异性结合，稳定或阻断其生物活性。若被修饰的分子是代谢中的关键酶，可改变植物的相关代谢途径，调控植物的生长发育，或使植物高水平积累某一有价值产物。目前，调控代谢的基因工程策略主要有两种：一是通过反义 RNA 技术抑制某一内源基因的表达；二是通过导入异源基因促使某一产物的形成和累积。胞内抗体技术是继反义 RNA 技术之后的一种新型代谢调控技术，它利用重组 DNA 技术，在植物细胞内空间特异性表达有活性的抗体分子，从而特异性干扰或阻断某些生物大分子的合成、加工和分泌过程，进而导致细胞一系列生物过程的改变。植物细胞质呈高还原性，抗体链在这种条件下通常不能形成二硫键，从而难以组装成完整抗体分子。就调控发生在细胞质代谢途径而言，由于 scFv 不需组装，比全长抗体更具优势。现已研究的有抗光敏色素和抗脱落酸的 scFv 对植物发育的影响。

2003 年，Jobling 等以马铃薯淀粉分支酶 A（starch branching enzyme A，SBEA）为修饰目标，采用噬菌体展示技术分离出特异性结合 SBEA 的抗体重链可变区基因片段，然后通过与质体特异定位肽 DNA 序列融合转化马铃薯。结果转基因植株中有一半（9/18）表现出比野生型浓度高很多的直链淀粉含量。该抗体的存在不影响抗原分子的表达，只是通过与抗原特异性结合而抑制其活性，因而在这些植株中只是 SBEA 的活性降低，而含量与对照无显著差异。

8.6 转基因植物生产动物抗体应注意的问题

8.6.1 植物抗体的糖基化问题

植物体内蛋白质的糖基化和人体内蛋白质的糖基化是不同的。植物生产的抗体主要是在重链上进行糖基化。另外,植物体内蛋白质的糖基化并不完全相同。例如,Elbers 等把小鼠免疫球蛋白 MGR48 抗体基因导入烟草,将得到的转基因烟草种植在不同的温度和光照条件下,对抗体和内源可溶性蛋白的糖基化进行研究发现,幼叶中的抗体含有较多的甘露糖,衰老叶片中的抗体含有较多的 N-乙酰葡糖胺,而甘露糖少。另外,植物生产的抗体的糖基化没有木糖和墨角藻糖,而内源蛋白的糖基化随着叶龄的增加,含有的 N-乙酰葡糖胺下降。表明植物内源蛋白的糖基化和抗体的糖基化是不同的,说明还需要对转基因植物生产抗体进行深入的研究。

利用转基因植物生产的动物抗体作为药物,要求抗体必须没有免疫原性,不能引起人的过敏反应。虽然植物抗体注入小鼠后没有血清免疫反应,但是糖基化的不同仍然引起人类对植物抗体糖基化免疫原性的担心。为了避免这个担心,可以向植物导入人类 β-1,4-半乳糖苷转移酶,使植物蛋白 N 端多聚糖变成人类蛋白的 N 端多聚糖。然后利用这些植物和携带小鼠抗体的烟草进行杂交,得到具有人类蛋白质部分 N 端多聚糖的抗体。但这种方法需要进行两次转基因,而且进行杂交,工作量太大。

因为糖基化是在高尔基体上进行的,所以可以去除植物抗体糖基化的多肽识别序列,或者在植物抗体的 C 端增加 Lys-Asp-Glu-Leu 序列,可使重组蛋白保持在内质网上,使植物抗体合成后,避免高尔基体介导的糖基化,从而避免植物抗体可能造成的过敏反应。

8.6.2 植物抗体的含量问题

利用植物生产动物抗体作为药物,要求抗体的量必须充足。目前提高植物抗体的量所采取的方法有:在抗体基因中加入信号肽、采用高效启动子、优化培养基成分。由于大多数抗体在质外体、内质网的表达量比在胞质溶胶中高,所以利用信号肽可以控制植物抗体基因的表达和储存,提高抗体的产量。例如,Hu 等把乙肝表面抗原的 scFv 抗体和 N 端内质网信号肽序列连接在一起,导入烟草,发现抗体以 $630 \sim 760 \, \text{ng}/(\text{d} \cdot \text{g}$ 干重$)$ 的速度分泌到烟草根部的疏水溶液中,抗体的含量为全部分泌蛋白的 2%。抗体可以和乙肝病毒结合。

在高效启动子的研究方面,de Jaeger 等发现在转基因拟南芥的种子中,在 35S 启动子控制下,抗体的量大约占全部可溶性蛋白质的 1%;利用大豆种子储藏蛋白基因 arcelin 5-I 的启动子,抗体的含量占全部可溶性蛋白质的 36.5%。在优化培养基方面,Shin 等发现在含有 2,4-D 培养基中添加 IPA(2 mg/L)和 BA(0.2 mg/L)后,悬浮培养的转基因烟草细胞内免疫球蛋白的产量分别提高了 36% 和 42%;在有机氮源的研究中,酪蛋白水解酶最后浓度为 0.01 g/L,和对照相比(没有添加有机氮源的 MS 培养基),免疫球蛋白的产量提高了 68%。这些研究说明,可以通过优化培养基的成分来提高悬浮培养的转基因植物细胞中蛋白的产量。

8.6.3 植物抗体的稳定性问题

如果抗体在植物营养器官叶子中表达,就不容易保存。利用转基因植物生产的动物抗体作为药物,要求抗体在植物体内必须稳定。增加转基因植物生产的动物抗体的稳定性可以通过使抗体基因在耐储藏的器官中表达,可以通过改变培养基的成分来提高抗体的稳定性。例如,Ramirez 等已经把乙肝表面抗原的抗体基因导入烟草中,使抗体基因在种子中表达,抗体含量占全部可溶蛋白质的 0.2%。收获的种子在室温下储存一年半以后,抗体还可以和乙肝表面抗原结合。而在烟草悬浮细胞培养中,Tsoi 等发现在没有锰的 B5 培养基中,抗体的稳定性提高。

8.6.4 植物抗体的纯化问题

无论是转基因植物还是转基因动物,生产的抗体作为药物都需要纯化,降低抗体中其他蛋白的含量。纯化是生产抗体药物的主要花费,它影响了表达系统的选择。与在叶子中表达相比,抗体在种子中表达更容易储存和纯化。从种子中提取抗体,初加工可以采用食品加工的技术和设备,而最后的纯化一般采用层析,或者用油、多聚物溶解的方法来纯化重组蛋白,但由于少量种子内源蛋白的存在,增加了抗体提纯的复杂性。所以,要降低植物抗体的生产成本,还需要对表达系统进行选择,可以采用多年生的植物来降低转基因植物种子的生产成本。

8.6.5 植物抗体的安全性评价

我国政府对生物安全问题始终给予密切关注和高度重视,为了加强农业转基因生物安全管理,保障人体健康和动植物、微生物安全,保护生态环境,促进农业转基因生物技术研究,2001 年 5 月 23 日国务院令第 304 号,公布了《农业转基因生物安全管理条例》,并分别于 2011 年和 2017 年进行了修订。

为了能够对转基因农产品以及其他转基因植物作出综合评价,需要拥有一整套与国家条例相配套的实验技术。已报道的检测研究和技术服务主要集中在利用

PCR、ELISA 等方法对转基因大豆、玉米等农产品的检测方面，而对转基因植物疫苗及其抗体的基因背景的检测多限于标记基因、靶基因及其表达量等。PCR、ELISA 是通过检测特异性外源基因（如启动子、终止子、标记基因、报告基因和靶基因等）和其编码的蛋白质来判断是否为转基因产品。

8.7　转基因动物产生人抗体的制备及特点

8.7.1　产生人免疫球蛋白转基因和转染色体动物技术进展

产生人免疫球蛋白的转基因技术主要有：微基因技术、酵母人工染色体技术（yeast artificial chromosome，YAC）、人类人工染色体技术（human artificial chromosome，HAC）、转染色体技术。由于基因操作技术的不断成熟，导入片段的不断增大，动物表达的人免疫球蛋白量不断提高，免疫球蛋白的类别也逐渐增多。最初，用于构建产生人免疫球蛋白转基因小鼠的载体是质粒及黏粒，由于它们的容量较小，后来又出现了微基因技术。

1. 微基因技术

该技术是将人免疫球蛋白重链 V、D、J、C 基因片段及轻链 V、J、C 片段人为地衔接起来，去掉其间的内含子区域。产生人免疫球蛋白的转基因小鼠是建立在美国学者 Palmiter 构建的"超级小鼠"（supermouse）基础上的，Bruggemann 等用微基因技术首次将 25 kb 的人免疫球蛋白重链基因导入小鼠受精卵内，获得一系列能产生人免疫球蛋白 μ 链的转基因小鼠。1991 年，该小组将 100 kb 的人免疫球蛋白重链——V_H 6 个片段及部分 D、J、C 基因导入小鼠，发现导入片段能在异种细胞内重排，IgM 产生量为 50 $\mu g/mL$。该实验奠定了转基因小鼠产生人抗体的基础。此后几项成功的实验表明：用微基因技术构建打靶载体，建立转人免疫球蛋白基因小鼠这项技术已经成熟。但是该转基因小鼠还存在鼠免疫球蛋白基因组率先产生，而人免疫球蛋白后产生且产量低的问题。Wagner 等将小鼠内源性免疫球蛋白基因敲除后，将 100 kb 的人免疫球蛋白重链——V_H 6 个片段及部分 D、J、$C\mu$ 基因导入小鼠，人 IgM 产生量有所升高，其产生量是 350 $\mu g/mL$。半抗原刺激产生的特异性抗体的解离常数（K_d）为 $6\times10^{-8}\sim1.6\times10^{-7}$ mol/L，表明导入片段能在异种细胞内亲和力成熟。但是表达量仍旧不能满足大规模制备的要求，究其原因是因为导入的人免疫球蛋白基因片段太短，非编码区内调控元件缺失。因此，解决问题的关键在于增大载体容量。

目前科学家采用微基因技术，建立人免疫球蛋白转基因小鼠的目的是用来研究 D 区的作用及在 V-D、D-J 区插入的非编码碱基的作用。

2. 酵母人工染色体转基因技术

酵母人工染色体作为转基因载体有以下优点:首先,酵母内能容纳长度超过 1 Mb 的人工染色体;其次,酵母染色体及酵母人工染色体能够通过同源重组而使染色体得到高效率的操作。因此,可将免疫球蛋白基因位点及选择标记基因加入酵母人工染色体臂,从而将基因组以人工染色体形式导入小鼠体内,这种方法目前已得到广泛应用。Green 等利用酵母人工染色体转基因技术成功地将 220 kb 的人免疫球蛋白基因导入内源性免疫球蛋白基因敲除的小鼠,其 IgM 产生量是 350 μg/mL。由于导入的基因片段较短,重链恒定区仅包括 IgM、IgD 序列,不能进行类别转换且产生量仍旧偏低。Mendez 等将长达 1020 kb 的人免疫球蛋白重链基因组转入免疫球蛋白轻、重链基因双失活(double inactivated,DI)的小鼠中,其中包括 66 种 V 区、所有的 D 区、所有的 J 区及 Cμ 和 Cγ2;转入的人 κ 链基因组长达 800 kb。这样建立的 XenoMouse IgM 产生量是 700 μg/mL,IgG2 产生量是 600 μg/mL,κ 链的产生量为 800 μg/mL。在同样条件下,野生型小鼠 IgM 的产生量为 400 μg/mL,IgG 为 2000 μg/mL,κ 链为 2000 μg/mL。免疫之后 XenoMouse IgG2 的产生量增加到 2.5~4 mg/mL,这充分说明免疫之后发生了大规模的类别转换。经人 IL-8、EGFR、TNF-α 再次免疫后,其亲和常数分别高达 9.1$\times$10^{10}、7.6$\times$10^{10}、8.06$\times$10^{10} L/mol。从此之后人们更加坚信导入免疫球蛋白基因片段越大,人免疫球蛋白产生量越高,产生的类别越多。有资料表明:在内源性免疫球蛋白基因敲除的小鼠中导入人免疫球蛋白重链基因(14q32.33)大约需要1.5 Mb,免疫球蛋白 κ 链基因(2q12)需要 2 Mb 时,才能完全产生人抗原特异性免疫球蛋白。1999 年 Nieholson 等在前人的基础上将人 λ 链导入小鼠体内,人免疫球蛋白产生量在原有水平上有所增高。

3. 人类人工染色体技术

2000 年,日本学者 Kazuma Tomizuka 等采用人类人工染色体(HAC)技术制备了双转染色体小鼠(double trans-chromosomic mice,TC™)。利用 HAC 技术,将一条包含人类重链基因座的染色体片段(IgH,约 1.5 Mb)和一条包含人类轻链基因座的染色体片段(IgGκ,约 2 Mb)转入 IgH 和 Igκ 基因座灭活的小鼠,构建出双转染色体小鼠 TC™,其可以产生 IgG1、IgG2、IgG3 和 IgG4。该转基因小鼠虽然也包含了人类 Cμ 和 Cα 基因,但产生的 IgM 和 IgA 含有鼠源的 J 区,所以并不是真正意义上的全人源的转基因小鼠。该品系小鼠由于转入的人类 IgGκ 染色体片段欠稳定、制备杂交瘤效率较低以及大部分杂交瘤表达的是鼠 λ 链,应用受到一定限制。为解决人类 IgGκ 染色体片段欠稳定的问题,将 TC™ 转基因小鼠和 HuMab 转基因小鼠杂交产生 KM Mouse 小鼠。KM Mouse 转基因小鼠包含了 TC™小鼠的 14 号染色体片段的所有人类 IgH 基因座和 HuMab 小鼠的人类 50%

左右的 IgGκ 基因座。该转基因小鼠改善了亲本小鼠的基因稳定性,免疫后可以产生高亲和力的 IgG1、IgG2、IgG3、IgG4 和 IgA 等亚型的全人抗体。同时他们还利用人类人工染色体(HAC)技术将人类 Igλ 基因座转入 KM Mouse,构建出 λHAC KM Mouse 转基因小鼠,该品系小鼠包含了人类所有的 3 个抗体基因座,可以产生 IgGκ 和 IgGλ 片段。由于上述两个品系小鼠诞生较晚,其实用价值还有待于市场检验。

8.7.2　产生人免疫球蛋白转基因动物的制备及特点

建立产生人免疫球蛋白转基因动物包括两个步骤:① 在动物 ES 细胞中将动物免疫球蛋白轻、重链胚系基因敲除,得到 DI 小鼠。目前普遍采用两种方法得到 DI 小鼠:一种是用 Cre/lox P 方法,另一种是使用同源重组。② 将人的免疫球蛋白基因组稳定地导入动物体内。抗体基因组十分冗长,其产生及调节极为复杂,因此建立产生人免疫球蛋白转基因动物的难点是:如何完整地克隆如此巨大的基因组片段,使转基因动物不仅能产生各种特异性人抗体,还能获得高产量。

8.8　产生人抗体的转基因小鼠

产生人免疫球蛋白的转染色体小鼠(转染色体技术),不论是利用微基因还是酵母人工染色体转基因,均不能将人免疫球蛋白基因全导入,因此转基因小鼠产生人免疫球蛋白的种类不足(恒定区基因缺失),不能对所有抗原发生反应(V 区基因片段缺失)。Tomizuka 等用微细胞介导的转染色体技术(microcell-mediate chromosome transfer,MMCT)形成的转染色体小鼠则克服了上述不足。该技术导入的是人 14 号染色体上产生免疫球蛋白重链的胚系片段(长度大于 20 Mb)和 2 号染色体上 5～50 Mb 的 κ 轻链片段。通过 MMCT 方法将人染色体转染到 ES 细胞,经人血清白蛋白免疫之后,这种小鼠产生了抗人血清白蛋白的人免疫球蛋白,再次免疫后 IgM 产生量为 350 μg/mL,IgG 总产生量为 300 μg/mL(包括 IgG 四种亚类,且 IgG 各亚类的组成与人血清中 IgG 各亚类相当,而转基因小鼠中只产生 IgG 的一种亚类,说明再次免疫后能够发生类别转换),κ 链的产生量为 450 μg/mL。亲和力稳定,K_d 在 $1.5\times10^{-11}\sim9.1\times10^{-11}$ mol/L。显然转染色体小鼠导入的人免疫球蛋白基因片段比较大,但是与 Mendez 等构建的 XenoMouse 相比,转染色体小鼠产生的人免疫球蛋白量却比较低,由该小鼠形成的杂交瘤所产生的人免疫球蛋白还不到正常小鼠的 1/10。进一步体内鉴定发现,hChr14(human chromsome 14)在鼠细胞内的存留率为 78%,hChr2(human chromsome 2)在鼠细胞内的存留率为 30%,hChr22 在鼠细胞内不稳定。最近这一不足已得到解决:将转

hChr14 的小鼠与带有 Igκ 微基因的转基因鼠杂交,或将转 hChr14 的小鼠与用酵母人工染色体转基因技术构建的带有 50% 人免疫球蛋白 κ 链可变区的转基因鼠杂交,其后代鼠杂交瘤细胞产生的人免疫球蛋白量明显增高。用可溶性的人 CD4 和人集落刺激因子(GCSF)各 100 μg 免疫鼠,均产生相应的完全人抗体,产生量与正常鼠产生的鼠免疫球蛋白量竟然相同:IgM 为 400 μg/mL,IgG 为 2000 μg/mL,κ 链为 2000 μg/mL。而且这种鼠所产生的人抗 CD4 抗体的亲和常数为 7.7×10^9 L/mol,GCSF 的亲和常数为 3×10^9 L/mol,与目前上市的鼠源单抗的亲和力相当(抗 CD4 与抗 GCSF 的亲和常数分别为 3×10^9 L/mol,1.7×10^{10} L/mol)。实践证明如此得到的人抗体,它介导的抗体依赖性细胞介导的细胞毒作用和补体介导的细胞毒性增强。

产生人免疫球蛋白转基因小鼠的建立通过以下四步:获得性免疫球蛋白轻链和重链基因失活小鼠的制备、载体的构建、基因的导入、转人免疫球蛋白基因小鼠的获取。建立产生人免疫球蛋白转基因小鼠的特点是:导入的人免疫球蛋白基因组在小鼠细胞内能进行重排,产生抗体,抗体基因前发生高频突变,抗体可产生类别转换。

8.9 产生人抗体的转基因牛

人 γ-球蛋白的需要量很高,而由人血清得到的人 γ-球蛋白主要有两种缺点:① 众多供者中血清来源不单一,含有大量各种感染性介质;② 供者提供的人 γ-球蛋白的效价难以控制。高质量、高效价的人 γ-球蛋白可以通过转染色体牛获得。产生人免疫球蛋白转染色体牛的构建过程仍旧利用 MMCT 法,将构建的含有人免疫球蛋白轻链和重链基因片段的人类人工染色体(HAC)导入牛胚胎成纤维细胞,进一步发育成转染色体牛。

产生人免疫球蛋白转染色体牛的构建特点在于:① 由于牛胚胎干细胞不能成功建系,因此将人 HAC 导入牛胚胎成纤维细胞;② 转染色体牛用核移植的方法来建立;③ 由于牛胚胎成纤维细胞仅能存活 35 代,含有人 HAC 的微细胞与牛胚胎成纤维细胞融合后,牛胚胎成纤维细胞只能再存活 7 天,因此必须经过两次筛选,确保 HAC 在转染色体牛体内的高存留率。进行两次筛选的目的是:首先,确认转入的染色体片段在牛体内能够稳定遗传;其次,携带人免疫球蛋白染色体片段的细胞所占比率比较高,从而使较多的 B 细胞携带构建好的 HAC,保证了在牛体内能够产生人源的免疫球蛋白;最后,由于此 HAC 在牛细胞内的存留率比较高,具有利用牛大规模生产人源免疫球蛋白的能力。人免疫球蛋白基因在牛体内进行重排及各种转录,在新生转染色体牛血液中检测到人免疫球蛋白为 13 ～

258 ng/mL(正常新生牛中产生的免疫球蛋白很低,以至于不能检测到)。

产生人免疫球蛋白转染色体牛的建立仅通过三步:人类人工染色体的构建、染色体的导入、转人免疫球蛋白染色体牛的获取。它与转基因小鼠的区别在于:至今还没有敲除牛内源性免疫球蛋白基因的报道,这是因为人们对牛基因组的研究较少。相信将牛内源性免疫球蛋白基因敲除后,牛体内产生人免疫球蛋白的量会有显著提高。导入的人免疫球蛋白基因组也能在牛细胞内进行重排,产生抗体,抗体基因可发生高频突变和抗体可产生类别转换。

8.10 结论与展望

由于利用转基因植物生产人类和动物的抗体具有容易大规模生产、无动物源污染、成本低、易于糖基化、安全性高、周期短等方面的优势,发展潜力非常大,植物生物技术已经进入医药领域。近年来多种植物抗体药物先后获批用于临床治疗。数以百计的抗体药物正处于临床前研发阶段。例如,即将走向市场的两种产品——避免龋齿的 CaroRX 和抗单纯疱疹病毒抗体,已经进入临床研究。

目前,利用植物表达抗体仍存在许多未解决的问题,诸如,避免植物抗体的过敏反应,需要进行多次转基因,工作量和成本进一步提高;利用哪一种植物来生产抗体成本最低,还没有定论;如何避免抗体基因向其他植物的扩散;生产抗体转基因植物是药用植物,它的用量如何控制;如何增加大众对转基因植物的接受程度;转基因植物的种植对环境的影响,环境中的除草剂、农药、土壤等因素对植物的影响等,仍然需要进一步研究。另外,使用含抗生素抗性基因的载体产生的植物抗体可能造成人体抗生素治疗无效;转基因植物中的新基因可能传递给人畜肠道的正常微生物,引起菌群数量的变化;植物抗体蛋白可能成为新的致敏原而危害人畜健康;植物抗体的表达水平也还不能满足要求,且由于动植物遗传背景的不同可能会造成表达出的抗体成分不同等,所有这些都有待进一步的探索。尽管如此,植物表达体系相对于其他表达系统的独特优势仍使它具有广阔而诱人的开发前景。随着植物转基因技术的发展,相信未来一定能利用转基因植物生产出越来越多廉价、高质量的抗体来诊断和治疗疾病。通过进一步寻找植物抗体的有效靶点,在植物自身的生理、抗病方面也会有更多应用。

随着基因编辑技术的快速发展,未来将会在越来越多的物种上培育出人源化抗体转基因动物,其功能特性也将日趋完善。在相当长的一段时间内,人源化抗体转基因动物仍将是人源化抗体开发的一项核心技术。产生人免疫球蛋白的小鼠建立之后,我们可以通过成熟的鼠单克隆抗体技术得到各种人单克隆抗体。用这种技术产生的鼠杂交瘤细胞较抗体人源化初期构建的人鼠杂交瘤细胞更稳定。而人源化抗体转基因大动物和单链抗体转基因动物将是对现有人源化抗体转基因动物的重要补充。目前，多种用于治疗自身免疫病及肿瘤的人抗体，已经或者即将进入临床试验。转染色体牛可以在短时间内得到较多的血清供临床使用。

利用转基因小鼠技术制备全人抗体经过体内免疫及抗体分子体内自然进化过程，获得的抗体往往不需要进一步优化的优势突出显现。目前比较成功的转基因小鼠 HuMab 和 XenoMouse 均为包含全人 IgGκ 的小鼠，而小鼠 IgGλ 并没有灭活，免疫后产生的抗体包括全人 IgGκ 和小鼠 IgGλ，需要在后期工作中挑选出全人 IgGκ，抛弃小鼠 IgGλ。目前已经构建出可以同时产生全人 IgGκ 和 IgGλ 的 λHAC KM Mouse 转基因小鼠，但尚待市场检验。此外，人们对于体细胞突变等抗体体内成熟过程的了解还不够深入，目前的转基因小鼠体内抗体产生过程尚不具备人体体内抗体成熟的理想过程。理想的转基因小鼠是将所有的鼠抗体基因座全部灭活，并转入人类全部抗体基因座，以实现所有人抗体类型的转换和理想的亲和力成熟过程，并排除鼠抗体的干扰。但是到目前为止，由于技术的限制，染色体的稳定性问题及体细胞镶嵌现象仍未彻底解决，这也是科学家们下一步需攻克的难关。

转基因小鼠技术目前主要存在以下几个问题。一是免疫耐受的问题，对于一些人类抗原仍然较难获得高亲和力抗体；二是存在鼠源抗体干扰的问题；三是存在对毒性抗原较难进行免疫等问题。这些问题的存在，使转基因小鼠技术尚未达到理想的程度。由于存在抗体分子体内自然进化过程，采用人抗体转基因小鼠获得的候选抗体一般具有良好的药学特性，往往不需要进一步优化，且开发成功率可达29%，与其他抗体研发平台技术相比有独特的优势。随着人抗体转基因小鼠平台技术的发展和完善，结合抗体库等其他平台技术的特色优势，人类获得针对各类抗原的全人源候选抗体将变得越来越简单易行，这将推动治疗性抗体产业的快速发展。

附录　疫苗研发技术

　　人类使用疫苗预防疾病已有 200 多年的历史，接种疫苗在人类征服传染病的过程中发挥了重要作用。今天，疫苗不仅是传染病防控的有力武器，而且还广泛地应用于肿瘤、自身免疫病、免疫缺陷、超敏反应等疾病的预防和治疗。我们的祖先在 10 世纪时就有用人痘接种预防天花的记载，到 17 世纪已在我国小范围推广。由于接种人痘有 1‰ 左右感染率的危险性，所以人痘未能广泛应用，但人痘的发明启发了人类寻求预防天花的方法。

　　疫苗的发展经历了三次革命。第一次疫苗革命起于 1798 年，英国医生爱德华·詹纳（Edward Jenner）应用牛痘苗预防天花，开创了人工免疫的先河。19 世纪末，法国微生物学家、化学家路易·巴斯德（Louis Pasteur）成功地研制出霍乱疫苗、狂犬病疫苗等多种疫苗，目前已经有 30 多种第一代疫苗。第二次疫苗革命起于 20 世纪 80 年代，随着 DNA 重组技术和蛋白质化学技术的发展，以细菌和病毒为载体，在细胞和分子水平研制了亚单位疫苗和基因工程疫苗，如流感、伤寒、乙肝亚单位疫苗等。第三次疫苗革命是 20 世纪 90 年代开发研制的核酸疫苗。核酸疫苗本身是不能刺激免疫反应的，接种到身体内后，必须先被翻译成蛋白，才能诱导机体产生特异性的体液免疫和（或）细胞免疫应答。

　　目前，全球共有 7 条疫苗研发技术路线，分别是灭活疫苗、减毒活疫苗、重组蛋白疫苗、病毒载体疫苗、病毒样颗粒疫苗以及核酸疫苗（包括 RNA 疫苗和 DNA 疫苗）。

　　1. 灭活疫苗（inactivated vaccine）

　　对病毒或细菌进行扩大培养之后，用福尔马林等化学方法处理或者加热将病原体灭活制备灭活疫苗。这种疫苗可以是完整的病毒或细菌。如果将微生物裂解后进一步纯化，可以得到只包含所需抗原成分的裂解疫苗，如蛋白质疫苗或者多糖疫苗。用化学方法将多糖与蛋白质偶联可以得到更有效的结合疫苗。灭活疫苗使受种者产生以体液免疫为主的免疫反应，它产生的抗体可以中和、清除病原微生物及其产生的毒素。中国使用的灭活疫苗有百白破疫苗、流行性感冒疫苗、狂犬病疫苗、甲型肝炎疫苗、新冠疫苗等。

　　灭活疫苗的优点：研发和生产速度较快，生产工艺成熟，便于保存，无污染危险；容易制成联合疫苗或多价疫苗。已经有成熟上市的疫苗，质量控制和评价方法明确。

灭活疫苗的缺点：对生产车间的生物安全等级要求高；需要接种多剂次才能达到免疫效果；主要激发体液免疫，而细胞免疫弱。

2. 减毒活疫苗（attenuated live vaccine）

病原体经过各种处理后，发生变异使其毒性减弱，制备的减毒活疫苗保留其免疫原性。将疫苗接种到身体内，不会引起疾病的发生，但病原体可在机体内生长繁殖，引发机体免疫反应，起到获得长期或终生保护的作用。目前已经临床应用的减毒活疫苗有：麻疹减毒活疫苗、冻干甲型肝炎减毒活疫苗、冻干水痘减毒活疫苗、乙型脑炎减毒活疫苗、风疹减毒活疫苗、腮腺炎减毒活疫苗、口服脊髓灰质炎减毒活疫苗、口服狂犬病减毒活疫苗等。

减毒活疫苗的优点：诱导体液免疫和细胞免疫两种免疫反应，有的制品还可以诱导黏膜免疫；活的微生物有再增殖的特性，可在机体内长时间起作用，诱导较强的免疫反应；可能引起人群中的水平传播，扩大免疫效果，增强群体免疫屏障；生产工艺成熟，生产速度快，生产成本低。

减毒活疫苗的缺点：筛选和鉴定减毒株需要时间长；一般减毒活疫苗均保留一定残余毒力，对免疫功能低下的个体有诱发严重疾病的风险；减毒活疫苗有可能出现"毒力返祖"现象；需要严格的冷链运输和保存；是活微生物制剂，可能造成环境污染、而引发交叉感染等。

3. 重组蛋白疫苗（recombinant protein vaccine）

首先构建表达靶抗原的表达载体，将表达载体转化到细菌、酵母、哺乳动物或昆虫细胞中，在一定的诱导条件下，表达出大量的抗原蛋白，将抗原蛋白纯化后制备重组蛋白疫苗。已经在临床使用的重组蛋白疫苗有乙型肝炎疫苗、流感疫苗等。

重组蛋白疫苗的优点：生产工艺成熟；不需要操作活的病原微生物，无须担心病原微生物外泄，对生产车间的生物安全等级要求低；利用转基因技术生产病毒S蛋白上的RBD蛋白，能大规模生产，低成本；重组蛋白疫苗纯度高，无致病风险。

重组蛋白疫苗的缺点：抗原决定簇的筛选对技术要求高；通常需要加强免疫（接种3剂）才能达到免疫效果。

4. 病毒载体疫苗（virus vector vaccine）

腺病毒载体、慢病毒载体、腺相关病毒载体、单纯疱疹病毒载体是用于基因治疗的常见病毒载体。腺病毒载体广泛用于基因转导、基因治疗、疫苗接种以及溶瘤治疗等多个领域，具有滴度高、致病性低、转导效率高、感染组织广、无宿主细胞基因组整合等诸多优点。$E1$或$E3$基因缺失的腺病毒载体是科研和临床应用最为广泛的腺病毒载体。一般常用Ad5型腺病毒。腺病毒载体的新冠病毒疫苗是将新冠病毒的基因插入腺病毒载体中，使腺病毒表达新冠病毒的抗原而不产生新冠病毒的毒性，帮助人体识别并产生特异性免疫应答。在临床使用的病毒载体疫苗有埃博拉疫苗、新冠病毒疫苗等。

腺病毒载体疫苗的优点：对目的基因的转导效率高，可选择器官特异性的载体靶向特定的器官。

腺病毒载体疫苗的缺点：对病毒的操作和生产条件要求严格，要充分研究病毒载体的风险。

5. 病毒样颗粒疫苗（virus-like particles vaccine）

病毒样颗粒疫苗含有某种病毒的一个或多个结构蛋白的空心颗粒，没有病毒核酸，不能自主复制；由于不具有功能性病毒包膜，不具有致病性和传染性，非常安全；具有很强的免疫原性，可诱导体液和细胞免疫反应。已经临床使用的病毒样颗粒疫苗有 HPV 疫苗。

病毒样颗粒疫苗的优点：便于大量生产；免疫原性较强，无致病风险。

病毒样颗粒疫苗的缺点：研发速度慢，抗原决定簇筛选要求技术高；需要加强免疫，免疫原性受抗原糖基化影响。

6. mRNA 疫苗（mRNA vaccine）

mRNA 疫苗是一种新型疫苗。由于 mRNA 分子容易被 RNA 酶降解，将编码靶抗原的 mRNA 片段包封在脂质纳米颗粒中，以保护脆弱的 mRNA 链，并有助于被人体细胞吸收。编码靶抗原的 mRNA 片段进入人体细胞中，通过重编程产生靶抗原，然后激发针对靶抗原的免疫反应。在 2020 年之前，mRNA 只被认为是一种理论或实验性的候选药物。新冠疫情爆发后，新冠疫苗研发备受关注。2020 年 11月，Moderna 的 MRNA-1273 和 BioNTech/辉瑞合作的 BNT162b2 两种新型mRNA疫苗申请紧急使用授权。目前已上市的 mRNA 疫苗，其核心技术由美国莫德纳和德国 BioNTech 掌握。在香港和澳门接种的复必泰（mRNA 新冠疫苗）就是中国上海复星医药与德国 BioNTech 合作的产品。mRNA 疫苗进入细胞内，在核糖体中合成的蛋白质有两种命运：一种是被细胞蛋白酶体分解成较小的片段（多肽）；另一种是通过高尔基体转运到细胞外部。在细胞内酶解的抗原多肽片段与主要组织相容性复合物（MHC）I 类蛋白形成复合体，表达抗原提呈细胞表面上，被 CD8$^+$ T 细胞识别从而诱导细胞介导的免疫。通过高尔基体转运到细胞外部的蛋白可被免疫细胞吞噬并被分解成较小的多肽片段，与 MHC II 类蛋白形成复合物，表达抗原提呈细胞表面上，被 CD4$^+$ T 细胞识别，并促进 B 细胞产生抗原特异性抗体。

目前应用的 mRNA 疫苗主要有两种形式：基于 mRNA 的传统 mRNA 疫苗（非复制型 mRNA 疫苗）和自扩增型（self-amplifying，SAM）mRNA 疫苗（又称复制子）。

传统 mRNA 疫苗是在体外转录好的一段编码抗原蛋白的完整 mRNA，上游和下游分别包含 5′帽子结构和 3′poly(A)尾,只编码目标抗原。优点是结构简单、RNA 序列短、不编码其他蛋白,缺点是在体内半衰期短,抗原表达量低,需要较高的量才能诱发有效的免疫应答。

SAM mRNA 疫苗是通过基因工程改造的 mRNA 病毒基因组,其中编码 RNA 复制机制的基因是完整的,用编码抗原蛋白的 mRNA 代替了原病毒的结构蛋白编码基因,可以在体内实现自我扩增,很少的量就可以诱发有效的免疫应答。

mRNA 疫苗的优点:mRNA 疫苗只是采用了刺突蛋白的一段基因,没有复制功能,所以没有病毒的传染性;mRNA 不进入细胞核,在细胞浆里翻译蛋白,所以没有整合进人体基因的可能性;制作 mRNA 疫苗既不需要拿到病毒,也不需要培养大量病毒,所以研发速度和生产速度快、成本低;可诱导细胞免疫和体液免疫。

mRNA 疫苗的缺点:由于 mRNA 分子容易被降解,RNA 疫苗需要在低于-70℃的超低温条件下储存和运输;可能会因剂量不足而影响免疫效果,需要间隔 3 周接种两剂。

7. DNA 疫苗(DNA vaccine)

DNA 疫苗又称基因疫苗,是将编码靶抗原的基因插入真核表达质粒载体上,然后将质粒直接接种到动物体内,在宿主细胞中表达靶抗原蛋白,诱导机体产生免疫应答。目前研发技术还不成熟,有一些马、猪、鱼等兽用 DNA 疫苗。

DNA 疫苗的优点:研发速度快;可持续产生抗原;诱发的细胞免疫和体液免疫反应强;可以实现工业化量产。

DNA 疫苗的缺点:受表达效率的影响,可能表达量不高,导致免疫效果不理想;有整合到宿主基因的风险;接种途径复杂。

参 考 文 献

[1] ABBAS A K. Cellular and molecular immunology[M]. 5 版. 北京：北京大学医学出版社，2004.

[2] AUSUBEL F M, BRENT R, KINGSTON R E, et al. Short protocols in molecular biology[M]. 4th ed. New York: John Wiley & Sons, 1999.

[3] BELLUCCI A, FIORENTINI C, ZALTIERI M, et al. The "in situ" proximity ligation assay to probe protein-protein interactions in intact tissues[J]. Methods mol biol, 2014(1174): 397-405.

[4] BENNY K C. Antibody engineering: methods and protocols[M]. Totowa, New Jersey: Humana Press, 2004, 248: 503-518.

[5] DESMYTER A, SPINELLI S, PAYAN F, et al. Three camelid VHH domains in complex with porcine pancreatic alpha-amylase. Inhibition and versatility of binding topology[J]. J biol chem, 2002, 277(26): 23645-23650.

[6] FRAIETTA J A, NOBLES C L, SAMMONS M A, et al. Disruption of TET2 promotes the therapeutic efficacy of CD19-targeted T cells[J]. Nature, 2018, 558(7709): 307-312.

[7] GENST E D, SILENCE K, DECANNIERE K, et al. Molecular basis for the preferential cleft recognition by dromedary heavy-chain antibodies[J]. Proc natl acad sci, 2006, 103(12): 4586-4591.

[8] GIBBS W W, 李贵森. 骆驼与纳米抗体[J]. 科学, 2005(10): 69-73.

[9] GREENFIELD, EDWARD A. Antibodies: a laboratory manual[M]. Cold Spring Harbor: Cold Spring Harbor Laboratory Press, 2014.

[10] GUESDON J L, TERNYNCK T, AVRAMEAS S. The use of avidin biotin interaction of immuenzymatic techniques[J]. J histochem cytochem, 1979, 27: 1131-1139.

[11] JOHN M W. The protocols handbook[M]. 2nd ed. Totowa, New Jersey: Humana Press, 2002.

[12] KARP G. Cell and molecular biology: concepts and experiments[M]. 3rd ed. New York: John Wiley & Sons, 2003.

[13] MATTHEAKIS L C, BHAFT R R, DOWER W J. An in vitro polysome display system for identifying ligands from very large peptide libraries[J]. Proc natl acad sci, 1994, 91(9): 22-26.

[14] MULLINS J M. Overview of fluorochromes in methods in molecular biology [M]. Totowa, New Jersey: Humana Press, 1999, 97-105.

[15] NELSON A L, COX M M. Lehninger principles of biochemistry[M]. 3rd ed. New York: Worth Publishers, 2000.

[16] NIGEL J. Animal cell biotechnology: methods and protocols[M]. Totowa: Humana Press, 1999

[17] PHILIPPA M O, REBERT A H. Antibody phage display-methods and protocols[M]. Totowa, New Jersey: Humana Press, 2003.

[18] ROLAND K. Antibody engineering[M]. New York: SpingerVerlag, 2001.

[19] SKELLEY A M, KIRAK, SUH H, et al. Microfluidic control of cell pairing and fusion[J]. Nat methods, 2009, 6(2): 147-152.

[20] SPINELLI S, FRENKEN L, HERMANS P, et al. Camelid heavychain variable domains provide efficient combining sites to haptens[J]. Biochemistry, 2000, 39: 1217-1222.

[21] WEINER L M. Fully human therapeutic monoclonal antibodies. J immunother, 2006, 29(1): 1-9.

[22] WILCHECK M, BAYER E A. Avidin biotin immobilization systems, in immobilized macromolecules: application potentials[M]. New York: Springer-Verlag, 1993, 51-60.

[23] WULF B S. 免疫荧光基础——实验新原理及其临床新应用[M]. 2 版. 阮幼冰, 译. 北京: 人民卫生出版社, 2000.

[24] YANG X D, JIA X C, CORVALAN J R, et al. Development of ABX-EGF, a fully human anti-EGF receptor monoclonal antibody, for cancer therapy[J]. Critrev oncolhematol, 2001, 38(1): 17-23.

[25] 奥斯伯. 精编分子生物学实验指南[M]. 颜子颖, 王海林, 译. 北京: 科学出版社, 1998.

[26] 巴德年, 等. 当代免疫学技术与应用[M]. 北京: 北京医科大学, 中国协和医科大学联合出版社, 1998.

[27] 曹亚. 实用分子生物学操作指南[M]. 北京: 人民卫生出版社, 2003.

[28] 陈允硕. 现代实用免疫细胞化技术[M]. 上海: 上海科学技术出版社, 1997.

[29] 程时, 等. 生物医学电子显微镜技术[M]. 北京: 北京医科大学, 中国协和医科大学联合出版社, 1997.

[30] 迟象阳, 于长明, 陈薇. 单个 B 细胞抗体制备技术及应用[J]. 生物工程学报, 2012, 28(6): 651-660.

[31] 大野茂男, 西村善文. ダンバク実験プロトコール[M]. 東京: 秀潤社, 1999.

[32] 董志伟, 王琰, 等. 抗体工程[M]. 北京: 北京医科大学, 中国协和医科大学联

合出版社,1997.

[33] 方谨,宋今丹.肿瘤导向治疗中免疫脂质体的研究现状[J].癌症,1997,16
(3):238-240.

[34] 付洪兰.实用电子显微镜技术[M].北京:高等教育出版社,2004.

[35] 傅若农.色谱分析概论[M].北京:化学工业出版社,2000.

[36] 高晓明.医学免疫学基础[M].北京:北京医科大学出版社,2001.

[37] 葛良鹏,邹贤刚,刘作华.人源化抗体转基因动物的研究进展与趋势[J].生物
产业技术,2016(06):25-29.

[38] 龚非力.基础免疫学[M].武汉:湖北科学技术出版社,1998.

[39] 龚福春,湛雪辉,龙姝,等.4-羟基苯乙烯基吡啶为辣根过氧化物酶底物的酶
荧光免疫传感体系测定布氏杆菌抗体[J].化学学报,2008,66(1):73-78.

[40] 哈洛,莱恩.抗体技术实验指南[M].沈关心,龚非力,译.北京:科学出版
社,2002.

[41] 何俊,魏素萱,孙振贤.睾丸酮-琥珀酸半酯-BSA-FITC的合成研究[J].华西
医学杂志,1997,12(4):217-218.

[42] 金伯泉.细胞和分子免疫学实验技术[M].广州:第四军医大学出版社,2002.

[43] 李元宗,常文保.生化分析[M].北京:高等教育出版社,2003.

[44] 梁国栋.最新分子生物学实验技术[M].北京:科学技术出版社,2001.

[45] 林学颜,张玲.现代细胞与分子免疫学[M].北京:科学出版社,2000.

[46] 陆雷,刘娜,倪庚,等.氯霉素人工抗原的合成及多克隆抗体的制备[J].中国
食品学报,2011,11(2):177-184.

[47] 马立人,蒋中华.生物芯片[M].北京:化学工业出版社,2002.

[48] 马三梅,王永飞.利用转基因植物生产动物抗体[J].世界农业,2005(9):
39-43.

[49] 马歇克,门永,布格斯.蛋白质纯化与鉴定实验指南[M].朱厚础,等,译.北
京:科学出版社,1999.

[50] 钱玉昆,殷金珠.实用免疫学新技术[M].北京:北京医科大学,中国协和医科
大学联合出版社,1994.

[51] 沈关心,周汝麟,等.现代免疫学实验技术[M].武汉:湖北科学技术出版
社,1998.

[52] 孙剑华,钱昊.产生人抗体的转基因和转染色体动物研究进展[J].现代免疫
学,2004(2):85-87.

[53] 孙志伟,王双,陈惠鹏.转基因小鼠在抗体药物研发中的应用[J].生物产业技
术,2012(06):21-25.

[54] 腾海英,余宇燕,卢玲,等.戊二醛法合成石杉碱甲人工抗原及其鉴定[J].福
建中医药大学学报,2012,22(6):41-44.

[55] 田文志,朱桢平.抗体药物现状及发展趋势[J].生物产业技术,2013,5(9):7-21.

[56] 汪家政,范明.蛋白质技术手册[M].北京:科学出版社,2000.

[57] 王娜,赵丹慧,袁越,等.MBS和戊二醛连接hPTH载体特异抗体及载体抗体的比较研究[J].中国新药杂志,2007,16(18):1469-1473.

[58] 王志明.转基因小鼠技术在全人源抗体药物研发中的应用[J].中国新药杂志,2016,25(22):2596-2602.

[59] 王重庆.分子免疫学基础[M].北京:北京大学出版社,1997.

[60] 吴熊文,梁智辉.实用免疫学实验技术[M].武汉:湖北科学技术出版社,2002.

[61] 吴永强,董关木.人源化单克隆抗体研究进展[J].微生物学免疫学进展,2008,36(2):73-77.

[62] 徐声乐,李道云,王兴,等.罗丹明B单克隆抗体的制备及初步鉴定[J].中国兽医杂志,2016,52(3):34-37.

[63] 杨利国,胡少昶,等.酶免疫测定技术[M].南京:南京大学出版社,1998.

[64] 杨娜娜,王娟,杜立新.细胞永生化的研究进展[J].中国畜牧兽医,2005,32(1):37-39.

[65] 杨阳,吴兴安.植物表达抗体的研究进展[J].细胞与分子免疫学杂志,2005,21(Suppl):52-53.

[66] 张静,刘彦仿,等.抗肝癌单链免疫毒素的构建、表达和导向研究[J].中华肝脏病杂志,2004,12(3):148-150.

[67] 张龙翔,等.生化实验方法和技术[M].2版.北京:高等教育出版社,1997.

[68] 赵君,孙志伟,刘彦仿等.抗肝癌单链抗体与PE38融合蛋白在大肠杆菌中的可溶性表达[J].第四军医大学学报,2003,24(10):896-898.

[69] 甄永苏,邵荣光.抗体工程药物[M].北京:化学工业出版社,2002.

[70] 朱立平,陈学清.免疫学常用实验方法[M].北京:人民军医出版社,2000.

[71] 朱丽霞,程乃程,等.生物学中的电子显微镜技术[M].北京:北京大学出版社,1983.

[72] 朱晓亮,曾抗,等.脂质体靶向性研究进展[J].广东医学,2003,24(11):1259-1260.

[73] 朱正美,刘辉.简明免疫学技术[M].北京:科学出版社,2002.